No.138

基本部品やダイオード/トランジスタのふるまいが見えてくる

オームの法則から！
絵ときの電子回路 超入門

CQ出版社

CONTENTS

表紙／扉デザイン：ナカヤ デザインスタジオ（柴田 幸男）
表紙／扉イラスト：PIXTA　本文イラスト：神崎 真理子

CONTENTS

CONTENTS

▶ 本書の各記事は，「トランジスタ技術」に掲載された記事を再編集したものです．初出誌は各記事の稿末に掲載してあります．

Introduction

先輩の頭の中をのぞいてみよう！イメージで回路のふるまいが見えてくる

編集部

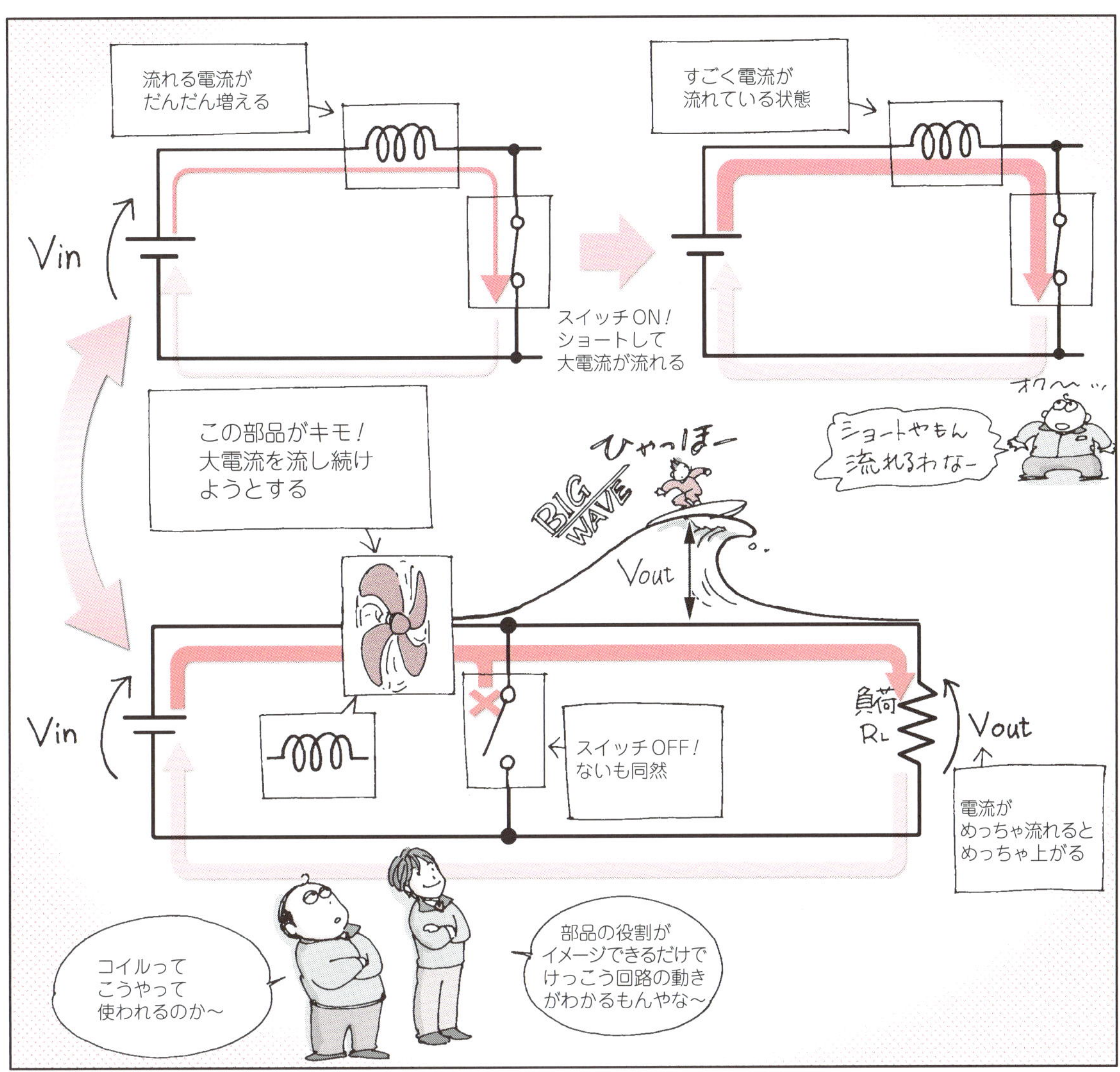

(初出：「トランジスタ技術」2012年4月号)

第1章 教科書で必ず習う基本素子は回路でこう動く
絵とき！コンデンサ／コイル／抵抗

1-1 コンデンサは電荷をためるバケツ
電流と電圧の関係がイメージできたら一人前

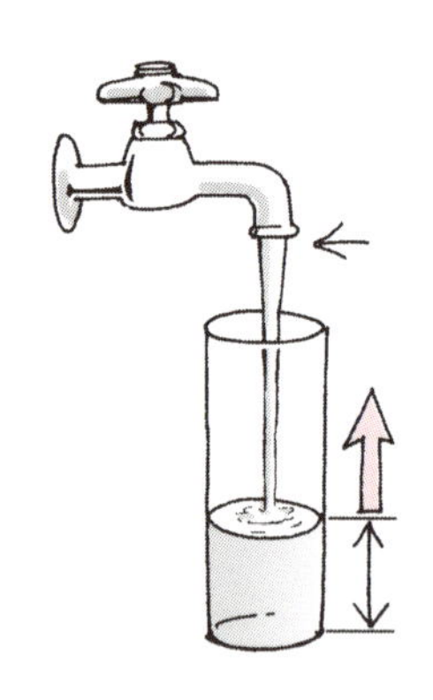
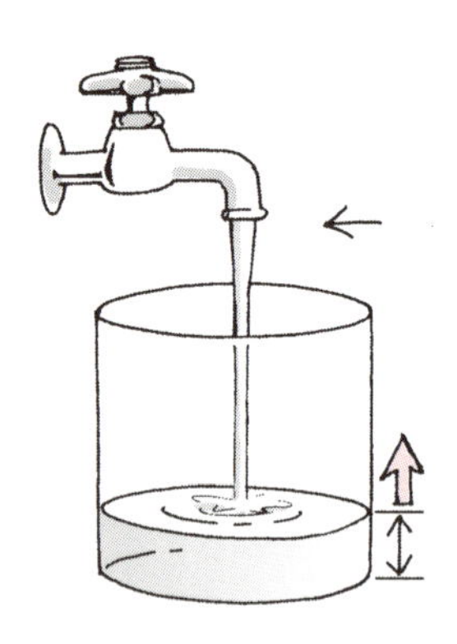

図1　コンデンサ（キャパシタ）は…電気をためるためのバケツ

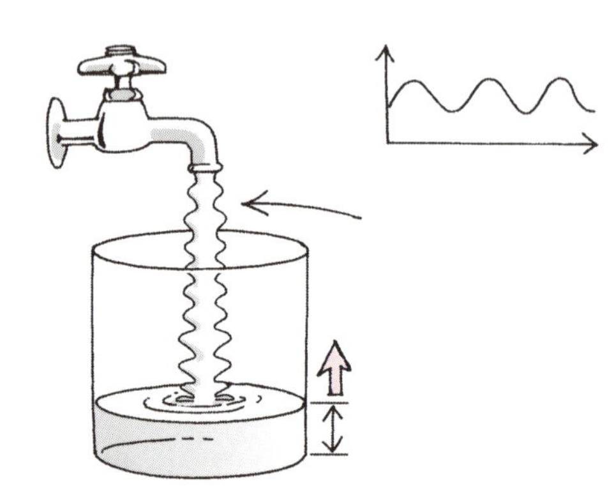

基本特性

● **コンデンサはバケツ！ 水を入れると水位が上がる**

コンデンサの動作イメージを**図1**に示します．**図1**ではコンデンサをバケツで表しています．ビーカや水筒など水を入れる容器であれば，イメージは伝わると思います．

大小サイズの違うバケツに同じ水量（電流）の水を入れた場合，流れ込む水量（電流）が同じならば，小さいバケツのほうが，より短い時間でバケツの水位（電圧）は上昇します．

水を入れると水位が上昇し，水量に細かな変動があっても水位はそれほど変動しません．これがコンデンサの基本動作です．例えばバイパス・コンデンサは，この特徴を利用して，電流がバチャバチャと変動したときの電圧変動をゆっくりにします．電源電圧が安定します．

● **電気だと…流れ込んだ電流の総量に比例して電圧が徐々に上がる**

今度はコンデンサの動作のイメージを，電気に置き換えてみましょう．水量をコンデンサの電流，水位をコンデンサの電圧と置き換えます．

バケツには水が注がれ，その結果，水がたまっていく，というようすを数式で示してみます．コンデンサの電流I_C，コンデンサの電圧V_C，コンデンサの容量つまりキャパシタンスをCとすれば，次のように書けます．

$$V_C = \frac{1}{C}\int I_C \mathrm{dt} \quad \cdots\cdots (1)$$

コンデンサに電流iが流れると，コンデンサの電流I_Cが積分され，コンデンサの電圧V_Cが徐々に増加します．キャパシタンスCが大きいとコンデンサの電圧V_Cの変化は緩やかで，キャパシタンスCが小さいとコンデンサの電圧V_Cの変化は速くなります．

● **実験解説！ ホントに理論どおりふるまう？**

さて本当に式(1)のようになるのでしょうか，簡単な実験で確認してみました．実験回路は**図2**です．DC電流源を用意して100 μFの電解コンデンサを充電してみます．

このとき式(1)は，コンデンサの電流I_CがDC，つまり一定の値であるので簡単に積分計算ができます．

$$V_C = \frac{I_C}{C}t \qquad \because I_C = \mathrm{DC}(一定) \quad \cdots\cdots (2)$$

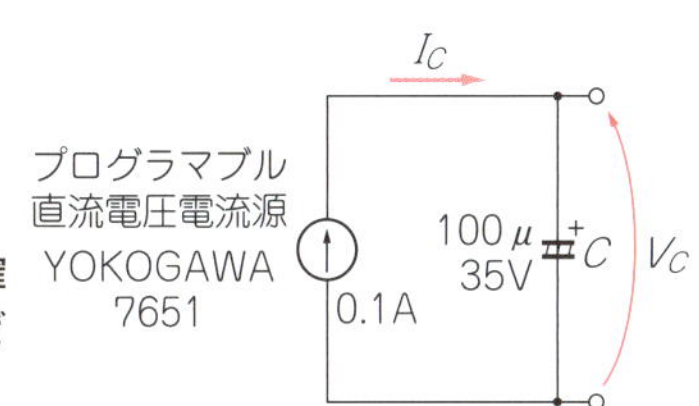

図2　実験回路で確認！…ホントに理論どおりふるまう？

式(2)は，コンデンサを一定なDC電流で充電すると，コンデンサの電圧V_Cは一定の割合，つまり直線的に増加することを意味しています．

式(2)のように動作するかを実験で確認したのが，**図3**です．コンデンサの電圧V_Cは直線的に増加しています．**図3**では，コンデンサの電圧V_Cが10 Vに達したときの時間は10 msです．この条件を式(2)に入れて計算してみましょう．

$$V_C = \frac{I_C}{C}t = \frac{0.1}{100 \times 10^{-6}} \times 10 \times 10^{-3} = 10\ \text{V} \cdot\cdot (3)$$

ピッタリとなり，式(1)は現実を正しく投影していることがわかります．

● 実回路における電荷バケツの使われ方：バイパス・コンデンサ

今度は，水量が一定ではなく多少変化がある場合で考えてみます．このとき，バケツの大きさが十分ならば，水量が一定でないにもかかわらず，水位の変化はゆっくりになります．

水量を電流に置き換えて，交流成分やノイズ成分と見なしてみます．交流成分の電流は確かにあるのに，コンデンサの電圧の変化は電流の積分なのでゆっくりしたものになります．

具体的に電子回路で考えてみます．マイコンやFPGA，汎用ロジックICなどのディジタルIC，あるいはアナログOPアンプなどでは，各ICの電源電流はDCだけでなくAC成分の電流も流れます．

こうした電源電流の変動によって電源電圧が変動してしまうと，ディジタルICでは誤動作，アナログICではひずみなどが発生しやすくなります．これでは安定に動作する電子回路とはいえません．

そこで，こうしたACの電流成分に対して電源の電圧変動をゆっくりさせる目的で，コンデンサを使います．それがバイパス・コンデンサ(デカップリング・コンデンサともいう)です．

現状ではディジタルIC，アナログICとも電源ピンとグラウンド・ピンの間に0.1 μFや0.01 μFの積層セラミック・コンデンサによるバイパス・コンデンサを実装することが一般的です．

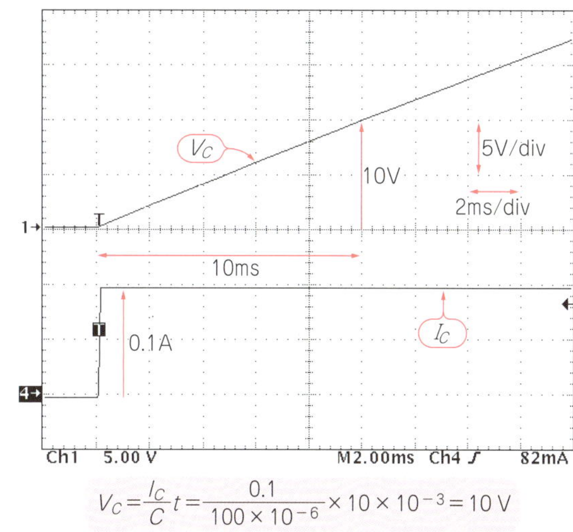

$$V_C = \frac{I_C}{C}t = \frac{0.1}{100 \times 10^{-6}} \times 10 \times 10^{-3} = 10\ \text{V}$$

図3　理論どおり！…コンデンサに流し込むDC電流の積分値に比例してコンデンサ両端の電圧が上昇

DC電流の積分値は時間に比例する．横軸(時間)に比例してコンデンサの電圧が上昇している

ここからが本題…AC特性

● 拡張して考える…水位はマイナスにもなる!?

コンデンサのAC動作について，**図4**で解説します．DCの基本動作の続きで水流の流れを固定して考えます．

バケツに水が流れ込むときは，**図2**と同じです．

注目はバケツから水を流す場合です．今バケツには，水がたまっていて水位があるとしましょう．バケツから水が流れ出たとすると，バケツの水位はどんどん下がり，やがて0になります．DC動作の場合はここで終わり．AC動作の場合は，さらに水が流れ出ます．するとバケツの水位は，マイナスになります．

バケツの水位があるマイナスの値に達すると，再びバケツに水が流れ込みます．今度は水位は上昇して0になり，さらに上昇します．バケツの水位がある値に達すると，再びバケツから水が流れ出て…，と繰り返します．

● 詳しく解説！コンデンサの電圧は電流より90°遅れる

バケツの水はコンデンサの電流と，バケツの水位はコンデンサの電圧と考えることができます．

AC動作の代表ということで，コンデンサの電流I_Cがサイン波の変化をする場合を表したのが**図5**です．

コンデンサの電流I_Cが＋方向に電流が流れたとき，コンデンサは充電されてコンデンサの電圧V_Cは増加します．対してコンデンサの電流が－方向に電流が流れたとき，コンデンサは放電されるので，コンデンサの電圧V_Cが減少する方向になります．

1
2
3
4
5
6
7
8
9

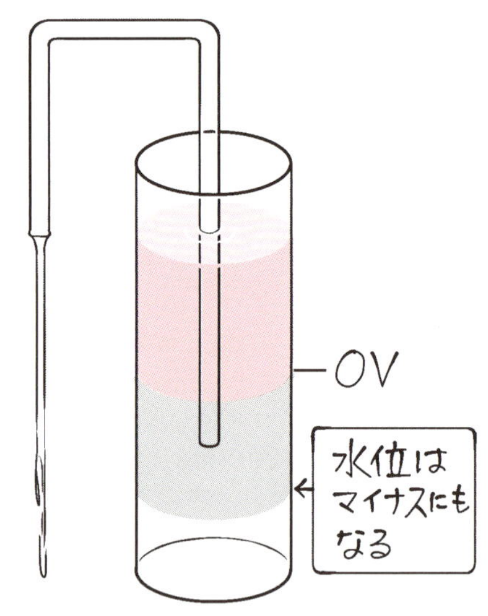

(a) コンデンサの充電時のイメージ　　(b) コンデンサの放電時のイメージ

図4　AC特性を理解するために…コンデンサは水位がマイナスにもなるバケツ！と拡張してみる

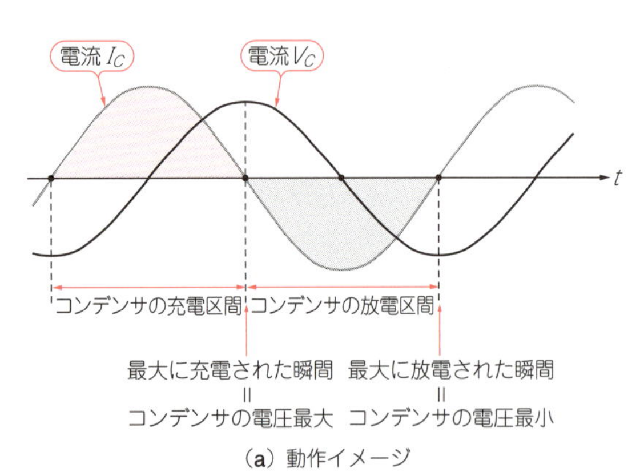

(a) 動作イメージ

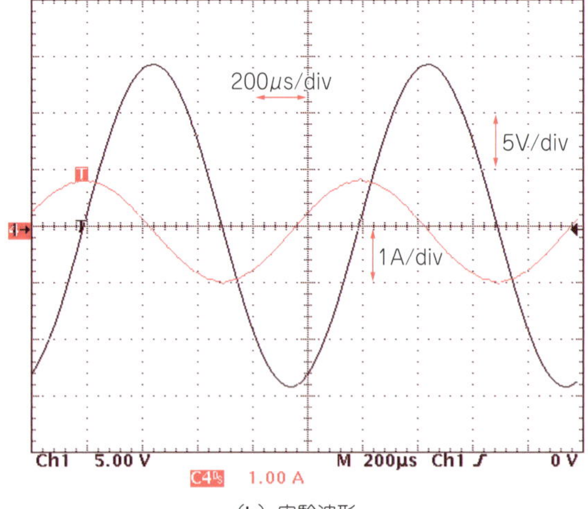

(b) 実験波形

図5　電流が最大になってから，やや遅れて水位の最大がおとずれる…電圧が電流から90°遅れるメカニズム

繰り返しますが，コンデンサの電流I_Cが＋方向のとき充電して電圧増加，－方向のとき放電して電圧減少です．電流の方向によってコンデンサの電圧が変化することに注目してください．

コンデンサの電圧V_Cは，**図5**のようにコンデンサの電流I_Cに対して90°遅れた波形になります．つまり，コンデンサの電圧V_Cは，電流より90°遅れるのです．

一般に電気回路理論の教科書ではコンデンサの電流は電圧より90°進むと書かれていますが，進むという表現は因果律に反するので，こう表現しました．

〈瀬川　毅〉

（初出：「トランジスタ技術」2012年4月号/2013年6月号）

電気をためる「コンデンサ」の応用　Column 1

コンデンサは，バケツのように電気をためることができます．その性質は，カメラのフラッシュや複写機，ハイブリッド自動車などに応用されています．複写機は気がつきにくいかもしれませんが，スタンバイ時から印刷するまでの時間の短縮の目的でコンデンサが電気をためる用途として使われています．

ハイブリッド自動車は，ブレーキ，下り坂などでモータが発電した急激で大きな電力ですぐにバッテリを充電するとバッテリの消耗が激しくなります．そこで，いったんコンデンサにためて，バッテリにじわじわと優しい充電をすることで消耗を防いでいます．

〈瀬川　毅〉

1-2 コンデンサには使ってもいい範囲がある

加えられる電圧と流せる電流の上限をチェック！

● 基本構造

図6にコンデンサの構造を示します．単純に絶縁物が2枚の電極に挟まれたシンプルな構造をしています．現実のコンデンサは，容量の増加や外形寸法の小型化の目的で複雑な構造をしています．

挟まれる絶縁物は，その材料によってコンデンサの特性が大きく変わります．絶縁物といっても電気を通さなければ何でもよいわけではありません，きちんとその誘電率が管理されて製造されているのです．それゆえ誘電体と呼んでいます．そのためコンデンサは，誘電体によって分類されています．

一般的に使用されているものは，セラミック・コンデンサ，積層セラミック・コンデンサ，電解コンデンサがほとんどです．

▶よく使う その1…セラミック・コンデンサ

誘電体がセラミックでできているコンデンサは，セラミック・コンデンサと，セラミック・コンデンサで構造的に多層になっているものは，積層セラミック・コンデンサと呼ばれています．小型で安価です．容量は最大で100～200 μFです．

▶よく使う その2…電解コンデンサ

誘電体が電解液に浸っているタイプは電解コンデンサです．大容量が欲しいなら電解コンデンサを使いますが，寿命がある，極性がある，後述する*ESR*が大きい，などが問題になってきます．

▶進化中…フィルム・コンデンサ

誘電体がフィルムでできているコンデンサは，フィルム・コンデンサと呼びます．フィルム材料を名前につけたコンデンサ，ポリプロピレン・コンデンサなどがあり，今後もフィルム材料の進歩と共に新しいコンデンサが登場するでしょう．

● コンデンサには使用範囲の電圧（定格電圧）がある

コンデンサの電圧の動作範囲，つまり定格について書いておきます．まずコンデンサの電圧に上限があります．**図6**で示したように，コンデンサは2枚の金属板とそれに挟まれた誘電体の構造です．コンデンサの電圧が高くなりすぎると，誘電体が絶縁破壊（breakdown）を起こします．ですからコンデンサには定格電圧があり，耐圧と呼ばれています．

コンデンサの定格電圧は，**表1**のようになっています．厳密にいえば1けたの範囲で10分割されています．現実には定格電圧12.5 Vや31.5 Vのコンデンサはほとんど流通していないので，**表1**から除外しました．

● コンデンサは電流の使用範囲もある

実は，コンデンサには電流の上限もあります．この原因はコンデンサの電流が内部抵抗成分*ESR*に流れることによる発熱で決まります．その上限の値は，メーカ各社が決める温度上昇の基準で決められています．困ったことにコンデンサの抵抗成分*ESR*には周波数特性があります．ですから動作させる周波数が変わると上限の値も変化します．

そこで目安としては，コンデンサの温度上昇を30℃以下にして使うことを推薦します．

異なる見方をすると，高い周波数でコンデンサを使

絶縁されているのに電流が流れる？ Column 2

さんざんコンデンサの電流の話をしておきながら何ですが，電極が誘電体（絶縁体です）で挟まれた構造のコンデンサに電流が流れるのでしょうか．コンデンサを外側から見ると確かに電流は流れているように見えます．

ですが，電流がコンデンサを貫通して流れることはありません．つまり誘電体を電流が流れることはないのです．AC電流が流れているときのコンデンサの内部に注目してみましょう．すると誘電体の内部で誘電分極が交互に発生しています．それが外部から見るとあたかも電流が流れているように見えます．この現象を19世紀の物理学者マクスウェル（James Clerk Maxwell）は，変位電流（a displacement current）と名付けました．

こうした発見が電磁波の発見につながり，現在の携帯電話，スマートフォン，タブレット端末の発展に大いに関与しているとは意義深いですね．

〈瀬川 毅〉

表1　主なコンデンサの耐圧(500 V以下)

4 V	6.3 V	10 V	16 V	25 V	35 V	40 V	50 V	63 V	100 V	160 V	200 V	250 V	315 V	350 V	400 V	450 V	500 V

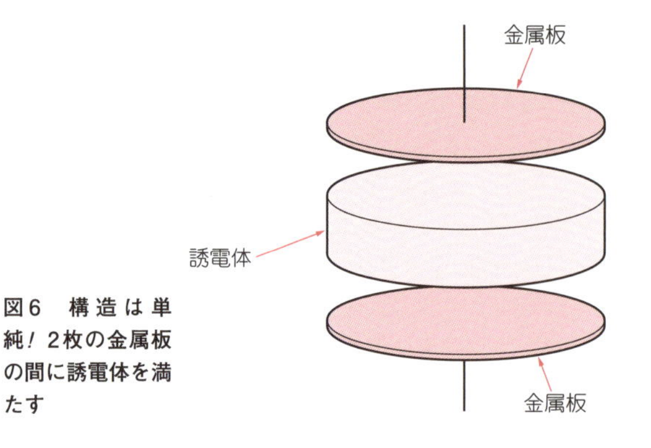

図6　構造は単純! 2枚の金属板の間に誘電体を満たす

うとコンデンサの電流を大きくとれますよ，ともいえます.

表2　コンデンサがとり得る値…3系列/E6系列/E12系列

E3系列	10	−	−	−	22	−	−	−	47	−	−	−
E6系列	10	−	15	−	22	−	33	−	47	−	68	−
E12系列	10	12	15	18	22	27	33	39	47	56	68	82

● キャパシタンスは，E3系列，E6系列，E12系列

コンデンサの容量，つまりキャパシタンスも任意で存在するわけではありません．抵抗値と同様に，標準数列(JIS C5063)で決められています．コンデンサの種類によってE3系列，E6系列，E12系列が用意されています．**表2**に，E3系列，E6系列，E12系列を示します.

〈瀬川 毅〉

(初出：「トランジスタ技術」2013年6月号)

1-3　高周波では抵抗やインダクタのようにふるまう! コンデンサの周波数特性

理想どおりにはいかない…*ESR*と*ESL*の影響

● 理想…周波数が高くなるとコンデンサのインピーダンスが下がり続ける

コンデンサのインピーダンスについて復習しておきましょう．教科書ではコンデンサのインピーダンス Z_C [Ω] はコンデンサの容量を C [F] として次のように表されます.

$$Z_C = \frac{1}{j\omega C} \quad \cdots\cdots (4)$$

ただし，j：虚数単位，ω：角周波数 [rad]

複素数表現はイマイチと感じる読者は，とりあえずインピーダンス Z_C の絶対値と書いたほうがいいかもしれません.

$$|Z_C| = \frac{1}{2\pi fC} \text{ [Ω]} \quad \cdots\cdots (5)$$

式(4)，式(5)は，周波数が高くなるほどコンデンサのインピーダンス Z_C は，減少することを表しています．周波数特性をもつ部品ということです.

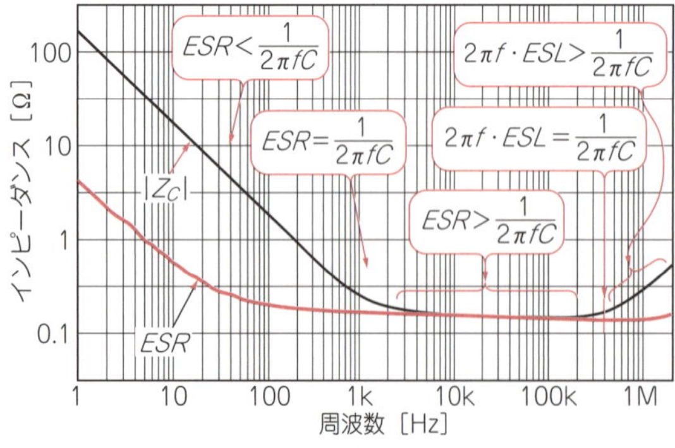

図7　コンデンサがコンデンサでなくなる…現実のコンデンサは周波数が高くなってもインピーダンスが単調に減少してくれない
電解コンデンサ1000 μFの例．幅広い周波数にわたって狙った特性を出す回路は非常に難しいということ

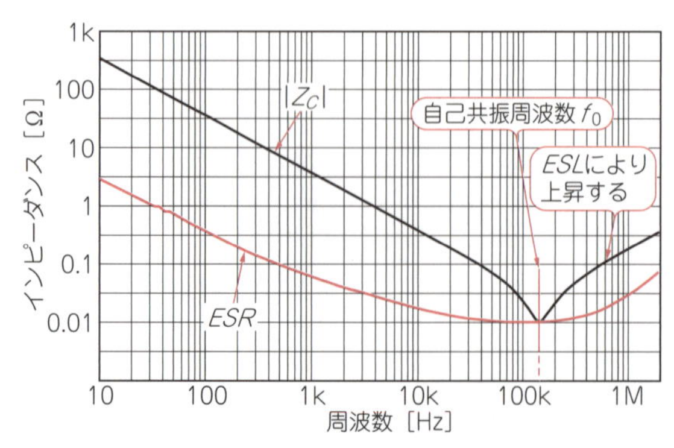

図8　周波数性能がよいといわれる低*ESR*コンデンサでも理想的ではない
積層セラミック・コンデンサ47 μFの例

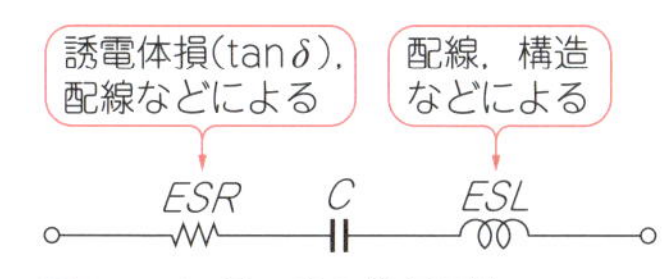

図9 コンデンサの等価回路
抵抗成分とインダクタ成分が直列に入る

周波数特性をもつことと，小型の部品が多いこと，容量値の精度が高く作れることなどから，コンデンサは，フィルタやノイズ対策など，あらゆる電子回路に使われています．

● 現実…ホントに？ コンデンサのインピーダンスを測定してみる

よくいえば現実的，悪くいうとへそ曲がりな筆者の性格からして，「周波数が高くなるほどコンデンサのインピーダンスZ_Cは減少する」といわれても真に受けるわけがありません．そこで早速実験してみました．

電解コンデンサ(aluminum electrolytic capacitor)と積層セラミック・コンデンサ(monolithic ceramic chip capacitors)を測定した結果を**図7**と**図8**に示します．

周波数が高くなるほどコンデンサのインピーダンスZ_Cは減少しましたか？

● 原因 その1…*ESR*(等価直列抵抗)

現実のコンデンサのインピーダンスは，**図7**のような鍋底型や**図8**のV字型の周波数特性であることがほとんどです．なぜこのような周波数特性になるのでしょうか．**図9**にコンデンサの等価回路を示します．

コンデンサの抵抗成分を*ESR*(Equivalent Series Resistance)と，インダクタ成分を*ESL*(Equivalent Series Inductance)と呼びます．*ESR*は**図10**に示すようにコンデンサの抵抗成分です．

結論から書くと，**図7**のインピーダンスが一番低い部分は*ESR*で決まります．*ESR*の値の大きさによって周波数特性が鍋底型やV字型になったりするのです．

▶コンデンサの*ESR*は小さいほど良い！

周波数fを少しずつ低いほうから高いほうに移動したとして考えてみましょう．するとコンデンサCのインピーダンスは少しずつ減少します．やがて，

抵抗成分のインピーダンス → コンデンサのインピーダンス

$$ESR > \frac{1}{2\pi fC} \quad \cdots\cdots (6)$$

となる周波数領域［**図7**では1 kHz以上の周波数領域］では，コンデンサのインピーダンスより*ESR*のほうが大きくなります．この周波数領域ではコンデンサではなく抵抗*ESR*として動作しますよ，ということです．

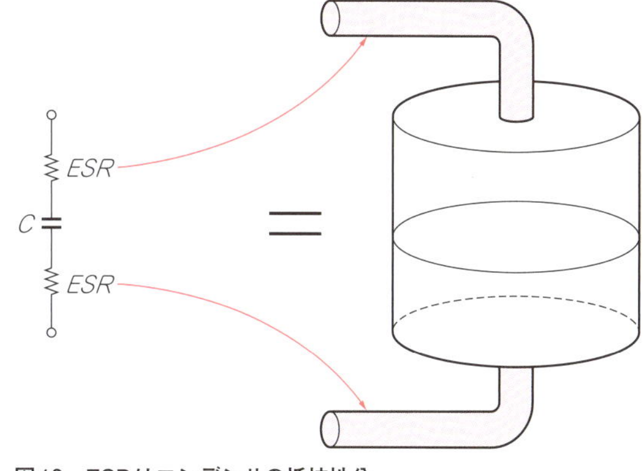

図10 ESRはコンデンサの抵抗性分

つまり**図3**でコンデンサのインピーダンスより*ESR*のほうが大きければ，コンデンサ全体としてのインピーダンスは*ESR*以下には絶対になりません．

コンデンサらしく「周波数が高くなるほどコンデンサのインピーダンスZ_Cは減少する」ためには*ESR*は小さいほどよいのです．

● 原因 その2…*ESL*(等価直列インダクタンス)

*ESL*がコンデンサのインピーダンスに与える影響も説明します．残念ながらどんなに素晴らしいコンデンサでも，構造的に配線部分があります．そこで生じたインダクタンス成分が*ESL*です．

*ESR*の影響が出てくるよりさらに高い周波数で考えてみましょう．その周波数領域ではコンデンサのインピーダンス$1/(2\pi fC)$より*ESL*によるインピーダンスが増加します．やがてコンデンサのインピーダンスより*ESL*のインピーダンス$2\pi f \cdot ESL$が大きくなると(**図7**では200 kHz以上の周波数)，周波数の上昇とともにコンデンサ全体のインピーダンスも増加します．次のようになります．

インダクタ成分のインピーダンス → キャパシタのインピーダンス

$$2\pi f \cdot ESL > \frac{1}{2\pi fC} \quad \cdots\cdots (7)$$

もはやコンデンサとしてではなくインダクタ*ESL*として動作します．

図2で考えると，キャパシタンスCと*ESL*が直列共振(series resonance)した周波数f_0(自己共振周波数と呼びます)は，次のようになります．

$$f_0 = \frac{1}{2\pi\sqrt{ESL \cdot C}} \quad \cdots\cdots (8)$$

自己共振周波数f_0以上の周波数では，コンデンサは*ESL*，つまりインダクタとしてふるまうのです．いわゆる周波数特性が良いコンデンサとは，自己共振周波

数f_0が高いコンデンサと言い換えると具体的です．

▶補足…コンデンサの配線は短く

脱線しますが，コンデンサに接続するプリント基板の配線を長く伸ばすことと*ESL*を追加していることは等価です．当然コンデンサの高い周波数領域のインピーダンスが増加して悪影響が出ます．周波数特性を良くしたいならコンデンサに接続するパターン配線は，1 mmでも短く，否，0.1 mmでも短く，と申し上げましょう．

● 周波数特性が良い！ インピーダンスV型特性は低*ESR*

*ESR*が小さいコンデンサの事例として，積層セラミック・コンデンサの特性を**図8**に挙げました．*ESR*が低く自己共振周波数f_0まで*ESR*はインピーダンスに影響を与えていません．

自己共振周波数f_0では，キャパシタンス*C*と*ESL*の直列共振なので，*C*と*ESL*の作るインピーダンスは0 Ωです．それで*ESR*の値がコンデンサ全体のインピーダンスになっています．

自己共振周波数f_0より高い周波数では，*ESL*が作るインピーダンスがコンデンサ*C*，*ESR*より大きく支配的となっています．

その結果，コンデンサ全体のインピーダンスの周波数特性が，V型となっているのは低*ESR*である証明ともいえるでしょう．〈**瀬川 毅**〉

（初出：「トランジスタ技術」2013年6月号）

1-4 コンデンサの抵抗分*ESR*の性質

周波数と温度が低いほど大きくなる

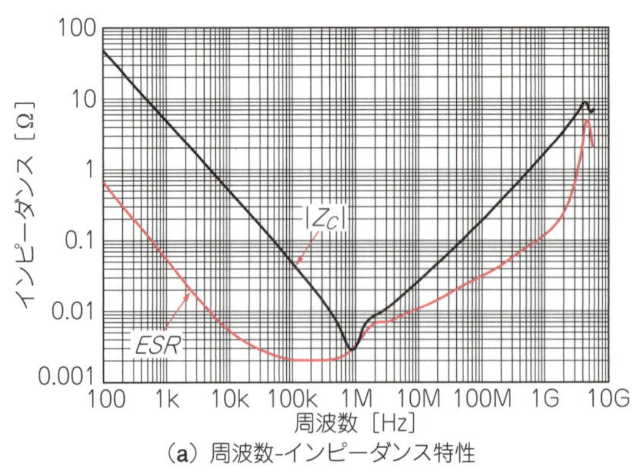

(a) 周波数-インピーダンス特性

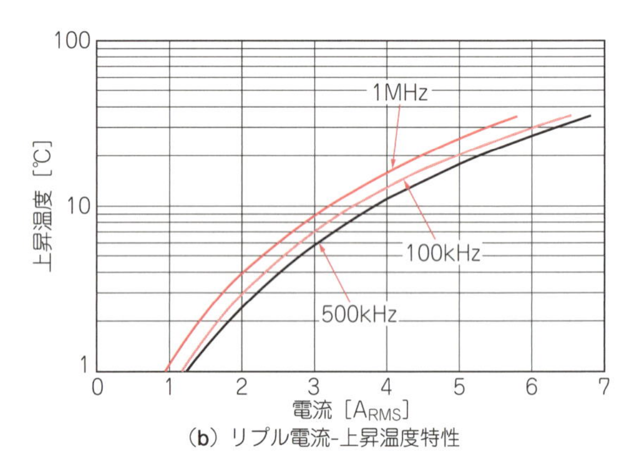

(b) リプル電流-上昇温度特性

図11[1] **直列抵抗成分*ESR*には周波数特性がある**

周波数によって発熱も変わってくる

● 抵抗成分なのに？ *ESR*は周波数特性をもっている

等価直列抵抗*ESR*についてもう少し言及します．**図7**と**図8**において，*ESR*が周波数によって変化しています．つまり*ESR*は周波数特性をもっています．

*ESR*はコンデンサの「抵抗」成分なので，抵抗が周波数特性とは妙なことを書くなと思われた読者もいるかもしれません．ですが確かに*ESR*は周波数特性をもっています．検証してみましょう．

コンデンサに電流を流すとその抵抗成分である*ESR*にも電流が流れるのですから，コンデンサは発熱します．もし*ESR*に周波数特性があるならば，コンデンサの電流の周波数を変えると温度上昇に違いが見られるハズです．そこで**図11**を用意しました．

コンデンサの電流と発熱特性の100 kHzの場合と500 kHzの場合に注目してください．500 kHzの電流を流したほうが発熱は少ないですよね．この結果よりわかることは，100 kHzより500 kHzのほうが*ESR*が少ない，ということです．つまり，*ESR*は周波数特性をもっているのです．

● 誘電正接tan δと等価直列抵抗*ESR*の関係

コンデンサの資料を読んでいると*ESR*ではなく誘電正接(dissipation factor，tan δとも表す)が登場します．そこで*ESR*とtan δの関係を**図12**に示します．**図13**の等価回路で，自己共振周波数f_0より十分低い周波数ですと*ESL*の影響は無視できます．その状態

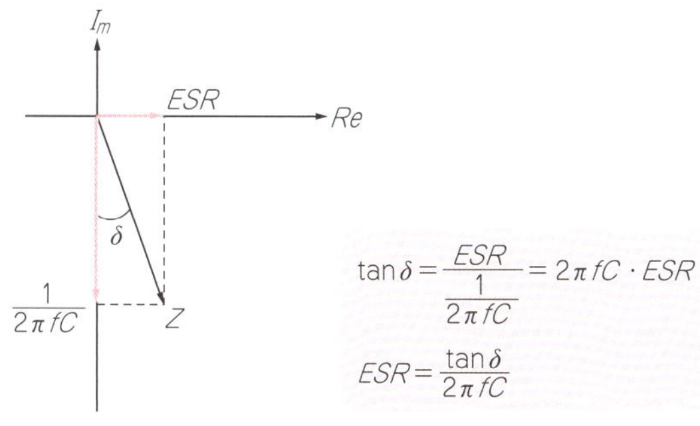

図12　誘電正接tanδと等価直列抵抗ESRの関係

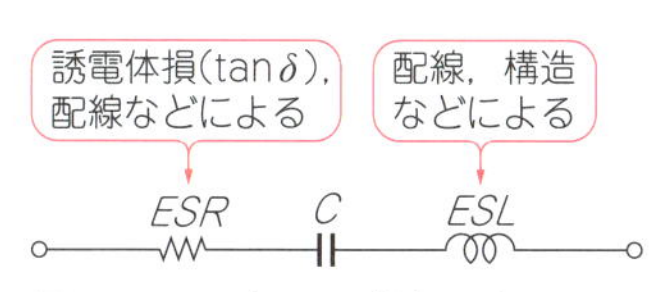

図13　コンデンサの等価回路

で**図13**のインピーダンス・ベクトル(impedance vector)を書いてみました．それが**図12**です．**図12**でのtanδを示します．

$$\tan\delta = \frac{ESR}{\dfrac{1}{2\pi fC}} = 2\pi fC\cdot ESR \quad\cdots\cdots(9)$$

式(9)からESRは，次のようになります．

$$ESR = \frac{\tan\delta}{2\pi fC} \quad\cdots\cdots(10)$$

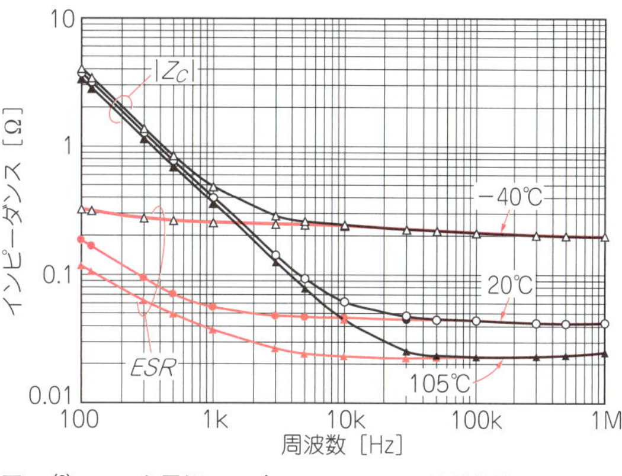

図14[2]　アルミ電解コンデンサのESRの周波数特性

● 実際には…温度特性で問題があったら電解コンデンサのESRを疑うのもアリ

電解コンデンサは，ESRに温度特性があります，**図14**です．低温側でESRが大きくなり高温側でESRが小さくなるところが特徴です．温度試験をして問題が発生したとき，電解コンデンサのESRを疑ってみてもよいでしょう．

〈瀬川 毅〉

◆参考・引用*文献◆

(1)* 積層セラミック・コンデンサGRM21BB30J476ME15資料，村田製作所．
http://psearch.murata.co.jp/capacitor/product/GRM21BB30J476ME15% 23.html

(2)*「アルミ電解コンデンサの上手な使い方」，日本ケミコン．
http://www.chemi-con.co.jp/catalog/pdf/al-j/al-sepa-j/001-guide/al-technote-j-130101.pdf

(初出：「トランジスタ技術」2013年6月号)

1-5　電荷バケツ「コンデンサ」の応用例：のこぎり波発生回路

一定量の水をじわじわためて一気に吐き出す「ししおどし」と同じしくみ

● のこぎり波動作と伝統のししおどしは同じしくみ

ここでは，コンデンサの電荷をためる性質を具体的に応用した例を紹介します．のこぎり波(saw tooth wave)発生回路です．

本題に入る前にのこぎり波発生回路のイメージを用意しました．大きな日本庭園で見られるししおどしです(**図15**)．ときどき音がして優雅ですね．

ししおどしの竹の筒には，一定の水量がいつも流れ込んでいます［**図16(a)**］．竹の筒にだんだん水がたまってくると水位が上昇します．やがてバランスが崩れ大きく動いてたまった水がこぼれます［**図16(b)**］．

水がこぼれたら本来のバランスが戻り，元の位置に戻ります．元の位置には石が置かれこの石に竹がぶつかり，優雅な音を立てます．

ししおどしの竹筒の水位は，ゆっくりと上昇し，ある水位に達すると一気にこぼれます．この動作はのこぎり波を生成するときの動作と同じなのです．

このとき，竹の筒がコンデンサになります．

● 一定の電流を流すカレント・ミラー回路

図17においてトランジスタTr_1，Tr_2は，ベース，エミッタが共通なため，コレクタに同じ電流が流れることが特徴です．2個のトランジスタに同じ電流が流れるのでカレント・ミラー回路と呼ばれています．

カレント・ミラー回路はOPアンプなどアナログICに非常に多用されています．ここではトランジスタ

図15　のこぎり波発生回路は…ししおどし

Tr_1, Tr_2のコレクタに同じ電流が流れることを前提にスタートします．

● ししおどしを実現したのこぎり波発生回路

▶ステップ1：コレクタ電流I_CがC_1に流れる

まず，トランジスタTr_1のコレクタ電流について考えてみます．トランジスタTr_1のコレクタとベース間は短絡されています．トランジスタTr_1のコレクタに接続された抵抗R_1には，$V_{CC}-V_{BE}$の電圧が加わっています．トランジスタTr_1のコレクタ電流Ic_1は，一定の電流になります．

$$I_{c1}=\frac{V_{CC}-V_{BE}}{R_1}$$

カレント・ミラー回路ですから，同じ電流I_{c1}がトランジスタTr_2のコレクタにも流れています．となると，トランジスタTr_2のコレクタに接続されているコンデンサC_1にも一定の電流が流れます．

▶ステップ2：C_1の電圧が上がっていく

コンデンサの性質からコンデンサに一定の電流が流れると，その電圧は時間に比例して徐々に増加するハズです．時間と経過とともにコンデンサの電圧は上昇します．

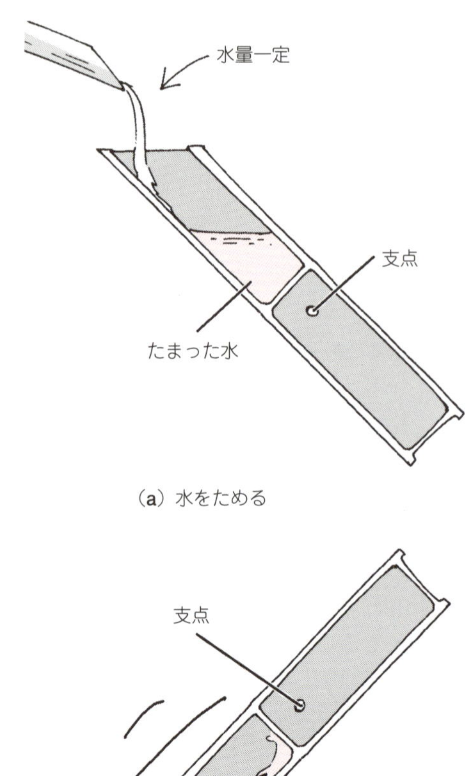

図16　しくみ…一定量の水(電荷)をジワジワためて一気に吐き出す

▶ステップ3：コンパレータが反転するとC_1にたまった電荷を放電する

では無限にコンデンサの電圧は上昇するかといえば，それは違います．コンパレータ(電圧比較器)IC_1によってコンデンサC_1の電圧が常に監視されています．そしてコンデンサC_1の電圧が抵抗R_2, R_3で設定された値(**図17**では2.5 V)を超えると，コンパレータ出力は一挙に反転します．コンデンサC_1にたまった電荷を短い時間で放電します．

▶ステップ4：再びC_1を充電する

コンデンサC_1の電荷が放電されればコンデンサC_1の電圧は，再び0 Vとなります．そしてカレント・ミラー回路によって充電され，再び時間と経過とともにコンデンサの電圧は上昇するのです．　**〈瀬川 毅〉**

(初出：「トランジスタ技術」2012年4月号)

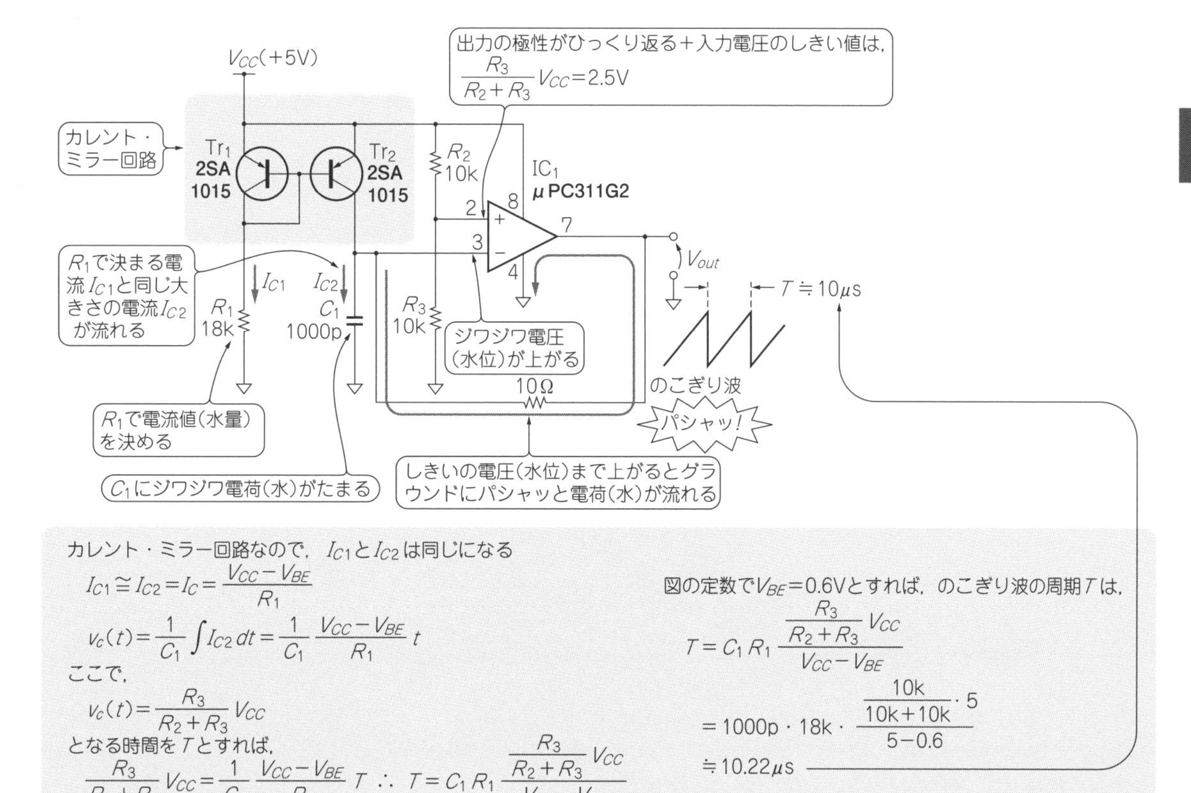

図17 のこぎり波発生回路
C_1が電荷をためる竹の筒.電圧が$R_3/(R_2+R_3)\times V_{CC}$を超えると,コンパレータが反転して電荷を吐き出す

1-6 実はシンプル! インダクタのはたらき
わかれば手玉に取れる! 動き出したら止まらない電流の貯蔵庫

イメージ

● 電流は急には止まれない! インダクタには慣性がある

インダクタの動作イメージを**図18**に示します.ここではインダクタを車に置き換えてみました.車はエンジンがないタイプです.キャンピングカー,トレーラ,空港で手荷物運びに使うカートなどを想像してください.

そうした車を止まった状態から動かそうとすると,最初は結構大変で大きな力が必要です.力を入れてやっと車は動き出します.

下り坂道を下りる場合は,当然ですが車のスピードは上がります.下り坂が続くと車の速度はさらに上がります.ところが,いったん上がった車の速度を落とすことは容易ではありません.ブレーキが必要になります.

ブレーキも大変で,長い下り坂でタイヤの奥にあるブレーキパッドが真っ赤になっていることもあります.もしブレーキをかけるとすぐ止まれる車があれば,交通事故は大きく減少するに違いありません.

つまり,止まっている車を動かすのには大変な労力がいるが,いったん動き出した車を止めるのも一苦労する,そんなところです.

● インダクタの電気エネルギと運動のエネルギ

インダクタの時間軸の動作について考えてみましょう.**図19**に示すように車など質量があって動くものに例えるとイメージがつかみやすいでしょう.今,質量m,速度vで運動している物体の運動エネルギE_mは,物理学の教科書によると,

(a) 停止から走り出すまではたいへん

(b) 走行から停止もたいへん

図18　インダクタが蓄える電気エネルギは物体の運動エネルギと同じ
停止から走行：運動エネルギが必要(加速)，走行から停止：運動エネルギを消費(減速)

$$E_m = \frac{1}{2}mv^2 \cdots\cdots (11)$$

とあります．

一方，インダクタンスLのインダクタに電流iが流れているときのインダクタのエネルギE_Lは，回路理論の教科書では，

$$E_L = \frac{1}{2}Li^2 \cdots\cdots (12)$$

と書かれています．

式(11)と式(12)を比較すると，質量mとインダクタンスL，速度vとインダクタ電流iを置き換えれば，運動エネルギとまったく等価です．つまり，インダクタのエネルギは，運動のエネルギと等価と考えられます．

● インダクタの電流変化は緩やか

インダクタのエネルギは，運動のエネルギと等価ならば，イメージしやすいようにインダクタを重量mの車の置き換えてみましょう．そこで定性的な性質を整理します．

図18に示すように，エンジンが同じならば軽い車は加速がよいですが，重い車は加速が遅いです．一方ブレーキが同じならば，軽い車は減速も速やかですが，重い車は停止させるまで長い制動距離と時間が必要です．

インダクタで考えると，インダクタに加えられる電

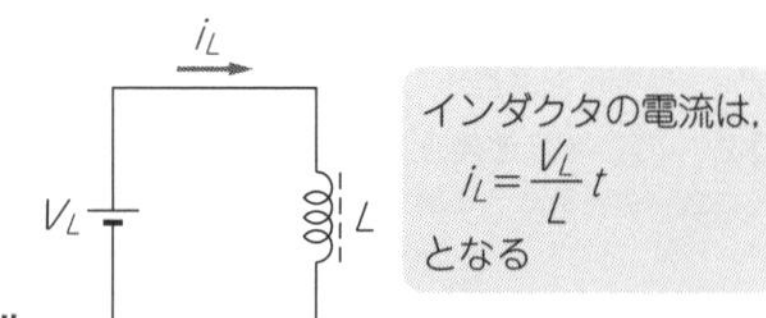

図20　回路モデル

圧は同じならば，小さいインダクタンスのインダクタは電流変化も急激ですが，インダクタンスが大きなインダクタの電流変化は緩やかです．

一方，インダクタに電流が流れている状態でインダクタの電圧を回路的に小さくした，としましょう．小さいインダクタンスのインダクタは，電流変化が急速に減少するでしょう．しかし，インダクタンスが大きなインダクタの電流減少は緩やかです．

● インダクタの逆起電力は車の急ブレーキみたい

特に，インダクタに電流が流れている状態(**図20**)で，インダクタの電圧を回路的に小さくした状態を考えてみます．現実的にはインダクタと直列に半導体スイッチや機械的なスイッチが接続されている状態です．

インダクタには電流が流れているのですから，電流の2乗に比例するエネルギがたまっています．インダクタ電流が流れている状態で，インダクタをスイッチによって切り離すと，インダクタに電流としてたまったエネルギの行き場がなくなります．インダクタは何としても電流を流そうとしまして，スイッチの両端に大きな電圧が発生します．これが逆起電力，インダク

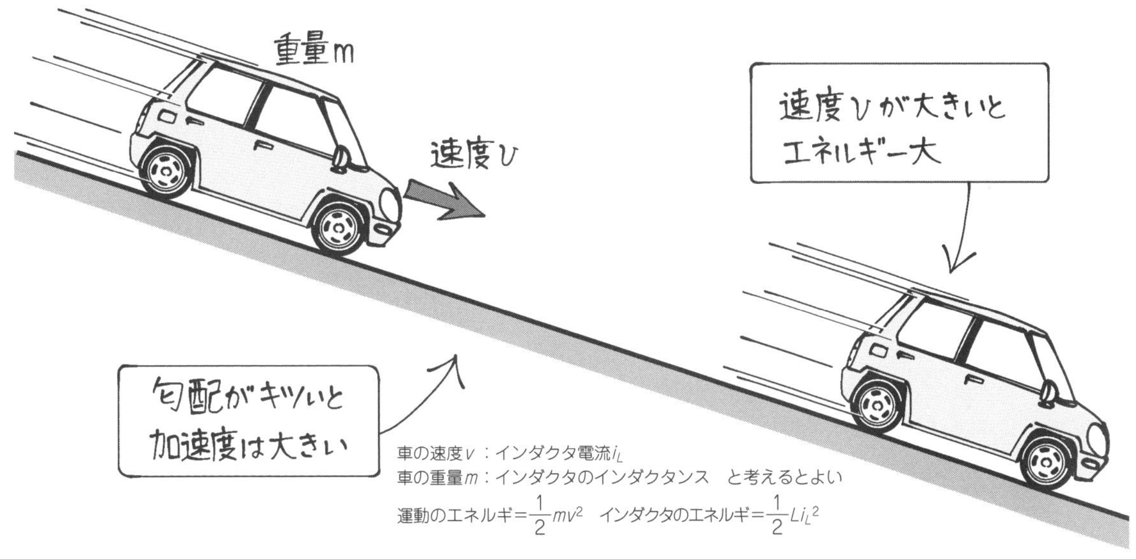

図19　電流は急には止まれない！インダクタは慣性で動き続けようとする
車はエンジンがないタイプ

ティブ・キックなどと呼ばれ，忌み嫌われるインダクタの現象です．これは車の例えでは，走っている車を急停止させようとしたことと等価です．一般に「インダクタの電流は，急にゼロにならない」との格言が生まれたのです．

〈瀬川 毅〉

（初出：「トランジスタ技術」2012年4月号/2013年6月号）

1-7 インダクタの理解のカギは「磁束の増減」

電流を流すと磁束が発生したり，磁束の変化で電圧が発生したり

● インダクタの構造

インダクタは，**図21**の回路記号のとおり，電線をぐるぐると巻いたような構造になっています．インダクタは「電流の変化をさまたげる部品」といわれます．

インダクタンスの単位は「ヘンリー：H」を使います．インダクタは導線をぐるぐる巻いた形状ですので，当然，インダクタンスが大きいほど，巻き線が多いことになります．

写真1のように，1 μHのインダクタよりも1 mHのインダクタのほうが巻き線が多い分だけ太っています．逆に，1 μHのインダクタは巻き線が少ないので，部品の中央部がへこんでいることがわかります．

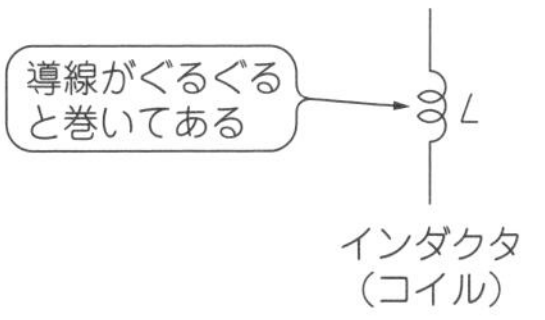

導線がぐるぐると巻いてある
L
インダクタ（コイル）

図21　インダクタの回路記号
実際のインダクタも，銅線を巻いてコイル状にしているものが多い

● インダクタに電流を流すと，磁束密度が生じる

まずは，インダクタに電流を流すと磁束密度が生じる「アンペールの法則」について確認します．

インダクタに電流を流すと，**図22**のように，インダクタを貫通するように「磁束密度」が生じます．ここで押さえておきたいポイントは，電流の向きと，磁束密度の向きの関係です．電流がぐるりと回るように流れるとき，磁束密度が生じる方向は，**図23**のよう

写真1　インダクタの例
一般的には，インダクタンスの大きいコイルは巻き数が多い

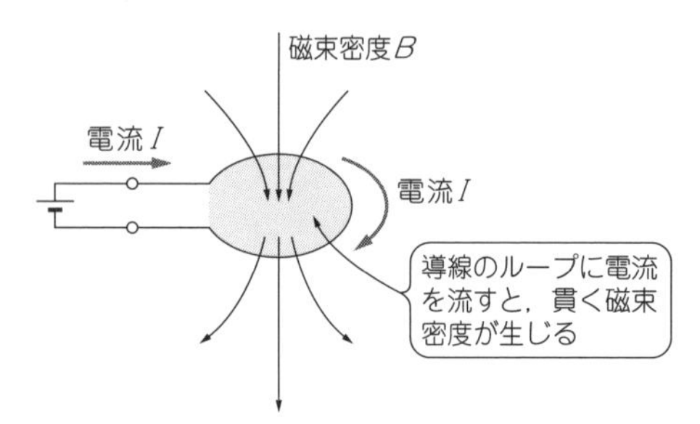

図22　インダクタに電流を流すと磁束密度が生じる
アンペールの法則

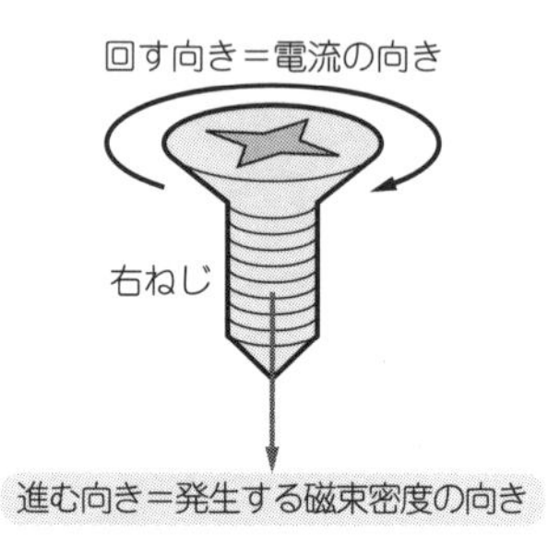

図23　電流の向きと磁束密度の向きの対応
右ねじの法則

に対応しています．「右ねじを回す向き」が電流の向きだとすると，「右ねじが進む向き」と同じ方向に磁束密度が生じます．

●「磁束」と「磁束密度」

「磁束密度」は名前の通り，インダクタが作る磁力線の「密度」を表すイメージです．インダクタの「面」全体で磁束密度を合計したものは「磁束」と呼ばれます．ちなみに，磁束の単位は「Wb」(ウェーバー)です．

例えば，巻き数は同じでも，コイルの直径が異なる二つのインダクタがあるとします．

そこに同じ電流を流すと，電流が同じですから，同じ磁束密度が生じます．しかし**図24**に示すように，磁束は「磁束密度×貫通する面積」ですから，直径が大きいインダクタのほうがインダクタ内にある「磁束」は大きくなります．

もちろん，インダクタの巻き数が異なれば，そもそも発生する磁束密度が異なりますから，やはりインダクタ内部の磁束も違った値になります．

同じ電流を流したとしても，発生する磁束はインダクタによってまったく異なる値になります．

結局のところ，インダクタは「磁束」を生じさせる部品だと言えます．この磁束を「物を動かす」ために利用するのが電磁石やモータなどです．後述するファラデーの法則と合わせることで，インダクタの電流-電圧関係を求めることにもつながります．

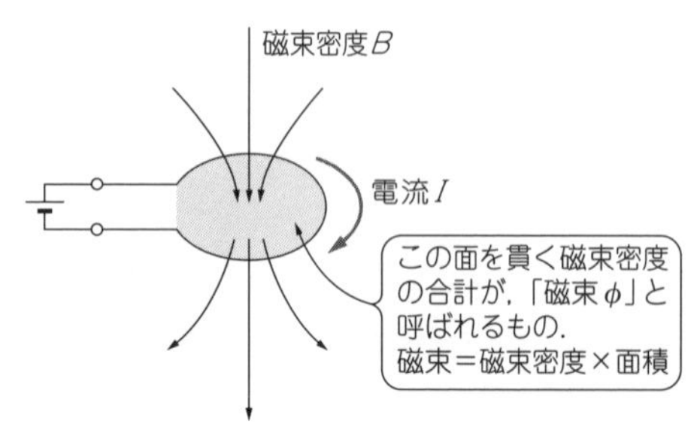

図24　インダクタと磁束の関係
同じ電流を流しても，インダクタにより発生する磁束は異なる

●「磁束密度」と「磁界」

子供のころに，鉄くぎにぐるぐるとエナメル線を巻いて，「電磁石」を作った経験がある方は多いと思います．この電磁石は，要はインダクタと同じものです．

「磁石」が周りの空間に生じさせるのは「磁界」もしくは「磁場」だと習います．しかし，今インダクタの説明で使った言葉は「磁束密度」でした．磁界と磁束密度は，どう違うのでしょうか？

語弊を恐れずに言うと「磁束密度」というのは電流が根本にあって考えられた概念，「磁場」というのは磁荷(電荷に対する「磁荷」)を中心として考えられた概念です．今のところ「磁荷」は見つかっておらず，磁気的な現象は電流によるものとされています．よって，主に用いられるのは「磁束密度」という言葉になります．

ただ，「磁石」や「電磁石」のようなものは，プラスとマイナスの磁荷をペアにしたものと同じ振る舞いをするので，磁荷だと見なして「磁界ができる」などと言うことができることになっています．

いずれにしても，インダクタや電流の文脈では，基本的に「磁束密度」で考えておけばOKです．

● インダクタンスL

インダクタに電流を流したときに，どのくらい磁束が生じるのでしょうか．これは，インダクタの材料や構造によって大きく異なります．

例えば，巻き数が多いインダクタほど，同じ電流を流したときに生じる磁束は大きくなります．直径が大きいインダクタほど磁力線が貫通する面が大きいため，磁束は大きくなります．さらに，インダクタを巻く芯(コア)の材料によっても磁束の大きさは異なります．

ここで，インダクタを使う側としては「電流を流したら，どれだけ磁束が生じるのか」ということが簡単にわかると便利です．そこで，次のような定数「L_0」を使って，電流Iを流したときにインダクタ内にどれだけ磁束ができるのかを表すことにします．

$$\Phi = L_0 I$$

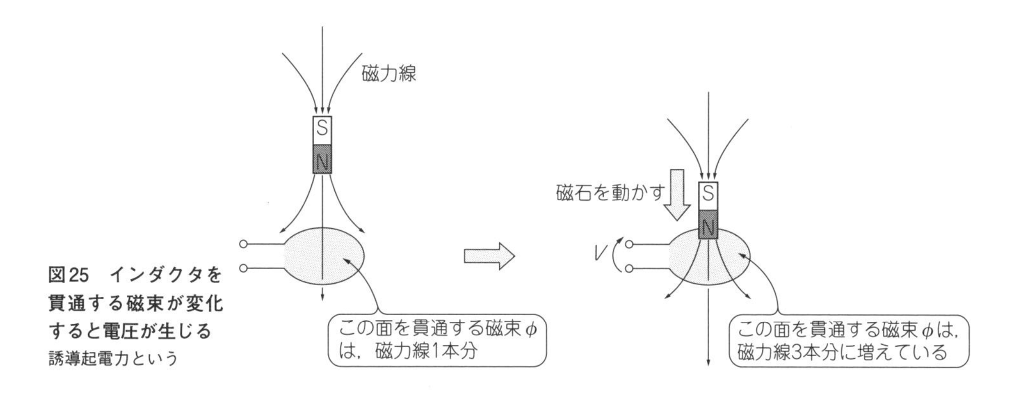

図25　インダクタを貫通する磁束が変化すると電圧が生じる
誘導起電力という

インダクタの巻き数やサイズ，コア材料などのさまざまなパラメータは，このL_0という量に集約されています．「ああ，これがインダクタンスというやつか」と思われるかもしれませんが，本物の「インダクタンス」は，この値とは別物です．

次は，インダクタの「インダクタンス」とは何なのか，見ていくことにします．

● インダクタの中の磁束が変化すると電圧が生じる

先ほどは，「インダクタに電流を流すと磁束が発生する」という話でした．インダクタに関わる現象はこれだけではありません．今度は，インダクタ中の磁束を変化させたときに生じる「起電力」の話です．

図25のように，インダクタに対して磁石を近づけたり遠ざけたりする実験では，磁石を動かしている間だけ，インダクタに電圧(これを「起電力」と呼ぶ)が生じます．

この実験の「磁石を動かす」という動作について，インダクタを貫通する磁束がどうなっているかに注目して考えてみます．

磁石のN極からは磁力線が出ていて，S極には磁力線が入っていきます．そのイメージをもって改めて「磁石をインダクタに近づける」という動作をイメージすると，磁石のN極をインダクタに近づけていったとき，図のように，インダクタを貫通する磁力線の数が増えることになります．磁石に近い場所ほど，磁力線の密度が濃い(本数が多い)からです．

この実験結果が言っていることは，「インダクタを貫通する磁束が変化すると，インダクタに電圧が生じる」ということになります．これが，いわゆる「ファラデーの法則」です．

● インダクタンスLは電流と起電力を結ぶ定数

ファラデーの法則を，数式で表すことを考えてみます．「インダクタ内の磁束の時間変化」は，ある時間幅Δt [sec] の間に$\Delta\Phi$ [Wb] だけ変わるとすると，$\Delta\Phi/\Delta t$で表すことができます．たとえば，3秒間の間に12 Wbだけ磁束が変化したら，「磁束の時間変化」は12 Wb/3 sec = 4 Wb/secとなります．この「時間変化」が大きいほど，インダクタに大きな電圧が生じます．

ではインダクタに生じる電圧は$V=\Delta\Phi/\Delta t$ではないのか？と思うところです．そうではありません．「磁束の時間変化」によって生じる電圧はたしかに「$\Delta\Phi/\Delta t$」なのですが，これはインダクタの1巻き分に生じる電圧なのです．

インダクタがぐるぐるとN回巻いてあるとします．「N回巻き」ということは，一つのループにそのまま次のループがつながり，さらに次のループ…と，「ループが直列につながっている」状態だと言えます．この一つ一つに「$\Delta\Phi/\Delta t$」の電圧が生じますから，インダクタ全体で見ると「$\Delta\Phi/\Delta t$」の電源がN個直列につながった状態になります．

「N回巻き」のインダクタに生じる電圧の式は，次のようになります．

$$V=N(\Delta\Phi/\Delta t)$$

ここで，さきほど磁束Φと電流Iを結びつける式を作っていたことを思い出します．インダクタがN回巻きであることから，発生する磁束もN倍になります．

$$\Phi=NL_0I$$

微小変化を考えると$\Delta\Phi=NL_0\Delta I$です．これを代入すると，

$$V=\frac{N(NL_0\Delta I)}{\Delta t}=N^2L_0\frac{\Delta I}{\Delta t}$$

ここで，「N^2L_0」の部分は，インダクタの形や構造によって決まる「インダクタごとに違う値」です．よって，この値を「インダクタンスL」として表すことになります．

〈別府 伸耕〉

(初出:「トランジスタ技術」2015年5月号　別冊付録)

1-8 インダクタに流れている電流は急には止まれない

車の加速/減速とエネルギの関係がイメージできたら一人前

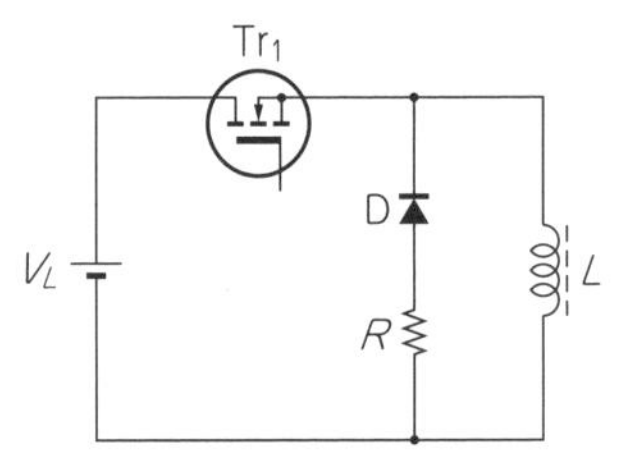

図26　スイッチング・レギュレータを単純化した回路

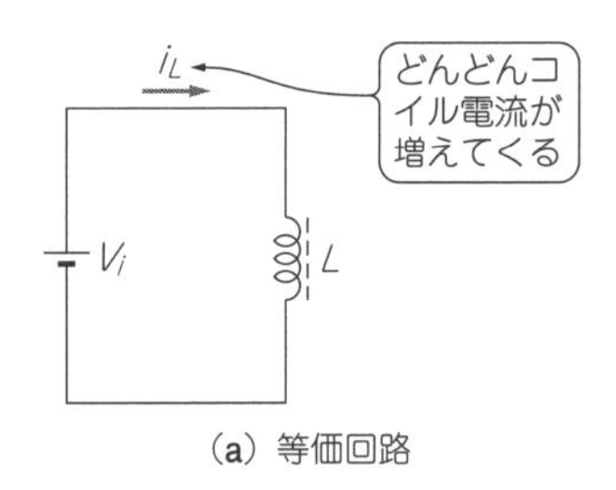

(a) 等価回路

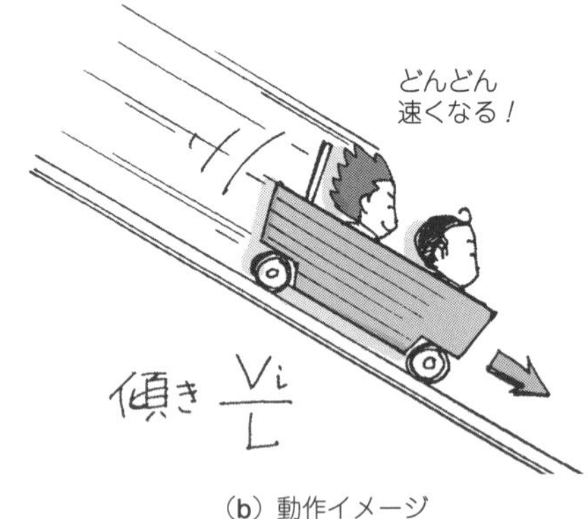

(b) 動作イメージ

図27　パワーMOSFETがON時するとインダクタに流れる電流が増えていき，エネルギがたまる

● インダクタ電流は時間に比例して増える

図26の回路で，**図27(a)**のようにパワーMOSFET Tr_1がONの状態になったとすると，インダクタLにはDC電圧V_Lが加わります．インダクタLには徐々に電流iが流れ出します．そして時間の経過と共にだんだん電流iは増加していきます．

電圧vとインダクタンスL，インダクタンス電流iの関係は，回路理論の教科書には式(13)のように書かれています．

$$v = L\frac{di}{dt} \quad \cdots\cdots (13)$$

この式を回路**図27(a)**に適用してみます．ここでインダクタLに加わる電圧はDC電圧V_iでしたので，式(14)の通りです．

$$V_i = L\frac{di}{dt} \quad \cdots\cdots (14)$$

ここで式(14)の両辺を積分してみます．このとき電圧V_iがDC，つまり時間的に変化しないので，式(14)は容易に積分できて，電流iが得られます．

$$V_i \cdot t = L \cdot i$$

$$\therefore i = \frac{V_i}{L}t \quad \cdots\cdots (15)$$

式(15)は，インダクタLの電流が，時間に比例して増加していくことを示しています．

電流の増加率は，インダクタのインダクタンスLと加えられた電圧V_iによって決まります．

● インダクタ電流が増えるとたまるエネルギが大きくなる

式(15)によれば，同じ電圧V_iが加えられても，インダクタンスLの大きさによって電流の増加率は異なります．つまりインダクタンスLが小さければ急速に電流iは増加し，インダクタンスLが大きければ電流iの増加は穏やかなのです．

これはインダクタLを車に例えた**図27(b)**の事例でいうと，車の重量mが軽い車は加速性能がよい，つまりスピードvの増加が早く，重量mが重い車は加速性能が悪い事実と，とても似ています．

さらに書きましょう．インダクタLの電流iがだんだん増加すると，インダクタLにたまるエネルギE_Lは次の通りですから，インダクタLのエネルギも増加します．

$$E_L = \frac{1}{2}Li^2 \quad \cdots\cdots (16)$$

● MOSFET OFF時にたまったエネルギが流れ出る

図27(a)のパワーMOSFET Tr_1がONの状態でインダクタLの電流がだんだん増加することがわかりました．ではパワーMOSFET Tr_1がONの状態から**図28(a)**のようにOFFになったらどうなるのでしょう．

インダクタLには，式(16)のように，エネルギが電流iの状態でたまっています．インダクタLのエネルギは，パワーMOSFET Tr_1がOFFになっても，決して消滅するわけではありません．電流iの状態というのがポイントで，何度も書きますが，インダクタL

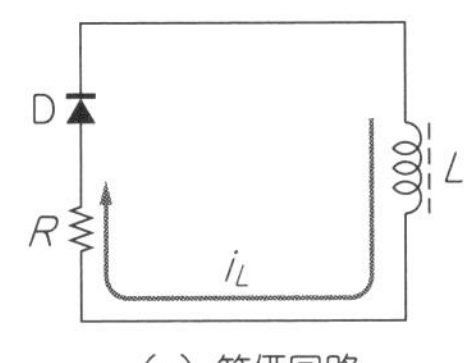

(a) 等価回路

(b) 動作イメージ

図28　パワーMOSFET OFF時はインダクタに流れていた電流が減少していき，エネルギが吐き出される

の電流は決して急にはゼロになりません．

それでは，インダクタLの電流iはどこを流れるのでしょう．実は，パワーMOSFET Tr_1がOFF時のインダクタLの電流の通り道として用意したのがダイオードDと抵抗Rです．インダクタLの電流iは，パワーMOSFET Tr_1がOFFとなっても急にはゼロとはならず，**図28**(a)のダイオードDと抵抗Rに流れ続けるのです．

このときインダクタLの電圧V'_iは，ダイオードの順方向降下電圧V_Fを無視すれば，約$R \cdot i_L$となります．つまり次の通りです．

$$V'_i = Ri_L + V_F \cong Ri_L \quad \cdots\cdots (17)$$

抵抗Rに電流i_Lが流れているのですから，抵抗RでインダクタLのエネルギは消費されます．つまり電流i_Lは減少する方向で流れています．電圧V'_iの方向に注目すると，パワーMOSFET Tr_1 ON時と逆になっています．

図28(b)の車の例えでは，パワーMOSFET Tr_1 ON時に下り斜面で加速された車が，パワーMOSFET Tr_1がOFF時登り斜面で減速する，と考えればよいでしょう．

逆起電力の大きさを実験で確かめる

本当にインダクタに電流が流れているところをスイッチで切断したらどうなるか，**図29**の回路で実験してみました．**図29**でパワーMOSFET Tr_3を800 ns間ONして，インダクタLにDC 12 Vの電圧を加え，その後パワーMOSFET Tr_3をOFFします．そのときの電圧波形を**図30**に示します．

DC 12 Vを加えただけなの，スイッチのパワーMOSFET Tr_3には，何と213 Vもの高い電圧が発生しています．これが逆起電力の正体です．

なお，この実験は高電圧を発生し危険ですので，読者の皆さまには実験をお勧めしません．

▶インダクタに蓄えられたエネルギを計算してみる

もう少し深入りしましょう．**図29**で$L_1 = 100\,\mu$Hのインダクタに，800 ns間，DC 12 Vの電圧を加えました．スイッチのパワーMOSFET Tr_3がOFFする直前のインダクタ電流を求めてみると次の通りです．

$$I_L = \frac{V_L}{L_1}t = \frac{12}{100 \times 10^{-6}} \times 800 \times 10^{-9} = 96\,\mathrm{mA} \quad \cdots\cdots (18)$$

スイッチのパワーMOSFET Tr_3がOFFになった瞬間のインダクタのエネルギは，次の式で求められます．

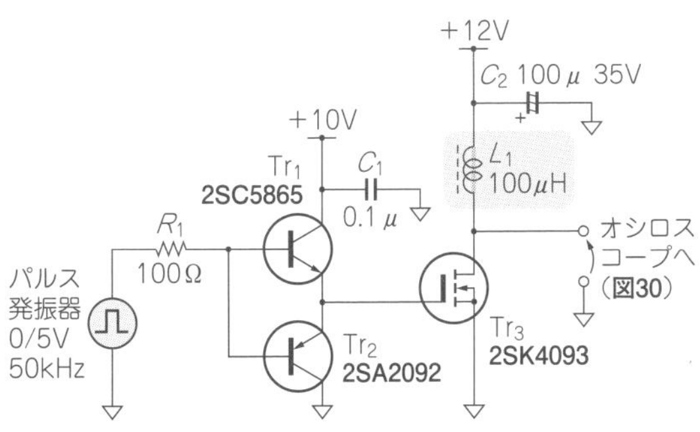

図29　実験回路 その1…インダクタに蓄えられたエネルギの威力を確かめる！
バチンとスイッチをOFFしたときに，インダクタの逆起電力はどれくらいになるのか？

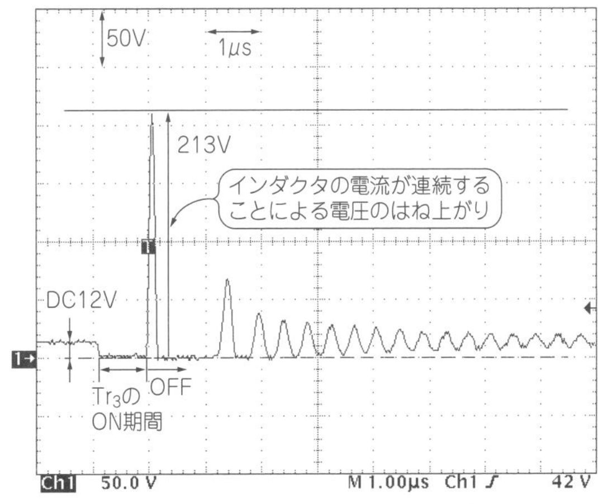

図30　逆起電力を確認！ DC 12 Vを加えたインダクタをバチンとOFFしたら，なんと213 Vの高電圧が発生した

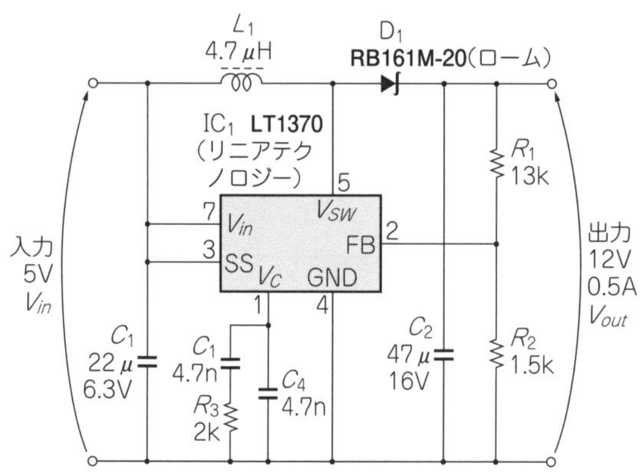

図31　逆起電力を利用するのが醍醐味！高い電圧を得るDC-DCコンバータ回路の例

$$E = \frac{1}{2}LI_L{}^2 = \frac{1}{2}100 \times 10^{-6} \times 0.096^2 \fallingdotseq 461\ \mathrm{nJ} \quad \cdots\cdots (19)$$

この461 nJのエネルギが213 Vもの高い電圧を生み出したのです.

● 身近な逆起電力活用の例

インダクタの性質は，知っていれば上手に使えます.**図31**はインダクタのエネルギを上手に使っているDC-DCコンバータの事例です．逆起電力を上手に使って入力電圧V_{in}から高い出力電圧V_{out}を得ています.

この回路は，ブースト・コンバータ(boost converter)と呼ばれています.

ブースト・コンバータの用途で多いのは，バッテリ電圧の昇圧です．スマートフォンやタブレット端末などの液晶のLEDバックライトは，この回路を使ってバッテリからLEDを照光させています.

電圧と電流の関係を理論的に確かめる

● インダクタの電圧の関係

インダクタの電圧V_Lと電流I_Lの関係を復習しておきましょう.

$$V_L(t) = L\frac{dI_L}{dt} \quad \cdots\cdots (20)$$

これは時間軸での表現です．サイン波の動作として，電圧V，電流Iを複素数表示で書くと次のようになります.

$$V = j\omega LI \quad \cdots\cdots (21)$$

式(21)においてインダクタのインピーダンスZ_Lは,

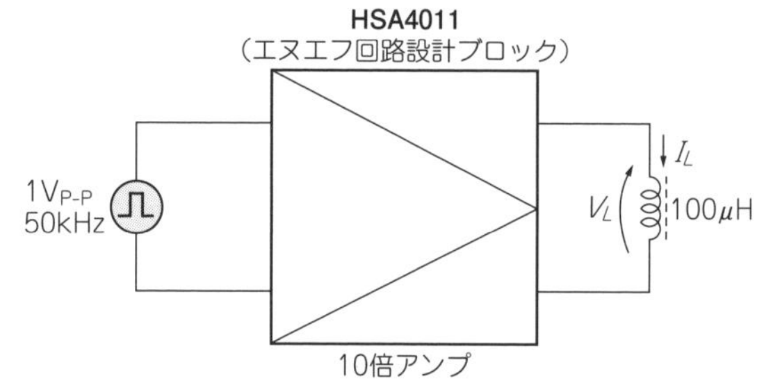

図32　実験回路 その2…ホントに理論どおり$V_L(t) = LdI_L/dt$か確認する

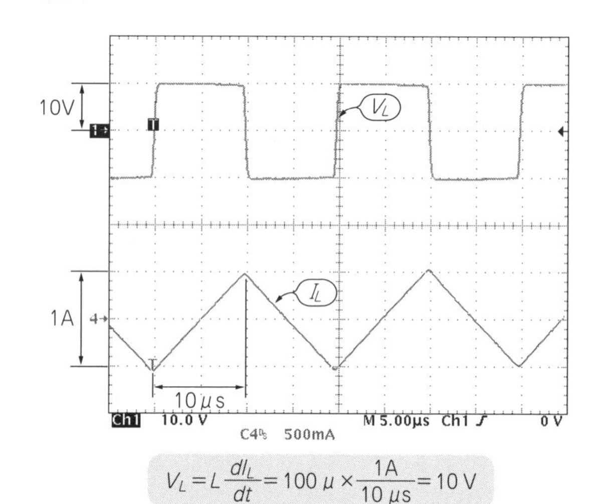

図33　実験成功！　理論どおりの電圧になっていることを確認できた

$$Z_L = j\omega L \quad \cdots\cdots (22)$$

です.

● 実験！ホントに理論どおり動くのか？

本当に式(20)の通りに動くのか，理論だけでなく実験で確認してみます．**図32**の実験回路で100 μHのインダクタLに50 kHzでのパルスでドライブして，インダクタンスの電圧電流を測定した結果が**図33**です．10 μsの時間で1 A電流は直線的に変化し，そのときインダクタ両端の電圧は10 Vです．この結果を式(20)に当てはめてみると確かに正しいと確認できました.

$$IV_L(t) = L\frac{dI_L}{dt} = 100 \times 10^{-6} \times \frac{1}{10 \times 10^{-6}} = 10\ \mathrm{V} \quad \cdots\cdots (23)$$

〈瀬川 毅〉

(初出：「トランジスタ技術」2012年4月号/2013年6月号)

1-9 現実のインダクタの性質

低周波では抵抗，高周波ではコンデンサのようにふるまう！

● インダクタ電流は電圧に対して90°遅れる

今度はAC動作です．**図34**のように，サイン波の電圧がインダクタに加わったときの動作を考えます．

▶区間1

インダクタに電圧がかかると，加わる電圧の方向に従ってインダクタ電流は流れようとするでしょう．ですがすでに電圧とは逆方向に電流が流れていると，インダクタ電流は急には0Aにはならず徐々に減少しながら流れ続け，やがて0Aになります．

▶区間2

インダクタ電流が0Aになったのですから，インダクタ電流は，電圧のプラス方向からマイナス方向に流れ出します．区間2の終わりでインダクタの電流は最大になる，つまりエネルギが最大になります．

▶区間3

インダクタの電圧は反転して区間1，区間2とは逆になっています．ですが電流は区間2と同じ方向に減少しながら流れ続け，やがて0Aになります．このとき，区間2でたまったエネルギを放出している，とも考えられます

▶区間4

インダクタのエネルギがなくなったのですから，インダクタの電流は，加わる電圧の方向に従って徐々に増加します．

インダクタ電流の方向は，加わる電圧の極性を変えても急には変わらないことに注意ください．そしてインダクタ自身のエネルギがなくなったら，加わった電圧の方向に従う電流が流れるのです．区間1～区間4を見ると，インダクタ電流は，電圧に対して90°遅れて流れることがわかります．実験で確認した結果が**図35**です．

● 理想的なインダクタのインピーダンス

インダクタL［H］のインピーダンスZ_L［Ω］は一般的には次式で表されます．

$$Z_L = j\omega L \quad (24)$$

複素数表示のイメージがわかない読者の方は，とりあえず次のように考えてください．

$$|Z_L| = \omega L = 2\pi f L \quad (25)$$

式(25)は，周波数fが高くなると，インダクタLのインピーダンスZ_Lが大きくなる性質を示しています．現在では，そうした周波数特性を利用してフィルタ，ノイズ対策などの部品に数多く使われています．

● 頻繁に方向を変えるのはたいへん！ 周波数が高くなるとインピーダンスが大きくなる

ここで$|Z_L| = 2\pi fL$のイメージを**図36**に示します．サイン波の動作ですから車を右方向に押したり左方向に押したりと極性が変わります．

車が重いと毎度毎度方向を変えて押すことは大変です．ましてや，周波数が高くなり頻繁に車の方向を変えて押すことはまさに重労働，車の移動量も大幅に減ります．

車の重さをインダクタンスLと考えると，インダクタLは高い周波数で大きなインピーダンスをもちます．そのため，電流が流れにくくなります．

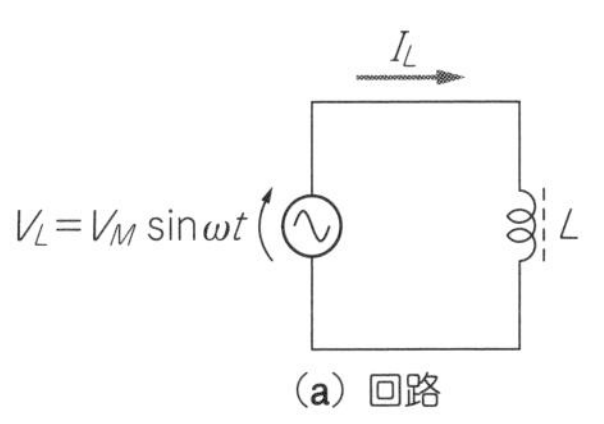

(a) 回路

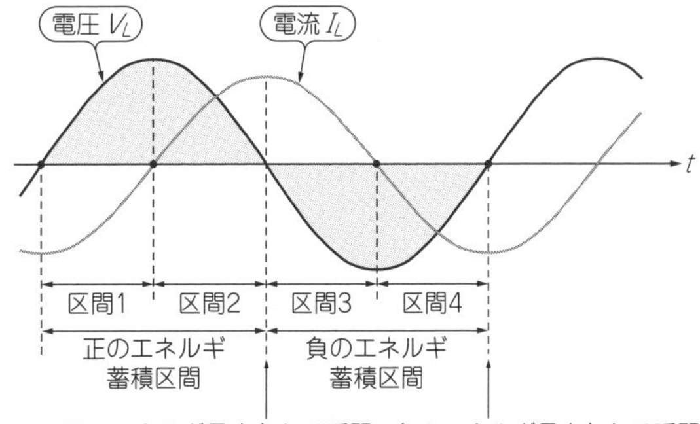

(b) 電圧と電流

図34 インダクタの電流は電圧より90°遅れて変化する

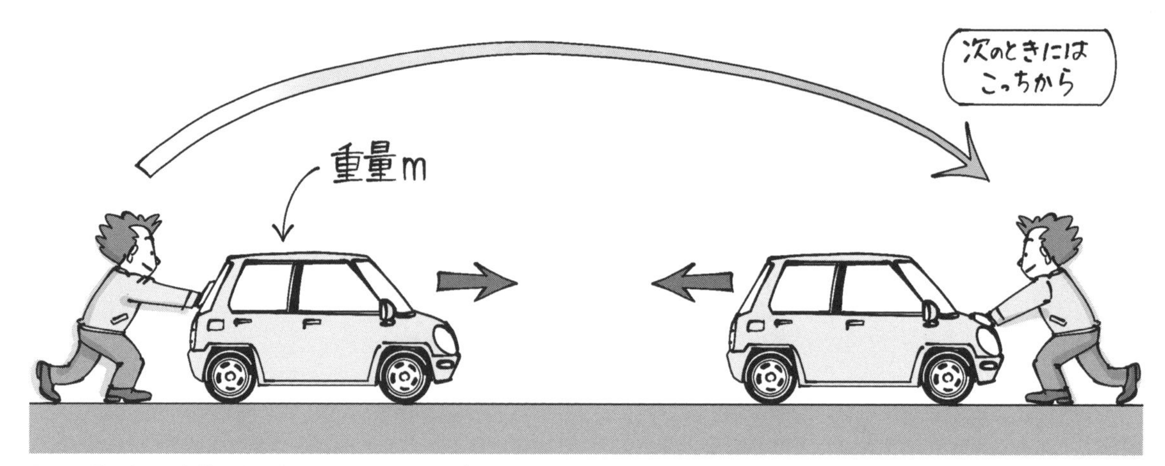

図36　重いものを頻繁に動かすのはたいへん！インダクタは高周波で動きにくくなる

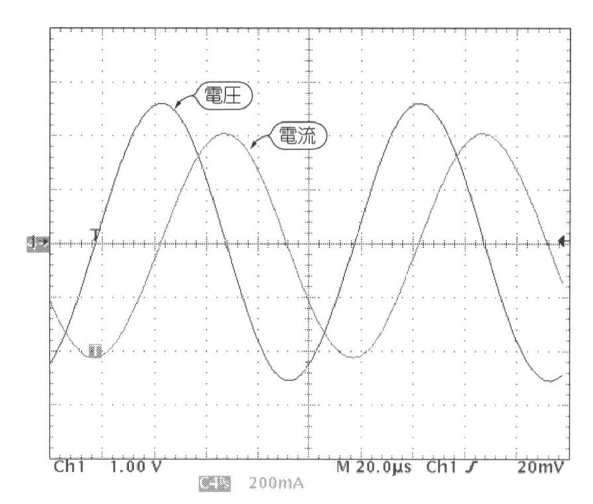

図35　実験！　ホントにインダクタ電圧に対して電流が90°遅れていた！

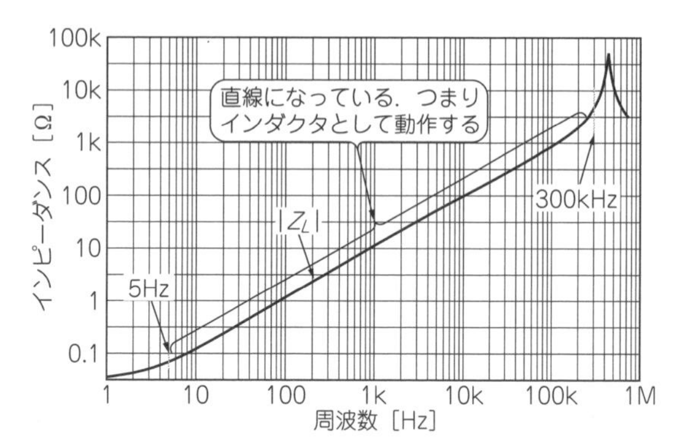

図37　インダクタがインダクタでなくなる？…現実のインダクタは周波数が高くなってもインピーダンスが単調増加しない
幅広い周波数にわたって狙った性能を維持する回路を作るのは難しい

● 現実…ホントに？　インダクタのインピーダンスを測定してみる

筆者は，何事もすぐ疑ってみる悪い癖があります．周波数fが高くなると，本当にインダクタLのインピーダンスZ_Lは大きくなるのでしょうか．インダクタのインピーダンスを測定してみたのが**図37**です．

▶5 Hz～300 kHz…理論どおりインダクタらしい

まず，周波数が5 Hz以上の周波数に注目してみましょう．5 Hzから高い周波数では周波数の上昇とともにインダクタLのインピーダンスは増加しています．周波数が高くなるにつれ，インピーダンスも増加するインダクタらしい特性でいい感じです．

▶高い周波数300 kHz以上…ピークを境にインピーダンスが減少する共振特性に

しかし周波数300 kHz以上では何やら雲行きが怪しくなり，インピーダンスが単調に増加していません．さらに周波数が高くなると共振のインピーダンス特性を示しています．

▶低い周波数5 Hz以下…インピーダンスがほとんど変化してない

今度は低い周波数側に注目してみましょう．**図37**は5 Hz以下でも単調にインピーダンスが減少しているわけでもなさそうです．つまり，インダクタらしく周波数の上昇と主にインピーダンスが増加するのは，**図37**で測定したインダクタの場合は5 Hzから300 kHz程度といえるでしょう．

● なぜ高い周波数と低い周波数でインダクタらしく動作しないのか

図38にインダクタの等価回路を示します．まず周波数の低い側では，インダクタンスLのインピーダンスが減少して，代わりに巻き線に使われている銅線の抵抗R_Cが目立ってきます．つまり以下のようになっています．

$$R_C \geqq 2\pi fL \cdots\cdots (26)$$

ですからインダクタのインピーダンスが，銅線の抵抗R_Cより低くなることはありません．インダクタンスLのインピーダンスが，銅線の抵抗R_Cと等しくなる周波数は式(27)で示すことができます．

$$f_L = \frac{R_C}{2\pi L} \cdots\cdots\cdots\cdots\cdots\cdots\cdots\cdots\cdots (27)$$

一方，高い周波数側では，巻き線間に生じる浮遊容量(stray capacitance)の存在が目立ってきます．そしてやがて浮遊容量C_SとインダクタンスL[注1]とで並列共振を起こします．並列共振をf_0とすれば次式で表すことができます．

$$f_0 = \frac{1}{2\pi\sqrt{LC_S}} \cdots\cdots\cdots\cdots\cdots\cdots\cdots\cdots\cdots (28)$$

繰り返しますが，インダクタLがインダクタらしくふるまうのはf_L以上の周波数とf_0以下の周波数の間です．インダクタは，f_L以下の周波数で抵抗R_C，f_0以上の周波数でコンデンサC_Sとして動作するのです．

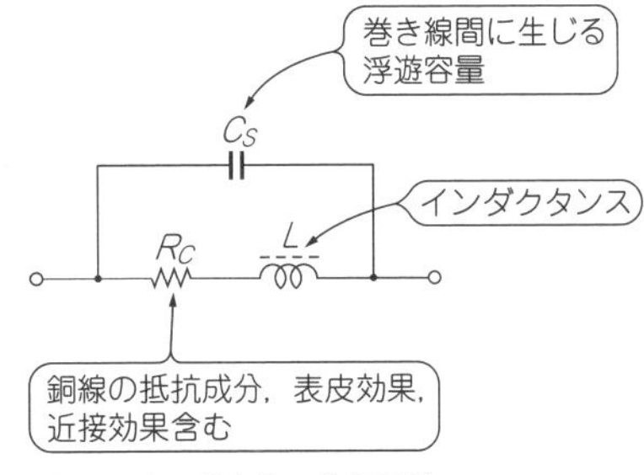

図38　インダクタの等価回路
周波数次第では抵抗やコンデンサになってしまう

〈瀬川 毅〉

(初出：「トランジスタ技術」2013年6月号)

注1：インダクタが共振するような周波数ではコア材の特性も変化することもあり，低周波側で規定されたインダクタンスLと同じと限らない．

1-10 インダクタは使ってもいい範囲がある

必要な値や精度を得にくいのがネックに…

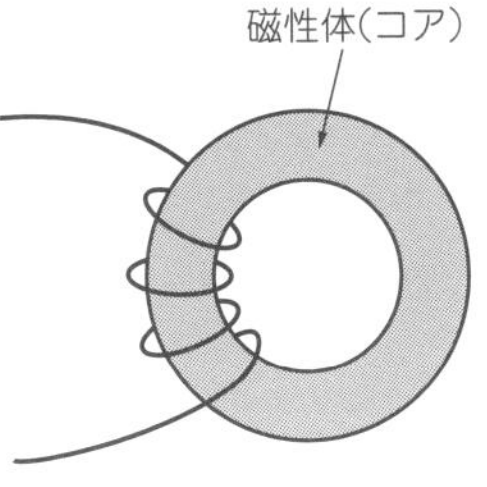

図39　基本構造は簡単！　磁性体にコイルを巻くだけ

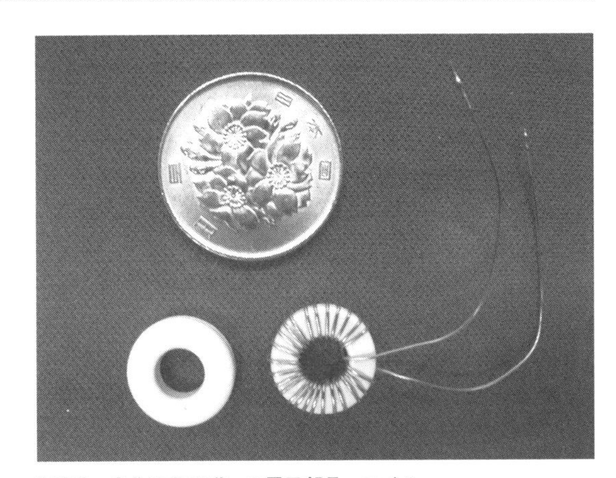

写真2　自作できる唯一の電子部品…コイル

電子系エンジニアの鬼門，インダクタの話をします．「鬼門」と書きましたが，インダクタを苦手としているエンジニアが多いと筆者が実感しているので筆をとります．

● 構造は手作りできるほど簡単！ コアに電線を巻くだけ

図39にインダクタの構造を示します．磁性材料をコアとして，その周囲に銅線を巻いただけのとても簡単な構造です．これほど構造が簡単ならば，コアさえあれば誰でも手作りできます．筆者の手作りコイルを**写真2**に示します．インダクタは簡単な構造で，自作できる唯一の電子部品です．

● 流せる電流に上限アリ！　磁気飽和＆発熱

インダクタには使える電流に上限があります．これは主にインダクタに使われているコア材の磁束飽和(saturation magnetic flux density)によるものです．

それだけでなく，連続して電流を流し続けると，銅線の抵抗R_Cなどが原因でインダクタが発熱します．インダクタの電流は，コア材の磁束飽和と発熱の両方の理由で使える上限があります．

● 使いたい値は…なかなか見つからない

回路の定数設計を行い，インダクタンスLを求めて，その値のインダクタを探そうとすると，意外と難しいことに気づかされます．

表3に比較的大きな電流に対応したパワー・インダクタのあるシリーズのスペックを示します．インダクタンスに注目すると，JISのE6系統でもE12系統でもありません．

各インダクタの型番はすべて同じ外形です．これはインダクタの場合，最初にコアありきだからです．まずコア材を決めた後，巻き数を変えてインダクタンスを得ることが一般的だからです．要はインダクタ・メーカの事情でそうなっています．

表3　コイルのインダクタンス値は選びにくい…系列にバッチリ従うわけじゃなくてとびとび
パワー回路向けコイル(スミダ製)のスペックの例

型　名	表示	インダクタンス[μH] ※1	直流抵抗[Ω] 最大(標準) @20℃	定格電流[A] ※2
CDRH6D26NP-2R2NC	2R2	2.2 ± 30 %	22 m (16.2 m)	3.20
CDRH6D26NP-2R9NC	2R9	2.9 ± 30 %	25 m (18.7 m)	2.80
CDRH6D26NP-3R6NC	3R6	3.6 ± 30 %	29 m (21.3 m)	2.50
CDRH6D26NP-5R0NC	5R0	5.0 ± 30 %	32 m (23.4 m)	2.20
CDRH6D26NP-5R6NC	5R6	5.6 ± 30 %	36 m (26.5 m)	2.00
CDRH6D26NP-6R8NC	6R8	6.8 ± 30 %	54 m (40.0 m)	1.80
CDRH6D26NP-8R0NC	8R0	8.0 ± 30 %	60 m (44.0 m)	1.60
CDRH6D26NP-100NC	100	10 ± 30 %	71 m (52.8 m)	1.50
CDRH6D26NP-120NC	120	12 ± 30 %	78 m (57.4 m)	1.30
CDRH6D26NP-150NC	150	15 ± 30 %	106 m (78.6 m)	1.20
CDRH6D26NP-180NC	180	18 ± 30 %	114 m (84.2 m)	1.10
CDRH6D26NP-220NC	220	22 ± 30 %	129 m (95.4 m)	1.00
CDRH6D26NP-270NC	270	27 ± 30 %	185 m (136.6 m)	0.90
CDRH6D26NP-330NC	330	33 ± 30 %	203 m (150.2 m)	0.80
CDRH6D26NP-390NC	390	39 ± 30 %	223 m (165.2 m)	0.75
CDRH6D26NP-470NC	470	47 ± 30 %	300 m (221.6 m)	0.70
CDRH6D26NP-560NC	560	56 ± 30 %	340 m (251.4 m)	0.65
CDRH6D26NP-680NC	680	68 ± 30 %	375 m (278.4 m)	0.58
CDRH6D26NP-820NC	820	82 ± 30 %	490 m (364.0 m)	0.53
CDRH6D26NP-101NC	101	100 ± 30 %	560 m (414.8 m)	0.50

※1　インダクタンスは10 kHzで測定
※2　定格電流：インダクタンスが公称値の65 %に減少する直流電流値か，周囲温度20℃で温度上昇が30℃を越えない電流値の，より小さいほう

● インダクタンスの精度を出すのは難しい

さらにインダクタンスの精度にも注目してください，± 30%です．これは主にコア材の透磁率μのバラツキが原因です．ならば透磁率μのバラツキ± 0.5%のコア材を作ればと思いますが，これが難しいのが現状です．ですから，精密なインダクタンスを求めるは難しい，あるいは特注になり非常に高価になるでしょう．

〈瀬川 毅〉

(初出：「トランジスタ技術」2013年6月号)

Column 3

OPアンプ回路で作るインダクタ

磁性材料のコア材を使うから，精密なインダクタンスを作るのが難しかったのです．ならば，エレクトロニクス回路で作ろうと考える人もいました．

図Aは，OPアンプを使ったGIC(Generalized Impedance Converter)回路でインダクタを構成した事例です．**図A**においてインダクタンスLは，

$$L = C_4 R_3 R_5 \quad \cdots\cdots (A)$$

で与えられます．**図A**の設計では，

$$L = C_4 R_3 R_5 = 10 \times 10^{-9} \times 1\,k \times 1\,k = 10\,mH \quad \cdots\cdots (B)$$

です．

図Aの回路は，インダクタの片側がグラウンドで，コイルのようにタップがとれないなどの短所もありますが，10 mHもの大きなインダクタンスを得ています．こうした回路に，困難にであったら新しい英知で新しい回路を生み出す人間の限りない創造性を感じます．

〈瀬川 毅〉

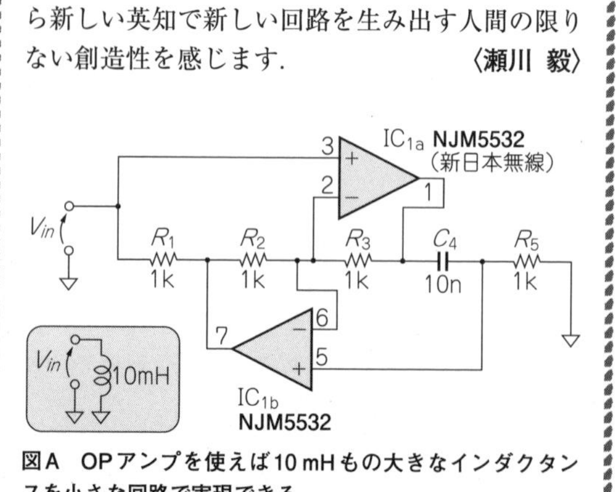

図A　OPアンプを使えば10 mHもの大きなインダクタンスを小さな回路で実現できる

1-11 インダクタの応用例：降圧型スイッチング・コンバータ回路

ジェットコースタがアップダウンする動作をイメージ

インダクタの性質を利用した回路例を紹介します．DC-DCコンバータです．**図40**の回路はバックコンバータと呼ばれる降圧型のスイッチング・レギュレータです．入力のDC電圧より低いDC電圧を得る出力します．CPU，FPGAなどの電源として，とても多用されています．

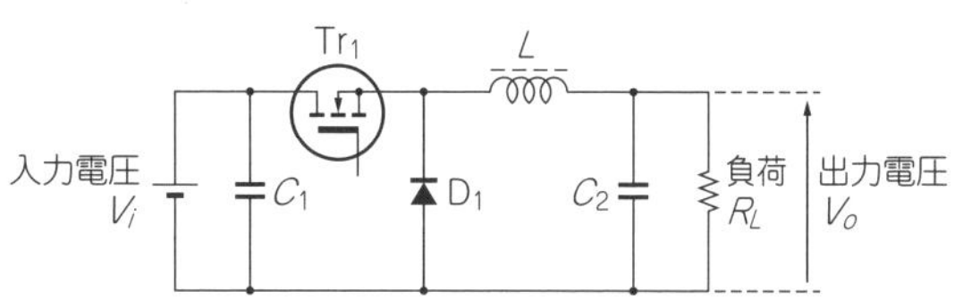

図40　スイッチングして降圧するバックコンバータの基本回路

● パワーMOSFETがONしている割合で出力電圧が決まる

動作はやはりパワーMOSFET Tr_1がONのときと，パワーMOSFETがOFFのときに分けて考えます．インダクタLの動作にあまり注目しないでおきます．

パワーMOSFETがON/OFFするとダイオードDのカソードには，入力電圧V_iの振幅で触れるパルス状の電圧が発生します．そのままではDCとならないのでインダクタLとコンデンサC_2によって平均化し，DC電圧V_oとなります．

出力電圧V_oは，パワーMOSFETのON時間/OFF時間の比率で決まります．より正確にいうと，

$$\frac{\text{パワーMOFET Tr}_1\text{のON時間}}{\text{パワーMOFET Tr}_1\text{のON/OFFのスイッチング周期}}$$

= ONデューティ(デューティ比)

に比例した電圧になります．

出力電圧V_oを数式で書くと，入力電圧V_i，ONデューティをDとすれば，

$$V_o = DV_i \cdots\cdots (29)$$

となります．

通常のDC-DCコンバータは，ONデューティを可変することで出力電圧を一定に保つ動作をしています．

● パワーMOSFETがOFFしてもインダクタ電流は止まらない

今度はもう少しインダクタLの電流iに注目します．まず，パワーMOSFETがON時で考えてみましょう．やはりインダクタLの電流i_Lは徐々に増加し，インダ

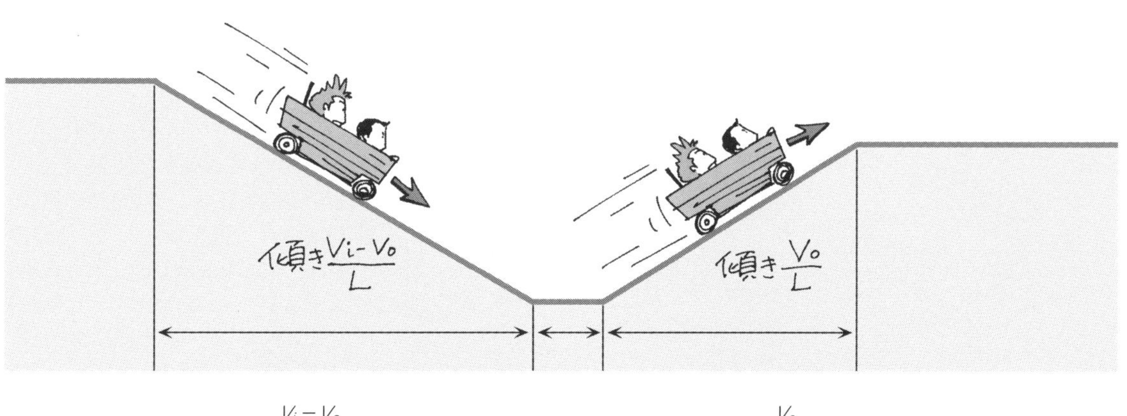

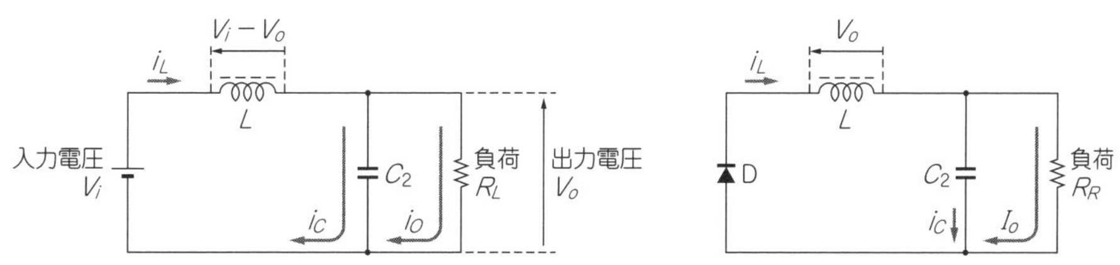

図41　ジェットコースタ(エンジンのない車)が坂を転がり落ちるようすは，インダクタ電流が増えていくようすに似ている

ジェットコースタ(車)のスピード＝インダクタンス電流に相当する

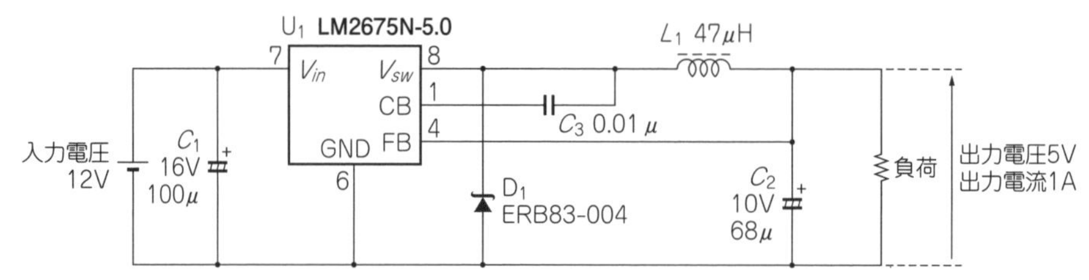

図42　実際のバックコンバータ回路の例

クタLにはエネルギがたまります．次に，パワーMOSFETがOFF時には，インダクタLにたまったエネルギでインダクタLには電流i_Lが流れ続けようとします．結果ダイオードDを通して電流は流れ続けます．

この動作をジェットコースタで例えると，**図41**のようにパワーMOSFETがON時には下り坂を走るようにスピードを上げ，パワーMOSFETがOFF時には，惰性で上り坂を登りスピードは減速します．ここでのスピードはインダクタLの電流i_Lです．

● 増減する電流の平均が出力電流

実際の動作はもう少し複雑です．先ほどのジェットコースタの例えでは，パワーMOSFETがOFF時に惰性で上り坂を登りますが，実際はスピードがゼロになる前に再びパワーMOSFETがONとなり，再び下り坂で加速，そんな動作が多いのです．つまりジェットコースタの速度が増減を繰り返しますが，ゼロにはならず平均すると一定の速度となっている，そんな動作をご想像ください．

インダクタLの電流i_Lに置き換えましょう．パワーMOSFETがOFF時にインダクタLの電流i_Lがゼロとなる前に，再びパワーMOSFETがONとなります．インダクタには電流の増減がありますが，常に電流が流れている状態で動作します．ですから三角波にDCを加えた波形の電流がインダクタLに流れます．

このインダクタの平均電流こそが，DC-DCコンバータのDC出力電流なのです．三角波にDCを加えた波形の電流を平均化してDCにする働きはコンデンサC_2が担当しています．

実際の回路例を**図42**に示します．ディスクリートでなくICを使って実現します．　**〈瀬川 毅〉**

（初出：「トランジスタ技術」2012年4月号）

1-12　電流の流れる量を調節する抵抗

電流-電圧変換や分圧により電圧を変えたりもできる

図43　わざと抵抗を大きくして出る量を調整する

水路（回路）に水圧（電圧）を加えると，水（電流）が流れ始めます．抵抗は，電流の流れをせき止める部品です．邪魔なだけの部品に見えますが，回路を流れる量をコントロールするために積極的に利用されています．

● オームの法則は正しい！　電流と電圧の比例係数「抵抗」

教科書に出てくるオームの法則を表す式，

$$V = R \times I$$

は理屈の世界だけでなく実物でも成立します．

オームの法則を使えば，**図45**のように電流-電圧変換を行ったり，**図46**のように抵抗値によって電圧を変えたり，**図47**のように電流を制限したりできます．

長く電子回路設計をやっていると当たり前のことのように思えてしまいますが，実物でこれほど正確に成立する法則というのは，自然界ではごくまれな事例だと思います．

●「抵抗器」の抵抗値には精度や温度変化がある

実際の抵抗器には温度特性があり温度によって抵抗値が変わります．高精度の回路でなければ，それが無視できる範囲で使用できます．

また，電流を流せば$I \times V$による自己発熱により抵抗値が変わります．特に大電力では，周囲の熱源の影響だけでなく自己発熱による抵抗変化もありえます．

図44 流している間は圧力差が生じる
抵抗に電流が流れることで電圧が生じる．抵抗は電流と電圧を結びつける比例定数

もし抵抗のI-V特性がダイオードの特性のように近似式でしか扱えないようなものだけだったら電子回路技術も大きく違っていたと思います．**〈佐藤 尚一〉**

（初出：「トランジスタ技術」2012年4月号）

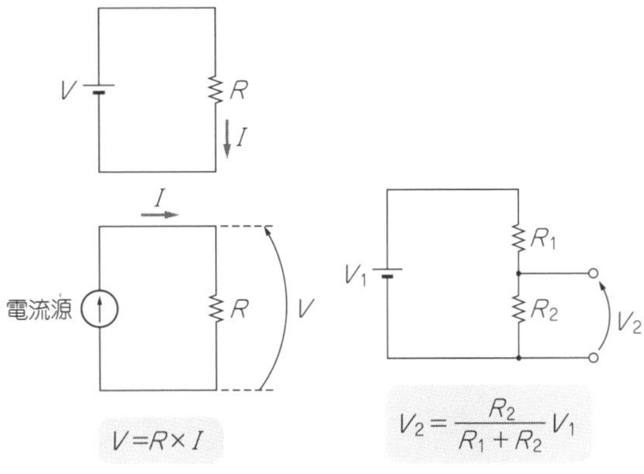

図45 その1：I⇔V相互変換
オームの法則$V=RI$のまんま

図46 その2：抵抗で分圧できる

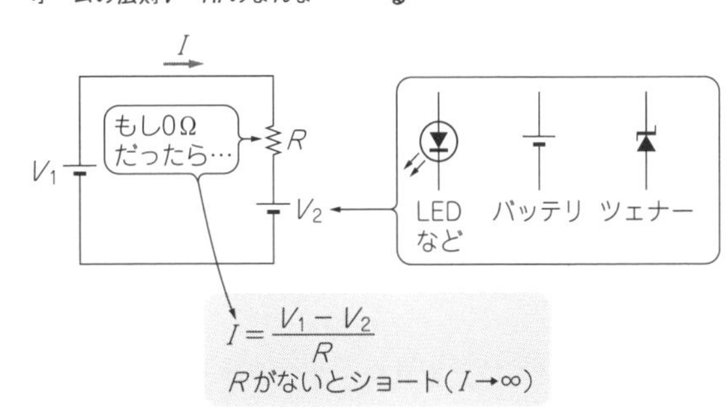

図47 その3：電流を制限できる
やってはいけない！Rがないと電源(電池やLED，バッテリ，ツェナー・ダイオードなど)がショートして壊れる

1-13 抵抗は使ってもいい範囲がある

定格電力ギリギリで使うと…最悪燃える！

● 抵抗を通過する電子は満員電車状態！

抵抗は最も基本的な電子部品です．筆者の持っている抵抗のイメージを**図48**に示します．また一般的ないくつかの種類の抵抗を**写真3**に示します．

プリント基板の配線パターンや線材など銅の中は，電子がたくさん存在し，自由に動き回っています．それが回路に電圧が加えられると，比較的自由にゆったり一方向に動き出し，電流が流れ出します．

しかし，抵抗を電流が通過するときは，いきなり満員電車押し込まれた状態になります．

満員電車に無理やり押し込まれたのですから，熱くもなります．抵抗に電流が流れると，電力が消費され熱が発生します．少し格好をつけると，ジュール熱などといいます．

抵抗で消費される電力を次に示します．抵抗R［Ω］に消費される電力P［W］は，抵抗Rに流れる電流をI［A］とすれば，次式となります．

$$P = I^2R \text{ [W]} \cdots\cdots (30)$$

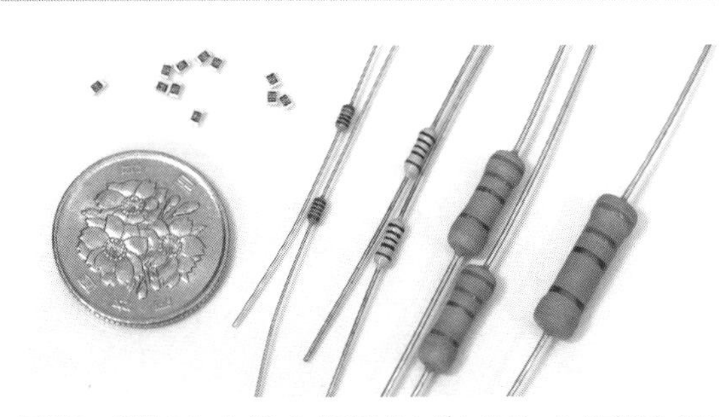

写真3 抵抗のタイプやサイズはさまざまだが…サイズが小さいほど使える電力や電圧が小さく低くなる

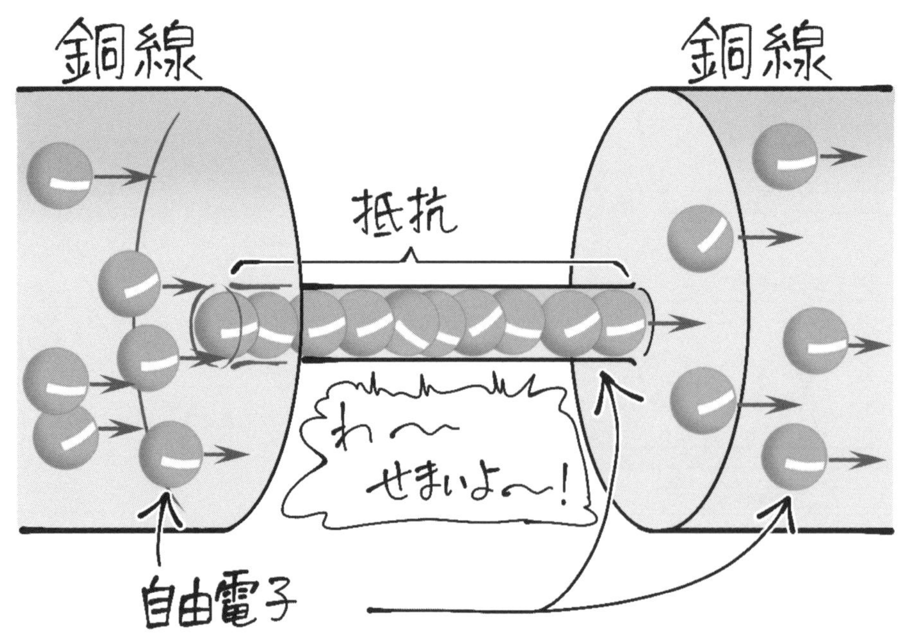

図48　抵抗の仕事は電流制限…電流がたくさん流れてギュウギュウになると熱くなる！

● 定格オーバで抵抗を燃やさないで使うには

抵抗に電流が流れると電力が消費され熱くなります．どんどん電流が流れると，さらに抵抗は熱くなり，やがては煙が出て**写真4**のように焼けてしまいます．

▶その1：定格電力は1/3以下で使う

抵抗が焼けると問題なので，抵抗にはこれ以上の電力はダメよ，との意味で定格電力が定められています．

といっても不規則に決まっているのではありません．一般的に使われる抵抗で，電力の小さいほうから順に**表4**に並べてみます．連続的に抵抗に流す用途では，定格電力の1/3以下で使用すると焼ける事故を防げます．

▶その2：最高使用電圧の2/3以下で使う

抵抗には最高使用電圧も定められています．こちらも最高使用電圧の2/3以下程度で使うと問題が起こらないでしょう．

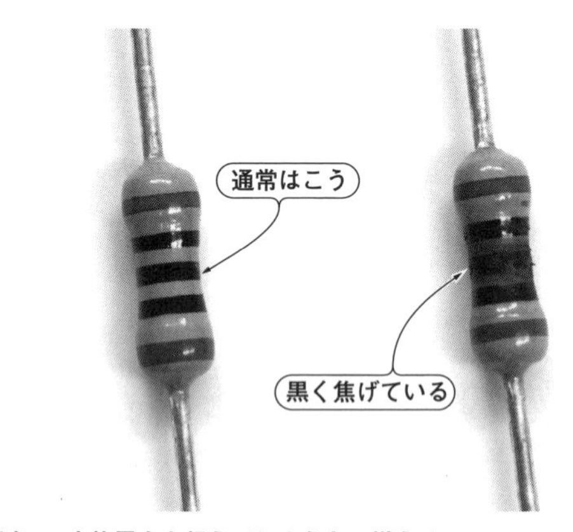

写真4　定格電力を超えてしまうと…燃える

〈瀬川 毅〉

（初出：「トランジスタ技術」2013年6月号）

表4　抵抗は種類と外形でどれくらいの電力/電圧で使えるか決まっている

外　形	定格電力	最高使用電圧
0402型	0.03 W	15 V
0603型	0.05 W	25 V
1005型	0.063 W	50 V
1608型	0.1 W	50 V
2012型	0.125 W	150 V
3216型	0.25 W	200 V
3226型	0.5 W	200 V
5225型	0.75 W	200 V
6331型	1 W	200 V

（a）チップ抵抗（0402は0.4 mm×0.2 mmという意味）

外　形	定格電力	最高使用電圧	抵抗種類
1/4 W型	0.25 W	250 V	炭素皮膜，金属被膜
1/2 W型	0.5 W	350 V	炭素皮膜，金属被膜
1 W型	1 W	350 V	酸化金属被膜
3 W型	3 W	350 V	酸化金属被膜
5 W型	5 W	500 V	酸化金属被膜

（b）リード線抵抗

1-14 抵抗値はとびとび！ 都合のいい値はあまりない

10Ωや20Ωは売っているのにどうして50Ωは売っていないの？

電子回路の抵抗値やコンデンサの容量値として，どのような値を取りそろえるかは，JIS(Japanese Industrial Standards)で規格化されています．これをE系列またはE標準数と呼びます．各メーカもそれに合わせて製品を作っています．

回路設計でE系列にない値を選ぶと，実際に回路を作るときに部品が見つけられません．中でもE6列などメジャーな系列を選べば，在庫部品の種類を減らせます．

E系列を知って使いこなすのは，電子技術者の第一歩と言えます．図49に示すように，E系列にない抵抗値はブロックのように組み合わせて作ります。

図49 E系列にない抵抗値はブロックのように組み合わせて作る

2.2Ω，82Ω，47kΩ… 抵抗器の値の由来

■ 1～10の間を等比数列でばらしてある

抵抗R，コンデンサCの値は，$10^{1/3} \fallingdotseq 2.2$を基本とした等比数列であるE標準数に従って作られています(図50)．

もともと，抵抗値や容量値は1，10，100…，というように10倍刻みで等間隔に並んでいると便利です．さらに1と10の間，10と100の間…，を等間隔に分割しようとすると，対数目盛りで考えることが必要です．

1と10の間を分割するために，2と5に目盛りを取ることを考えてみます．1に対して2は2倍，5に対して10は2倍なので，対数目盛り上では，1と2の間，5と10の間は同じ距離です．2に対して5は2.5倍なので，2と5の間だけ距離がちょっと離れますが，ほぼ三つに分割できています．可変抵抗の値などには，1，2，5，10の系列も使われています．

● 1から10の間を等間隔に分割したE3列，E6列，E12列，E24列

E標準数は，1と10の間をもっと細かく等間隔に分割します．まず，$10^{1/3} \fallingdotseq 2.2$，$10^{2/3} \fallingdotseq 4.7$によって大

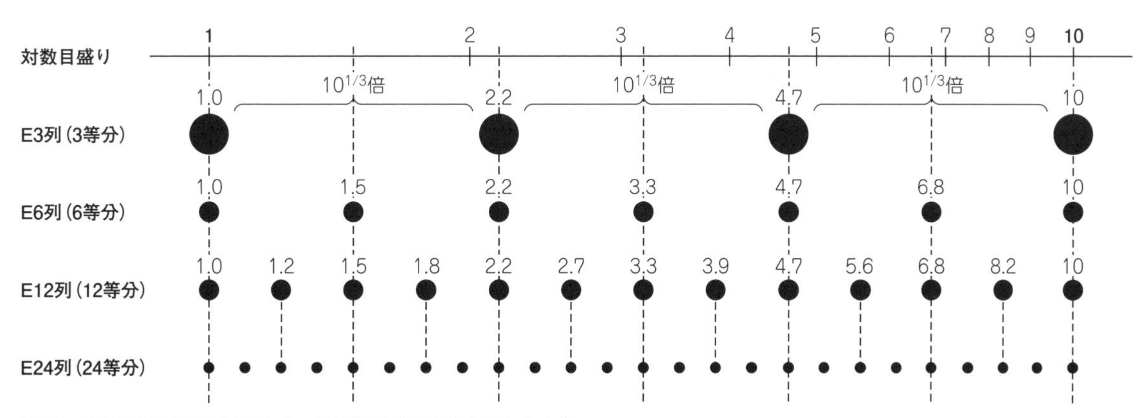

図50 E標準数は対数目盛りの1～10の間を等間隔に分割したもの

きく3等分し，さらに2等分を繰り返していきます．1と$10^{1/3} \fallingdotseq 2.2$の間は$10^{1/6} \fallingdotseq 1.5$，$10^{1/3} \fallingdotseq 2.2$と$10^{2/3} \fallingdotseq 4.7$の間は$10^{3/6} \fallingdotseq 3.3$，$10^{2/3} \fallingdotseq 4.7$と10の間は$10^{5/6} \fallingdotseq 6.8$となります．これは，1と10の間を6等分したもので，E6列と呼びます．中間をさらに2等分していけばE12列，E24列などができます．

■ 等比数列の計算値を調整して現実合わせ

E3列～E24列は，すべて2けたの数で表されます（**図51**）．これは，$10^{m/n}$に近い2けたの値を選んだものですが，最も近い値ではない部分があります．

● E3列～E24列は，等間隔の分割から少し外れた部分がある

例えば，関数電卓などを使って$10^{1/3}$を計算すると2.1544…になります．2.1と2.2のほぼ中間ですが，四捨五入すれば2.2なので，$10^{1/3}$の近似値として2.2は妥当です．

同じように，$10^{2/3}$を計算してみると4.6415…となります．四捨五入すると4.6ですが，標準数には4.7が採用されています．また，$10^{1/2}$を計算してみると3.1622…となります．四捨五入すると3.2ですが，標準数には3.3が採用されています．

これは，E24列が収まりの良い並びになるように調整した結果です．その点では，E3列～E24列は等間隔の分割から若干外れた部分があります．

● E48列～E192列は，E3列～E24列よりも高精度な標準数

E48列，E96列，E192列は100と1000の間を分割する3けたの値として定義されます．$10^{1/3}$に対応する標準数は215，$10^{1/2}$に対応する標準数は316，$10^{2/3}$に対応する標準数は464などが採用されており，等間隔に分割した値に近づいています．そのかわりに，E24列までのものとは値が合わなくなっています．

E系列と許容差の密接な関係

● 1 kΩ抵抗器のほうが1.1 kΩ抵抗器より値が大きい…なんてことにならないように

E標準数は，部品の許容差とうまく対応するように決められています．

例えば，E24列で隣り合う二つの数の関係は，次に示すように約1.1倍の違いがあります．

$$10^{(m+1)/24} \div 10^{m/24} = 10^{1/24} \fallingdotseq 1.1$$

抵抗，コンデンサなどの部品は，製造時にどうしても値のばらつきが生じます．また，温度などの外的条

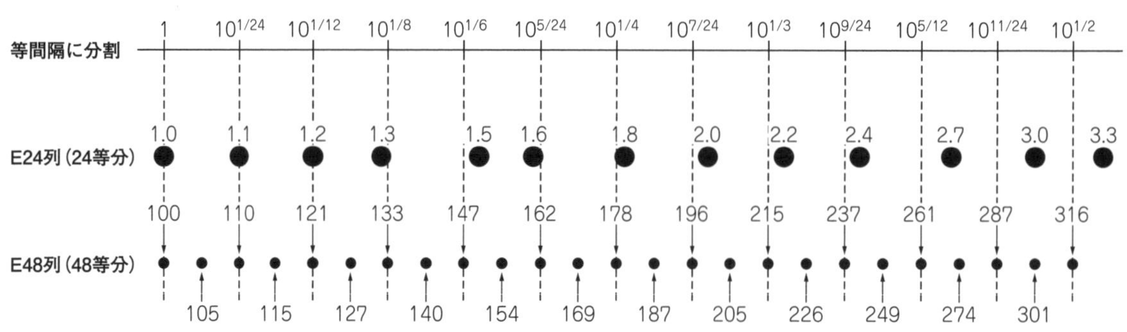

図51　E3～E24列は，等比計算で求まる値をやや強引に2けたの値にまるめている
E48列～E192列のほうがより等間隔に近いが，E3列～E24列とは値が合わない

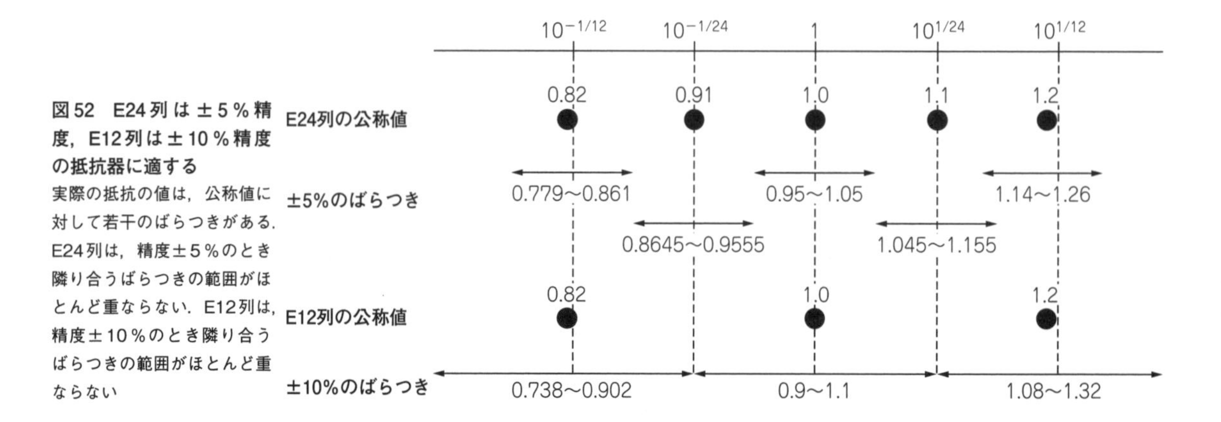

図52　E24列は±5％精度，E12列は±10％精度の抵抗器に適する
実際の抵抗の値は，公称値に対して若干のばらつきがある．E24列は，精度±5％のとき隣り合うばらつきの範囲がほとんど重ならない．E12列は，精度±10％のとき隣り合うばらつきの範囲がほとんど重ならない

件でも値が変動します．そのため，公称値に対して許容差が決められており，実際の値はその範囲に収まればよいことになっています．

例えば，公称値1.0 kΩで許容差±10％の抵抗は，実際の値は900 Ω～1.1 kΩの範囲になります．また，公称値1.1 kΩで許容差±10％の抵抗は，実際の値は990 Ω～1.21 kΩの範囲になります．実際の1.0 kΩの抵抗と1.1 kΩの抵抗を比べると，公称値が小さい1.0 kΩのほうが実際の値は大きくなってしまう可能性もあります．これを防ぐためには，隣り合う公称値の許容差の範囲が重ならないように，公称値の間隔を広げる必要があります．

● E24列は，許容差±5％またはそれより高精度の抵抗器に適する

ディジタル回路などで主に使われる炭素皮膜抵抗は許容差±5％が一般的です．公称値をE24列でそろえれば，隣り合う公称値の±5％の範囲はほぼ重ならないので，実際の値と公称値が逆転する恐れがなくなります．E24列は，許容差±5％またはそれより高精度の場合に適しています(**図52**)．

● E12列は，許容差±10%またはそれより高精度の抵抗器に適する

同じように，E12列では隣接する数が$10^{1/12} \fallingdotseq 1.2$倍なので，許容差±10％に適します．E6列では隣接する数が$10^{1/6} \fallingdotseq 1.5$倍なので，許容差±20％に適します．

アナログ回路で主に使われる金属皮膜抵抗は，許容差±1％，±0.5％，±0.1％などの高精度のものが作られます．これらは，E48列～E192列を採用できます．

リード抵抗器につけられた色帯の数とE系列/許容差

● E3～E24は4本，E48～E192は5本

カラーコードで定数を表すリード型抵抗器には，4色帯と5色帯のものがあります(**図53**)．

4色帯は左から有効数字2けた，べき乗，許容差です．5色帯は左から有効数字3けた，べき乗，許容差になっています．表面実装部品など，カラーコードを使わない場合でも，数字を使って同じ4けた表示，5けた表示が行われています．

● E24列で5色帯を採用したものもある

E3列～E24列とE48～E192列は標準数の決め方が少し異なります．例えば$10^{1/3}$に相当する標準数は，E3列～E24列では有効数字2けたの2.2ですが，E48～E192列では有効数字3けたの2.15になります．

5色帯(5けた表示)は有効数字が3けたあり，本来ならE48列～E192列に使うべきです．

しかし，許容差±1％，±0.5％，±0.1％などのアナログ用抵抗では，E24列を採用して5色帯で表示しているものもあります．E24列では有効数字が2けたしかないので，その場合は有効数字の3けた目に0を付けています．

例えば，2.2 kΩの4色帯の抵抗は，$2.2\,\mathrm{k} = 22 \times 10^2$なので222(赤赤赤)となります．それに対して，同じ2.2 kΩで5色帯の抵抗は$2.2\,\mathrm{k} = 220 \times 10^1$なので2201(赤赤黒茶)という表示になります．

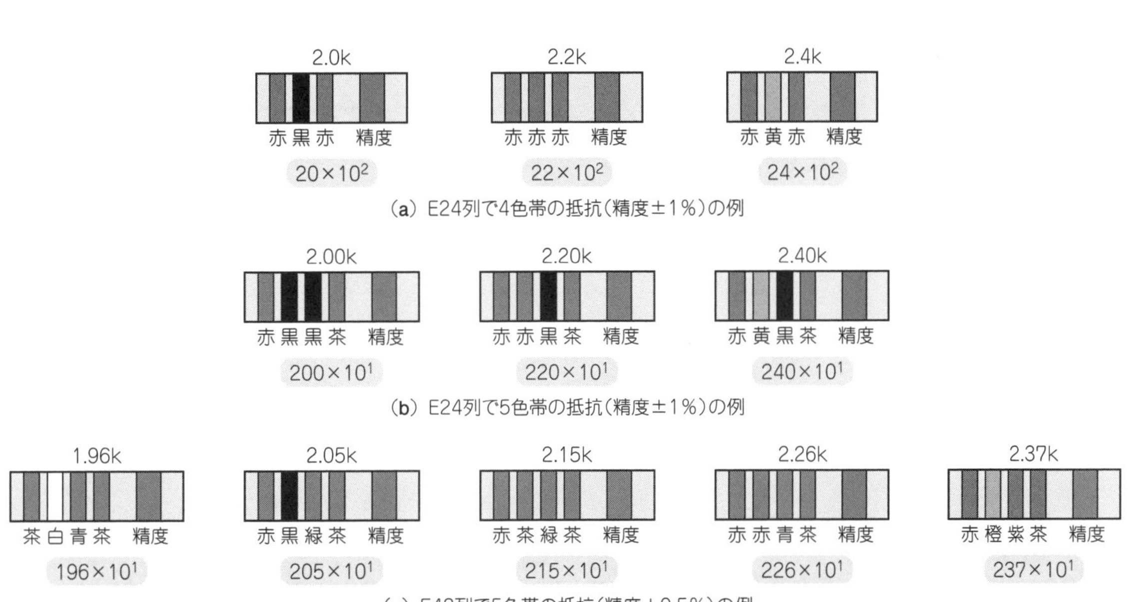

図53 5色帯の高精度抵抗にはE24列とE48～E192列がある

複数の値を組み合わせて いろんな値を実現する

● 整数値を実現する

E標準数は1と10の間をなるべく等比的に分割するように決めた値です．例えば1，2，3，4，5，6，7，8，9，10というような整数値を得ようとしても，なかなかぴったりの値がありません．

しかし，2～3個のE標準数の抵抗を直列/並列に接続することにで整数値を作れます．例えば，E6列の1.0，1.5，2.2，3.3，4.7，6.8，10を使えば，次のように抵抗値を作ることができます(**図54**)．

2.0 = 1.0 + 1.0
3.0 = 1.5 + 1.5
4.0 = 1.0 + 1.5 + 1.5
5.0 = 10/2
6.0 = 1.0 + 10/2
7.0 = 1.5 + 2.2 + 3.3
8.0 = 3.3 + 4.7
9.0 = 2.2 + 6.8

2.0と3.0はE24列にありますが，E6列をうまく活用すれば常用する抵抗の種類を減らせます．

● 1 kΩだけでもいろんな値を実現できる

直列/並列接続を活用して常用する抵抗の種類を減らす，という観点から言えば，同じ抵抗値を組み合わせていろいろな値を作る方法も有効です．

例えば，1.0 kΩの抵抗をたくさん用意しておきます．直列接続すれば，

Column 4 選んだ抵抗値や許容差が正しいかどうかは，回路の仕様を満たしているかどうかで決まる

電圧，電流，抵抗などのアナログ値はさまざまな変動要因を含んでいるので，実際にはぴったりの整数値になることはありません．例えば5V電源といっても，その電圧はぴったり5Vではなく，ある程度変動します．回路設計の際にも，ぴったり1Vを出力するとか，ぴったり10倍に増幅するというのは不可能で，±5%とか±1%とか要求仕様を決めて，その仕様を満たすように部品の精度を決めます．

図Bに示すように，OPアンプの非反転増幅回路で10倍の増幅率を得たい場合は，増幅率$K = 1 + R_2/R_1$なので，抵抗比を$R_2 : R_1 = 9 : 1$に選ぶ必要があります．ここで$R_2 = 9$ kΩ，$R_1 = 1$ kΩとした場合ぴったり10倍の増幅率になりますが，E24列には9 kΩはなく，9.1 kΩしかありません．9.1 kΩで計算すると，増幅率$K = 1 + R_2/R_1 = 10.1$となり，誤差1%で10倍の増幅率になります．

さらに，アナログ回路用として一般的な±1%精度の抵抗を用いるときの増幅率Kの最悪値を計算してみると，次のようになります．

$$K_{min} = 1 + 9.009\ \mathrm{k}/1.01\ \mathrm{k} \fallingdotseq 9.9$$
$$K_{max} = 1 + 9.191\ \mathrm{k}/0.99\ \mathrm{k} \fallingdotseq 10.3$$

他の誤差要因が十分に小さければ，誤差±3%で10倍の増幅率と言えます．これが要求仕様の範囲に入るのなら，ぴったり9 kΩの抵抗を探す必要はありません．

要求仕様がもっと高精度なら，例えば$R_2 = 18$ kΩ，$R_1 = 2$ kΩとか，$R_2 = 27$ kΩ，$R_1 = 3$ kΩとして，抵抗比を9：1に近づけることができます(**図C**)．ただし，抵抗の精度も必要に応じて±0.5%，±0.2%，±0.1%など高精度のものを選ぶ必要があります．その他の誤差要因も無視できなくなるので，設計は難しくなります．

〈宮崎 仁〉

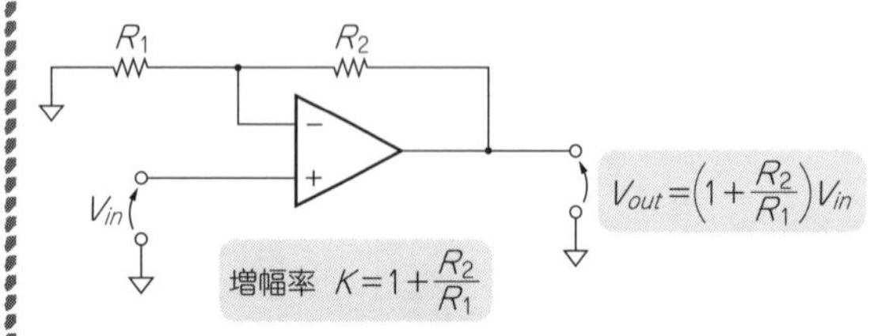

図B 非反転増幅回路の増幅率
10倍の増幅器を作りたい場合は$R_2/R_1 = 9$，つまり$R_2 : R_1 = 9 : 1$に選ぶ

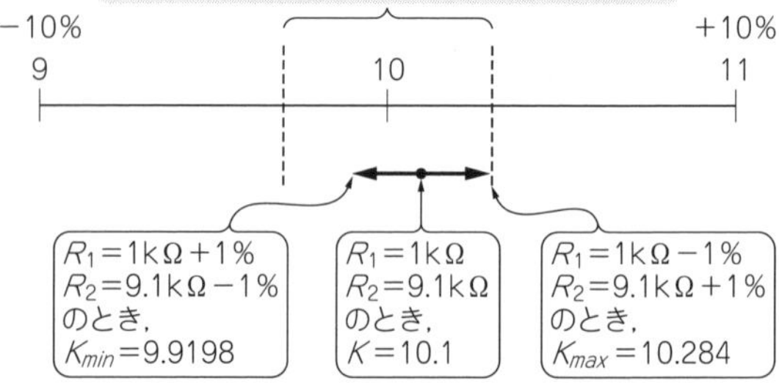

図C R_1，R_2の組み合わせと増幅率Kの精度
抵抗値R_1，R_2をE24列から選び，$R_2 : R_1 = 9.1 : 1$とする．R_1，R_2に誤差がないとき$K = 10.1$となり，10倍に対して±1%の範囲に収まる．R_1，R_2がそれぞれ±1%の誤差をもつとき$9.9 < K < 10.3$となり，10倍に対して±3%の範囲に収まる

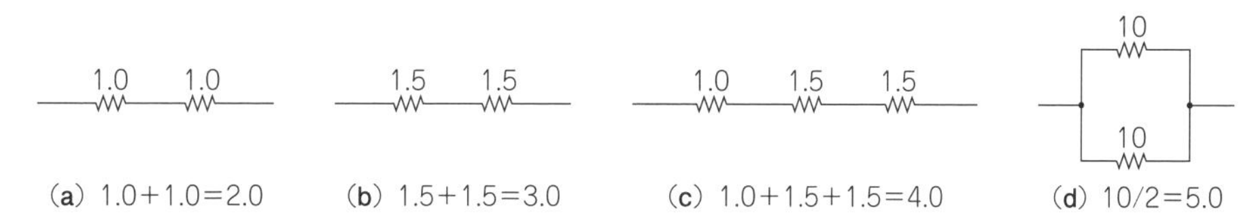

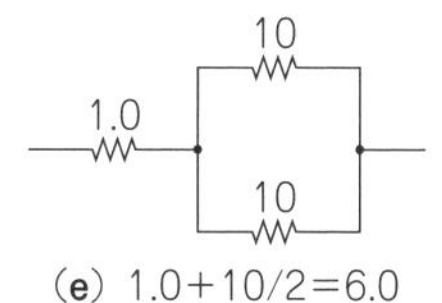

1.5 2.2 3.3
(f) 1.5+2.2+3.3=7.0

3.3 4.7
(g) 3.3+4.7=8.0

2.2 6.8
(h) 2.2+6.8=9.0

図54 E6列の活用法
E6列(1.0, 1.5, 2.2, 3.3, 4.7, 6.8, 10)を2～3本使えば整数値を作れる

$2.0 = 1.0 \times 2$, $3.0 = 1.0 \times 3$, $4.0 = 1.0 \times 4 \cdots$

が得られますし，並列接続すれば，

$0.50 = 1.0/2$, $0.333\cdots = 1.0/3$, $0.25 = 1.0/4 \cdots$

が得られます．さらに，直列と並列を組み合わせれば，

$1.25 = 1.0 + 1.0/4$, $1.5 = 1.0 + 1.0/2$, $2.5 = 1.0 + 1.0 + 1.0/2 \cdots$

など，いろいろな値が得られます(**図55**)．

● 同じ値の抵抗が詰まった集合抵抗を使うと便利

同じ値を複数使うときは，集合抵抗の活用を覚えておくとよいです．

DIP型や面実装型の集合抵抗は各素子独立タイプが一般的です．使用する本数も任意ですし，接続の方法も直列，並列，直列/並列など自由にできます．

SIP型は，バスやDIPスイッチのプルアップに便利な片側コモン接続が普通です．ちょっと使い方が制限されますが，次のような工夫もできます．

例えば，1kΩ×4素子のSIP抵抗を使うと，次の7種類の値が作れます．

(1) $0.25\,\text{k}\Omega = 1\,\text{k}\Omega/4$
(2) $0.333\cdots\text{k}\Omega = 1\,\text{k}\Omega/3$
(3) $0.5\,\text{k}\Omega = 1\,\text{k}\Omega/2$
(4) $1\,\text{k}\Omega$
(5) $1.333\cdots\text{k}\Omega = 1\,\text{k}\Omega + (1\,\text{k}\Omega/3)$
(6) $1.5\,\text{k}\Omega = 1\,\text{k}\Omega + (1\,\text{k}\Omega/2)$
(7) $2\,\text{k}\Omega = 1\,\text{k}\Omega + 1\,\text{k}\Omega$

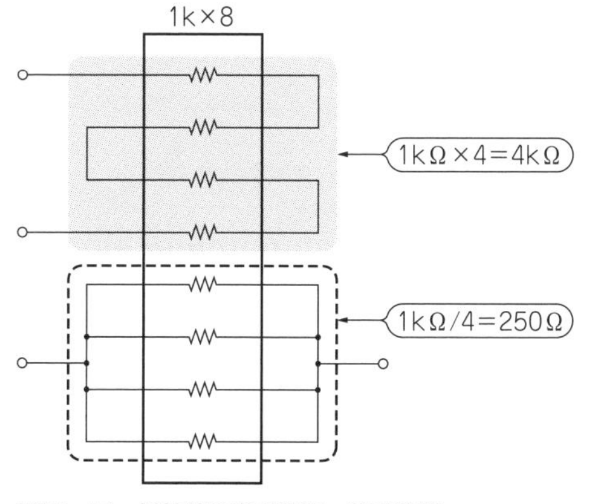

図55 同一抵抗値の直列接続，並列接続
DIP抵抗や面実装用の集合抵抗の活用もできる

また，1.5kΩ×4素子のSIP抵抗を使うと，次の7種類の値が作れます(**図56**)．

(1) $0.375\,\text{k}\Omega = 1.5\,\text{k}\Omega/4$
(2) $0.5\,\text{k}\Omega = 1.5\,\text{k}\Omega/3$
(3) $0.75\,\text{k}\Omega = 1.5\,\text{k}\Omega/2$
(4) $1.5\,\text{k}\Omega$
(5) $2\,\text{k}\Omega = 1.5\,\text{k}\Omega + (1.5\,\text{k}\Omega/3)$
(6) $2.25\,\text{k}\Omega = 1.5\,\text{k}\Omega + (1.5\,\text{k}\Omega/2)$
(7) $3\,\text{k}\Omega = 1.5\,\text{k}\Omega + 1.5\,\text{k}\Omega$

よく使う抵抗値の組み合わせ

● 5Vの分圧

抵抗の主要な用途の一つである分圧では，整数比をよく使います．このような場合に，E標準数の中で**表5**に示すような整数の比をもつ組み合わせをいくつか覚えておくと便利です．

例えば，5Vの電源電圧を抵抗分圧して2V，3Vの電圧を作りたい場合は，分圧比を2：3にすればよいので，次のようにE6列で実現できます．

$$2\,\text{V} = \frac{1.0\,\text{k}\Omega}{1.0\,\text{k}\Omega + 1.5\,\text{k}\Omega} \times 5\,\text{V}$$

$$2\,\text{V} = \frac{2.2\,\text{k}\Omega}{2.2\,\text{k}\Omega + 3.3\,\text{k}\Omega} \times 5\,\text{V}$$

$$3\,\text{V} = \frac{1.5\,\text{k}\Omega}{1.0\,\text{k}\Omega + 1.5\,\text{k}\Omega} \times 5\,\text{V}$$

$$3\,\text{V} = \frac{3.3\,\text{k}\Omega}{2.2\,\text{k}\Omega + 3.3\,\text{k}\Omega} \times 5\,\text{V}$$

一方で，5Vの電源電圧を抵抗分圧して1V，4Vの

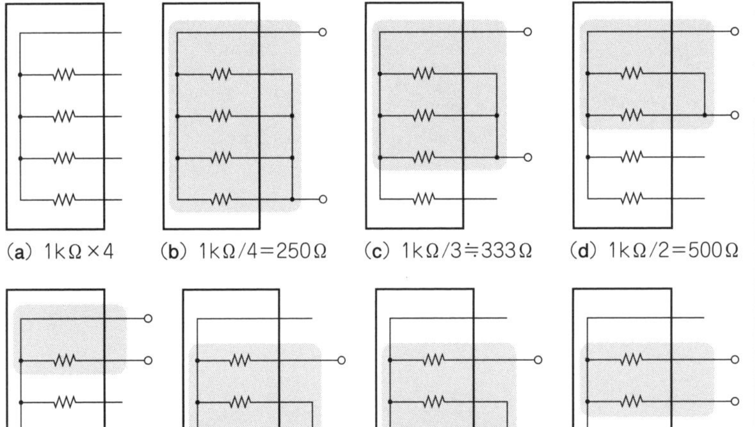

（a）1kΩ×4　（b）1kΩ/4＝250Ω　（c）1kΩ/3≒333Ω　（d）1kΩ/2＝500Ω

（e）1kΩ　（f）1kΩ＋1kΩ/3≒1.3kΩ　（g）1kΩ＋1kΩ/2＝1.5kΩ　（h）1kΩ＋1kΩ＝2kΩ

図56　SIP抵抗の活用例（1 k × 4の場合）
SIP抵抗は内部でコモン接続されているので使い方に制約があるが，工夫次第で便利に活用できる

表5　覚えておこう！　直流電圧の分圧のときに使える抵抗比
例えば，1：2の比を作りたいときは，1.0と2.0，1.1と2.2，1.2と2.4のどれでも作れる

整数比＼列	E6	E12	E24
1：2	−	−	1.0と2.0 1.1と2.2 1.2と2.4
1：3			1.0と3.0 1.1と3.3 1.2と3.6 1.3と3.9
1：4			7.5と30
1：5			1.5と7.5 2.0と10
1：6			2.0と12 3.0と18
1：7			−
1：8			2.0と16 3.0と24
1：9			2.0と18 3.0と27
2：3	1.0と1.5 2.2と3.3	1.2と1.8 1.8と2.7	1.6と2.4 2.0と3.0 2.4と3.6
2：5	−	−	1.2と3.0 3.0と7.5
3：4			1.2と1.6 1.8と2.4
4：5			1.6と2.0 2.4と3.0

電圧を作りたい場合は，1：4の分圧比が必要なので，次のようにE24列で作ることになります(**図57**)．

$$1\ \mathrm{V} = \frac{7.5\ \mathrm{k\Omega}}{7.5\ \mathrm{k\Omega} + 30\ \mathrm{k\Omega}} \times 5\ \mathrm{V}$$

$$4\ \mathrm{V} = \frac{30\ \mathrm{k\Omega}}{7.5\ \mathrm{k\Omega} + 30\ \mathrm{k\Omega}} \times 5\ \mathrm{V}$$

● OPアンプ増幅回路のゲイン設定

OPアンプの反転増幅回路，非反転増幅回路は，ともに外付けの抵抗比で増幅率Kが決まります．**図58(a)**に示す反転増幅回路では$K = R_2/R_1$なので，増幅率をK倍にしたければ，抵抗比を$R_2 : R_1 = K : 1$に選べばよいです．抵抗比を10：1にすれば10倍，100：1にすれば100倍の増幅率が得られます．

図58(b)に示す非反転増幅回路では$K = 1 + R_2/R_1$

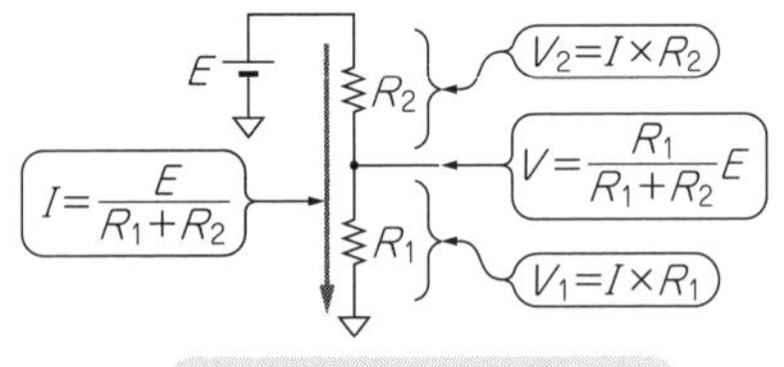

（a）抵抗分圧は与えられた電圧Eを抵抗比と同じ比率に分割する

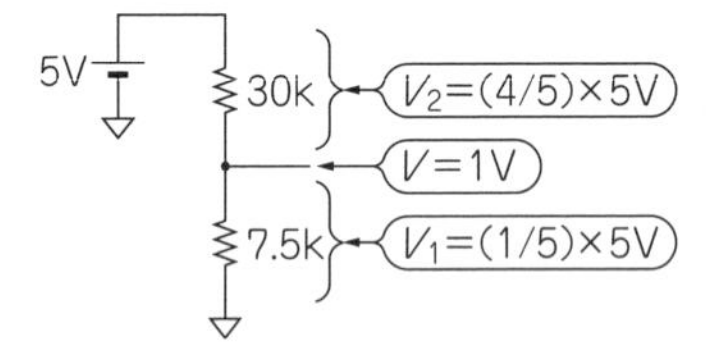

（b）E24列から選べば1：4の抵抗比が得られる

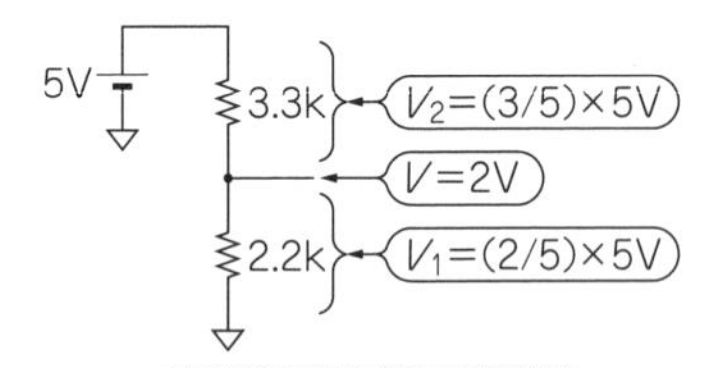

（b）E6列から選べば2：3の抵抗比が得られる

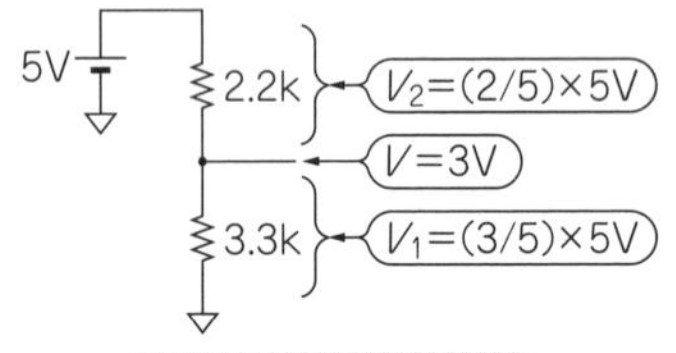

（d）E6列から選べば3：2の抵抗比が得られる

5V　7.5k　V_2=(1/5)×5V　V=4V　30k　V_1=(4/5)×5V

7.5kΩ：30kΩ＝1：4

（e）E24列から選べば1：4の抵抗比が得られる

図57　E系列で抵抗分圧を作る

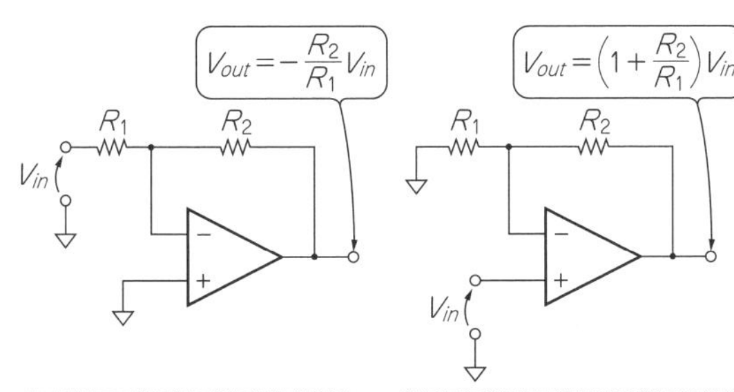

増幅率 $K=\frac{R_2}{R_1}$

抵抗比をR_2：R_1＝K：1にすればK倍の増幅率が得られる

（a）反転増幅回路

増幅率 $K=1+\frac{R_2}{R_1}$

抵抗比をR_2：R_1＝K−1：1にすればK倍の増幅率が得られる

（b）非反転増幅回路

図58 OPアンプ増幅回路（非反転型）の抵抗比の例

なので，増幅率をK倍にしたければ，抵抗比をR_2：R_1＝K−1：1に選びます．抵抗比を10：1にすると11倍，抵抗比を100：1にすると101倍の増幅率になります．

一般には，公称値で計算して101倍なら，精度1％で100倍の増幅率というように，少しの誤差を許容して抵抗比を選びます（**表6**）．トータルの誤差が要求仕様の範囲に収まることが必要です．

コンデンサの定格電圧はE系列じゃなくR系列

E標準数以外でよく使われる標準数としてR標準数があります（**表7**）．

図59（a）に示すE標準数は，$10^{1/3}≒2.2$，$10^{2/3}≒4.7$を用いて1と10の間をまず3等分し，E3列とします．

表6 よく使う！OPアンプ増幅回路のゲイン設定に使える抵抗比 少しの誤差を許容してE24列の範囲で抵抗比を選んだ例

倍率［倍］＼増幅回路の型	反転型	非反転型
2	1.0と2.0	1.0と1.0
3	1.0と3.0	1.0と2.0
4	7.5と30	1.0と3.0
5	2.0と10	7.5と30
6	2.0と12	2.0と10
10	1.0と10	1.0と9.1（10.1倍）
100	1.0と100	1.0と100（101倍）

それ以降はそれぞれの区間を2等分して，E6列，E12列，E24列とします．

それに対し**図59**（b）に示すR標準数は，$10^{1/5}≒1.60$，$10^{2/5}≒2.50$，$10^{3/5}≒4.00$，$10^{4/5}≒6.30$を用いて1と10の間をまず5等分し，R5列とします．さらにそれぞれの区間を2等分して，R10列，R20列…，とします．

歴史的にはR標準数のほうが古く，もともとはロープの太さの規格でした．国際的にはISO R3，日本国内ではJIS Z8601として標準化されています．主に機械的な寸法に使われています．電子分野では，コンデンサなどの定格電圧に使われています．

◆参考文献◆

（1）JIS C5063：1997，抵抗器及びコンデンサの標準数列．
（2）JIS C5062：2008，抵抗器及びコンデンサの表示記号．
（3）Panasonic，固定抵抗器 共通仕様，http://industrial.panasonic.com/lecs/www-data/pdf/AOA0000/AOA0000PJ1.pdf
（4）JIS Z8601：1954，標準数．

〈宮崎 仁〉

（初出：「トランジスタ技術」2015年6月号）

表7 R5列とR10列

R5列	R10列
1.00	1.00
−	1.25
1.60	1.60
−	2.00
2.50	2.50
−	3.15
4.00	4.00
−	5.00
6.30	6.30
−	8.00

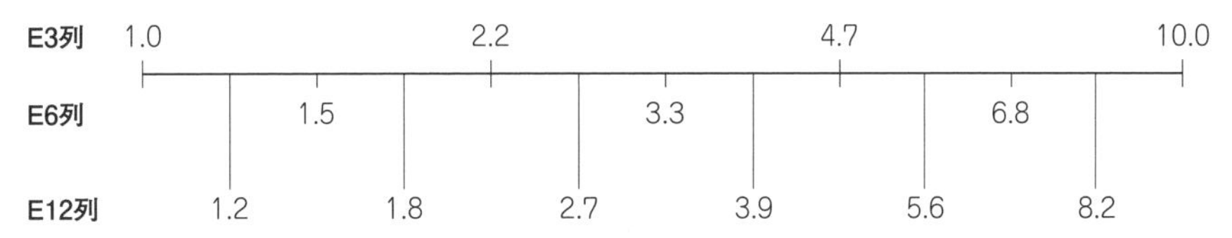

（a）E標準数

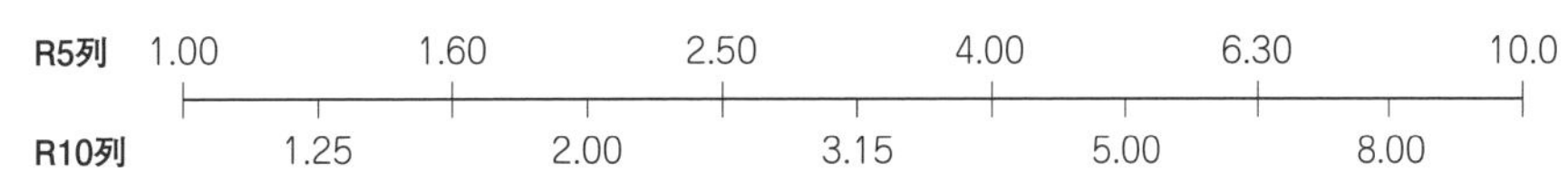

1から10の間をまず5等分し，以降はそれぞれの間を2等分する．有効数字は3けた．1, 2, 4, 8の列と，1, 2, 5, 2.5, 5, 10の列を組み合わせており，きりの良い値が多い．主に機械的な寸法に用いられる．電気では耐圧などの定格に用いられる

（b）R標準数

図59 抵抗値やコンデンサの容量値はE標準数から選ぶ．R標準数はコンデンサなどの定格電圧や機械的な寸法などに使われる

第2章 半導体素子は回路でこう動く
絵とき！ダイオード/トランジスタ

2-1 半導体の基本素子ダイオード

電流の向きを一方向に整えてくれる

図1　ダイオードは一方通行！ 段差(V_F)があって逆からは進めない

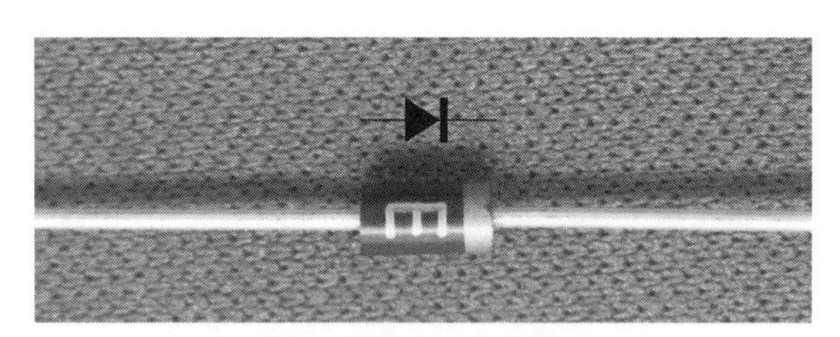

写真1　シンプルだけど超重要！ 一方通行素子ダイオード

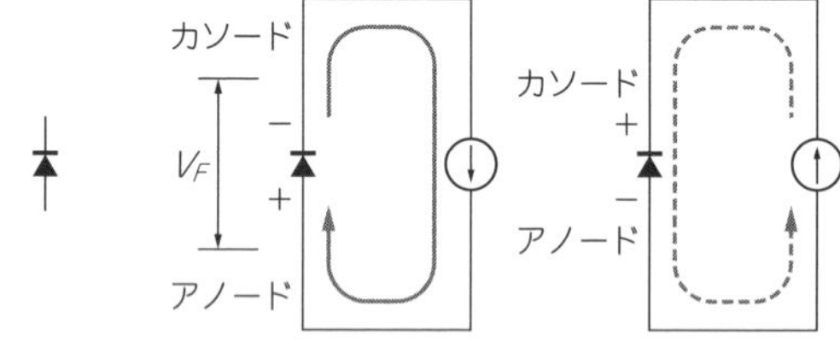

(a) 回路記号　(b) 電流が流れる方向　(c) 電流が流れない方向

図2　回路記号は流れる向きを示す矢印のよう

ダイオード(diode)は，エレクトロニクスに欠かせない重要な部品(半導体)です(**写真1**)．このダイオードについて解説します．

基礎知識

● ダイオードの超基本特性…電流の向きを一方向にそろえる

ダイオードの動作は，**図1**のように一方通行に例えることができます．通行するものは人ではなく電流です．つまりダイオードの電流は，一方向にしか流れません．それゆえ，**図2**のようにダイオードの記号には電流が流れる向きを示すために矢印の形になっています．

端子にも名前が付いていて一方をアノード(anode)，もう一方をカソード(cathode)と呼びます．電流が流れるのはアノードからカソードで，カソードからアノード方向に電流が流れません．

電子回路は，この一方向しか電流が流れない性質(整流作用)を積極的に利用しています．

● 何に使える？

一方通行の電流をつくる「ダイオード」には，どのような用途があるのでしょうか．非常に一般的なのはACからDCへの変換です［**図3(a)**］．**図3(a)**は，全波整流回路(full wave rectifier)と呼ばれています．この回路の動作を考えてみましょう．全波整流回路では普通コンデンサC_1を実装しますが，説明の都合上，ここでは外して考えます．

まずACの極性が**図3(b)**の場合です．このとき電流は，AC電源からD_1→R_L→D_2と流れ，再びAC電源に戻ります．D_3，D_4は，このサイクルでは電流が流れる方向とは反対の方向に電圧がかかるのでOFFしています．ACの次のサイクルで，極性が**図3(c)**に変わります．すると電流はAC電源からD_3→R_L→D_2を通じてAC電源に戻ります．D_1，D_2は，このサイク

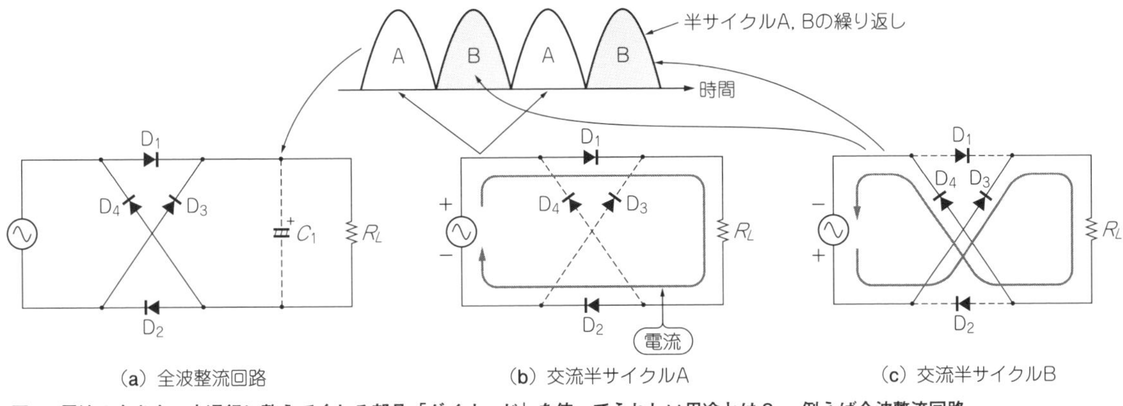

図3　電流の向きを一方通行に整えてくれる部品「ダイオード」を使ってうれしい用途とは？ …例えば全波整流回路

ルで電流が流れる方向とは反対の方向に電圧がかかるのでOFFしています．

その結果，負荷抵抗R_Lの両端には，サイン波の絶対値のような電圧波形が発生します．この電圧を脈流(pulsating current)と呼びます．今DCを得ることが目的なので，コンデンサC_1をつけて脈流を滑らかにしてDCに近づけているのです．

▶教科書にも出てくる整流回路！ AC 100V入力には必ず入っている

一般的なAC 100 V入力のテレビや冷蔵庫，クーラ，PC，携帯電話やスマートフォンの充電用ACアダプタといった電子機器には，この全波整流回路は必ず使われています．興味のある方は，使わなくなった電子機器を分解して調べてみてはいかがでしょうか．

● ダイオードのいろいろ

▶最も「目」にする身近なダイオードLED

一番身近なダイオードは，電流が流れるとき光が出るLED(Light Emitting Diode)です．携帯電話，スマートフォン，タブレット端末，テレビなど液晶表示を裏から照らす光源として，非常にたくさん使われています．照明にもLEDが使われ出しました．最近は交差点の信号もLEDになってきています．

▶ショットキー・バリア/ツェナー/バリキャップ…用途もさまざま

ダイオードの種類は先に挙げたLEDをはじめ，とても多いので，比較的多く使われているものを挙げましょう．半導体的分類で書くと，ダイオードがp型半導体とn型半導体を接合させたpn接合(pn junction)によるシリコン・ダイオード(silicon diode)と，pn接合の代わりに半導体とモリブデンなどの金属を接合させたショットキー・バリア・ダイオード(Schottky-barrier diode)です．

用途においても整流回路の整流ダイオード，基準電圧や過電圧の保護回路に用いるツェナー・ダイオード(zener diode)，電流を流さない方向に電圧をかけたとき，カソード-アノード間に生じるキャパシタンス成分［空乏層容量(depletion capacitance)］を利用するバリキャップ・ダイオード(varicap diode)などさまざまです．

〈瀬川 毅〉

(初出：「トランジスタ技術」2013年6月号)

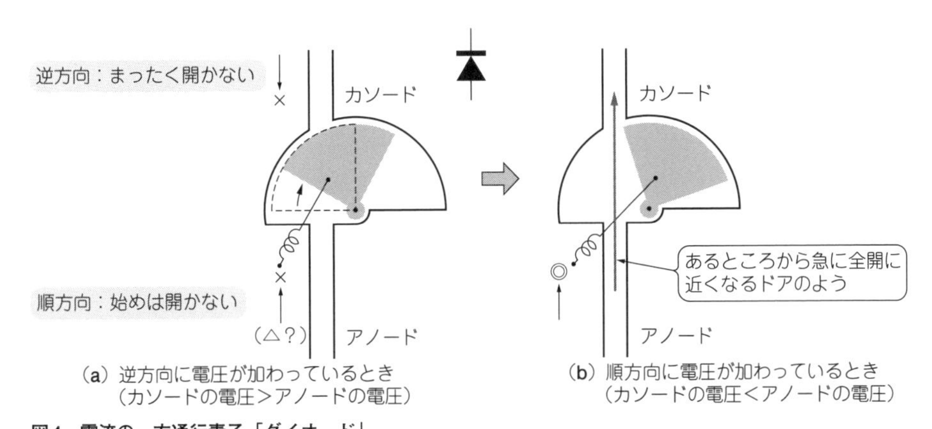

図4　電流の一方通行素子「ダイオード」

順方向でも最初は開きにくいが，あるところからバーッと全開になる

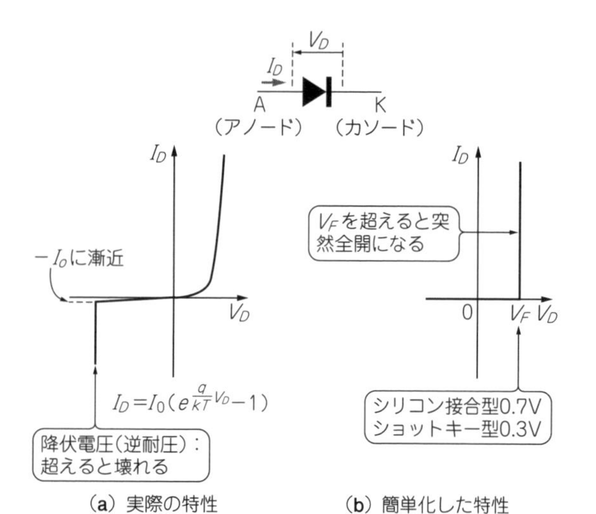

図5　ダイオードをえいやっと使うときによくやる近似
(a)も(b)も実物とは違う

電気特性

● ダイオードの整流特性を考察

図4に示すように，ダイオードは一方向にしか電流を通さない整流素子ということができますが，その整流特性をよく見てみると**図5(a)**のようになっています．設計するときは，この式を使うことはまれで，**図5(b)**のような簡単化されたモデルを利用します．

▶整流動作させるためには順方向に0.6 V程度の電圧が必要

ダイオードのアノード(Anode)と，カソード(Kathode)との間に加える電圧(V_X)が逆方向のとき，つまりカソードに加わっている電圧がアノードに加わっている電圧より高いときは電流が流れません．順方向のとき，つまりカソードに加わっている電圧がアノ

表1　ダイオードの性質

項　目	意味合い	解　説
(1) 電極間にコンデンサが並列につながっているようにみえる	G, D, C_j 1N4148 C_T=4pF これがC_j	アノード(A)-カソード(K)間に等価的に容量がある．この容量の大きさは，A-K間に加わっている電圧で変化する．容量の電圧依存性を利用したダイオードも存在する(可変容量ダイオード)
(2) OFF時，逆方向に電圧が加わる使い方をしている場合，OFF直後の短時間(逆回復時間)逆電流が流れる	ダイオードに加える電圧を順方向から逆方向に切り替えると，一瞬逆向きに流れる +V, 0, −V ほぼ+V 0 t_{rr} 1N4148 t_{rr}=4ns	電圧が順方向から逆方向へパッと切り替わると，短時間，逆方向に大きな電流が流れる．高速にスイッチングする電源などでは大きな損失の元になる
(3) OFF時も微小な電流(リーク電流)が流れる	I_D, V_D, I_R OFF中も少し漏れる 1N4148 I_R=25nA T_A=25℃ V_R=25V	順方向だけでなく逆方向にも微小なリーク電流が流れる．微小信号回路やハイ・インピーダンス回路の保護素子，バッテリやバックアップ電池の逆流防止に安易に使うと問題になる
(4) 順方向電流が大きくなると順方向電圧も大きくなる	I_D 電流 電流が大きいほどV_Fが大きくなる 1N4148 V_F=1.0V_{max} @I_F=10mA 10mA 0 V_Fは最大1V 電圧 V_D	順方向電圧は電流の増加とともに高くなり，1 V以上になることもある
(5) 温度が上がると順方向電圧は小さくなる	I_D 高温 ←→ 低温 電流が流れ始める順方向電圧V_Fは，温度で変わる(−2mV/℃) 0 V_D	順方向電圧は，順方向電流が一定でも温度が上がると小さくなる．シリコン接合型で通常−2 mV/℃の温度係数といわれている．品種によって異なる

ードに加わっている電圧より高いときは電流(順方向電流)が流れます.

順方向に流れる電流は，ある一定電圧(V_F)を超えるまではほぼゼロで，順方向電圧がV_Fに達すると途端に大きな電流が流れ始めます．電流が流れ始める電圧は，素材の半導体の種類と構造によって異なり次のようになります.

- 接合型:約0.7 V
- ショットキー・バリア型：約0.3 V
- LED(赤色)：約2 V

ダイオードに電流(I_F)が流れると，順方向電圧(V_F)とその順方向電流(I_F)の積($V_F I_F$)で表される電力損失が生じます.

● ダイオードの性質

表1にダイオードの性質をまとめました.

(1)電極間に並列にコンデンサが付いているように見える
(2)OFF時，逆方向に電圧が加わる使い方をしている場合，OFF直後の短時間(逆回復時間)，逆電流が流れる
(3)OFF時も微小な電流(リーク電流)が流れる
(4)順方向電流が大きくなると順方向電圧も大きくなる
(5)温度が上がると順方向電圧は小さくなる

● 接合型とショットキー・バリア型がある

整流用の小信号ダイオードには，接合型とショットキー・バリア型の2種類があります(**表2**)．接合型の多くは汎用，ショットキー・バリア型はパワー回路や高周波回路用です.　**〈佐藤 尚一〉**

(初出：「トランジスタ技術」2012年4月号)

● 流れる電流の上限値…実効順電流$I_{F(RMS)}$

ダイオードに流れる電流は，無限にOKではなく上限値があります．この上限値には次の三つがあります.

- 連続して電流が流せる実効順電流$I_{F(RMS)}$ (RMS forward current)
- 全波整流回路の出力電流にあたる平均順電流I_O(average rectified output current)
- 商用周波数で1サイクルのみ流せる最大電流を示すサージ順電流$I_{F(RMS)}$ (surge forward current)

一般の用途では，実効順電流$I_{F(RMS)}$を使って設計しましょう．整流回路に限っては，平均順電流I_Oは連続的に流れる出力電流，サージ順電流$I_{F(RMS)}$は商用電源がONしたときだけ流れる電流(突入電流, inrush current)に適用します.

表2　パワー/高速用途ならショットキー・バリアが向く

タイプ	特　徴	用　途
接合	① V_Fが高い	一般用．高耐圧や逆電流が問題になる用途ではショットキーより向いている
	② 逆回復時間が長い	
	③ 逆電流が小さい	
	④ 耐圧が高い	
ショットキー・バリア	① V_Fが低い	高速用．スイッチング電源や高周波回路に向く．小信号用としてはリーク(逆電流)がネックとなる．オールマイティではない
	② 逆回復時間が短い	
	③ 逆電流が多い	
	④ 耐圧が低い	

● 電流が流れない方向にかけられる電圧の上限…ピーク繰り返し逆電圧

ダイオードに電流が流れない方向で電圧がかった場合，電圧はアノード-カソード間に加わります．カソードが+で，アノードが−の極性です.

ダイオードは，電流が流れない方向に電圧をいくら加えても流れないわけではなくて，次の二つの上限値があります.

- 繰り返し印加できる電圧ピーク繰り返し逆電圧V_{rrm}(repetitive peak reverse voltage)
- 非繰り返しで印加できる電圧サージ繰り返し逆電圧V_{RMS}(surge peak reverse voltage)です.

一般的に，電子回路は同じ動作を何度も繰り返すので，ピーク繰り返し逆電圧V_{rrm}の値を使って回路を設計しましょう.

● 一方通行といったけれど，実は逆方向に流れる電流あり…飽和電流と逆回復電流

ダイオードは一方向にしか電流が流れない，と書いておきながら何ですが，逆方向に流れることもあります．主なものは次の三つです.

▶飽和電流(saturation current)

逆方向に流れる非常に微小な電流で，シリコン・ダイオードで1 nA程度，ショットキー・バリア・ダイオードで1 μA程度です．通常この飽和電流は無視して考えています.

▶逆回復電流(reverse recovery current)

順方向に流れていたダイオードが，急に逆向きの電圧がかかった場合，一瞬流れる電流です.

電圧切り替え時に逆方向に流れてしまったようすを**図6**に示します．ショットキー・バリア・ダイオードの逆回復電流がとても少ないのがわかります．このように高速といわれるダイオードは，逆回復電流が小さいということと同じ意味で考えてよいでしょう.

▶ツェナー・ダイオードの逆方向電流

ツェナー・ダイオードで逆方向に電流を流すとカソード-アノード間に安定な電圧が得られ，基準電圧と

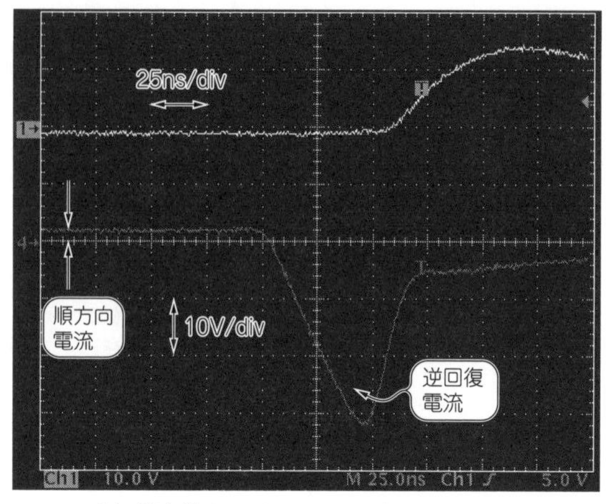

(a) 整流ダイオード10EDB10(日本インター)

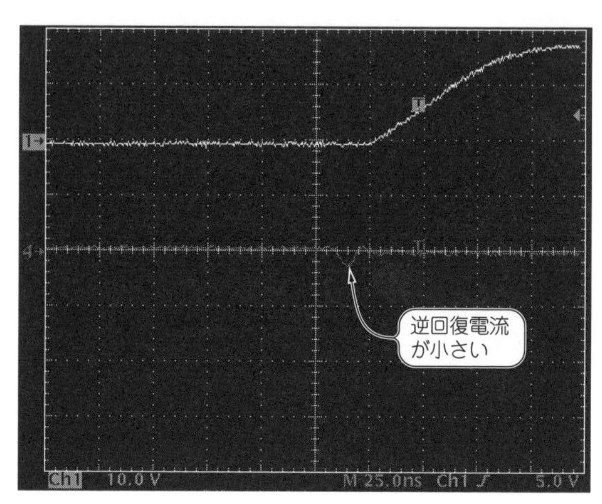

(b) ショットキー・バリア・ダイオード(SBD)ERA83-004
(富士電機)

図6　加える電圧を順方向から逆方向に高速に切り替えると，逆方向に一瞬大きな電流が流れる…逆回復電流
パチパチ逆方向に電圧を切り替えるスイッチング回路などでは，この電流が損失(発熱)の主因になることがあるので小さく抑えたい

しても使われます．

ツェナー・ダイオードを基準電圧として使うには，まず5.0 V程度のツェナー・ダイオードを選び，10 mA以上の電流を流し，定電流でドライブすると，非常に安定な電圧源となります．

〈瀬川 毅〉

（初出：「トランジスタ技術」2013年6月号）

2-2 ダイオードの応用例：保護回路

過電圧による破壊から回路を守る部品として重宝する

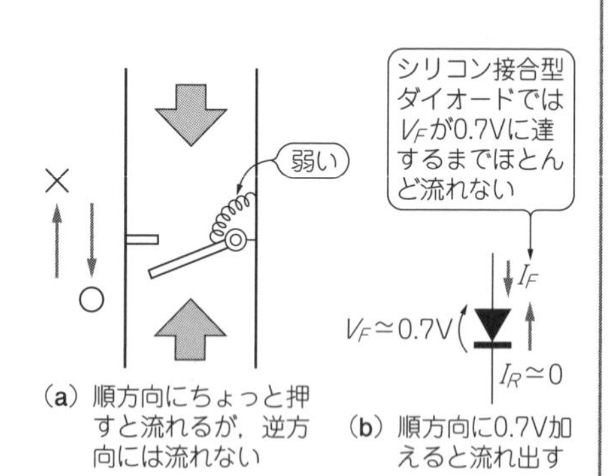

(a) 順方向にちょっと押すと流れるが，逆方向には流れない　(b) 順方向に0.7V加えると流れ出す

図7　汎用ダイオード：電流の一方通行

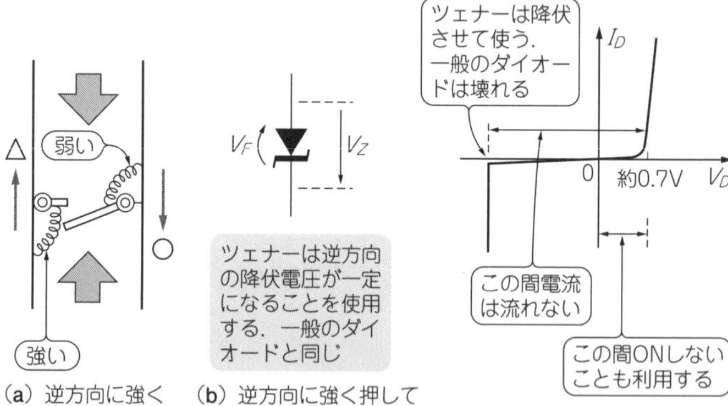

(a) 逆方向に強く押しても流れる　(b) 逆方向に強く押して流れ始めると電圧が一定になる　(c) 汎用ダイオードと違って逆方向に流しても壊れない

図8　ツェナー・ダイオード：限界を超えると逆方向にも電流が全開になる

● ヘルメットやプロテクタの重要性はあとでわかる

保護には，突発事故に備えるヘルメットのようなものや，常に受ける攻撃から守るスポーツ用のプロテクタのようなものがあります．

電子回路にも，静電気などのノイズや装置どうしをつないだときに生じる過大な電流や電流によって電子部品を壊れないように，さまざまな保護素子が使われています．

実際の保護用素子には，異常な電流が流れると，そのラインを電気的に切り離してしまうヒューズや，温

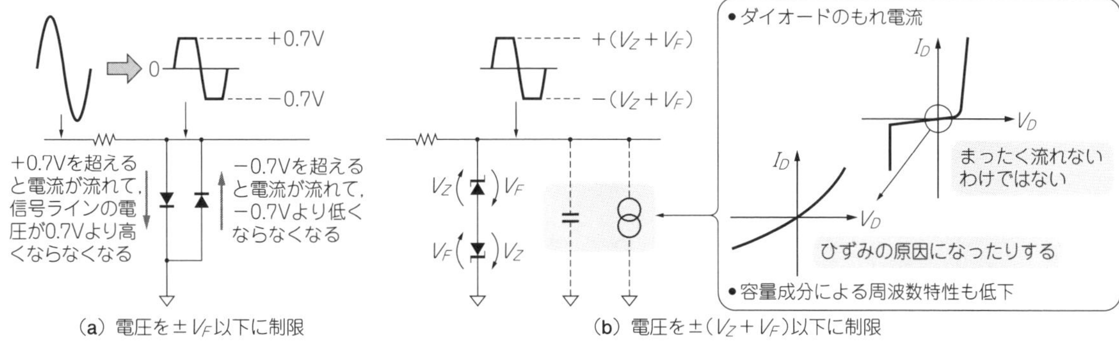

図9　ダイオードを使えば，信号ラインの電圧をある範囲に抑え込むことができる

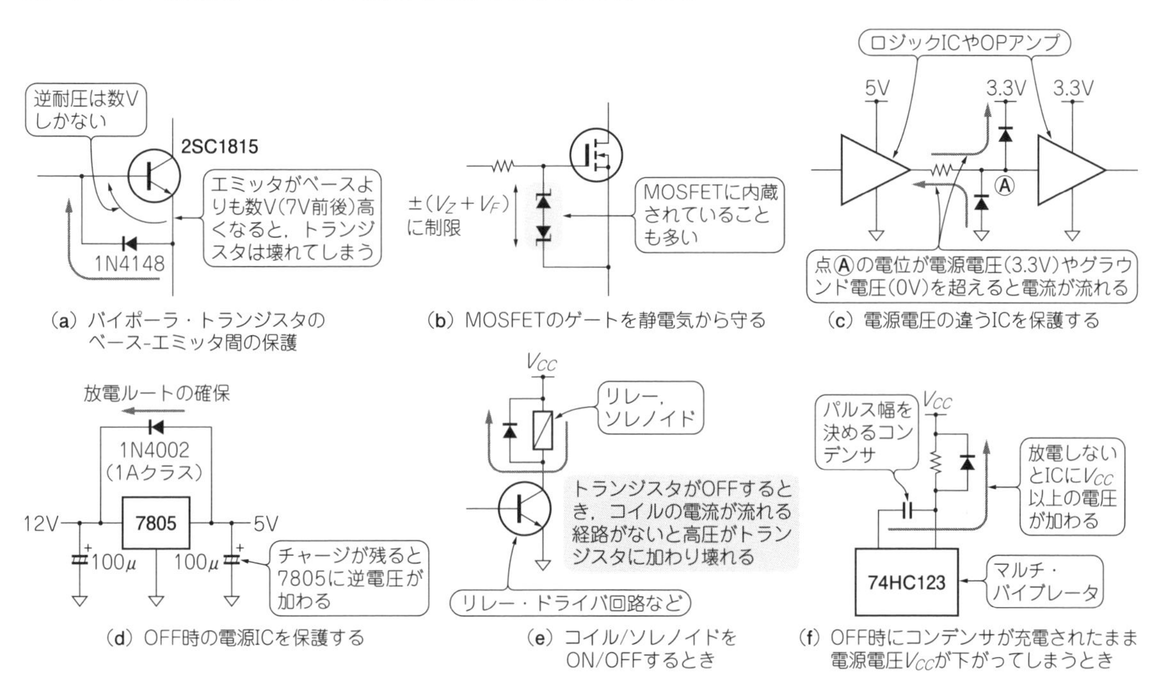

図10　ダイオードを保護用部品として利用した例

度が上がって抵抗値が上がる素子PTCなどがあります．静電気の侵入を防ぐバリスタもあります．そして このダイオードも回路の保護に利用できます．

● 過電圧による破壊から保護する

考え方は過電流は切る，過電圧は短絡することが基本なので，用途によって適切な素子を選ぶことです．過電流や過電圧が加わることで，保護素子自体がダメージを被る場合も多く，寿命が定められていることもあるので要注意です．身をていして回路を守るわけです．

信号回路内の過電圧保護に便利なのがダイオードです(**図7**)．通常タイプに加えツェナー・ダイオードも使います(**図8**)．これらの素子はある電圧を超えると急激に電流が流れ出すので，電圧制限回路ではそれを利用します(**図9**)．回路の保護以外にも電圧制限回路を使いますが保護用の回路も理屈はまったく同じです．

図10に示すのは，ダイオードを使った過電圧保護の例です．

図10(e)について少し詳しく説明しましょう．リレー内部のスイッチは，同じく内蔵のソレノイド(コイル)の電流をトランジスタなどでON/OFFすると開いたり閉まったりします．このとき，コイルに流れる電流は急に止まれないので(第1章参照)，トランジスタがOFFしたときにコイルに流れている電流の行き場がないと，弱いトランジスタを壊して流れ出していきます．このとき，コイルと並列にダイオードをつないで逃げ道を確保しておけば，電流はこのダイオードに流れてくれるので，トランジスタは破壊から守られます．

IC内部の入出力端子部にもダイオードが作り込まれていて，過電圧からICを保護しています．ICの入力電圧の最大値はたいてい$V_{DD}+0.3$ Vですが，入力信号を残したまま電源が切れると，0VになったV_{DD}に対して，0.3V以上の電圧が加わって，内蔵保護ダイオードのかいなく定格オーバー状態になり，内蔵保護用ダイオードに過大電流が流れます．どの程度の電流に耐えるかは公表されていないことも多いので，不安ならIC外部に保護用のダイオードを追加して2重に保護します．

〈佐藤 尚一〉

（初出：「トランジスタ技術」2012年4月号）

2-3 バイポーラ・トランジスタ&FET

わずかなエネルギで動かせる電流ボリューム

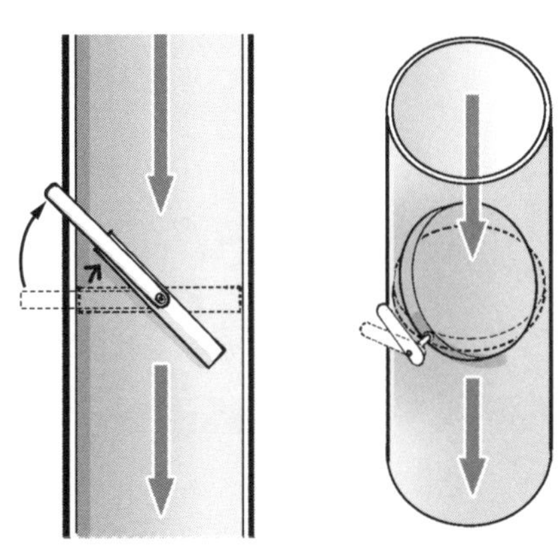

図11 トランジスタのはたらき…電流を制御する弁

トランジスタは，単体で使うことは少なくなりましたが，高周波回路やインターフェース回路，パワー回路などに今でも使われています．要はICでは難しい高い周波数，高い電圧，大きな電流の用途では，やはりトランジスタが主役です．

● 電流の量を調節したいときに使う

トランジスタは一言でいうと，**図11**に示すような水道の蛇口のようにふるまいます．ツマミを回すと回した量に応じて水が出る比例弁のイメージです．トランジスタは，水量(電流)調整素子と考えられます．

現実のトランジスタでは，ツマミの代わりに水量調節用の電流を流したり，電圧を加えたりします．水量調節のために電流や電圧を加えると書きましたが，電流を流して動作させるタイプをバイポーラ・トランジスタ(bipolar transistor)と，電圧を加えて動作させるタイプをFET(Field Effect Transistor)と呼びます．

トランジスタの外観を**写真2**に示します．現在の市場では昔のリード線がついたタイプは消え，表面実装が主流になってきています．

● 電流を制御するためのツマミは電流と電圧…トランジスタとFET

トランジスタは水道の蛇口のようにツマミで水量を調整する素子です．ツマミの違いで2タイプに分けられ，電流を流すバイポーラ・トランジスタと電圧を加えるFETがあります．

ツマミに相当する端子には名前が付いています．**図12**のようにバイポーラ・トランジスタではベース(base)，FETではゲート(gate)と呼びます．

▶わずかな電流で制御できるほうがスマート

バイポーラ・トランジスタがベース端子に電流を流して主たる電流を制御するとき，ベースに流れる電流は少量のほうがスマートです．わずかな電流で大きな

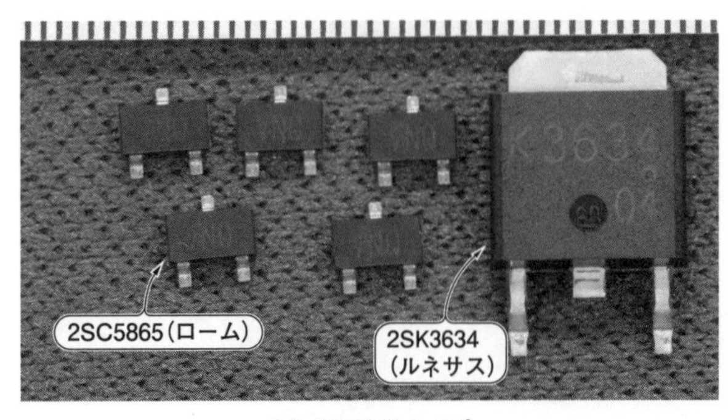

(a) 表面実装タイプ

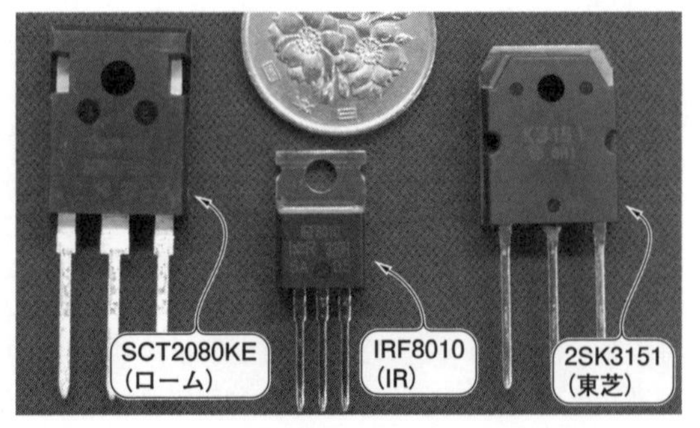

(b) 大型のトランジスタはリード・タイプが多い

写真2 トランジスタの外観…表面実装タイプが増えつつある

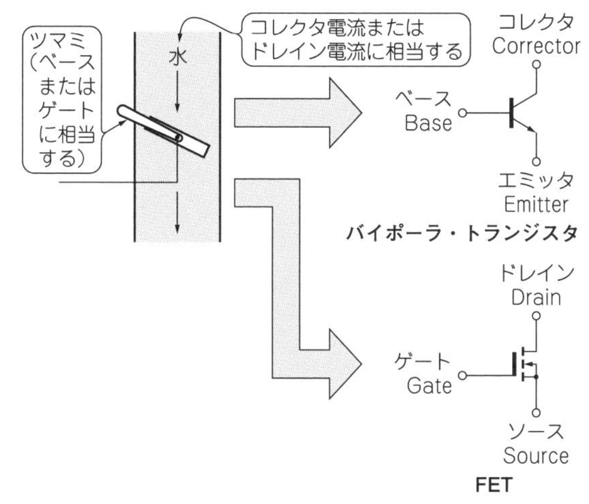

図12　小さなエネルギで大きな電流を調節するしくみ
バイポーラ・トランジスタは電流で，FETは電圧でツマミを調節する

電流を制御できる，小さなエネルギで大きなエネルギを制御できる，ってことです．

水道の蛇口の例でいえば，ツマミが軽く回って水量をコントロールできるほうがよいと思えます．

その意味ではFETは，ゲートに電圧を加えるだけなので，電流を制御するエネルギはさらに小さく済みます．

● 回路記号

トランジスタの回路記号を**図13**に示します．トランジスタの端子には**図12**のように名前が付いています．半導体には大別するとn型とp型の2種類あり，これらを組み合わせて所要の特性を実現しています．

● 型名のルール

表3に示すように，トランジスタの型名と半導体の構成との間にはルールがあります．

現実に使われている素子は，バイポーラ・トランジスタではnpn型半導体による型番2SC＊＊が圧倒的に多く，他は小数です．

誤解を防ぐために書きますが，2SC＊＊があればすべての回路がつくれるわけではありません．他は少数ですが，しっかりとした役割を果たしているのです．

FET型ではn型の半導体の2SK＊＊，特にMOSFETが使用数量としては多いです．他の素子も少数ですが，回路構成には必要な素子です．

▶型名

ここで低周波，高周波と決めたのは40年以上昔のことです．現在の技術レベルと大きな隔たりがあるので，まったく参考にはなりません．そこでそうした表記によらない型名，半導体メーカ独自で決めた型名のバイポーラ・トランジスタやFETが生まれています．

実際のデバイスの特性

● バイポーラ・トランジスタ

バイポーラ・トランジスタの記号をよく見ると矢印があります．これは，ベース端子に流れる電流の方向を示しています．

バイポーラ・トランジスタは，コレクタ電流の方向が一方向です．これが水道の蛇口と異なる点です．コレクタ電流の方向は，pnp型ではエミッタからコレクタに流れ，npn型ではコレクタからエミッタに電流が流れます．つまり，**図14**のようにベース電流の方向が2種類あります．

結果的にバイポーラ・トランジスタでは，次の関係が成り立っています．

表3　主な型名…2SCや2SKが使われることが多い
2SCや2SK以外も少数だが必要．メーカ独自の型名も増えてきた

型　名	半導体の構成	用　途
2SA＊＊	pnp型	高周波向け
2SB＊＊	pnp型	低周波向け
2SC＊＊	npn型	高周波向け
2SD＊＊	npn型	低周波向け
2SK＊＊	nチャネル型FET	−
2SJ＊＊	pチャネル型FET	−

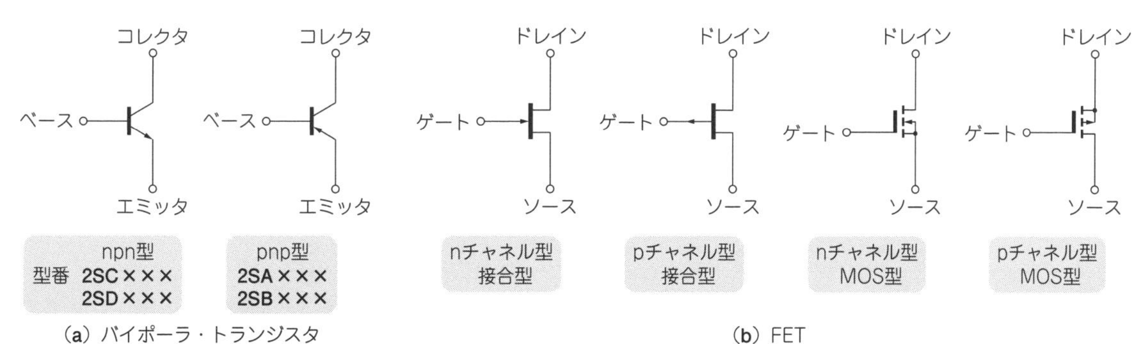

図13　トランジスタの回路記号

エミッタ電流＝コレクタ電流＋ベース電流

npn型とpnp型と2種類あると使いにくいようですが，双方向に流れる電流を扱うには好都合でもあります．事例を挙げましょう．インダクタの実験をした際の回路(**図15**)を再掲します．ここで使われているバイポーラ・トランジスタQ_1，Q_2は，パワーMOSFET Q_3のゲートに対してON時は図の→向きの電流，OFF時には←向きの電流を流しているのです．

● FET

▶ゲートにもわずかに電流が流れる

一方FETではゲート端子は，他のドレイン端子，ソース端子と絶縁されています．絶縁されているためDC的にはとても高いインピーダンスと見なせます．

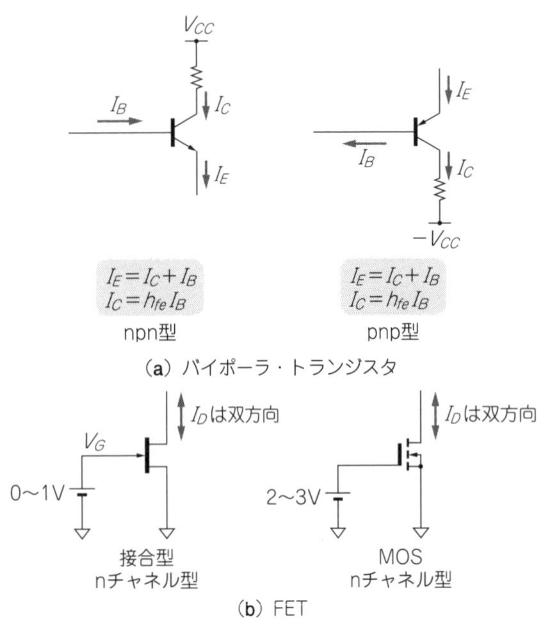

図14　バイポーラ・トランジスタは種類によって流せる向きが決まっている

それゆえ，高入力インピーダンスの入力にFETが使われている事例もよくあります．例えば，TL072やLF356に代表されるFET入力型のOPアンプはその典型です．

しかし現実には非常に微少ですが，ゲートにDC電流が流れ込みます．また二つの電極が絶縁していることは，内部でキャパシタ構造になっているわけです．ですからAC的にも少し電流が流れます．高入力インピーダンスをねらってFETを意図的に回路の入力部に使うと，高い周波数でインピーダンスが下がる可能性があります．

▶ゲート電圧を0Vにしても接合型FET

図16(a)のようにゲート電圧0Vで電流が流れてしまい，電流を止めるにはマイナスの電圧が必要です．この点が少々使いにくいでしょうか．こうした特性をディプリーション型(depletion type)と呼びます．

▶MOSFET

図16(b)のようにゲート端子0Vでドレイン電流は0Aとなりプラスの電圧を加えるとドレイン電流は流れます．こうした特性をエンハンスメント型(enhancement type)と呼びます．

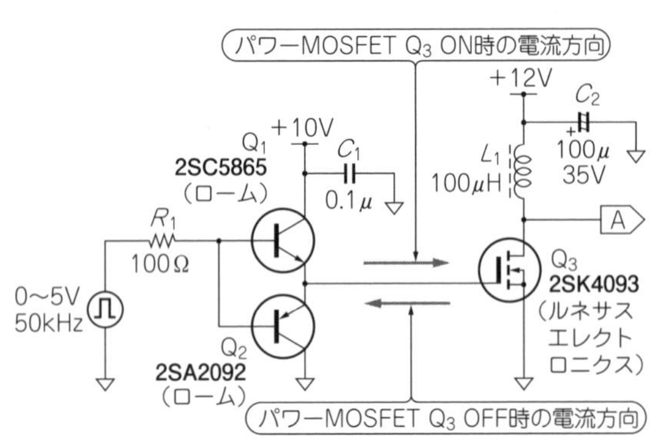

図15　バイポーラ・トランジスタは一方向にしか電流を流せないが，pnp型とnpn型を組み合わせれば双方向に流れる電流を制御できる

スイッチング動作させている

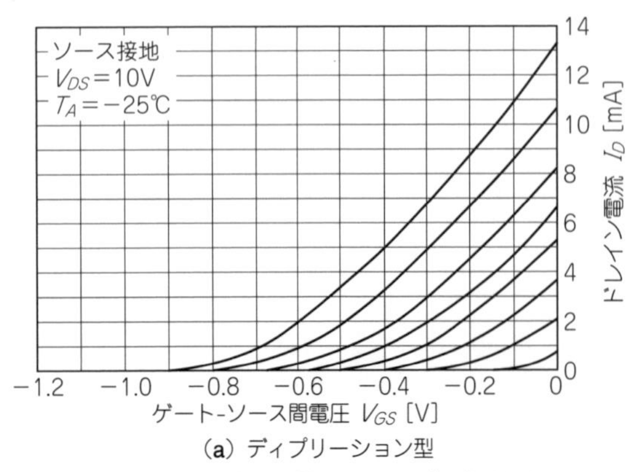

(a) ディプリーション型

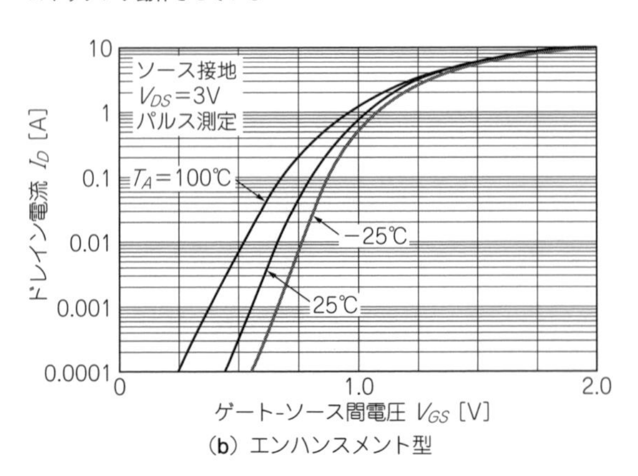

(b) エンハンスメント型

図16　FETはゲートに加える電圧で2タイプに分けられる

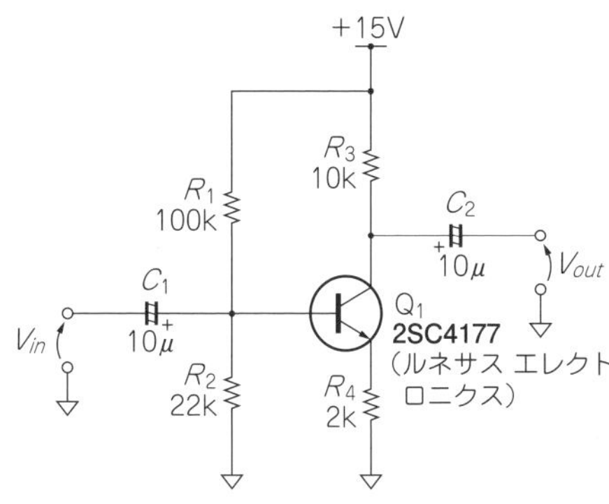

図17 バイポーラ・トランジスタのリニア動作回路の例

ドレイン-ソース間の電流は双方性で，ドレインからソース，ソースからドレイン，とどちら方向にも電流は流れます．バイポーラ・トランジスタのような方向性はありません．

MOSFETにはディプリーション型も存在します．

2種類の動かし方…リニア動作とスイッチング動作

比例弁であるトランジスタの使い方は，大きく分けると2通りあります．

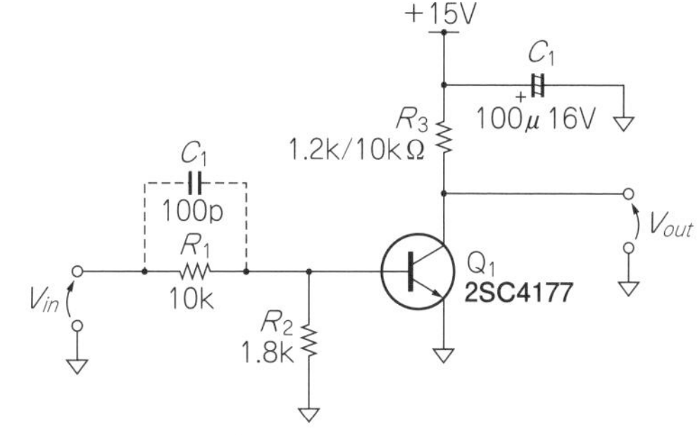

図18 インターフェース回路などに使われる小信号のスイッチング回路

- 弁を微妙に変えて水量を細かく調節動作をする
- 微調整などお構いなし！ 弁の全開と全閉だけ！ 水を流す状態&流さない状態，2通りの動作をする

前者をリニア動作，後者をスイッチング動作と呼びます．

OPアンプなどのリニアICの内部トランジスタはリニア動作，CPUやFPGAなどディジタルICの内部は

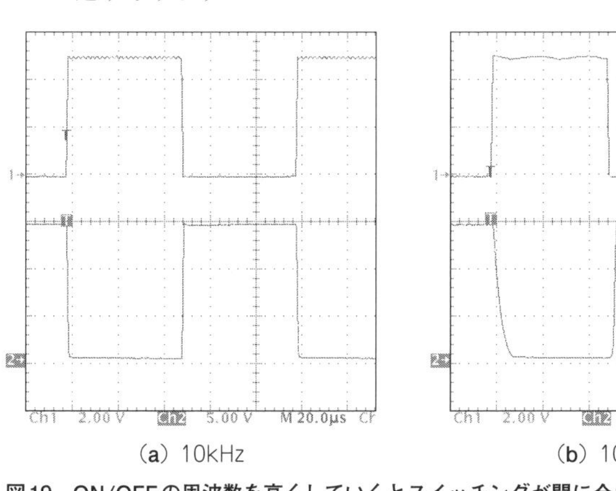

(a) 10kHz

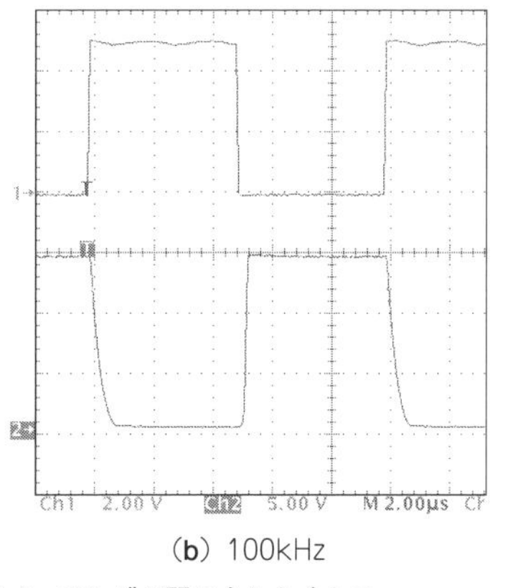

(b) 100kHz

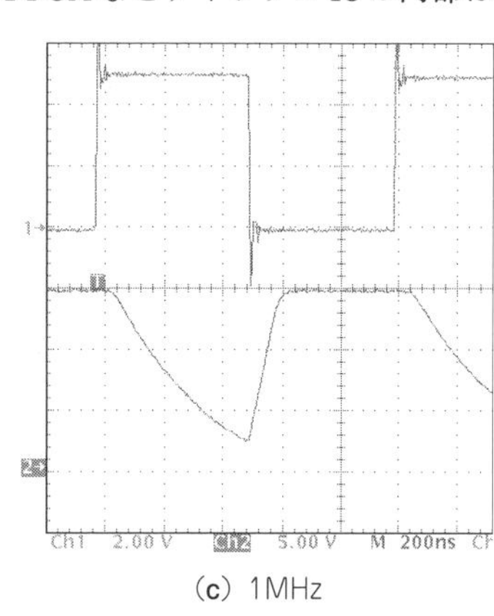

(c) 1MHz

図19 ON/OFFの周波数を高くしていくとスイッチングが間に合わなくなる

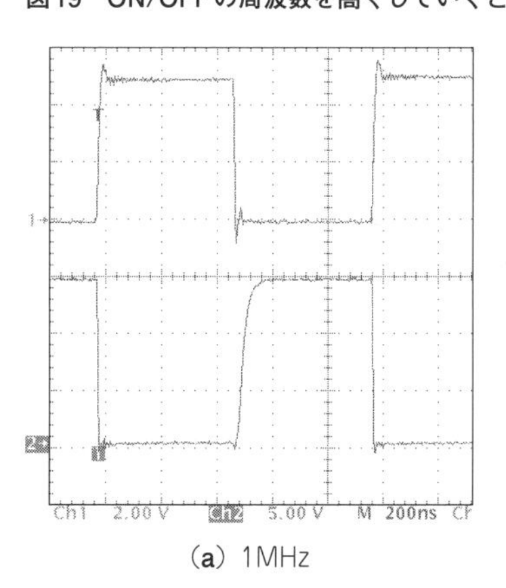

(a) 1MHz

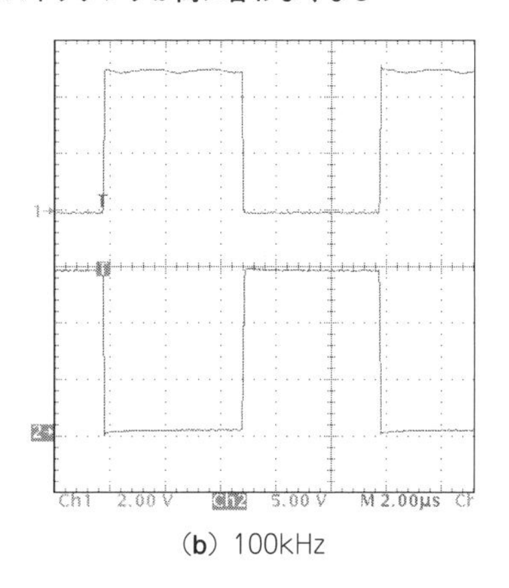

(b) 100kHz

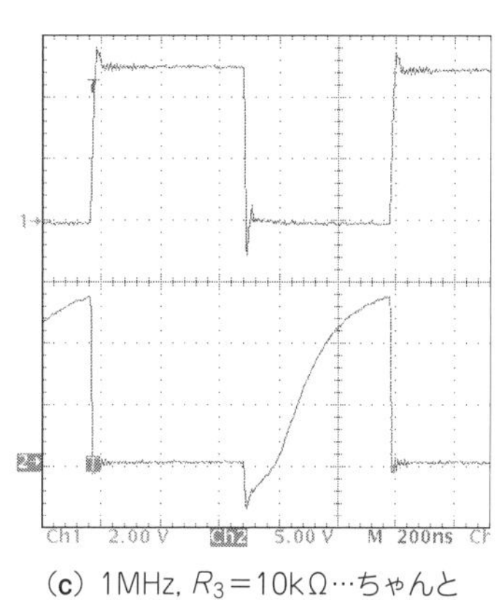

(c) 1MHz, R_3=10kΩ…ちゃんとスイッチングできていない…

図20 C_1=100 pFを追加すると特性が改善する

スイッチング動作です．

ICを除いたディスクリート部品で見ると現状はスイッチング動作が多いと認識しています．

● 回路例

トランジスタは，ベース電流やゲート電圧をわずかに変化させるとリニア動作します．

対してスイッチング動作は，弁の全開と全閉だけですから，ベース電流は全開時にコレクタに流れる電流の1/10程度とたっぷり流し，全閉時には，まったくく流しません．

FETでも同様，微妙に電圧を変えるのではなく，ゲート電圧は0Vから10V程度まで大きく変化させます．**図17**にリニア動作の回路例を示します．

● トランジスタのスイッチング回路はインターフェース回路にも応用されている

図18にスイッチング回路の例を挙げます．小信号のトランジスタをスイッチングさせる回路は，CPU，FPGAといったディジタル・デバイスとリレー，フォトカプラ，トランスなどなどのインターフェース回路に使われるケースが非常に多いです．

図18の回路で$R_3 = 1.2\,\mathrm{k\Omega}$として，入力はTTLレベルでクロック周波数を変えて実験してみました．クロック周波数が10 kHz［**図19(a)**］ではスッキリ動作しますが，100 kHz［**図19(b)**］では少し怪しくなり，1 MHz［**図19(c)**］となるとさらにひどくなります．

そこでコンデンサ$C_1 = 100\,\mathrm{pF}$を付け加えます．すると1 MHzでもいい感じです［**図20(a)**］．当然100 kHz［**図20(b)**］でも改善が見られます．しかし，$R_3 = 10\,\mathrm{k\Omega}$として1 MHz［**図20(c)**］では，パルスとはいいにくい波形になります．

◆参考文献◆

(1) 玉井 輝雄；図解による半導体デバイスの基礎，1995年，コロナ社.

(2) 管 博，川端 敬志，矢野 満明，田中 誠；図解電子デバイス，1995年，産業図書.

(3) 黒田 徹；はじめてのトランジスタ回路設計，1999年，CQ出版社.

(4) P.R.グレイ他；システムLSIのためのアナログ集積回路設計技術 上，培風館.

(5) P.R.グレイ他；システムLSIのためのアナログ集積回路設計技術 下，培風館.

〈瀬川 毅〉

（初出：「トランジスタ技術」2013年6月号）

2-4 トランジスタには使える範囲がある

加えてもいい電圧や電流の上限「絶対最大定格」から弁の軽さ「h_{fe}」まで

● ほんのちょっとの電流で大電流まで制御！ 弁の軽さを表すh_{fe}

バイポーラ・トランジスタの重要なパラメータh_{fe}（電流増幅率）について説明します．

水量を調節する弁ですが，大きな力で回さないと回らないのでは不便です．弁として小さな力で回して大きな水量をコントロールできるのが，望ましい特性です．

同様にバイポーラ・トランジスタでは，弁に相当するベース端子の電流が小さく，それで大きなコレクタ電流をコントロールできれば，使いやすい素子といえます．

そこでベース電流をI_B，コレクタ電流をI_Cとして，大切なパラメータh_{fe}（エッチ・エフ・イーと呼びます）が定義されています．式(1)に示します．

$$h_{fe} = I_C / I_B \quad \cdots\cdots (1)$$

現実のトランジスタでh_{fe}は，多くは100から400程度です．またh_{fe}の大きさでランク分けされているト

表4 バイポーラ・トランジスタの絶対最大定格の例
2SC2412K/2SC4081/2SC4617/2SC5658データシート（ローム）より

パラメータ		シンボル	定格	単位
コレクタ-ベース間電圧		V_{CBO}	60	V
コレクタ-エミッタ間電圧		V_{CEO}	50	V
エミッタ-ベース間電圧		V_{EBO}	7	V
コレクタ電流		I_C	0.15	A
コレクタ損失	2SC2412K, 2SC4081	P_C	0.2	W
	2SC4617, 2SC5658		0.15	
接合部温度		T_J	150	℃
保存温度範囲		T_{stg}	−55～+150	℃

表5 MOSFETの絶対最大定格の例
2SK3813（ルネサス エレクトロニクス）データシートより

パラメータ	記号	定格	単位
ドレイン-ソース電圧(V_{GS} = 0 V)	V_{DSS}	40	V
ゲート-ソース電圧(V_{DS} = 0 V)	V_{GSS}	±20	V
ドレイン電流(DC)(T_C = 25℃)	$I_{D(DC)}$	±60	A
ドレイン電流(pulse)	$I_{D(pulse)}$	±240	A

ランジスタもあります．

FETでh_{fe}に相当するパラメータは相互コンダクタンス(trans-conductance)です．記号はg_m，またはy_sです．しかし，あまり使われていないので割愛します．

● これ以上電圧を加えたら壊れる！…電圧破壊限界V_{CEO}，V_{DSS}

水道の蛇口を閉じているときには，弁には圧力がかかっています．水圧ですね．水を家の2階で使えるように水道局の送水所のポンプが頑張って圧力をかけているので，蛇口を開けると，勢いよく水が出てきます．

ですが高層のマンションの最上階まで水をあげる水圧はありません．もし水道局の送水ポンプで，高層のマンションの最上階まで水をあげようとすると，非常に大きな水圧をうむポンプが必要ですし，そんな水圧が実現したら蛇口の弁が水圧で壊れるかも知れません．

トランジスタで考えてみましょう．バイポーラ・トランジスタならば，コレクタ-エミッタ間，FETならばドレイン-ソース間の電圧も無限大ではありません．

素子が壊れる上限値の電圧，電流は絶対最大定格(absolute maximum rating)で決められています．**表4**に最大定格の例を示します．上限の電圧は，データシートに記号で書くとV_{CEO}，V_{DSS}と書かれています．そうした電圧の最大定格を一般に耐圧とも呼びます．

耐圧の大きなトランジスタは，弁が頑丈にできています．その分高周波特性やスイッチング特性が少し悪くなっています．

実際の回路設計においては，最大定格の7割以下の電圧で動かします．言い換えると動作電圧が，最大定格の7割以下の電圧となるようにトランジスタを選定します．

● これ以上流したら壊れる！…電流破壊限界I_C, $I_{D(DC)}$

今度はトランジスタに流せる電流について解説します．

水道の蛇口の場合は，口径によって水量が制限されて問題とはなりません．ですがトランジスタのスイッチング動作では，コレクタやドレインに流れる電流を制限するは外部回路の要因によります．

トランジスタに流してもよい電流の上限は**表5**のように決められています．それが最大定格のコレクタ電流I_C(バイポーラ・トランジスタ)やドレイン電流$I_{D(DC)}$(FET)で記されている値です．

トランジスタは，最大定格の3割を超えない電流で使います．言い換えると動作電流が，最大定格の3割以下になるようなトランジスタを選定します．

▶FETのドレイン電流の最大定格は2種類決められている

FETには，ドレイン電流の最大定格が2種類あります．それは，前述の$I_{D(DC)}$と$I_{D(pulse)}$です．ドレイン電流$I_{D(pulse)}$は，1回だけならばここまで許容しますよ，という値です．しかも，電流が流れている時間に制約があります．1回目の罪は大目に見る寛大な心のトランジスタです．2回目も許されるのですが時間をおいてからにしてください．より厳密に書くと，FET内部の熱が冷めると$I_{D(pulse)}$まで電流が流せます．回路を設計する際には，連続的，繰り返し使うことを想定してドレイン電流$I_{D(dc)}$の値を使うのが基本です．

● 特にリニア動作時に壊さないように…コレクタ損失P_C，ドレイン損失P_D

最大定格の話が続きます．リニア動作はさらにもう一つ注意すべきパラメータがあります．それはコレクタ損失P_C(バイポーラ・トランジスタ)とドレイン損失$P_{D(FET)}$です．これは，コレクタ電流(FETならばドレイン電流)とコレクタ電圧(FETならばドレイン電圧)の積の上限値を示しています．

▶パワー回路でリニア動作させるトランジスタにはMOSFETがオススメ

ただしバイポーラ・トランジスタには，コレクタ損

高周波＆パワー用途で新構造＆新素材トランジスタが開発されている理由　Column 1

高周波やDC-DCコンバータなどの用途では，電流を素早く入り切りできる特性が必要です．そのためには弁を早く動かす必要があります．弁が頑丈で大きく重いと早く動かすことは難しいですね．特に現代の半導体技術は，高性能化＝高速化ともいるので，弁を早く動かす改良を行っている，と考えてもよいでしょう．

弁を早く動かすには小型・軽量化が必要です．ですが弁を小型化するとその分ぜい弱になります．そのため高周波特性やスイッチングの特性の良い素子は，耐圧が高くない傾向がありました．

そのために，半導体内部でHBT(heterojunction bipolar transistor)，HEMT(high electron mobility transistor)と呼ばれる構造を採用したり，半導体の材料に純粋なシリコンではなくGaAs/GaN/SiGeという材料を使ったりする研究が日夜進んでいます．

最新の高周波トランジスタは100 GHz以上で動作し，スイッチング・トランジスタは5 ns以下でスイッチングします．

〈瀬川 毅〉

失P_Cの安全な動作領域(area of safe operation)が狭くなる2次降伏(second breakdown)というやっかいな特性があります．

そこで提案ですが，リニア動作でパワーを扱う用途にはバイポーラ・トランジスタの採用をしないほうがよいでしょう．2次降伏という難題に触れずに済みます．

それでもバイポーラ・トランジスタを使いたい場合は，2次降伏を理解してからバイポーラ・トランジスタをリニア動作でお使いください．

〈瀬川 毅〉

(初出：「トランジスタ技術」2013年6月号)

2-5 電流をON/OFFするスイッチトランジスタのふるまい

出力電流の小さいマイコンでもLEDを明るく点灯できる

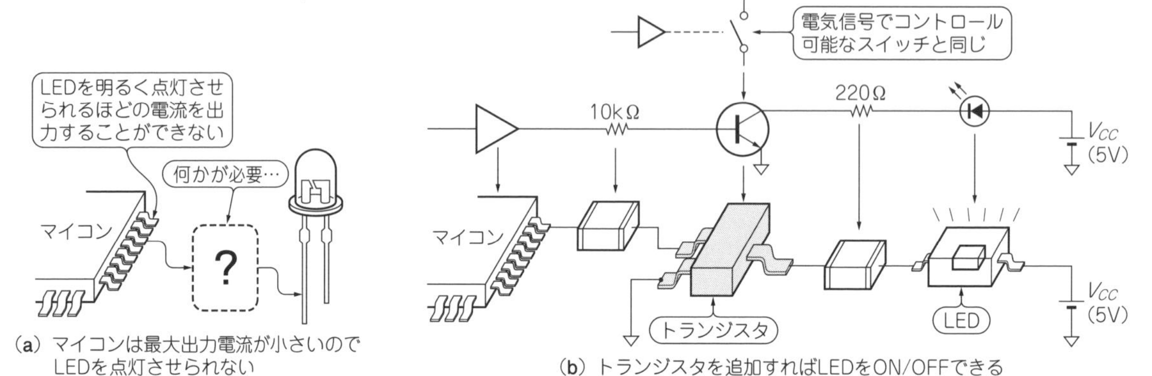

図21 トランジスタを追加すると，マイコンでLEDを明るく点灯させることができる

ここではバイポーラ型を例にその使い方の例を紹介します．またトランジスタの動作は，リニア増幅とスイッチの二つに分類できますが，ここで紹介するのはスイッチ素子として利用するものです．

応用例…LED点灯回路

図21に示すのは，トランジスタでLEDに流れる電流をON/OFFして，点灯させたり消灯させたりする回路です．マイコンが出力できる電流は小さすぎてLEDを直接つないでも，点灯させることができません．そこで**図21**のようにトランジスタを追加します．

● 回路の設計手順

図21を回路図で描くと**図22**のようになります．設計の手順を説明しましょう．

(1) 負荷電流を決めて電流制限抵抗R_2を求める

LEDによっては，1mA程度の電流でも光りますが，複数のLEDを並べたときに明るさにばらつきが出ないように，もう少し大きめのメーカ指定の電流を流します．ここでは，LEDに約10mAの電流(I_L)を流すものとします．

まずマイコンのポートが出力できる最大電流を確認します．多くは4mA程度なので直接駆動できませんから，トランジスタの出番です．

トランジスタはスイッチとして利用します．LED点灯時(トランジスタON時)にLEDに流れる電流(I_L)は，電源電圧(V_{CC})，電流制限抵抗(R_2)，そしてLEDの順方向電圧(V_F)で決まります．

V_{CC} = 5V，V_F = 2V，I_L = 10mAとすると，次のようになります．

$$R_2 = (V_{CC} - V_F)/I_L = (5\text{ V} - 2\text{ V})/10\text{ mA} = 300\,\Omega$$

R_2は300Ωではなく，270Ωか330Ωのほうが一般的で入手しやすいでしょう．

(2) トランジスタの種類を決める

トランジスタの定番であった2SC1815(生産中止品)とほぼ同規格で表面実装型の2SC4116を選びました．

許容損失が異なります．2SC1815がP_c = 400mW(最大)に対し2SC4116は100mWと1/4になっています．いずれにしても今回の場合は十分です．データシートの$V_{CE(sat)}$-I_C特性からI_C = 10mAでV_C = 0.05Vなので，P_c = 0.1mWとなります．もっと大きな電流や高い電圧を加える場合はトランジスタが耐えられるかどうかを検討しなければなりません．

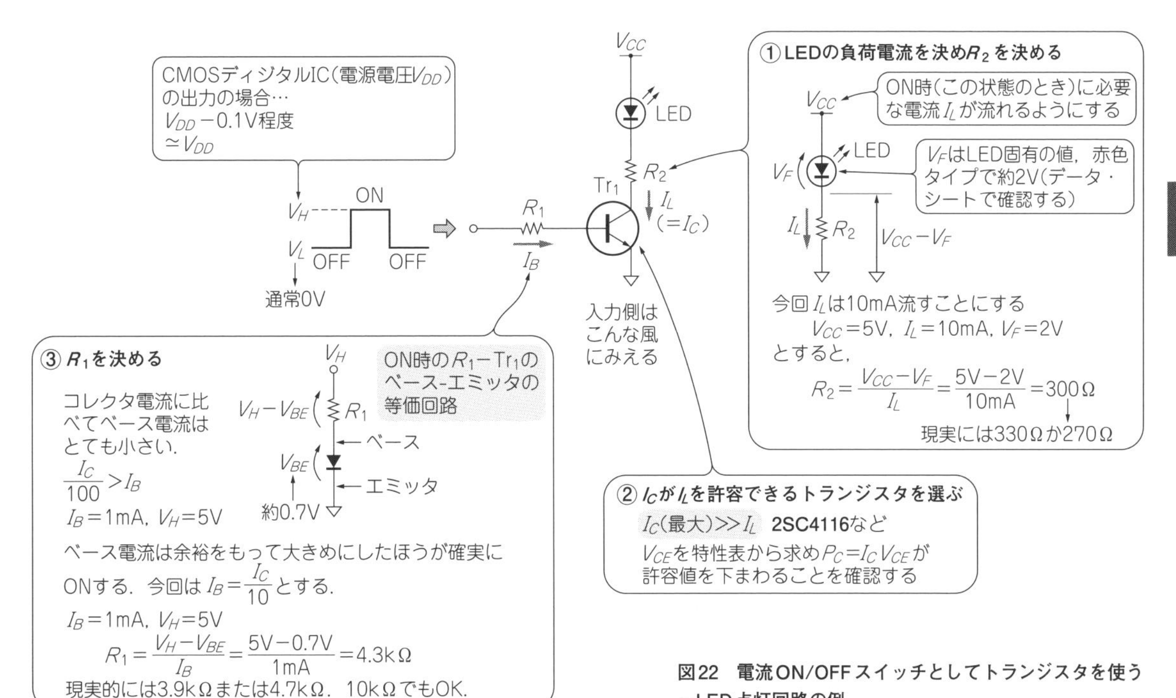

図22 電流ON/OFFスイッチとしてトランジスタを使う…LED点灯回路の例

(3) ベース抵抗R_1を決める

トランジスタのベースにに流れ込む電流I_Bは，マイコンのI/O端子が0 Vのとき(LED消灯時)は0 A，5 Vのとき(LED点灯時)は次のように求めます．
トランジスタのベースに流す電流は次式で求めます．

$I_B \geqq h_{fe}/I_C$

今回選んだ2SC4116のh_{fe}は70～700です．I_Bが少しでも不足すると，スイッチがONとOFFの間の「半開状態」になり，スイッチとして機能しなくなりますから，I_C/h_{fe}より余裕をもって大きいベース電流になるようにR_1を決めます．ここでは，必要なコレクタ電流I_C(10 mA)の1/10(1 mA)に設定しました．

トランジスタのベース-エミッタ間はダイオード特性なので，マイコンのI/O端子-R_1-トランジスタは，**図22**中の③のような回路で表すことができます．R_1は次式で求まります．

$R_1 = (V_H - V_{BE})/I_B = (5\ \mathrm{V} - 0.7\ \mathrm{V})/1\ \mathrm{mA} = 4.3\ \mathrm{k\Omega}$

R_1は4.3 kΩではなく，3.9 kΩか4.7 kΩのほうが入手しやすいでしょう．1 mAというベース電流は余裕があるので，10 kΩを使っても問題ありません．

〈佐藤 尚一〉

(初出：「トランジスタ技術」2012年4月号)

2-6 トランジスタのモデル化
難しい動作も単純化して表せる

トランジスタは，**図23**のように3本の足をもつ半導体素子です．考えるべきパラメータは，これらの三つの端子に流れる電流とそれぞれの端子間に加える電圧だけです…ですが，これらの動きを完全に理解して，回路を作るのは普通の人間には至難です．

そんな凡人のために考え出されたのが，**図24**に示すようなトランジスタのモデル(等価回路)です．複雑な動作を大体似たような簡単な動作に置き換えたものです．

● トランジスタはこんなに簡単に表せる

自然の素材できているトランジスタを制御するのは簡単ではありませんが，一つだけ都合のよいことがあります．それは，直流ではコレクタ側の動きにベース側の動きがほとんど影響されないという性質です．交流的には，ベース-コレクタ間容量(C_{ob})が存在しており，コレクタとベースは互いに影響し合います．

ベース側の動きとコレクタ側の動きを分けて考えると，次のようになります．

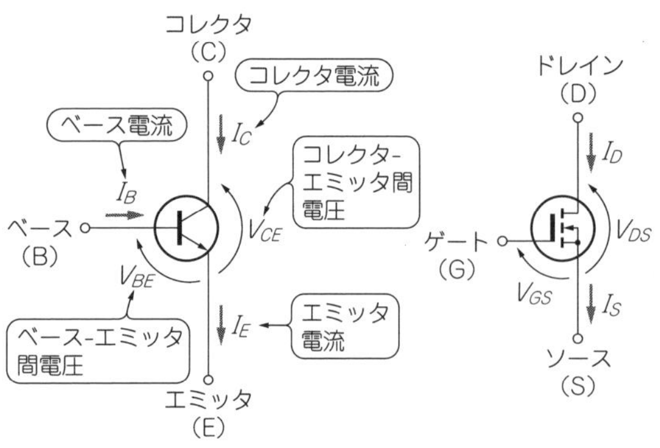

図23　トランジスタの基本パラメータ

- ベース-エミッタ間：ダイオード
- コレクタ-エミッタ間：ベース電流に比例する電流源

● 簡単モデルを使ってトランジスタのスイッチ動作を考察

LEDの点灯回路にスイッチとして使ったトランジスタの動きを**図25**で考えてみましょう．

▶入力側…ベースに流れる電流

ベース-エミッタ間のダイオードは，順方向電圧(V_{BE})が0.7 Vに達したところで，突然電流が流れ出します．逆にいえば，ある程度電流を流せば，V_{BE} = 0.7 Vで一定になります［**図26**(**a**)］．このときに流れるベース電流I_Bは次式で決まります．

$I_B = (V_{in} - 0.7\ \mathrm{V})/R_B$

ただし，R_B：ベース抵抗［Ω］

▶出力側…コレクタ電流とコレクタ-エミッタ間電圧

図26(**b**)～(**c**)で，コレクタ電流とコレクタ-エミッ

図24　実物を詳細に表現するのは難しいが，単純化してもかなりのことを表現できる

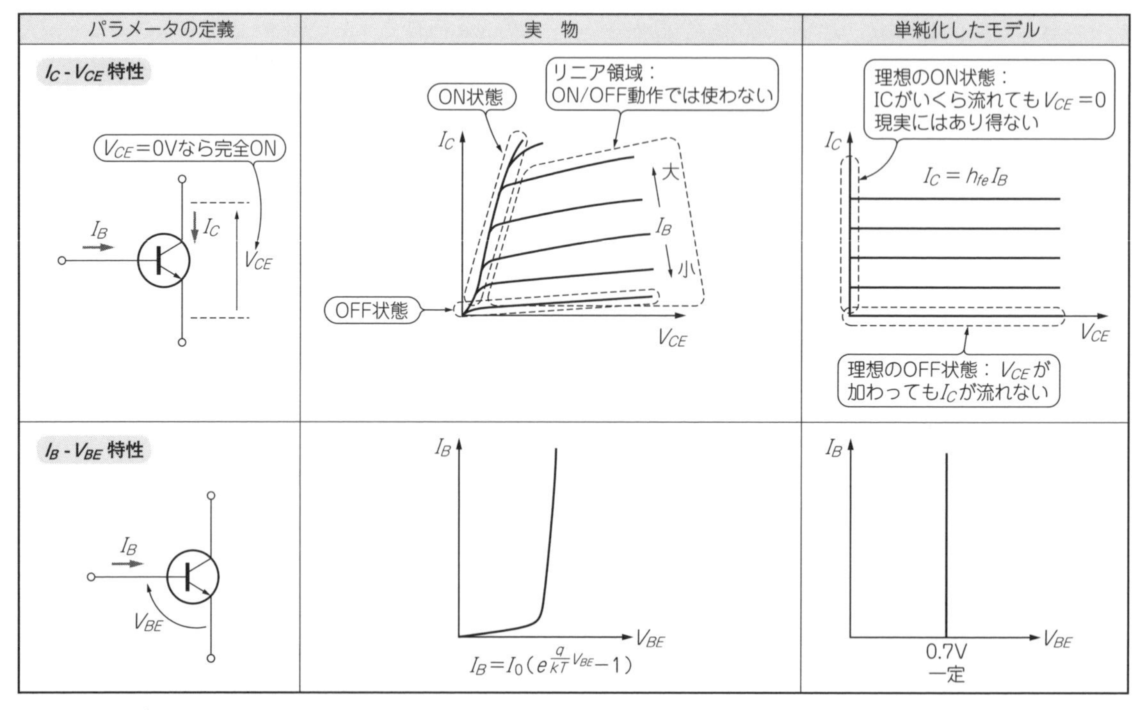

図25　トランジスタを単純化してみました
重要な特性はこの二つ

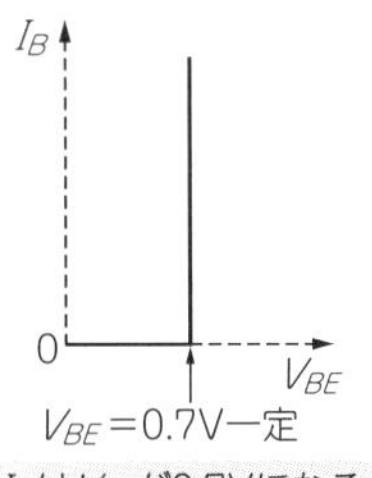

I_BはV_{BE}が0.7Vになるまで流れない

(a) I_BとV_{BE}の関係

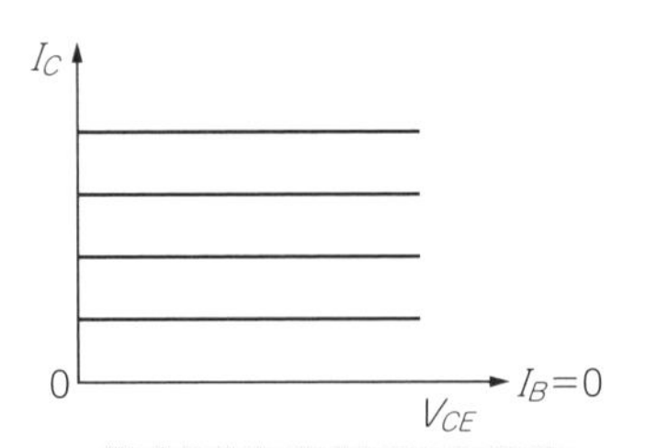

I_CはI_Bに比例($I_C = h_{fe} I_B$)し，I_Bが一定のとき，I_CはV_{CE}が変わっても一定である

(b) I_CとV_{CE}の関係

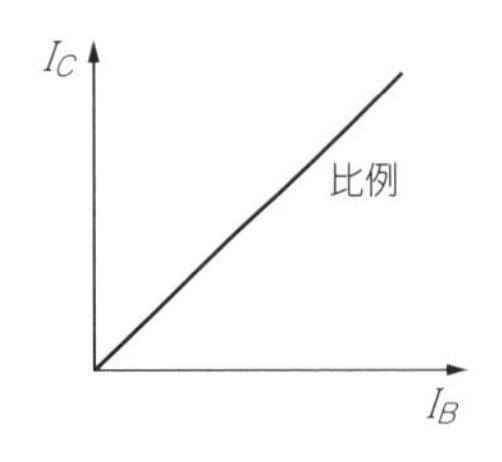

実物もかなりこれに近い．比例定数であるh_{fe}の個体差が大きいからあまり使えない

(c) I_CとI_Bの関係

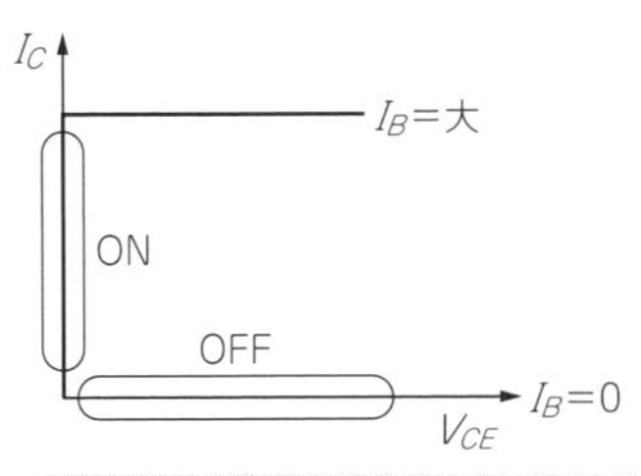

- I_B=0のとき，V_{CE}にかかわらず，I_C=0つまりOFF
- I_B=十分大きいとき
  $I_C < h_{fe} I_B$
  ならばI_Cにかかわらず
  V_{CE}=0つまりON
  コレクタ-エミッタ間はベース電流を流すとONする

(d) ON時とOFF時のI_CとI_Bの関係

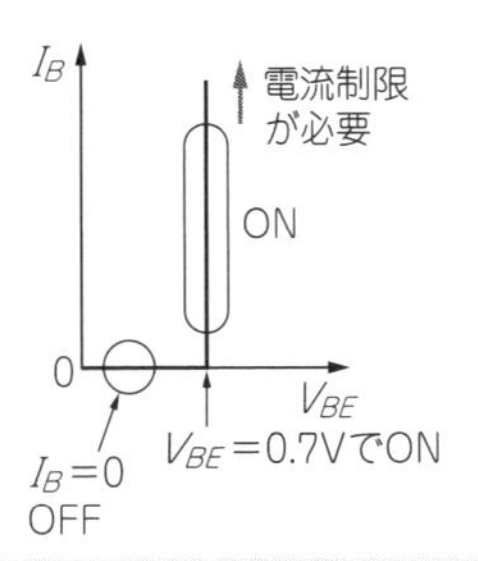

- I_Bは，
  V_{BE}<0.7VでOFF
  V_{BE}=0.7Vに達するとON
  I_BがON→I_CもON
  I_BはV_{BE}が0.7Vに達すると短絡的に流れ出す

(e) ON時とOFF時のI_BとV_{BE}の関係

図26　図24の単純化モデルの特性
ベース電流I_Bとコレクタ電圧V_{CE}/コレクタ電流I_Cの関係を単純化して考える

タ間電圧の変化を説明しましょう．

ベース電流(I_B)が一定とすると，コレクタ電流(I_C)は，$h_{fe}I_B$の大きさまでI_C軸上を垂直に上がり，$h_{fe}I_B$に達するとV_{CE}軸と平行になります[**図26(b)(c)**]．I_C軸上は，電流の大小にかかわらず，$V_{CE}=0$(つまりショート)，つまりスイッチONの状態です[**図26(d)**]．V_{CE}軸と平行な部分は，$I_C = h_{fe}I_B$というふうに，コレクタ電流がh_{fe}で決まる定電流特性になっています．この状態では，コレクタとエミッタ間の電圧が変わっても電流の大きさは変わりません．

$I_B = 0$ Aのときは電圧にかかわらず$I_C = 0$なので，スイッチOFFの状態です．

トランジスタをスイッチとして動かす場合は，I_C軸上の$V_{CE}=0$の部分をON，V_{CE}軸上の$I_C=0$の部分をOFFとして使い，そのほかの部分を使わないようにします．

トランジスタをONするときは，かぎの手特性[**図26(b)**]の$I_C = h_{fe}I_B$の部分を使わないようにします．$h_{fe}I_B$が負荷電流よりも大きくなるようにします．実際のI_C-V_{CE}特性はこんなにきれいなかぎの手にはならず，I_Cの上昇にとともにV_{CE}も微増します．I_Bは十分流して$h_{fe}I_B$≫負荷電流となるように設定しなければなりません(**図27**)．

以上は単純化したモデルでの考察です．**図28**に実動作での注意点を簡単に記述しておきます．

トランジスタのリニア増幅動作を利用した回路

リニアな動きの考察にこそ，この簡単モデル化の威力が発揮されます．

● エミッタ・フォロワ

図29と**図30**に示すのは，比較的利用されることの

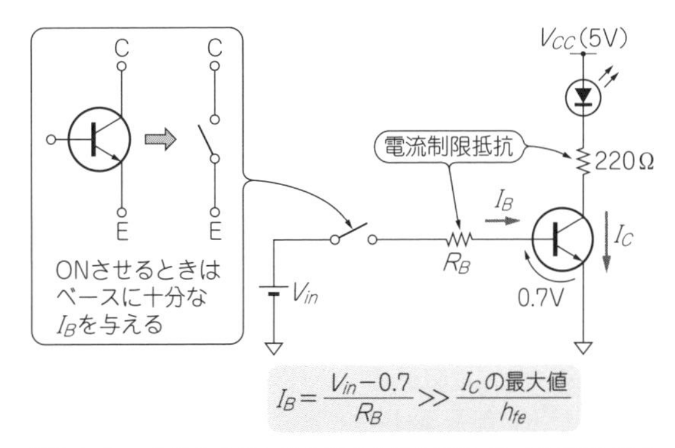

図27　しっかりとONさせるには十分な量のベース電流を流さなければならない

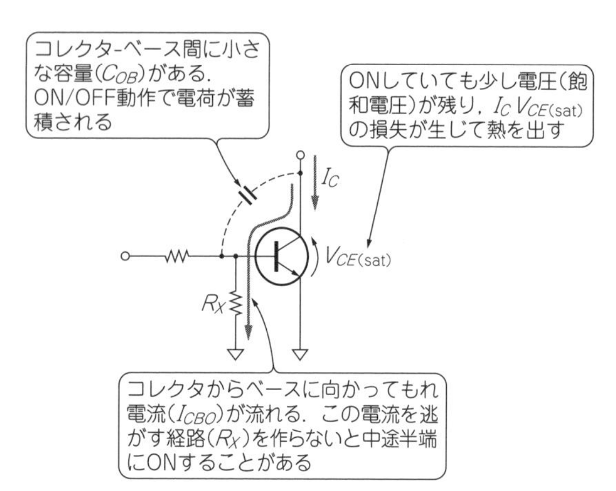

図28　ON/OFFするトランジスタ回路に起きていること

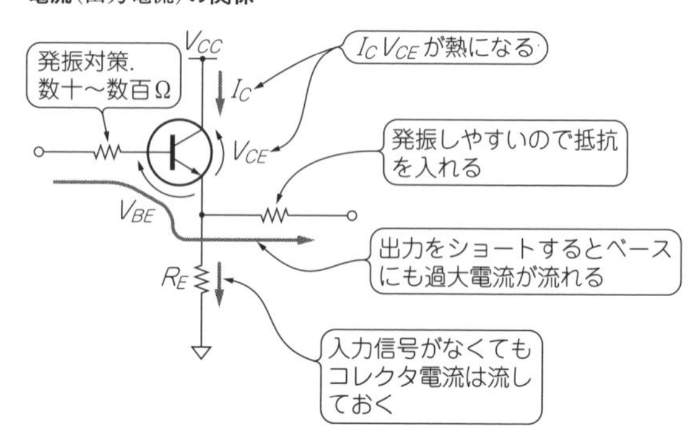

図29　エミッタ・フォロワのベース電流(入力電流)とエミッタ電流(出力電流)の関係

多いトランジスタ回路「エミッタ・フォロワ」です．

V_{BE}は0.7Vでほぼ一定とみなせて，エミッタの電位(V_E)が一定(V_B − 0.7V)に保たれます．その結果，ベース電圧が変化すると，このエミッタ電圧V_Eがこの変化に追従します．これが，フォロワ(follower)と呼ばれる理由です．

ベースの電位を交流の信号源で変化させると，エミッタ電位がこの変化に追従します．ベース電流I_Bはエミッタ電流を数十～数百ある電流増幅率h_{fe}で割った小さな値なので，エミッタ電流の変化がベース電流に与える影響はほとんどありません．　**〈佐藤 尚一〉**

(初出：「トランジスタ技術」2012年4月号)

発振対策．
数十～数百Ω
V_{CC}
$I_C V_{CE}$が熱になる
I_C
V_{CE}
発振しやすいので抵抗を入れる
V_{BE}
出力をショートするとベースにも過大電流が流れる
R_E
入力信号がなくてもコレクタ電流は流しておく
ベース-エミッタ間電圧は品種によっても動作時の電流の大きさによっても違う．−2mV/℃の温度特性もある

図30　実際のエミッタ・フォロワの構成とふるまい

ゲート(ベース)電流ゼロでもONするトランジスタ「MOSFET」　Column 2

図Aに示すのは，MOSFETと呼ばれるトランジスタのモデルです．

バイポーラ・トランジスタは，ベースに加える電流の大きさを変えてコレクタ電流を制御しますが，MOSFETはゲートに加える電圧の大きさを変えてドレイン電流を制御します．ゲートに電圧を加えるか加えないかだけの簡単な制御で，ON/OFFスイッチとして使うことができます．バイポーラ・トランジスタが必要とするベース電流(ゲート電流)は0AでOKです．

スイッチがONするしないの境になるゲート電圧(ゲートしきい値電圧という)は，3Vだったり4Vだったり，物によって違います．

ゲートは誘電体をはさんでほかの電極と絶縁されており，コンデンサのような性質を示すため，ゲートに電圧を加えた直後や0Vにした直後に大きな充電電流や放電電流が流れます．

ゲートに加えるON/OFF信号の切り替わり時間が長いと，MOSFETがリニアに動作する期間(スイッチが「半開状態」になってアンプとして動作できる時間)が長くなり，発振したり損失が増加します．

〈佐藤 尚一〉

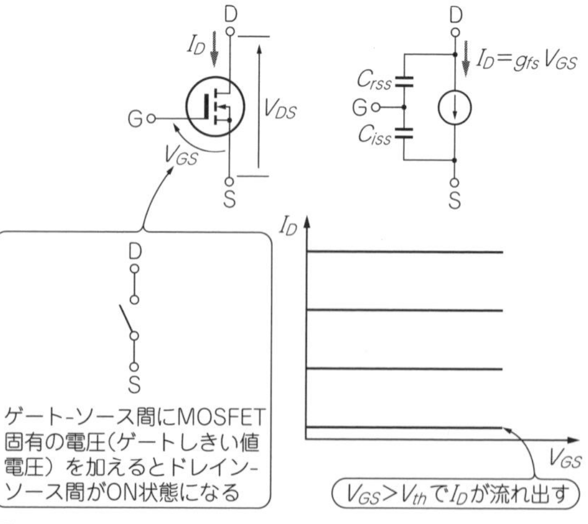

図A　MOSFETは$V_{GS} > V_{th}$でONするスイッチ

2-7 ベース接地回路はこんな感じ！

小さなベース電池で大きなコレクタ電流が流れる動作をイメージする

● トランジスタの中では回路のことは気にしてない

トランジスタの中では，だいたいいつも**図31**のように同じことが起きています．NPNトランジスタではベースに現れた美女(PNPではイケメン)に誘われて，エミッタからコレクタへ多くの男性(PNPでは女性)が流れ落ちていきます．中の人は外の回路を知らないので，3本足の相対関係が変わらなければ同じ動作です．

● 回路が違ってもトランジスタは同じ動作！

トランジスタを使った増幅回路の定番はエミッタ接地増幅回路ですが，教科書では，トランジスタを一つ使った回路としてベース接地回路も紹介されています．回路の名前が違うのは特徴が違うからなのですが，トランジスタの動作は同じなのです．トランジスタの中の人に気がつかれないように回路を変えてみることで，それを確かめてみましょう．

中の人に気づかれないように エミッタ接地をベース接地にしてみる

● 接地位置を変えて信号の与え方を変えてみる

図32(a)はエミッタ接地回路です．ベース電流に対して電流増幅率倍(h_{fe})されたコレクタ電流が流れています．エミッタにつながっていた接地マークをベースに移動して，**図32(b)**のようにベースを接地してみます．トランジスタの3本の足の電流と電圧の関係はエミッタ接地と変わらないので，ベースが接地になったことは，トランジスタの中の人には気づかれていません．

次に，**図32(c)**のようにコレクタ側にベースと同じ信号源を追加して接地します．まだ，エミッタ接地と同じ電流関係です．さらに，入力信号源をひっくり返してエミッタ側に移動すると**図32(d)**です．ここまではトランジスタの中の人たちに気づかれずにベース接地らしくなりました．

● 小さい信号を無視すると…

コレクタ側のV_{in}はV_{out}に対して小振幅ということで無視してみます．ついでに，コレクタ側のV_{bias}も外して，$V_{C2} = V_C - V_{bias}$として$I_C \fallingdotseq I_{C2}$とします．こうすることで**図(e)**のようにベース接地になりました．

エミッタ接地もベース接地も，トランジスタの動作は同じことがわかったと思います．

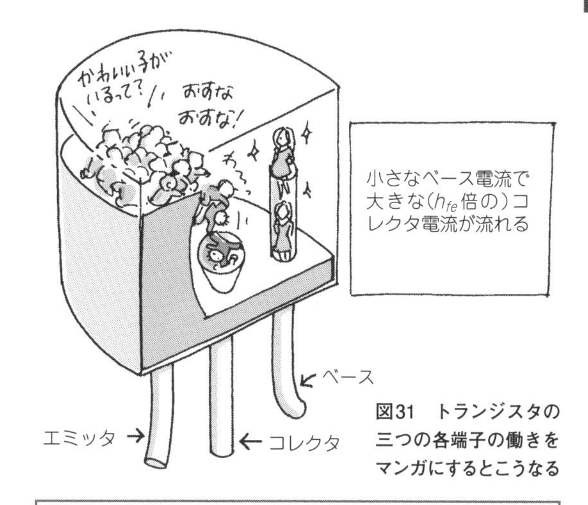

図31　トランジスタの三つの各端子の働きをマンガにするとこうなる

中の人は同じ仕事をしているけど 外から見ると…

回路はいつのまにかベース接地になったわけですが，トランジスタ的には，I_BとI_{C2}の関係は**図32(a)**のエミッタ接地の場合とほぼ同じです．外の回路では，なにが変わったのでしょうか．

図32(e)と**図32(f)**で比較してみましょう．トランジスタにとっては，ベースとコレクタ間の電圧差にのっていたV_{in}がなくなりましたが，もともとのコレクタの電圧振幅に対して小さな値なので無視します．

大きく変わった点としては，トランジスタの中とは関係のない外側の回路で，入力の場所が変わっているところです．エミッタ接地ではI_Bだった入力電流が$I_B + I_C$に増えました．しかし，電圧振幅は変わっていません．I_CはI_Bにくらべてh_{fe}倍の大きな電流です．

入力V_{in}に対するI_Bと，I_{C2}の変化はエミッタ接地の時と変わりませんから，V_{out2}もエミッタ接地と同じだけ増幅された振幅になります．

繰り返しになりますが，トランジスタ的にはエミッタ接地と同じ気分で動いています．

入力がエミッタ側に来たときの動作の特徴は，

- 同じ入力振幅なのに入力電流がほぼh_{fe}倍流れるので，入力インピーダンス(電圧振幅/電流)が低い．
- 入出力電流はほぼ同じ
- 入出力は同相
- 電圧増幅率はエミッタ接地と同じ

などです．

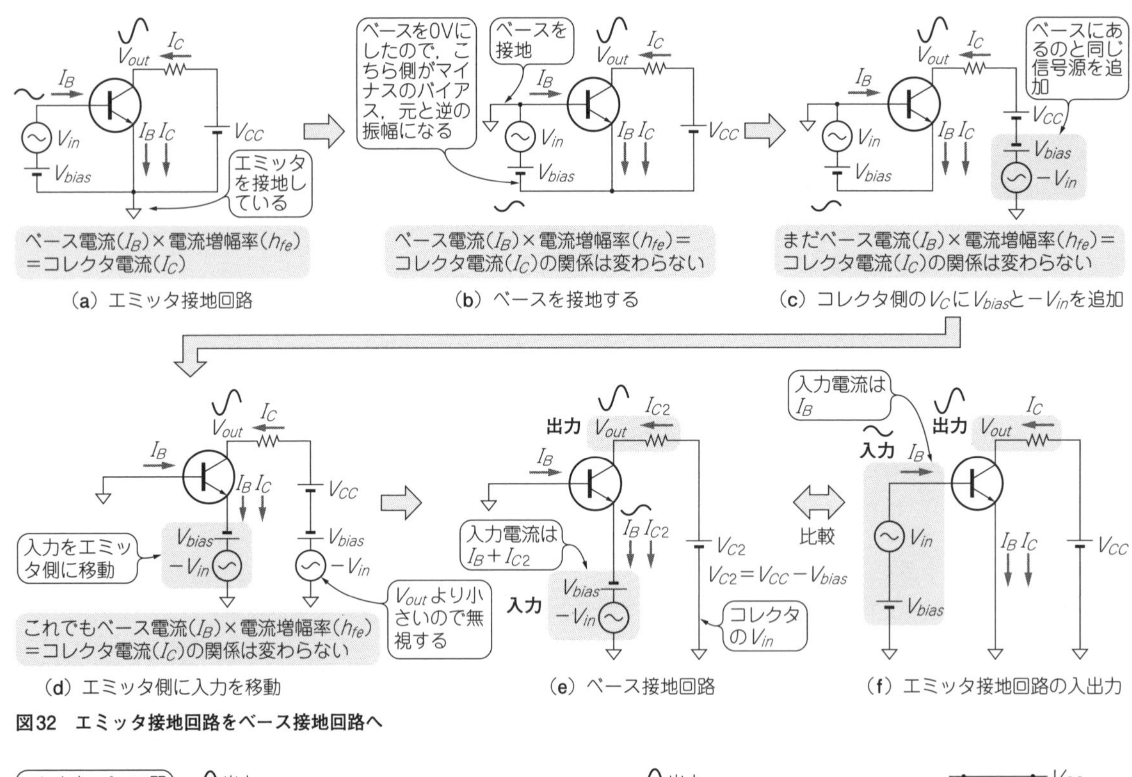

図32　エミッタ接地回路をベース接地回路へ

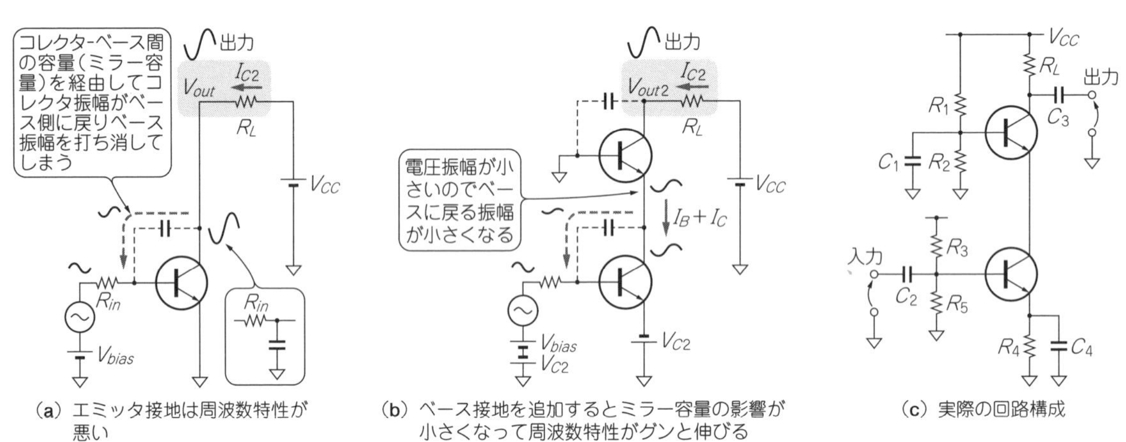

図33　ベース接地回路の応用「カスコード回路」…エミッタ接地増幅回路の周波数特性が伸びる

ベース接地回路が何に使えるか？…エミッタ接地の動作周波数限界を上げる

エミッタ接地ではベース入力とコレクタ出力の電圧振幅が逆相になります．**図33**(**a**)に示すように，増幅された逆相の電圧が寄生容量を介して入力に戻ってくるため，信号周波数が上昇するにしたがって入力が打ち消されるようになり，増幅率が下がってしまいます．フィードバックがかかり，接地に対する容量よりも大きい負荷になることをミラー容量と呼びます．

図33(**b**)のように，ベース接地をコレクタ側に接続すると，エミッタ接地のコレクタの電圧振幅を小さくできるので，コレクタ-ベース間容量を経由してベースに戻る逆相の振幅を小さくできます．ベース接地のコレクタ-ベース間にも同じ寄生容量がありますが，ベースは接地されているので，出力抵抗R_Lと寄生容量の積分回路のみになります．

エミッタ接地の上にベース接地回路を組み合わせる接続方法はカスコード接続と呼ばれます．

図33(**c**)の回路例では動作点を決めるため，抵抗による分圧回路を用いています．C_1はベース電流の変化で設定電圧が変化しないようにするためのコンデンサで，AC接地と呼ばれます．　**〈鮫島 正裕〉**

(初出：「トランジスタ技術」2012年4月号)

電子回路のエネルギ源はこうやってつくる

第3章　絵とき！電源回路

3-1　必ずお世話になる2種類の電源レギュレータ「リニア型」と「スイッチング型」

美しい一枚板とムダがない合板をイメージする

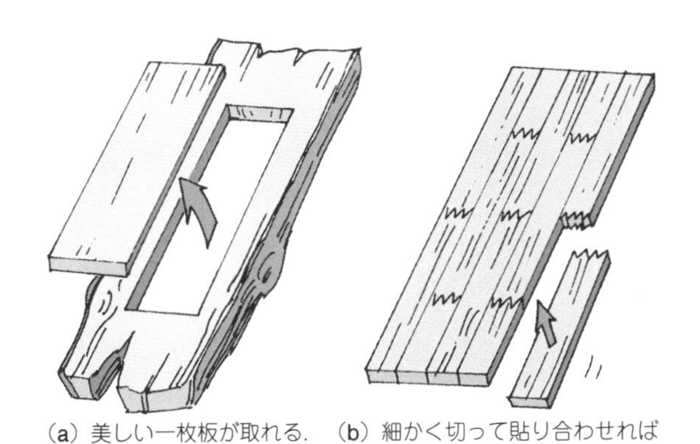

(a) 美しい一枚板が取れる．ムダが多い(リニア)　(b) 細かく切って貼り合わせればムダがない(スイッチング)

図1　リニアとスイッチングの違い
リニア・レギュレータは美しい．スイッチング・レギュレータはムダがない

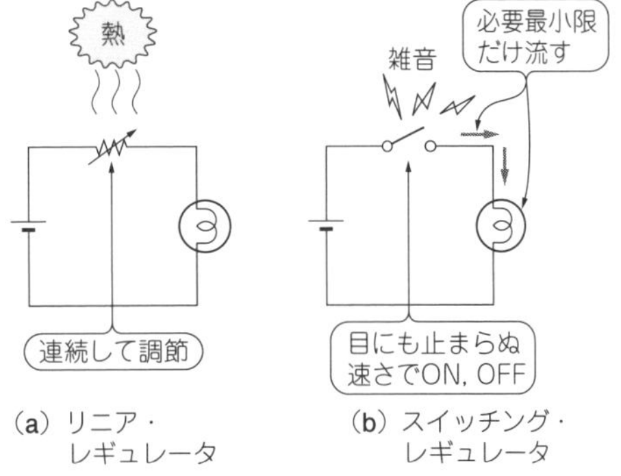

(a) リニア・レギュレータ　(b) スイッチング・レギュレータ

図2　スイッチング・レギュレータはノイズが多いがムダはない

ICやトランジスタで構成された「電子回路」はどんなものでも安定化電源を必要とします．今はエコが叫ばれているので，効率の高い電源は注目度が上昇中です．

安定な電源電圧を作るには，**図2**に示すようにムダは多いけれどノイズが少ないリニア・レギュレータと，ムダは少ないけれどノイズが多いスイッチング・レギュレータがあります．電流出力が小さくてよく，低ノイズな電源が必要ならリニア・レギュレータ，それ以外はスイッチング・レギュレータを使うとよいでしょう．

● 電源用の電源

電源回路のエネルギ源も電源です．このエネルギ源には，電池や商用の100 V電源がありますが，いずれも電圧は安定化されていません．

電池は，使用時間とともに出力電圧が低下して，ICが要求する電源電圧範囲より低くなります．また，100 V電源を整流平滑して得られる直流電圧は大きな脈流(リプル)を含んでおり，さらに100 V電源ラインにつながるほかの電子機器の影響で，100 V自体が変動するとこの直流電圧も変動してしまいます．トランスで変圧して整流するだけではピッタリ希望通りの電圧にはなりません．

二つのレギュレータ「リニア型」と「スイッチング型」

ACラインを整流した直流電源や電池から，変動し

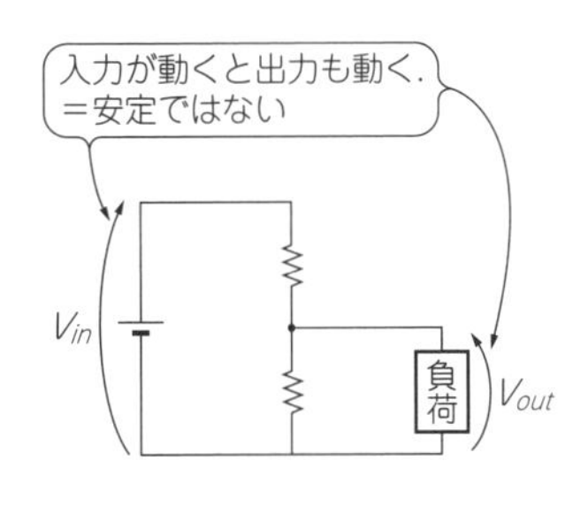

(a) 単なる抵抗分圧だと V_{in} が変化すると V_{out} も変化してしまうので×

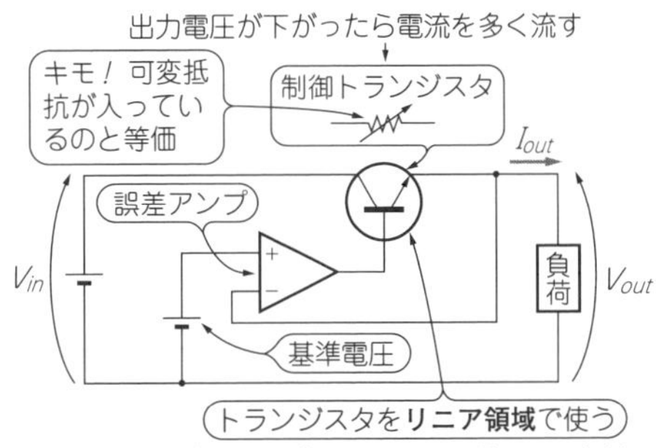

(b) シリーズ・タイプのリニア・レギュレータは入出力間の抵抗を可変する

(c) 電流が吸い込めるシャント型は分圧抵抗を可変する

図3　リニア・レギュレータは抵抗分圧をオート調整して出力を安定させるイメージ

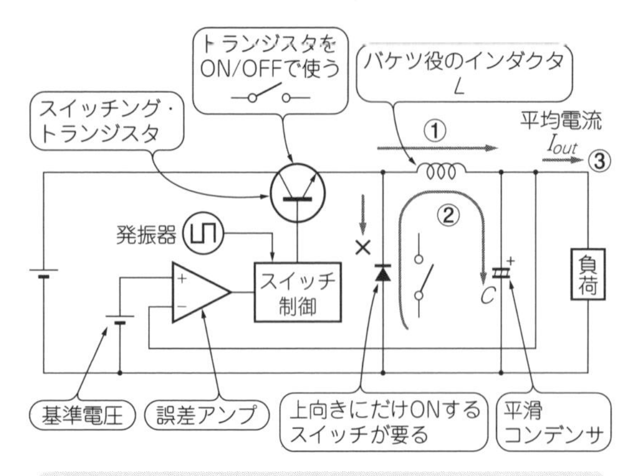

① スイッチONでバケツのインダクタに電流をため込む
② スイッチOFFでインダクタの電流を平滑コンデンサに転送
③ 出力電流はコンデンサで平滑(平均化)して取り出す
①, ②で時間当たりに受け渡すエネルギの量で電圧を調節する

図4　スイッチング・レギュレータは，インダクタでくみ上げた電流をコンデンサで平滑して安定させる

にくい正確で一定の直流電圧を作る回路またはICをレギュレータと呼びます．

レギュレータには大きく分けて，リニアとスイッチングの二つのタイプがあります(**図1**, **図2**)．リニア・レギュレータは効率は高くありませんが，出力電圧に含まれるノイズが少ない特徴があります．スイッチング・レギュレータは効率は高いですが，ノイズが多い特徴があります．

● リニア・レギュレータの特徴

リニア・レギュレータにはシリーズ型のほかに負荷に並列に入れた制御トランジスタで電圧を制御するシャント型があります［**図3(b)**］．電流を出すだけでなく，吸い込めることが特徴です．

シリーズ・レギュレータは，**図3(a)**に示すように，入力側と出力の間に入れた制御トランジスタで電圧を降下させ出力電圧を調整します．3本足のワンチップ型の定番IC「3端子レギュレータ」がよく使われています．

▶特徴 その1：シリーズに入ったトランジスタが発熱する

制御トランジスタは次式で表される電力を消費し，熱になります．

$$P = (V_{in} - V_{out})I_{out}$$

▶特徴 その2：降圧しかできない

入力電圧は出力電圧より常に高くなければなりません．その電圧差はリニア・レギュレータの種類により異なり1～3Vほど必要です．

▶特徴 その3：小出力向き

前述のとおり，制御トランジスタが出力電流に比例

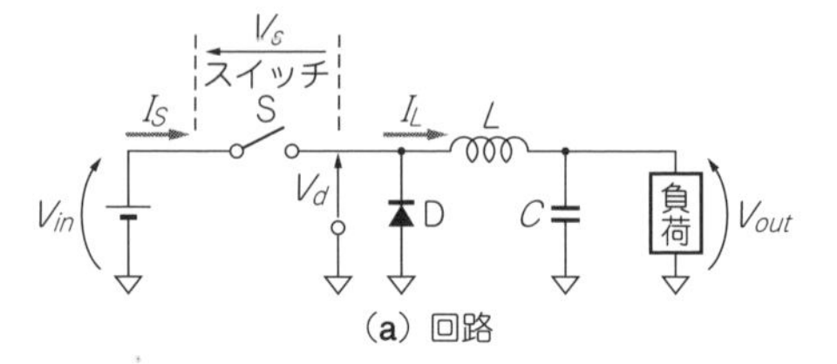

(a) 回路

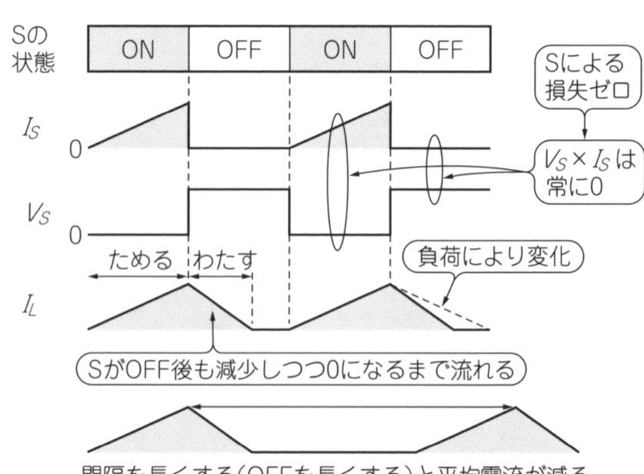

(b) 電圧と電流

図5　原理的に，スイッチング・レギュレータはつねに(ON時もOFF時も)**スイッチング損失がゼロ**

する電力を消費するため，出力電流が大きい用途には使えません．

● スイッチング・レギュレータの特徴

前述のリニア・レギュレータより効率が高いです．入力のエネルギを少量ずつインダクタやコンデンサに蓄えて，そのエネルギをバケツ・リレーのようにして出力側に移動させます(**図4**)．

エネルギを転送する速さで出力電圧を調節します．

▶特徴 その1：インダクタやコンデンサは電力を損失しない

「バケツ」に相当するインダクタやコンデンサは，原理的には電力を損失しません．

▶特徴 その2：トランジスタの損失もわずか

スイッチング・トランジスタの動作はONかOFFです．ON状態のときは電流が流れますが，電圧はほぼゼロなので，スイッチング・トランジスタで消費される電力はわずかです(**図5**)．OFF状態のときは，電圧がかかりますが電流がゼロなので，スイッチング・トランジスタで消費される電力はやはりわずかです．

▶特徴 その3：昇圧も降圧もできる

回路方式により，高い電圧から低い電圧を得る降圧レギュレータのほか，低い電圧から高い電圧を得る昇圧レギュレータ，両者を混合した昇降圧型など入出力の電圧関係を選ぶことができます．

▶特徴 その4：AC入力できる

ACアダプタなどACラインから直流出力を得る場

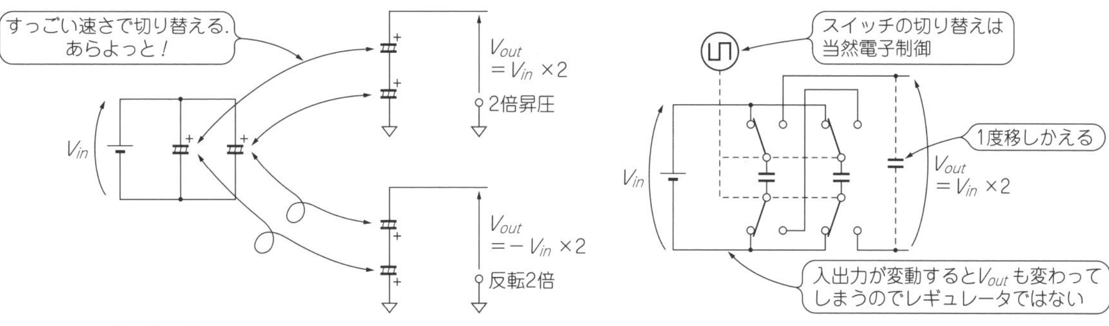

図6　チャージ・ポンプ型はDC-DCコンバータではあるが，レギュレータ(安定化回路)ではない

合はバケツ役のLと絶縁トランスを兼用させることでACラインと完全に絶縁された直流出力を得ることが普通です.

▶特徴 その5：ノイズがデカい

よいことずくめのように見えるスイッチング型ですが，スイッチングにより大きなノイズが発生します．用途によってはリニア型を使う必要があります.

● コンデンサに貯めたエネルギを利用するチャージ・ポンプ型DC-DCコンバータ

コイル(L)もコンデンサ(C)もエネルギをため込む点では同じです．コンデンサを使ったチャージ・ポンプ型でもスイッチングのタイミングを制御することで，コイルを使ったレギュレータと同じような機能をもたせることができます.

コイルはコンデンサよりも特殊な電子部品といえます．コンデンサを使ったチャージ・ポンプ型のスイッチング・レギュレータがもっと普及してよいような気がしますが，実際はそうではありません．特に電流の小さいものしか見当たらないようです.

図6を見ると，転送用のCは出力側に渡して目減りした分のチャージを入力側から受け取ることになります．このとき瞬間的に大電流が流れるので，電流が大きくなるとネックになります.

転送用の素子にLを使えば電流の変化は緩慢なのでそのようなことはありません.

チャージ・ポンプの具体例はRS-232-Cトランシーバ(RS-232-Cと一般ロジック間のレベル変換IC)に内蔵されている電源などです．ちょっとした高圧電源が必要なときに重宝します.

昔からある倍電圧整流回路なども，この一種と考えられると思います．この倍電圧整流回路を多数段積み重ねたコッククロフト・ウォルトン回路は電流を必要としない高電圧の発生に使用されます.

〈佐藤 尚一〉

(初出：「トランジスタ技術」2012年4月号)

DC-DCコンバータとスイッチング・レギュレータ…なにが違う？　Column 1

エレクトロニクスが未発達だったころの話です．トランスで昇圧のできない直流をいったん交流に変換して昇圧し，これを整流して再度直流に戻すしかけを，そのように呼んだのがDC-DCコンバータの始まりのようです．スイッチング・レギュレータはその一種です.

DC-DCコンバータという言葉は，定電圧機能を備えていない意味も含みます．スイッチト・キャパシタを使用したチャージ・ポンプ型の回路などはその一つです．この回路は，入力電圧の2倍や－2倍の電圧を出力しますが，定電圧機能は備えていません(**図6**).

ただし現在は言葉が混用されているようで，上記のチャージ・ポンプICをレギュレータと呼んでも問題ありません．厳密な議論のときは注意が要りますが，意固地なことをいって先輩諸氏を困らせないようにもしてください.

似たような言葉「インバータ」は，直流を交流に逆変換するしくみです．直流は交流を整流して作られるものだったからのようです．カー・バッテリからAC 100Vを得る装置はDC-ACインバータといいます．モータの制御装置も蛍光灯の点灯器具も，本質を表しているかどうかは別としてインバータの意味は一緒です.

〈佐藤 尚一〉

3-2 お・も・て・な・し…安定な直流電圧を供給できる「DC電源」を準備してあげたい

電源電圧が安定していないと何か問題でも？

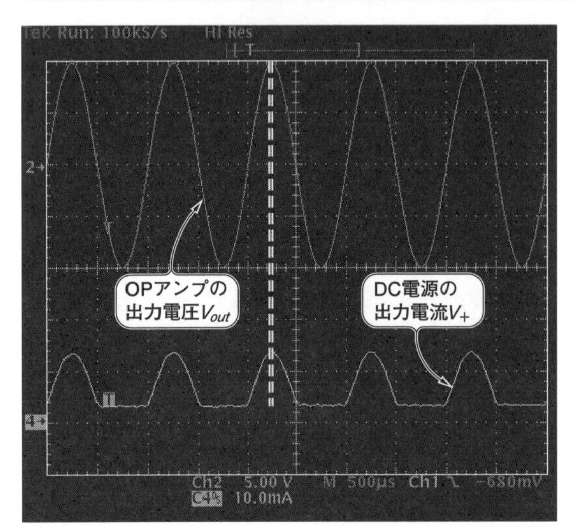

(a) ＋15V電源の電流とOPアンプの出力電圧

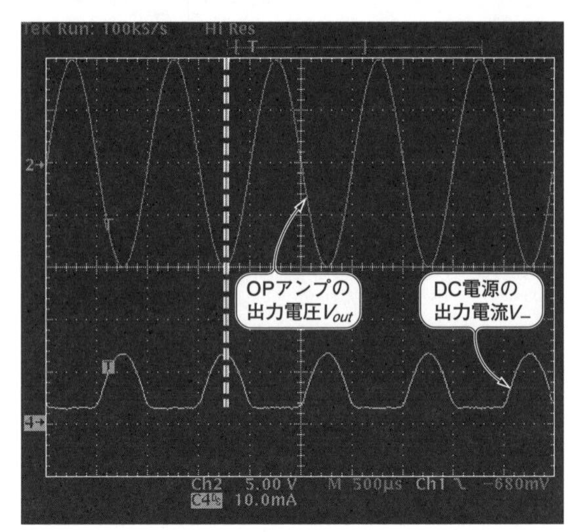

(b) −15V電源の電流とOPアンプの出力電圧

写真1 OPアンプの出力に応じてDC電源の電流が変化している

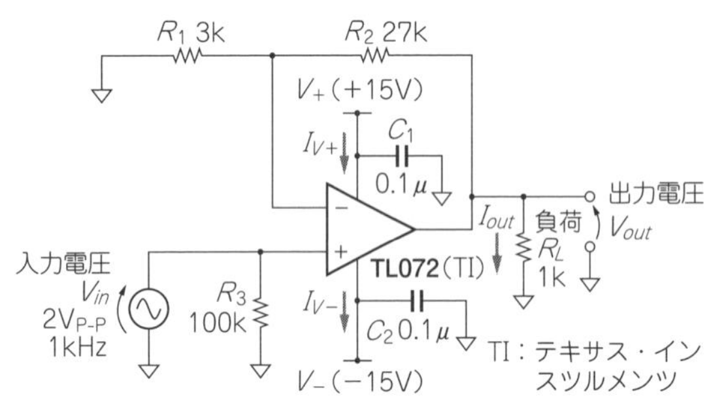

図7 実験を行った10倍のOPアンプ回路

● 出力電圧の安定度を乱すやつは誰？

一般的に，電子回路の消費電流は常に大きくなったり小さくなったりします．

実際に検証してみましょう．**図7**に示す回路で，± 15 Vの二つの電圧を出力する電源が出力する電流を測ってみました．

▶DC電源なのに，出力電流はDC(直流)じゃない

写真1(**a**)に結果を示します．OPアンプ出力と同期した正弦波の＋側の波形をした電流が流れています．DC電源の出力でも，その出力電流もDCとは限りません．

負荷R_L(1 kΩ)にピーク電圧10 Vが生じたとき，負荷R_Lには，次式から10 mAの電流が流れます．

$$I_{out} = V_{out}/R_L = 10\,\mathrm{V}/1\,\mathrm{k\Omega} = 10\,\mathrm{mA}$$

この10 mAの電流は，DC電源(＋15 V)から流れ出ているもので，次の二つの電流が足し合わされたものです．

- OPアンプ自体が動作するための電流
- 負荷RLに流れる電流

同様に電源－15 Vの電流は，**写真1**(**b**)のように，やはりOPアンプ自体が動くための電流と負荷R_Lに流れる電流が流れています．

写真1の出力電圧V_{out}と電源に流れる電流のピークを比べて見てください．**写真1**(**a**)は，出力が＋側のピーク電圧時に電源＋15 Vの電流はピークとなり，**写真1**(**b**)は，出力が－側のピーク電圧時に電源－15 Vの電流はピークとなっています．

このように電子回路が動くときに消費される電流は常に変化しており，すなわち電源の出力電流も常に変化しています．

● ところで，電源の出力電圧が安定していないと何か問題でも？

▶電源電圧(気持ち)が動揺すると，電子回路の出力(顔)に出る

電圧(＋5 V)が不安定な電源を供給されたTTL回路

電源は電流(血液)を循環させる電子回路の心臓部 Column 2

電源は，OPアンプに限らずCPU，FPGA半導体の動作に必要な安定な電源電圧と変動する電流を供給しています．人にたとえるなら，運動しているときも休んでいるときも，絶えず必要な血液を体中に供給している「心臓」です．

安定に鼓動してくれる心臓がないと体調を保てないのと同じように，電子回路も出力電圧の安定した電源がなければ調子よく動いてくれません．

▶血液はどこで作られる？

ところで，電源が電子回路に供給するエネルギはどこから来ているのでしょう？ さかのぼってみましょう．

答えを**図A**に示します．ACコンセントから近くの電信柱，さらに変電所ときて最後には発電所にたどり着きます．発電所が，原子力か太陽光かの議論が今なされていますが，結局，発電所がないとエレクトロニクス製品は動きません．ですから，エレクトロニクスに携わるエンジニアも電気は有効に使う必要があります．

〈瀬川 毅〉

図A 発電所で作られた電気を安定化して電子回路に供給するIC…電源IC

の出力はどのようになるのか，実験してみました．**写真2**に結果を示します．TTLから出力されているパルス信号のHレベル側の電圧が揺れて，電源電圧の不安定がそのまま出てしまっています．

電源電圧の出力電圧の変動や揺れは，次のような問題の引き金になる可能性があります．

▶部品が破損する可能性がある

電子回路が動く電源電圧は一定の範囲に限られています．電源の出力電圧が変動して，高すぎると半導体が破損します．逆に低すぎると電子回路がきちんと動作しません．

▶出力信号が期待のものと違ってしまう

写真2のように，出力電圧の揺れが，電子回路の出力に出る可能性があります．

〈瀬川 毅〉

(初出：「トランジスタ技術」2014年4月号)

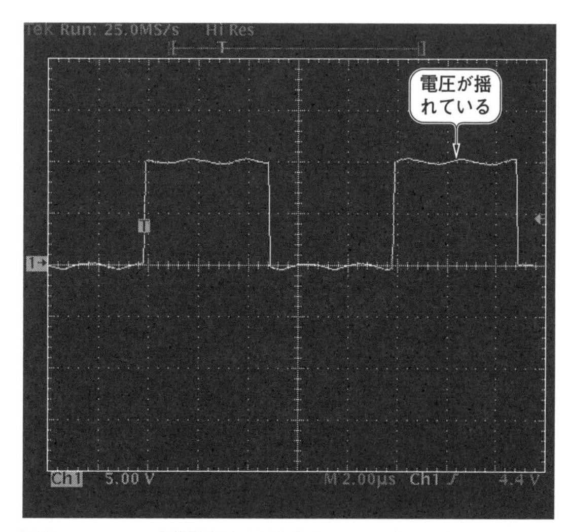

写真2 ＋5Vの電源電圧が不安定なTTL回路の出力

3-3 部品点数が少なく低雑音！リニア・レギュレータのふるまい

汗だくで出力電圧を一定にキープ！冷やしてあげたい…

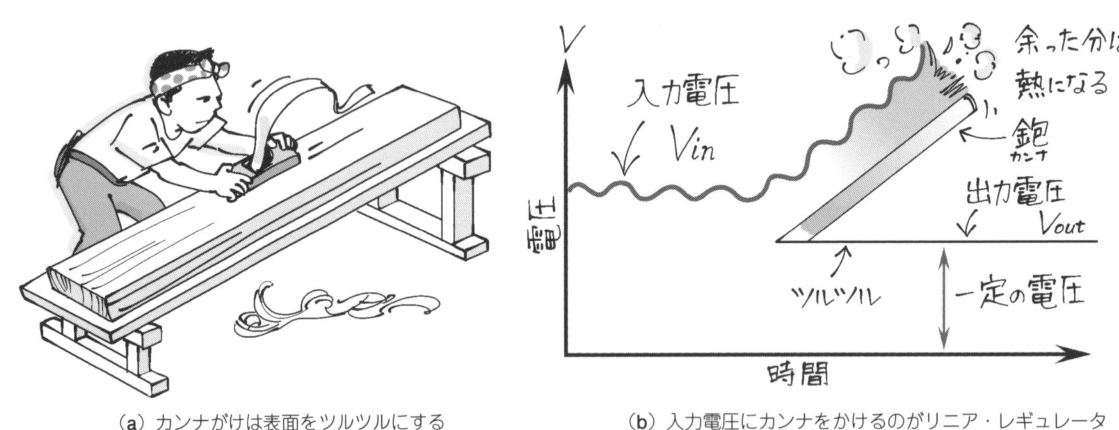

(a) カンナがけは表面をツルツルにする　(b) 入力電圧にカンナをかけるのがリニア・レギュレータ

図9　カンナがけのイメージ
カンナをかけると，木の表面は磨いたようにツルツルになる．リニア・レギュレータにかけると，出力電圧値がツルツルになる

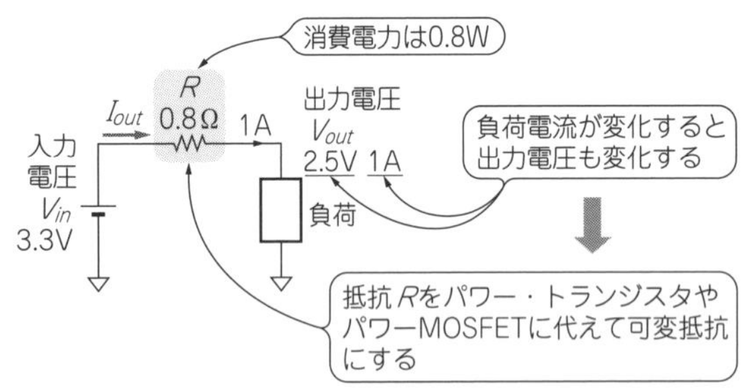

図8　リニア・レギュレータの原理
抵抗で電圧降下させて目的の電圧を得る．負荷電流が変わると抵抗値が自動的に変わって目的の電圧をキープする

リニア・レギュレータ(liner regulator)について説明しましょう．リニア・レギュレータは，シリーズ・レギュレータ(series regulator)とも呼ばれています．

● 動作の基本…抵抗で電圧降下させて電源電圧から目的の電圧を得る

リニア・レギュレータの動作を非常に乱暴に説明すると，**図8**のように入力電圧V_{in}より低いDC電圧を得る目的で，抵抗Rを回路中に入れて強引に電圧を低下させて目的の電圧を得ています．

このとき，抵抗Rには，入力電圧V_{in}－出力電圧V_{out}の電圧がかかっています．また抵抗Rには電流I_{out}が流れています．したがって，抵抗Rには次の電力損失が発生しています．

$$P_R = (V_{in} - V_{out})I_{out} \quad \cdots\cdots (1)$$

電力損失P_Rは，抵抗を温めます．つまり，目的の電圧を得る代償として抵抗Rで電力P_Rを消費しているのです．

負荷電流に変動がなければ，**図8**の方法も使えるかもしれませんが，残念ながら電流の変動がない負荷は机上の空論で，現実にはあり得ません．

どうして解決するのかというと，出力電圧が一定となるように，抵抗Rを可変すればよいわけです．可変抵抗とモータを用意し，出力電圧が一定となるように可変抵抗を回しましょう…ナンテ冗談です．

電子回路では，もっとスマートにこの問題を解決できます．抵抗Rの代わりにパワー・トランジスタやパワーMOSFET(大電流に対応したタイプのトランジスタやMOSFET)を回路に入れて，オン抵抗を可変させることで出力電圧を一定にキープしています．

● リニア・レギュレータはカンナ

実は，リニア・レギュレータの動作は，**図9**に示すようなカンナかけなのですね．**図9(b)**のように余分な入力電圧にカンナをかけて，出力電圧になるまで削り取ります．得られた結果は，ピカピカの面，つまり一定の出力電圧です．

● 基本回路…OPアンプ電流バッファ回路

リニア・レギュレータの基本回路を**図10(a)**に示し

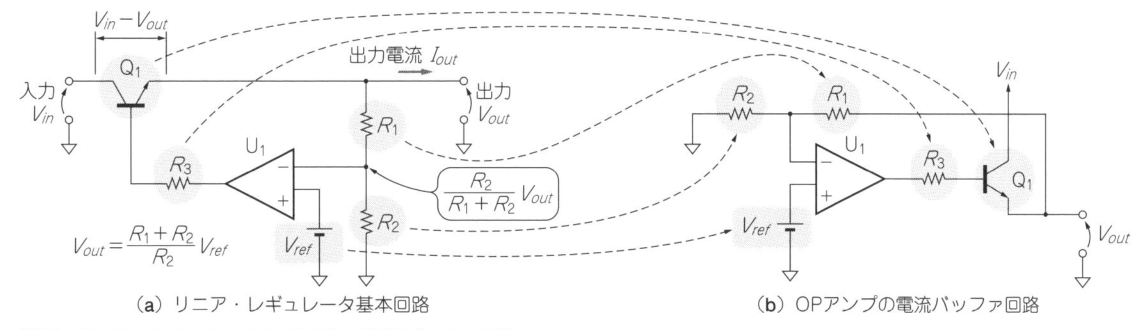

図10　リニア・レギュレータはOPアンプ電流バッファ回路

回路図は，描き方次第でピンときたり，「？」となったりします．一般的にリニア・レギュレータは(a)が，OPアンプ電流バッファ回路は(b)が多い

ます．トランジスタQ_1のコレクタ-エミッタ電圧は，常に入力電圧V_{in}－出力電圧V_{out}です．この電圧$V_{in}-V_{out}$が，カンナで削る電圧ですね．仮に入力電圧V_{in}が高くなったとしましょう．その結果，カンナで削る電圧$V_{in}-V_{out}$が大きくなり，出力電圧V_{out}は一定に保たれます．**図8**の抵抗Rに例えると，入力電圧V_{in}高くなるとそのぶんトランジスタQ_1のオン抵抗が高くなくなるようフィードバックが働き，その結果，入力電圧V_{in}－出力電圧V_{out}が大きくなり，出力電圧V_{out}は一定に保たれます．

ここで**図10(a)**の回路を書き換えてみましょう，**図10(b)**です．よーく見てください，**図10(a)**と**図(b)**は同じ回路ですよね．**図10(b)**の回路は，OPアンプの教科書でよく見かける出力電流を増加させる回路で，電流バッファ回路と呼ばれています.つまり，リニア・レギュレータは，OPアンプ電流バッファ回路なのです．

図10(b)の回路は，OPアンプにトランジスタのエミッタ・フォロワ回路が追加されています．エミッタ・フォロワ回路ですから，トランジスタ部分には電圧ゲインはありません．となれば出力電圧V_{out}は，OPアンプの非反転アンプに電圧V_{ref}が入力されたと見なせますので，出力電圧は次式で表せます．

$$V_{out}=\frac{R_1+R_2}{R_2}V_{ref} \cdots\cdots (2)$$

● 出力電圧を一定にする代償として，削り落とした電圧は熱に変わる

ところで削られた入力電圧の一部は，どうなるのでしょうか．木を削ったあとのカンナくずは，捨てられてしまいます．リニア・レギュレータも同様に，再利用されることはありません．削られた電圧は，入力電圧V_{in}－出力電圧V_{out}です．入力から出力へ出力電流I_{out}が流れていれば，

$$(入力電圧V_{in}-出力電圧V_{out})\times 出力電流I_{out}$$

の電力がトランジスタQ_1で消費されます．つまり削られた電圧はリニア・レギュレータで熱になります．言い換えると，出力電圧V_{out}が一定になった代償に，$(V_{in}-V_{out})I_{out}$［W］の電力が熱になったのです．

● 消費電力1W以下で使うのが現実的

熱が発生するからといって，リニア・レギュレータに大型の放熱フィンをつけて冷却することは賢明ではありません．それほど大きな電力を扱う場合は，DC-DCコンバータが最適です．リニア・レギュレータが消費する電力は5W程度が上限で，1W以下で使うと放熱フィンが不要となってくるので現実的です．

● 消費電力を低く抑えるコツ…入力電圧を下げる

リニア・レギュレータの損失をできる限り抑えるには，入力電圧V_{in}を可能な限り低くするか，出力電流I_{out}を小さくするか，の2通りです．出力電流I_{out}は，負荷側の事情で決まるでしょうから，入力電圧V_{in}をできる限り低く使いましょう．

▶入力電圧に下限値「出力電圧＋2.5 V」がある理由

図10の回路では，入力電圧V_{in}をどんどん低くすると，やがて出力電圧V_{out}も一定に保てなくなってしまいます．つまり，出力電圧V_{out}を一定に保つには，入力電圧V_{in}－出力電圧V_{out}に下限の電圧があります．

下限の電圧は，回路設計にもよりますが1.5 Vから2.5 V程度です．つまり，**図10**の回路で，入力電圧V_{in}は出力電圧V_{out}＋2.5 V程度は必要です．

実は，**図10**の回路では，トランジスタQ_1のコレクタ-エミッタ間電圧を1V以下にすることは難しいのです．理由は，トランジスタQ_1のベース電圧V_Bが，常に出力電圧V_{out}よりベース-エミッタ間電圧V_{BE}(≒0.6 V)ぶん高い必要があるからです．つまりOPアンプU_1の出力電圧は$V_{out}+V_{BE}$以上である必要があります．

入力電圧V_{in}が下がり，

$$V_{out}+V_{BE}\geqq V_{in}$$

となれば，どのようなOPアンプを用いてもV_{out}＋

V_{BE}以上の出力電圧は出せず，この時点で出力電圧V_{out}が下がり始めるのです．

この問題は，OPアンプの電源を入力電圧V_{in}からではなく入力電圧V_{in}より3V程度高い電圧としたり，別電源としたりすることで改善できます．〈瀬川 毅〉

（初出：「トランジスタ技術」2013年6月号）

3-4 発熱を抑えて使える低損失タイプのリニア・レギュレータ

電源電圧が低く消費電流の大きいCPUやFPGAに向く

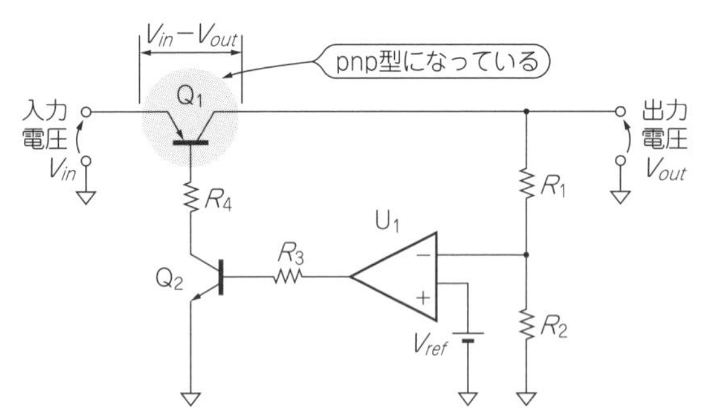

図11　低損失タイプのリニア・レギュレータの基本回路

● 入力電圧をぎりぎりまで低くしても動いてくれる

リニア・レギュレータは入力電圧V_{in}を低くすると電力損失が小さくなりますが，図10では入力電圧V_{in}は出力電圧V_{out} + 2.5 V程度が下限でした．この2.5 Vをさらに小さくしようとする努力が行われ，図11のような低損失型と呼ばれる回路方式が登場しました．

図11の回路は，大電流を制御するトランジスタQ_1が，pnp型になっていることが特徴です．ここでトランジスタQ_1のベース端子の電圧は，入力電圧V_{in} − ベース-エミッタ間電圧V_{BE}，つまり$V_{in} - V_{BE}$となっています．

トランジスタQ_1のベース端子はトランジスタQ_2のコレクタと抵抗R_4と接続しているので，Q_1のベースの電圧は0V近くまで下げることが可能です．入力電圧V_{in}が下がってもトランジスタQ_1のベース端子電圧を$V_{in} - V_{BE}$を0V付近まで下げられます．

最終的にはトランジスタQ_1を飽和領域まで使えます．トランジスタQ_1が飽和するとコレクタ-エミッタ間の電圧は0.3V程度の電圧になります．トランジスタQ_1が飽和する直前まで，コレクタ-エミッタ間電圧 = 入出力間の電圧$V_{in} - V_{out}$が0.3Vより少し大きめの0.5V程度まで出力電圧V_{out}の制御が可能です．図11の低損失型リニア・レギュレータの入力電圧V_{in}は，出力電圧V_{out} + 0.5V程度まで下げられます．

● 主な用途…CPU/FPGA用電源

低損失型リニア・レギュレータが特にその威力を発揮するのは，CPU，FPGAなどのコア用電源として使った場合です．いくつか例を挙げてみましょう．

【ケース1】主電源3.3Vからコア電圧2.5Vに変換，
出力電流I_{out} = 1 A（出力電力2.5 W）
低損失型リニア・レギュレータの電力損失 =
$(V_{in} - V_{out})I_{out} = (3.3 - 2.5) \times 1 = 0.8$ W

【ケース2】主電源2.53Vからコア電圧1.8Vに変換，
出力電流I_{out} = 1 A（出力電力1.8 W）
低損失型リニア・レギュレータの電力損失 =
$(V_{in} - V_{out})I_{out} = (2.53 - 1.8) \times 1 = 0.7$ W

● 低損失タイプを使うときの注意

▶入力電圧V_{in}が高いときは意味がない

電力損失の観点から見ると低損失型リニア・レギュレータは素晴らしいのですが，それは入力電圧V_{in}が低くても動作できるからです．もし，入出力間の電圧$V_{in} - V_{out}$が3V以上かけて使うと，一般的なリニア・レギュレータと電力損失は同じです．

▶安定度が落ちる

低損失型リニア・レギュレータは，一般的なリニア・レギュレータに比べて安定度が落ちます．これは低損失型リニア・レギュレータでは図11の回路のように，トランジスタQ_1のコレクタが出力となっていることに起因します．結論から書きますと，出力側に積層セラミック・コンデンサのような低*ESR*タイプが接続されると不安定になりやすいです．

▶低消費電力化が進む最新マイコンには必要ない

CPU/FPGA用電源には低損失型リニア・レギュレータと書いたばかりですが，必ずしもそうではない場合もあります．

現代のCPU/FPGAは電源電圧の低電圧化が進んでいます．低電圧化には，間違いなく低損失型リニア・レギュレータが向いています．一方，CPU/FPGA自体も省電力化の方向に進んでいます．

最新CPUの例としてRL78/I1A（ルネサス エレクトロニクス）で実験してみると，16ビットCPUで積和演算機能も搭載しているにもかかわらず，電源電流が4.7 mAでした．ここまで電源電流が少ないと，DC-DCコンバータなど全く必要がありません．CPUに高分解能のA-Dコンバータを搭載しているので，低損失タイプではなく，出力リプルが少ない一般的なリニア・レギュレータのほうが最適と思えます．

技術の進歩によって，選択するリニア・レギュレータも変わってくる，ということだと思います．

〈瀬川 毅〉

（初出：「トランジスタ技術」2013年6月号）

3-5 先輩御用達！おすすめワンチップ・レギュレータ3品

今すぐ作れて今すぐ動く定番の電源回路

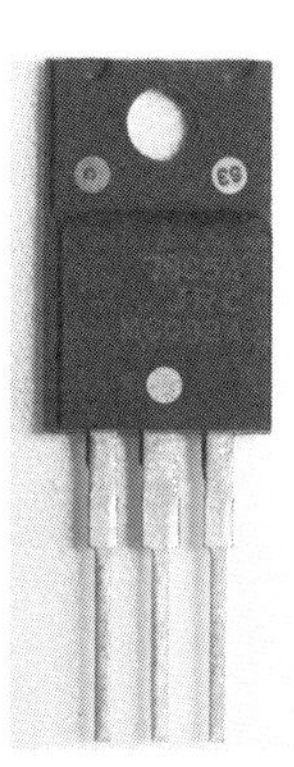

写真3 定番中の定番！3端子レギュレータ…NJM7805FA（新日本無線）

40年以上の実績！ 定番の中の定番 78XXシリーズ

● 安心して使えて入手性も抜群

78シリーズ（**写真3**）は，シリーズ・レギュレータに必要な回路をすべて内蔵したワンチップ・レギュレータICです（**図12**）．シンプルで出力電圧の安定した電源を作ることができます（**図13**）．3端子レギュレータ（3-terminal regulator）の名で広く普及しています．設計が40年以上前といささか古いのですが，その分定番ICとして半導体メーカ各社が作っています．78*XX*の*XX*は出力電圧値を示しています．**図13**で示した7805は5 Vの出力電圧のデバイスです．注意点として，V_{in}はV_{out}に対して最低でも2.5 V以上高い電圧で使います．

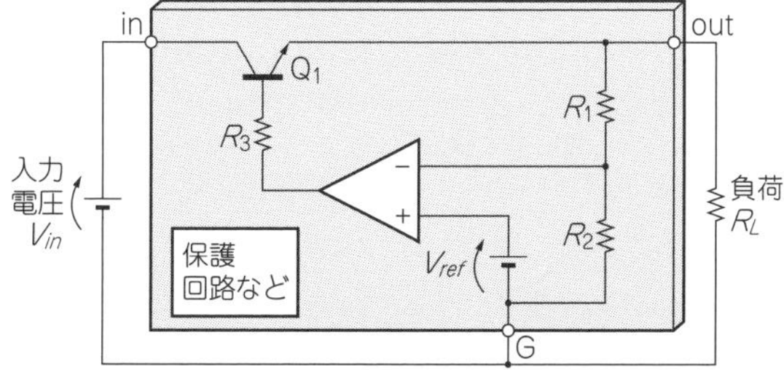

図12 IC化されたシリーズ・レギュレータの内部回路

● 電源OFF時，内部トランジスタが破壊の危険にさらされる

図13の回路に接続されているダイオード(D_1)の役割を説明しておきましょう．

電源をOFFするとV_{in}は急速に低下します．一方V_{out}は，コンデンサ(C_2)に蓄えられた電荷の放電とともにゆっくりと降下していきます．この期間の中に，V_{in}とV_{out}が次のような関係になることがあります．

$$V_{in} < V_{out} \quad \cdots\cdots (3)$$

IC内部では，トランジスタ(Q_1)のコレクタ電圧とエミッタ電圧が次のような関係になり，Q_1のエミッタにコレクタより高い逆方向の電圧が加わります．

$$\text{コレクタ電圧}\ V_C < \text{エミッタ電圧}\ V_E \quad \cdots\cdots (4)$$

この逆方向に加わる電圧が大きいと，トランジスタが破れる可能性があります．

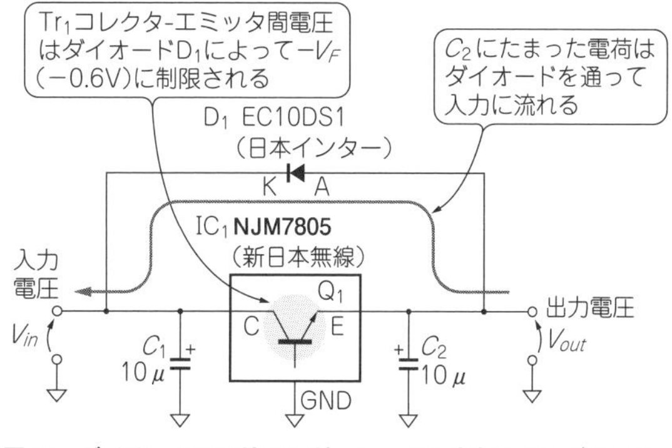

図13 ダイオードで3端子レギュレータの内部トランジスタを保護する
パワーOFF時に$V_{in} < V_{out}$となった場合を想定

この破壊の可能性を一掃してくれるのがダイオード(D_1)です．V_{in}よりV_{out}が高いときは，C_2の電荷がD_1に流れるため，Q_1のコレクタ-エミッタ間の逆方向の電圧は，ダイオードの順方向電圧(V_F ≒ 0.6～0.7 V)以上になることはなくなります．

D_1の追加によってQ_1は，電源をOFFしても壊れる可能性がなくなり保護されます．

低損失タイプのリニア・レギュレータ

3端子レギュレータのヒットをうけて，さらに改善したデバイスが生まれました．

78XXシリーズの弱点だった，入力電圧V_{in}と出力電圧V_{out}の差を小さくした3端子レギュレータ(**写真4**)です．内部回路は**図14**に示すようにLDO(Low Drop Out)です．日本語では，低損失型レギュレータ，または低飽和型レギュレータと呼ばれています．

LDOには，出力電圧固定型，出力電圧可変型，高速応答可能な出力電圧可変型の3種類があり，**図15**のように使われるのが一般的です．LDOの特徴を生かして入力電圧V_{in}を低い条件で使うことがポイントです．**図15**のデバイスではV_{in}とV_{out}の差は，1.1 V

リニア・レギュレータのいろいろ

リニア・レギュレータ(安定化電源)が安定な電圧を出力するしくみを説明します．

● シンプルで低ノイズなリニア・レギュレータ

図Bのしくみで動く**図C**の基準電圧源＋バッファ・アンプ(エミッタ・フォロア)の構成は，廉価な回路で以前から使われています．ノイズが小さいという理由で今でも使われることがあります．エミッタ・フォロアは，100％負帰還のかかったアンプで，

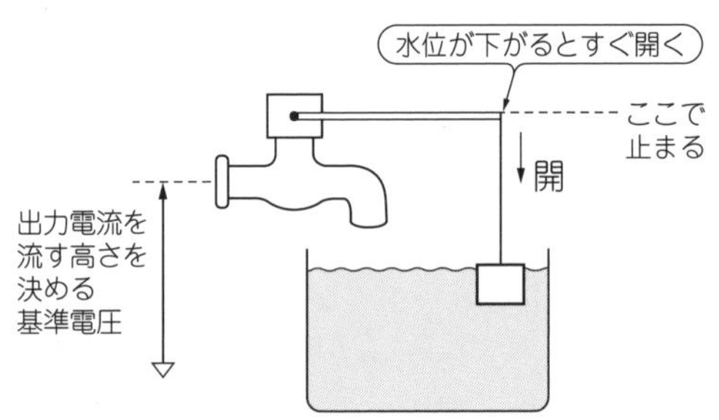

図B　しくみ1：出力側の水位(出力電圧)**が下がると，テコの原理で蛇口を開く**
出力側の水位(出力電圧)は基準電位で決まる

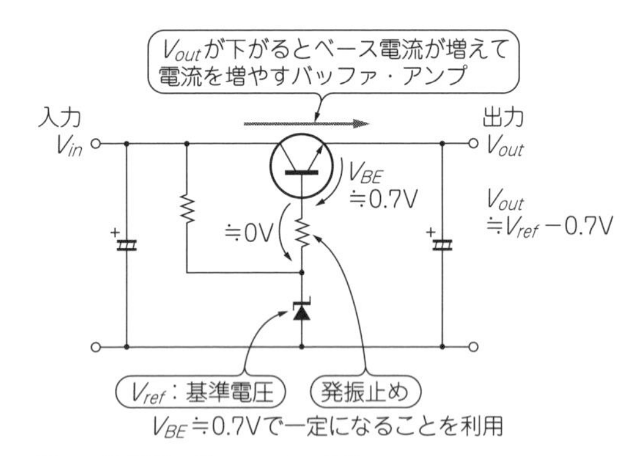

図C　簡易型レギュレータの回路
V_{out}が下がると，基準電圧V_{ref}(ツェナー・ダイオード)とV_{BE}＝0.7 Vが固定なので，ベース電流が大きくなって電流を増やし，V_{out}を上げようとする

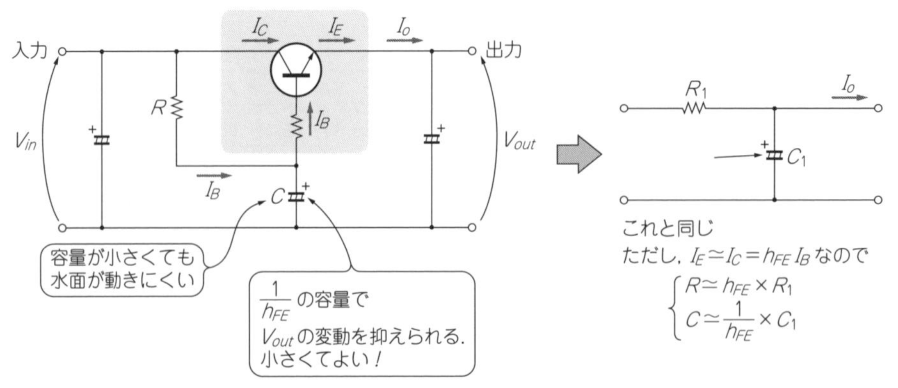

図D　リプル・フィルタ
原理は図Cと同じだが，基準電圧V_{ref}の代わりにコンデンサが付いているので，この回路だけでは電圧は安定化されない．
出力電圧V_{out}の変動を$1/h_{FE}$倍の容量値のC_1で安定化できるので，C_1が小さくて済む

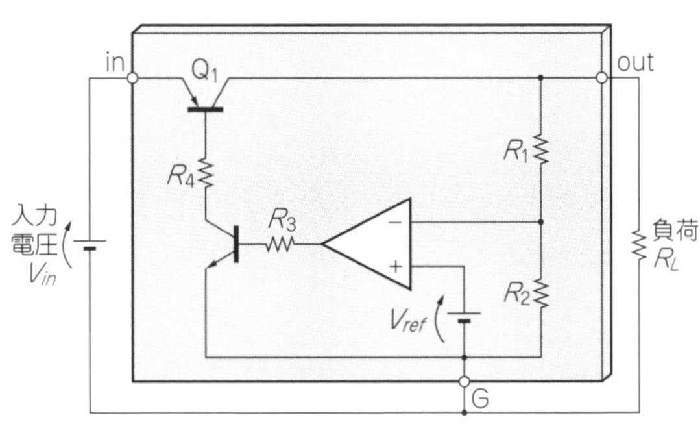

図14　IC化されたLDO型シリーズ・レギュレータの内部回路

写真4
LDOレギュレータ
…NJM2391DL1－33(新日本無線)

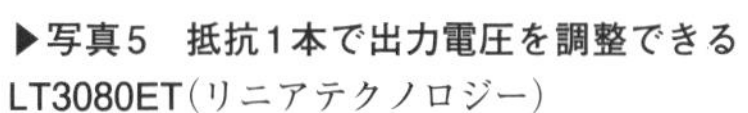

▶写真5　抵抗1本で出力電圧を調整できるLT3080ET(リニアテクノロジー)

Column 3

信号の入力端子であるベース電圧に，出力端子であるエミッタの電圧が追従します．

ただし，トランジスタのV_{BE}やツェナー・ダイオード電圧がばらつくので，3端子レギュレータのような電圧精度は期待できません．

これを簡単化した回路として，**図D**に示す抵抗分割回路＋バッファ・アンプの構成も考えられます．この構成は非安定ですが，小さいコンデンサで大きなフィルタ定数が得られます．リプルを取り除くだけで済む用途にはよく使われています．調整が必要ですが，安定化した電圧をさらに降圧して低い電圧を作りたい場合などにも使えます．

● ディスクリート・トランジスタで作るリニア・レギュレータ

3端子レギュレータが普及する以前は**図E**のしくみで動く個別部品で**図F**のようなレギュレータを構成していました．標準的な回路は**図F**のような感じです．可変抵抗器による調整が不可欠です．

図F　ディスクリート・シリーズ・レギュレータ
出力電圧の無調整化が難しいのであまり使わない．いろいろ定数を変えられるので，原理を実験で試すのによい

● 無調整で使えるシャント・レギュレータ＋OPアンプ

基準電圧V_{ref}にシャント・レギュレータを使っているため，無調整で正確な電圧が期待できるリニア・レギュレータです(**図G**)．

〈佐藤 尚一〉

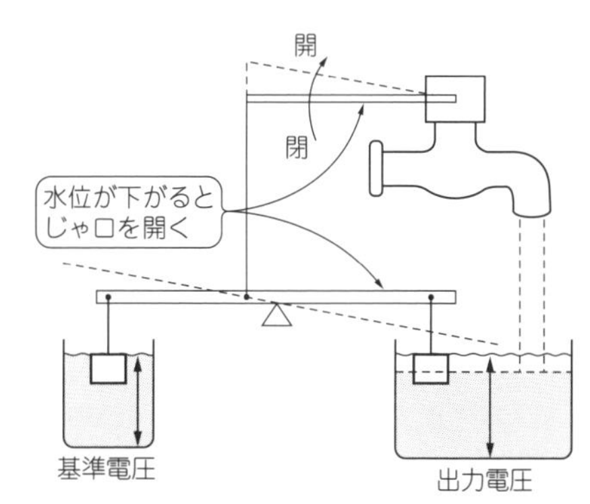

図E　しくみ2：出力側の水位(出力電圧)が下がると，蛇口を直接開く

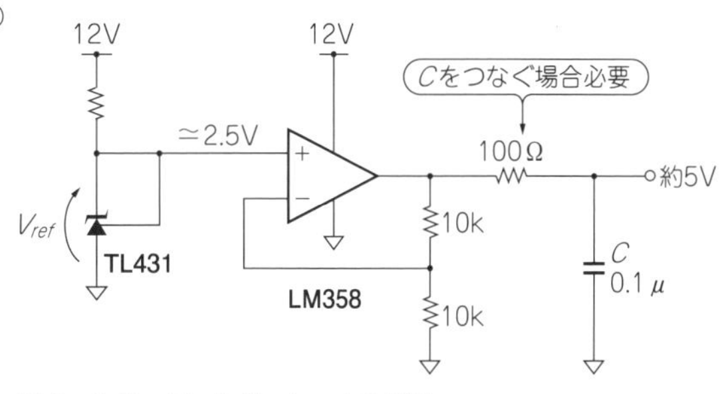

図G　シリーズ・レギュレータの原理
シャント・レギュレータ＋OPアンプで実現できる．V_{ref}＝2.5Vを2倍するOPアンプ回路と同じ

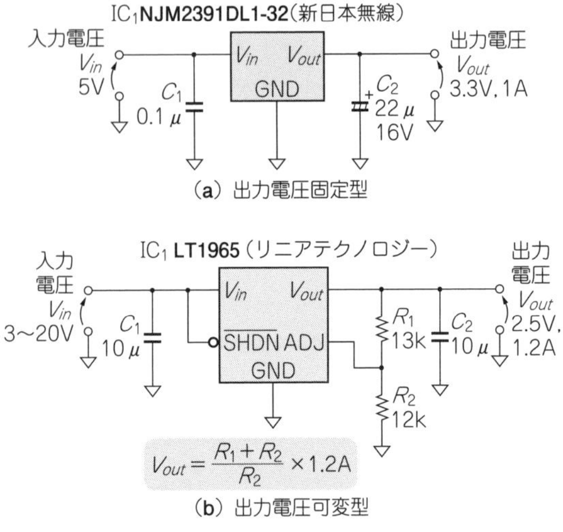

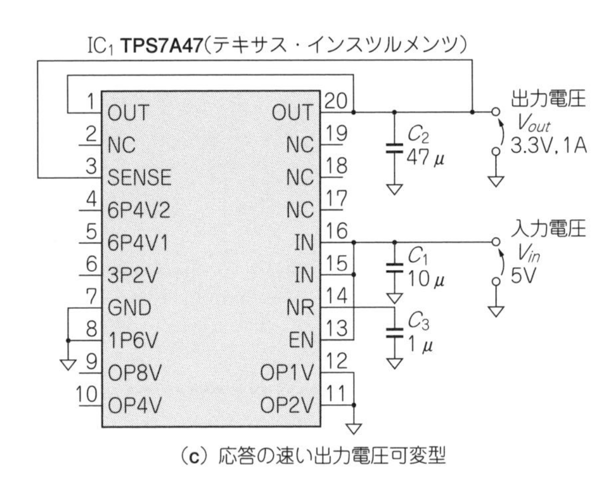

図15　低損失リニア・レギュレータのいろいろ

図16　抵抗1本(R_{adj})で出力電圧を調節できるLT3080の標準回路

以上を確保して使いましょう.

● 抵抗1本で出力電圧を調整できる低損失レギュレータ LT3080

78*XX*シリーズは40年以上経過した設計の古いICで, 広く普及しています. **写真5**に示すのは, 比較的新しい電源IC LT3080です. **図16**にLT3080の概要を示します. 注目すべきポイントは次の三つです.

▶ポイント1…抵抗1本で出力電圧を設定できる

その1は外部に接続する抵抗(R_{adj})です. この抵抗にはIC内部の定電流回路から10 μAの一定電流が流れています. この抵抗R_{adj}とIC内部の10 μAの電流によって生じたⒶの電圧V_Aの間には次の関係があります.

$$V_A = 10\ \mu\mathrm{A} \times R_{adj}\ [\mathrm{V}] \cdots\cdots (5)$$

この電圧がIC内部のOPアンプの非反転端子に接続されて, 一般的なシリーズ・レギュレータの構成では基準電圧V_{ref}の役割を果たします. IC内部のOPアンプの反転入力端子は出力に接続されているので, 抵抗Rと定電流出力によるV_{ref}は, V_{out}になります.

$$10\ \mu\mathrm{A} \times R_{adj} = V_{ref} = V_{out}\ [\mathrm{V}] \cdots\cdots (6)$$

LT3080は外部に接続する抵抗1本で出力電圧を設定できるということです. **図17**にLT3080を動かす標準的な回路を示します.

▶ポイント2…ICの制御回路部の電源を別にして低損失レギュレータを実現

図16に示すように, LT3080はIC内部の制御回路部の電源が別端子になっていて, 別電源を供給して使うことができます. このICはLDOではないのですが, 低損失なレギュレータを実現できます.

入力電圧V_{in}より高い電圧を制御回路に加えれば, 内部トランジスタQ_1が飽和領域まで動くので, 入力電圧V_{in}と出力電圧V_{out}の差を小さくして使うことができます. 1.1 A出力時のV_{in}とV_{out}の電圧差は最大0.5 Vで, 一般的なLDOをしのぐ高性能ぶりです.

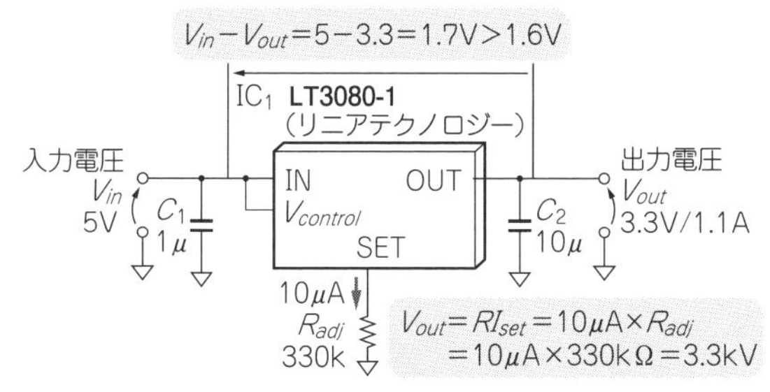

図17　LT3080による一般的なシリーズ・レギュレータ

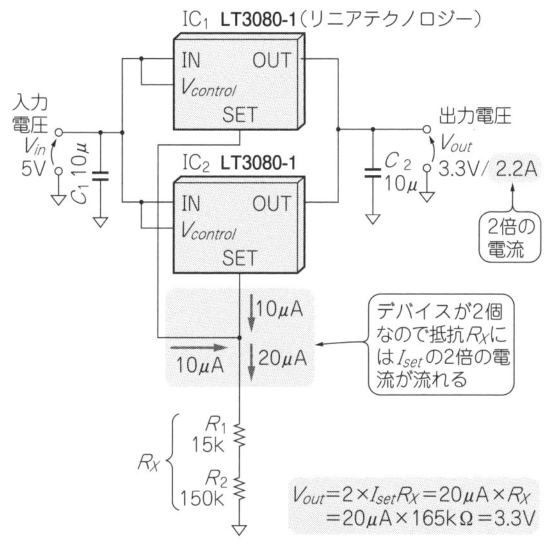

図19　LT3080を2個並列接続して出力電流を2倍にした例

この特徴がハッキリ表れる事例を**図18**に示します．この回路例では，入力電圧V_{in}と出力電圧V_{out}の差が0.8 Vです．このシリーズ・レギュレータの効率は，

$$\eta = \frac{V_{out} I_{out}}{V_{in} I_{out}} \times 100 = \frac{V_{out}}{V_{in}} \times 100 = \frac{2.5}{3.3} \times 100$$
$$= 0.758 \times 100 = 75.8\ \% \cdots\cdots (7)$$

から75.8%で，スイッチング・コンバータなみです．

▶ポイント3…並列接続して出力電流を倍増も可能

並列接続も可能です．**図19**に示すのは，LT3080を2個並列接続して出力電流I_{out}を**図17**の2倍(2.2 A)に増加させた回路です．LT3080を並列接続することでSET端子の電流10 μAが2倍になるので，V_{out}は次式で決まります．

$$V_{out} = 2 \times I_{set} R_X = 20\ \mu A \times R_X = 20\ \mu A \times (15\ k\Omega + 150\ k\Omega)$$
$$= 20\ \mu A \times 165\ k\Omega = 3.3\ V \cdots\cdots (8)$$

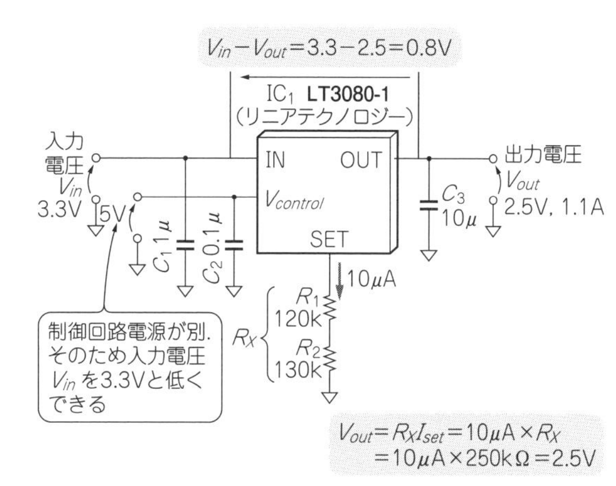

図18　LT3080を使った低損失なシリーズ・レギュレータ

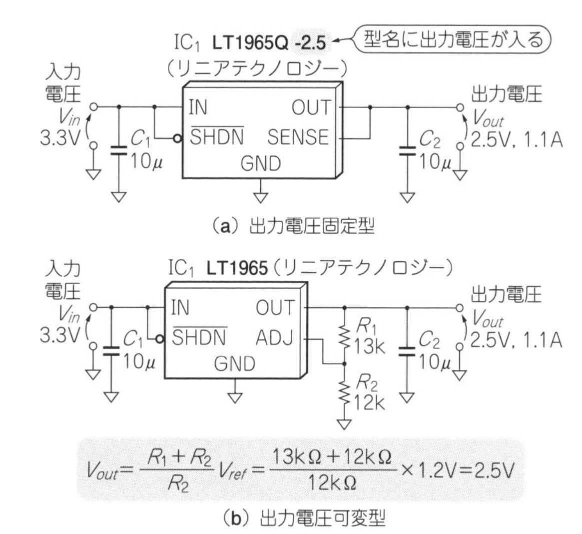

図20　LDO　LT1965の標準回路

● 出力電圧を可変でき，入出力間電圧0.36 Vで動作するLDO LT1965

LT1965は，1.1 Aを出力しているときでも，入出力間電圧差0.36 V以下でLDOとして動作しています．

出力電圧固定タイプ［**図20(a)**］と，2本の抵抗による出力電圧可変タイプ［**図20(b)**］があります．出力可変型は基準電圧V_{ref}(1.2 V)を内蔵しており出力電圧V_{out}は次式で決まります．

$$V_{out} = \frac{R_1 + R_2}{R_2} V_{ref} = \frac{R_1 + R_2}{R_2} \times 1.2\ V \cdots\cdots (9)$$

V_{in}とV_{out}の差が0.4～1 Vになるようにして使うと，その低損失特性が発揮されます．

〈**瀬川　毅**〉

(初出：「トランジスタ技術」2014年4月号)

3-6 DC-DCコンバータ七つの基本回路

電圧を上げる，下げる，反転させる！ 基本動作と特徴をスッキリ整理！

図21　先輩に怒られる前に基本は押さえておきたい

基礎知識

● DC-DCコンバータの働き

DC-DCコンバータは，ある値の直流電圧から，別の値の直流電圧を作り出せる回路です．この回路が持つ機能をまとめてICにしたものがDC-DCコンバータICです．

DC-DCコンバータと一口に言っても，その方式や能力にはさまざまなものがあり，用途に応じて使い分ける必要があります．

ここでは，応用範囲が広いコイルを使う回路を中心に，トランスを使った電源回路やコンデンサを活用するチャージ・ポンプ方式の電源回路についても基本動作と特徴を整理しました．

電子機器を動作させるためには電源回路が必要です．最近では，一つの電子機器にいろいろなデバイスが載っており，それぞれの動作に適した電圧があります．例えば，マイコンなら5Vや3.3V，10個直列にした白色LEDなら32Vの電圧（白色LEDは1個3.2Vの電圧が必要），液晶パネルなら正電圧と負電圧などといった電圧です．

図22に示すように，電池やACアダプタから入力される電圧から，電子機器内で必要なさまざまな値の電圧を作るには，昇圧や降圧，負電圧といった電圧変換をしなくてはなりません．そこで必要になるのがDC-DCコンバータです．

● 回路の動作原理と部品構成

一般的なDC-DCコンバータの基本動作は，**図23**

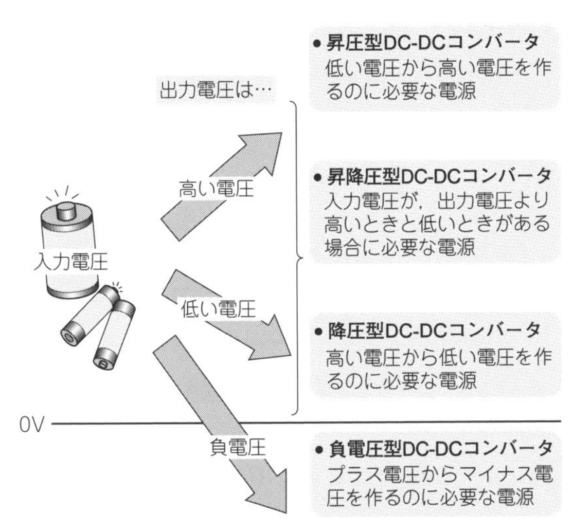

図22　DC-DCコンバータは，電池などのDC電圧源から機器が必要とするさまざまなDC電圧を作る回路
リニア・レギュレータとスイッチング・レギュレータはどちらも「DC-DCコンバータ」だが，スイッチング・レギュレータだけを指すこともある

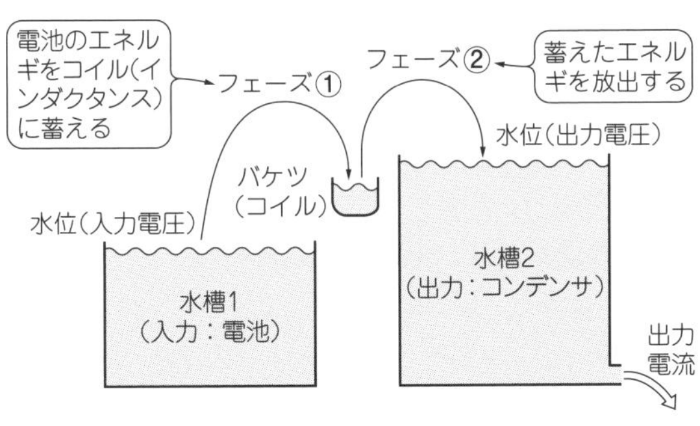

図23　DC-DCコンバータの基本動作
「入力電源からのエネルギをインダクタンスに蓄える期間」と「蓄えたエネルギを出力として放出する期間」を交互に行うスイッチングと呼ばれる動作

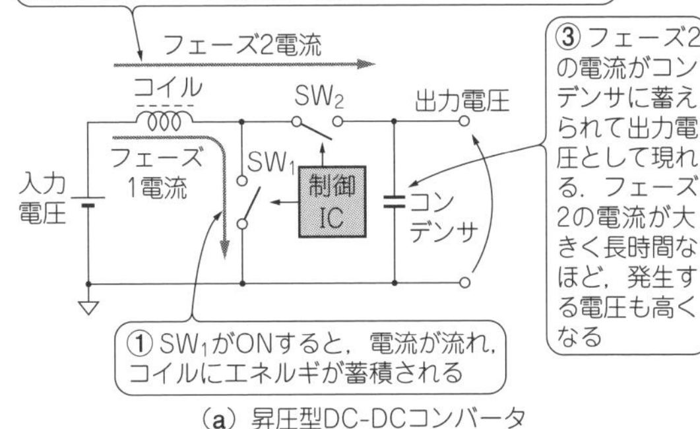

(a) 昇圧型DC-DCコンバータ

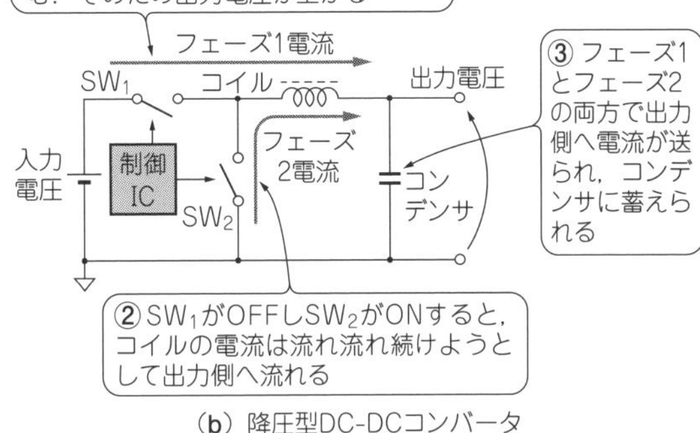

(b) 降圧型DC-DCコンバータ

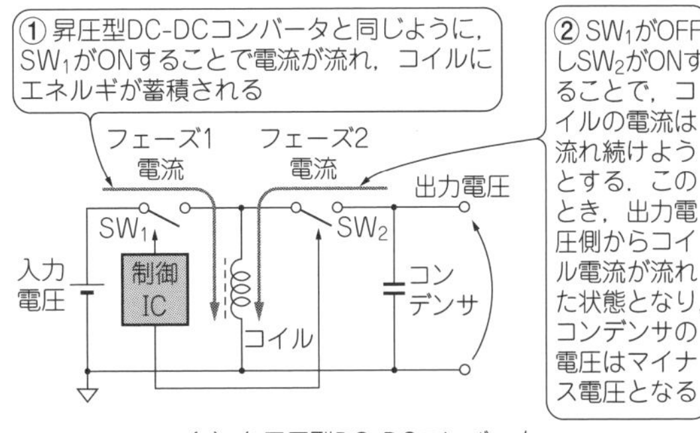

(c) 負電圧型DC-DCコンバータ

図24　DC-DCコンバータの三つの基本回路
SW_1，SW_2のONとOFFのタイミングを制御し，電流によりコイルへのエネルギの蓄積と放出を行うことで，必要な電圧を発生させることが基本動作になっている

に示す「入力電源からのエネルギをインダクタンスに蓄える期間」と「蓄えたエネルギを出力として放出する期間」を交互に行うスイッチングと呼ばれる動作です．

電流を保持できるインダクタンスの特性を利用したスイッチング動作を行うことで，出力側に適した電圧を作成できたり，電力損失を抑えたりできます．

スイッチングでは，動作を制御するICの他に，コイルやトランスなどのインダクタンスや，コンデンサを使います．

■ 部品に着目すると3方式に分けられる

● 方式1：コイルを使った回路

インダクタンスを利用した回路では，インダクタンスの電流を保持する特性を利用します．**図24**に昇圧型，降圧型，負電圧型の基本動作回路を記します．

どの回路でも，スイッチング動作のフェーズ1でスイッチSW_1がONすることでコイルに電流が流れ，コイルにエネルギが蓄積されます．フェーズ2でスイッチSW_1がOFFすると同時にスイッチSW_2をONさせることで，コイルの電流が流れ続けようとする性質を利用し，コイルに蓄えられたエネルギを出力に導きます．

さらに，送られた電流を電荷としてコンデンサに蓄えることで出力電圧を作ります．電流の方向を変えることで電圧の極性を変え，負電圧を発生させることもできます．

実際の回路では，フェーズ2で使うSW_2は，ショットキー・バリア・ダイオードで代用することがあります．SW_1とSW_2にドライバ・トランジスタを使用するタイプを「同期整流タイプ」と呼びます．一般的に同期整流タイプのほうがスイッチング・ロスを抑えられ高効率です．

コイルに流れる電流は，コイルの両端電圧とオン時間とインダクタンス値を変数とした式で決まります．

$$\text{コイル電流} = \frac{\text{コイル両端の電圧差} \times \text{オン時間}}{\text{インダクタンス}} \cdots (10)$$

所望する動作条件に合わせて，コイルのインダクタンス値やスイッチング周波数(オン時間)を計算して各回路の値をカスタマイズするのが基本ですが，専用の制御ICを使用する場合は，仕様書に記されている通りに部品選定するのも一つの方法です．

● 方式2：トランスを使った回路

DC-DCコンバータには，入力側と出力側がスイッチとコイルにより電気的に繋がるものと，トランスを用いて入力側と出力側を電気的に分離(絶縁)するものがあります．前述のコイルを使ったタイプは前者です．

トランスを使ったタイプの電源回路は，商用電源から直流電圧を得る用途などで，商用電源側と使用する機器側で安全のため分離する必要がある場合によく用いられます．

分離型の場合，1次側と2次側をトランスを使って絶縁するのが一般的です．トランスの巻き線方向で電流の方向を変更できるので，昇圧型や降圧型，負電圧型などを簡単に構成できます．

ただ，実際に安定した電源を作成するには，回路構成と制御方法に加えてトランスの設計もポイントになります．電気的な絶縁を目的にトランスを使用する場合，出力電圧や電流の情報を電気的に絶縁した状態を保ったまま2次側から1次側に伝える必要があるので，フォトカプラなどを用いなくてはならず，実際の回路は複雑なものになるのが一般的です．

● 方式3：スイッチとコンデンサを使った回路

チャージ・ポンプ回路は，コイルやトランスといったインダクタンスを利用するのではなく，スイッチとコンデンサで構成するDC-DCコンバータです．

スイッチの一部にダイオードを使用する回路も一般的で，ダイオード・チャージ・ポンプと言われ，倍電圧や負電圧を作成する回路で多く使用されてきました．

チャージ・ポンプの段数を増やすことで，3倍昇圧や4倍昇圧などの回路も作成できます．ただシンプルなチャージ・ポンプ回路では，出力電圧が入力電圧の倍数になるため，入力電圧の変動により出力電圧が変動してしまいます．安定な電源電圧が欲しい場合には注意が必要になります．負荷電流が大きくなると出力電圧が降下しやすいので，LCDやCCDのバイアスといった負荷の変動が少ない回路で使用するのがよいでしょう．

七つの基本回路

■ コイルを使った四つの電源回路

● 回路が簡単で低コスト

コイルを使ったタイプのDC-DCコンバータは，比較的簡単で小型化が図りやすいので，電池やACアダプタ駆動，USBパワーなどで動作する携帯機器などの用途に向いています．部品点数が少なくて済むDC-DCコンバータICが多く出回っているので，コストダウンが必要な場合にも便利です．ただし，入力と出力が電気的に完全には分離できていないため，オフライン(ACライン)などを直接入力する回路には不向きです．

❶ 昇圧型DC-DCコンバータ

● 低い電圧から高い電圧が作れる

昇圧型DC-DCコンバータでは，インダクタンスに蓄えられたエネルギに応じた電圧が入力電圧に加算されます．

昇圧型DC-DCコンバータでは，フェーズ1でコイルに蓄えたエネルギを必ず出力側へ送る期間が必要なため，制御ICにはフェーズ1が100%のオン時間にならないように最大オン・タイムが設定されています．

実際の制御ICは，外付け部品を変更すると動作耐圧や最大電流などの特性をカスタマイズできるもの(例えばXC9103)や，小型化のために外付け部品を極力少なくしたものなどがあります．これらは，用途に応じて選択します．

電池1本からでも昇圧動作ができるよう，0.9 Vから動作開始できる品種があるのも，昇圧型DC-DCコンバータの特徴の一つです．

● 実際の回路

図25に昇圧型DC-DCコンバータの回路例を示します．**図26**は**図25(a)**の回路を動作させたときの波形です．出力電圧が降下し出力設定電圧より低くなると，SW_1にあたるNチャネルMOSFET(Metal-Oxide Semiconductor Field-Effect Transistor)がONし，ス

イッチング動作が開始されます．

スイッチング動作では，前述のフェーズ1電流とフェーズ2電流が発生し，出力電圧がリプル電圧としてスイッチング・エネルギ分持ち上がります．出力電圧は，このリプル電圧を含んだ電圧幅の平均値になります．

❷ 降圧型DC-DCコンバータ

● 高い電圧から低い電圧が作れる

7805などの三端子レギュレータ(シリーズ・レギュレータ)でも可能ですが，降圧型DC-DCコンバータを利用することで，高効率化が可能です．

シリーズ・レギュレータを使うと，入力と出力の電位差とそこを流れる電流の積が熱損失となります．そのため大電流時や入出力電圧差が大きい場合などでは，電力変換効率が悪くなるのと同時に大きな発熱の原因になります．降圧型DC-DCコンバータを使うと，それらの問題を解決できます．

降圧型DC-DCコンバータでは，入力電圧と出力電圧の電位差がほとんどない場合，または出力設定電圧より入力電圧が低くなった場合に，入力電圧をそのまま出力電圧にスルーできるよう，オン・デューティが100%になるものが多いです．

携帯機器など電池駆動ができ，小型で高効率が必要な場合は，外付け部品の少ないタイプ(例えばXC9236)の降圧型DC-DCコンバータが適しています．また，ディジタル家電やノート・パソコンなど，12～16V程度の電源から数Aの大電流が必要な場合は，MOSFETドライバを外付けできるものや，低オン抵抗のMOSFETドライバを内蔵したものが便利です．

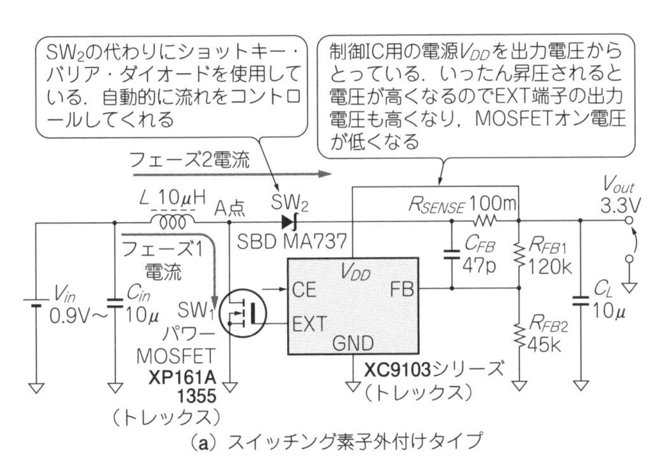

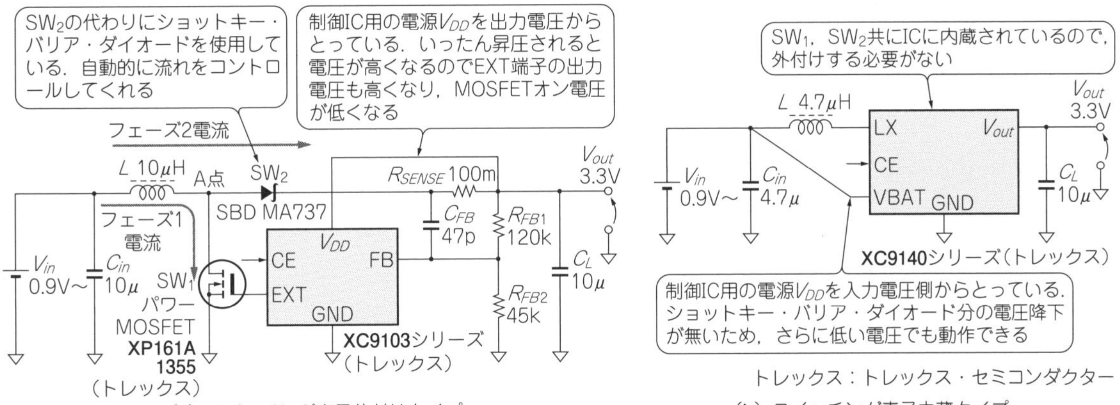

SW2の代わりにショットキー・バリア・ダイオードを使用している．自動的に流れをコントロールしてくれる
制御IC用の電源VDDを出力電圧からとっている．いったん昇圧されると電圧が高くなるのでEXT端子の出力電圧も高くなり，MOSFETオン電圧が低くなる
フェーズ2電流
L 10μH
A点
SW2
SBD MA737
RSENSE 100m
Vout 3.3V
フェーズ1電流
CFB 47p
RFB1 120k
VDD
CE
FB
EXT
GND
Vin 0.9V～
Cin 10μ
SW1 パワーMOSFET XP161A 1355 (トレックス)
RFB2 45k
CL 10μ
XC9103シリーズ (トレックス)
SW1，SW2共にICに内蔵されているので，外付けする必要がない
L 4.7μH
LX
Vout
Vout 3.3V
CE
VBAT
GND
Vin 0.9V～
Cin 4.7μ
CL 10μ
XC9140シリーズ(トレックス)
制御IC用の電源VDDを入力電圧側からとっている．ショットキー・バリア・ダイオード分の電圧降下が無いため，さらに低い電圧でも動作できる
トレックス：トレックス・セミコンダクター

(a) スイッチング素子外付けタイプ　(b) スイッチング素子内蔵タイプ

図25　実際の昇圧型DC-DCコンバータ

フェーズ1および2によるスイッチング動作完了後，コイルの両端電圧が均衡するまでの間，寄生容量によるリンギングが発生する
フェーズ1でコイルに蓄えられたエネルギが，フェーズ2で出力側へ送られる．そのためフェーズ2のタイミングで出力電圧にリプルが生じる．フェーズ1の期間での出力電圧は，負荷電流による降下を続けている
A点電圧波形：5V/div
出力電圧波形：20mV/div
コイル電流波形：100mA/div
SBD：ショットキー・バリア・ダイオード
A点電圧波形
SBD順方向ON
出力電圧＋SBDのVf電圧
0V
出力電圧波形
SW1ON
リプル電圧
フェーズ2電流
コイル電流波形
フェーズ1電流

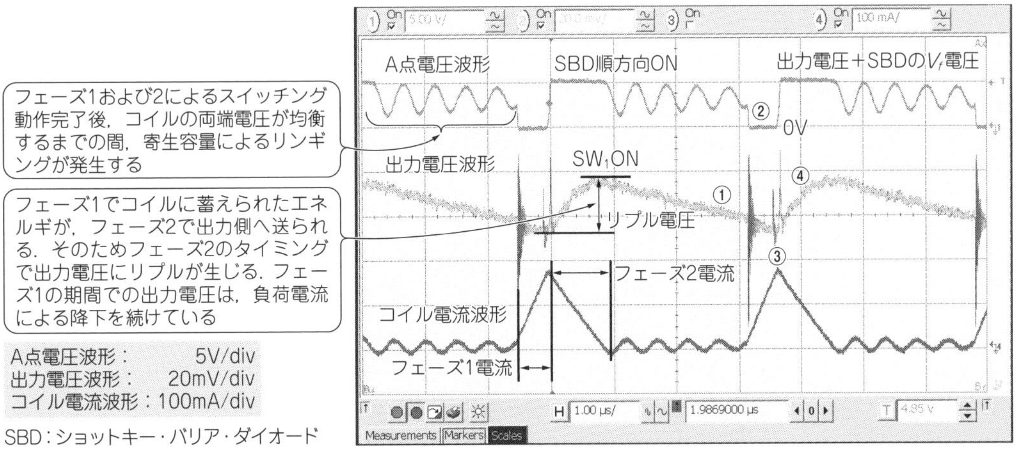

図26　昇圧型DC-DCコンバータ(XC9103シリーズ)の動作波形

①出力電圧が負荷電流により下降し，設定電圧以下になるとSW_1がONする

②SW_1がONすることでA点の電圧は0Vとなりコイルに電流が流れる(フェーズ1の電流)

③決められた時間電流が流れると，SW_1はOFFし同時にSW_2がONする．このグラフではショットキー・バリア・ダイオードがSW_2の代わりの動作を行う(フェーズ2の電流)

④フェーズ2で電流が出力側に流れることで出力電圧が上昇し，出力電圧が一定に保たれる

● 実際の回路

XC9236シリーズを使った回路例を**図27**に，XC9236シリーズの内部回路ブロックを**図28**に示します．内部には出力電圧を監視するエラー・アンプとそのエラー・アンプの基準電圧源，スイッチング周波数を決める発振回路とPWM(Pulse Width Modulation)動作を行うためのPWMコンパレータ，スイッチングを行うためのロジック回路にスイッチング・ドライバが内蔵されています．また電源IC製品として必要な，ON/OFF機能(CE機能)やUVLO(Under Voltage Look Out)機能，電流制限機能，ソフトスタート機能などが収まっています．

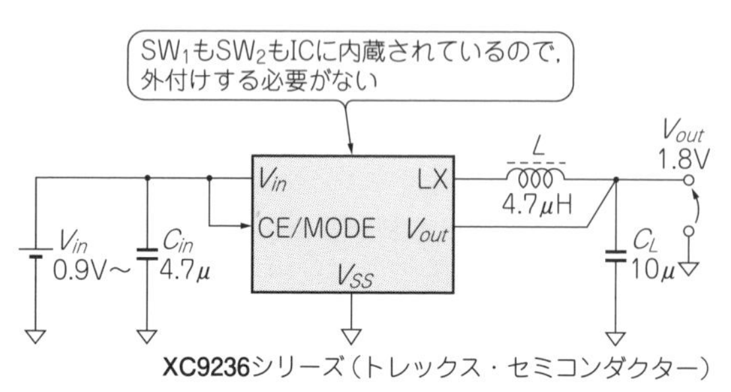

図27　実際の降圧型DC-DCコンバータ

❸ 負電圧型DC-DCコンバータ

● マイナス電圧が作れる

負電圧専用の制御ICはあまりなく，昇圧型DC-DCコンバータとセットになっているものが多いです(**図29**)．これは，マイナスの電源を単独で必要とするケースが少なく，LCDパネルやOPアンプなど負電圧を使う素子は，正電圧と負電圧のセットが必要となることが多いからです．

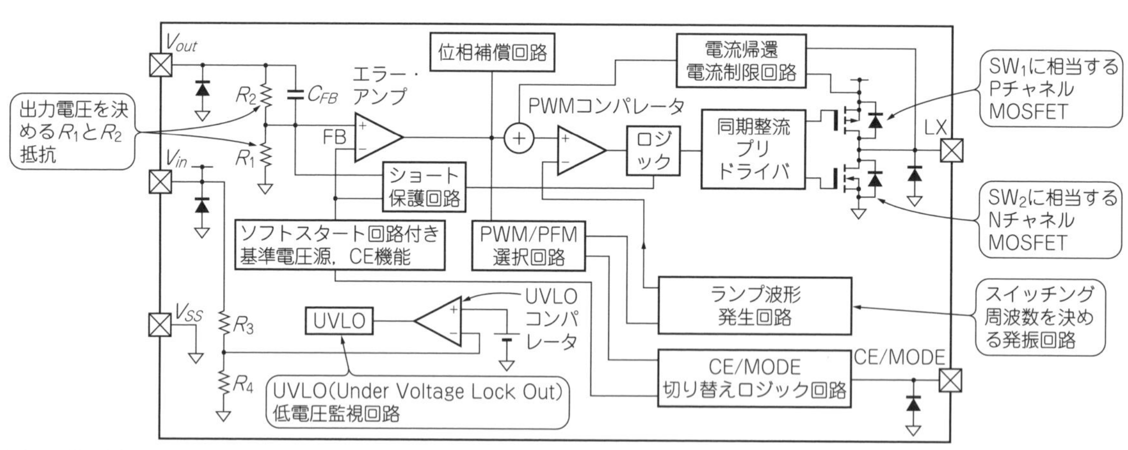

図28　降圧型DC-DCコンバータXC9236Aシリーズの内部回路ブロック

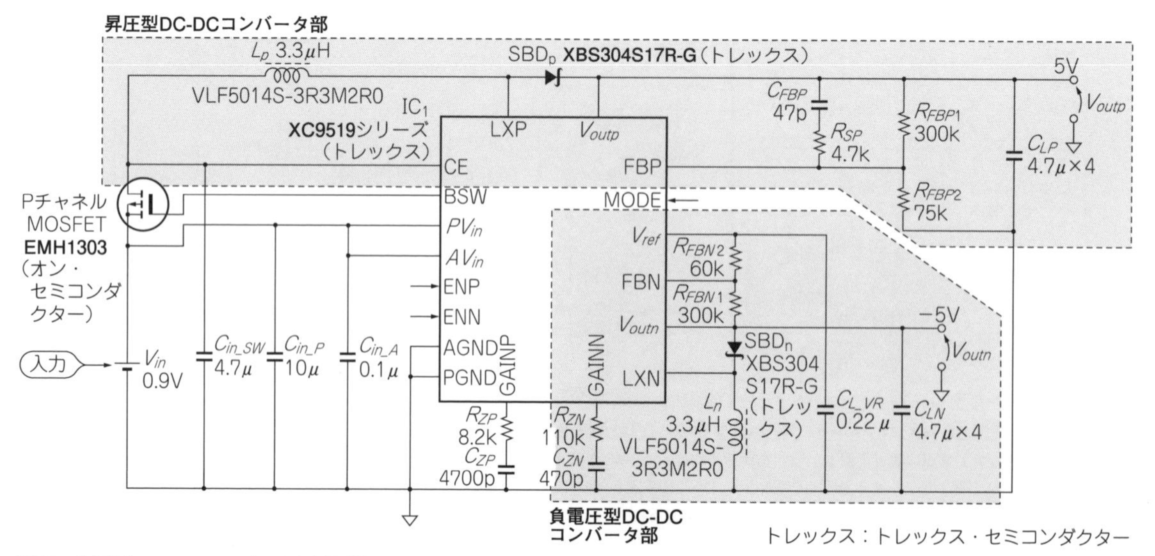

図29　負電圧DC-DCコンバータと昇圧型DC-DCコンバータで作る正負両電源回路

❹ 昇降圧型DC-DCコンバータ

● 入力電圧の変動幅が大きく，出力電圧以下から出力電圧以上になる場合に利用できる

車載機器などでは車のバッテリ変動が大きく，各ECUを安定に動作させるには必須です．電池駆動の携帯機器でも使われます．例えばリチウム・イオン電池から3.3Vを作る場合などです．電池の満充電では4V程度ありますが，使っていくうちに3.3V近辺まで電池電圧が下がり，さらに2.7Vくらいまで使うなら，昇降圧型DC-DCコンバータを選択します．

昇降圧型DC-DCコンバータの回路は，制御するICによっていくつか方法があります．昇降圧専用のDC-DCコンバータICを使用すると便利です．昇圧用のICを使う方法もあります．

● 実際の回路

図30に昇降圧専用のIC XC9303を使用した回路例を示します．フェーズ1でPチャネルMOSFETとNチャネルMOSFET Tr_1がONしコイルにエネルギが貯められ，フェーズ2でPチャネル MOSFETがOFFすると同時にNチャネルMOSFET Tr_2がONし，さらにNチャネルMOSFET Tr_1もOFFすることでコイルのエネルギが出力へと送られる回路です．スイッチング波形を利用し，NチャネルMOSFET Tr_2をON/OFFさせることで回路の簡素化を図っています．

■ トランスを使った二つの電源回路

● 一度に複数の電圧を作れる…家電製品の電源基板に向く

トランスを使用したDC-DCコンバータは，トランスに3次巻き線など複数の巻き線を持たせることで，一度に複数の電圧を作ることができます．商用電源(AC 100V)のように安定した電源が供給されている場合，この方法で12Vラインと5Vラインなどを一つの回路で作れるので，家電製品の電源基板によく使われています．ただ，トランス部分が大きくなるとトライ・アンド・エラーでのトランスの調整が必要になるので，小電力の携帯機器などではほとんど使われていません．

❺ フライバック・コンバータ

フライバック・コンバータの基本動作回路を**図31**に示します．スイッチングのフェーズ1でスイッチSW_1がONするとトランスの1次側に電流が流れ，トランスのコアが磁化されエネルギが蓄積されます．このときショットキー・バリア・ダイオード D_1には電流は流れません．

フェーズ2でスイッチSW_1がOFFすると，トランスのコアに蓄積されたエネルギが開放され，2次巻き線を通じてフェーズ1とは逆向きの電流として2次側へ流れます．その電流をコンデンサに電荷として蓄えることで，電圧へと変換されます．

❻ フォワード・コンバータ

フォワード・コンバータの基本動作回路を**図32**に示します．スイッチングのフェーズ1でスイッチSW_1がONすると，トランスを通じて1次巻き線の電流が2次巻き線へと伝えられます．2次巻線からショットキー・バリア・ダイオード D_1を通じてコイルに電流が流れ，コイルにエネルギが蓄積されると同時に出力側へ流れ，コンデンサに電荷として蓄えられることで電圧へと変換されます．

フェーズ2でスイッチSW_1がOFFされてもコイルに蓄えられたエネルギはショットキー・バリア・ダイオード D_2を通ってコンデンサより電流として供給され続けます．

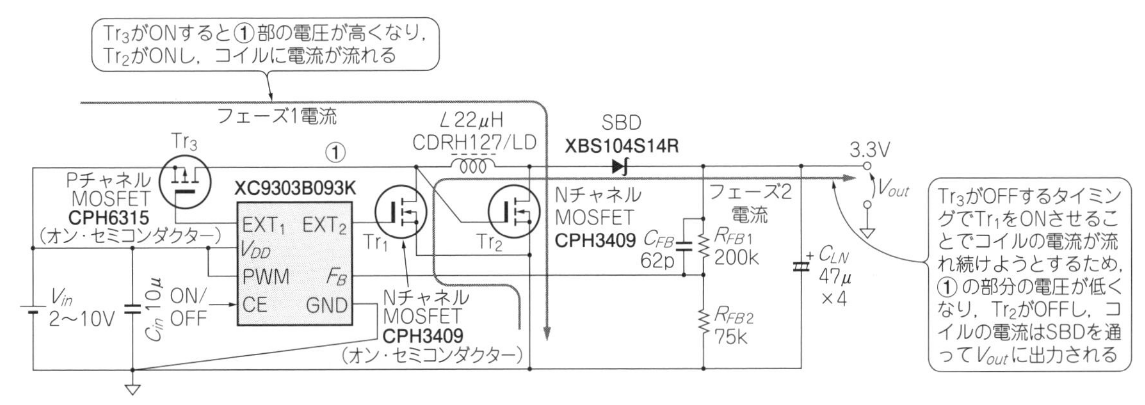

図30 実際の昇降圧型DC-DCコンバータ
昇降圧型DC-DCコンバータでは，入力電圧と出力電圧の電圧関係の「高い」「低い」に関係なく，コイルに流れる電流の性質を利用することで出力にエネルギを送る動作となる

■ スイッチとコンデンサを使った電源回路

● 低ノイズだが出力電圧の精度が低い

チャージ・ポンプは，インダクタンスを使用した回路と比較すると，出力電流が小さいので，大電流を必要とする用途では不向きです．小型小電力の機器でノイズを発生させたくない場合に適しています．例えば，小型LCDパネルのバイアス電源としてなどです．ただ，レギュレーション機能がない回路構成で使用すると，入力電圧の変動で出力電圧が変動してしまいますし，ダイオードの順方向電圧分の誤差が生じるので，高精度の出力電圧を必要とする場合は一工夫が必要です．

❼ チャージ・ポンプ回路

●「N倍電圧」と「N倍負電圧」が作れる

図23に示す基本的な回路は，クロック出力とダイオード，コンデンサで構成できます．出力電圧はダイオードの順方向電圧V_F分だけ降下した電圧になります．N段のチャージ・ポンプを重ねてN倍の電圧を作る場合，出力電圧V_{out}は下記の式のようになります．

$$V_{out}(N) = NV_{in} - 2(N-1)V_F \cdots\cdots\cdots\cdots\cdots (11)$$

● 実際の回路

チャージ・ポンプ回路に安定した電圧を出力させることは，入力電源に安定化電源を使用すると，ある程度可能になります．**図34**では，昇圧型DC-DCコンバータXC9105D092MR-Gの出力電圧とスイッチング波形をダイオード・チャージ・ポンプで利用し，3倍昇圧電圧と－2倍負電圧を作成した回路になります．これの特性を**図35**に示します．

入力電圧2.4～3 Vでマイコン用3.3 VとTFTLCDパネルなどで必要なバイアス電圧を一つのICで供給できます．

▶小型LCDパネルやアンプ回路のバイアス電源に使う

専用の電源制御ICを利用すれば，チャージ・ポンプ回路でも入力電圧変動の影響を受けない安定化電源を作れます．**図36**に示すXC9801/02シリーズでは，チ

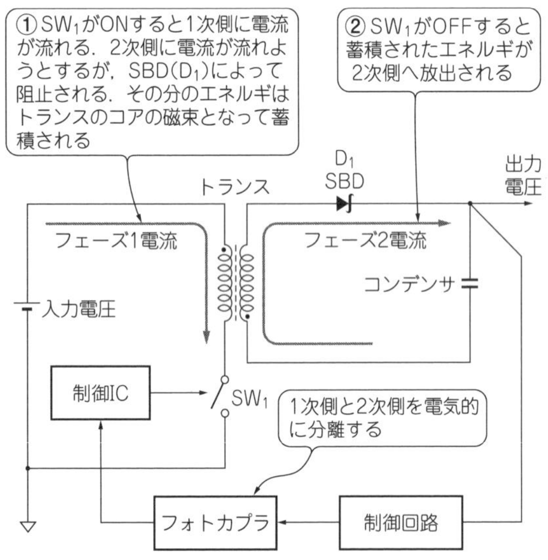

図31 フライバック・コンバータ基本動作回路
昇圧型DC-DCコンバータの動作によく似ている

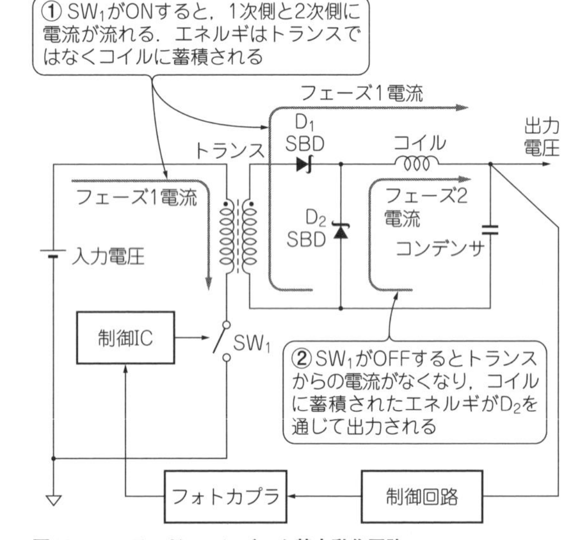

図32 フォワード・コンバータ基本動作回路
降圧型DC-DCコンバータの動作によく似ている

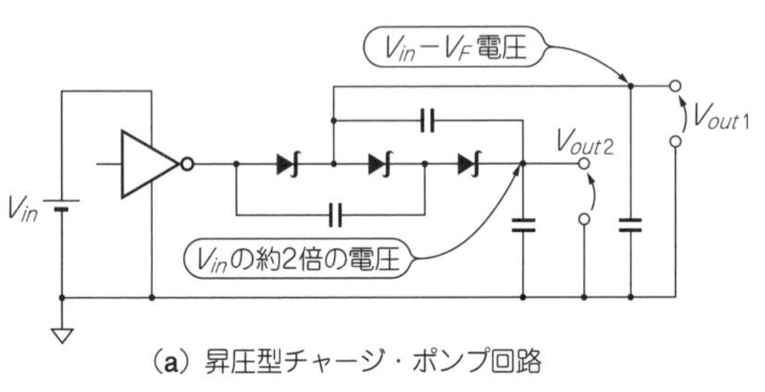

(a) 昇圧型チャージ・ポンプ回路

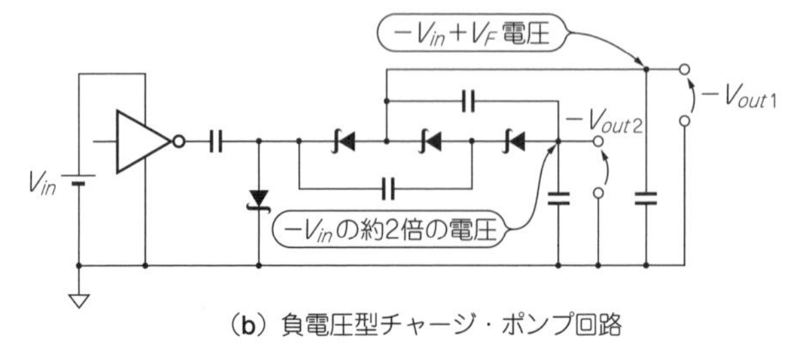

(b) 負電圧型チャージ・ポンプ回路

図33 チャージ・ポンプ基本回路例

電子回路の天敵！ノイズのマメ知識　Column 4

DC-DCコンバータが発生する主なノイズに，**図H**に示すリプル・ノイズとスパイク・ノイズがあります．

リプル・ノイズは，コイルに蓄えられたエネルギがコンデンサC_Lに移る時，その直流電流とコンデンサC_LのESR(直列等価抵抗)成分によって発生するノイズです．スイッチング周波数と同じタイミングで発生し，スイッチング電流の大きさとコンデンサの種類によってその大きさが異なります．セラミック・コンデンサなどESRの小さなコンデンサを使用するとリプル・ノイズを減らせます．スパイク・ノイズは，スイッチングの切り替わりに発生する数十MHzの高周波ノイズで，ドライブ・トランジスタがターン・オンとターン・オフを急峻に行うことが起因しています．

これらの高周波ノイズを低減するには，フィルタ回路やビーズを挿入すると効果的ですが，効率の低下にも繋がってしまいます(**図I**)．〈前川 貴〉

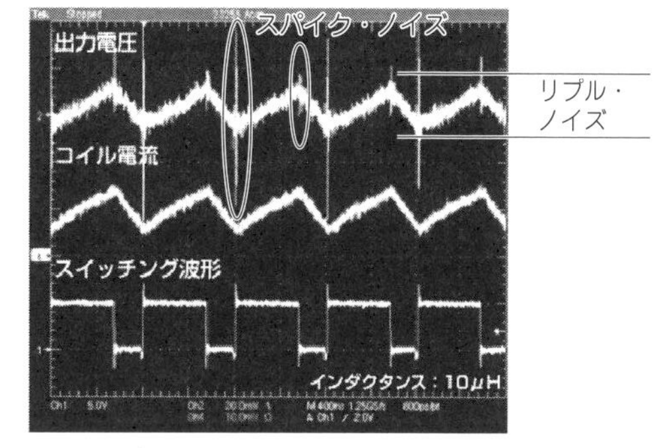

図H　リプル・ノイズとスパイク・ノイズ

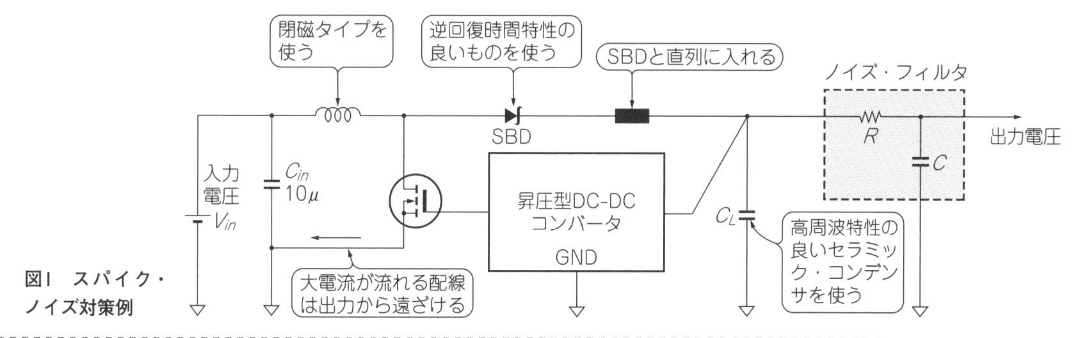

図I　スパイク・ノイズ対策例

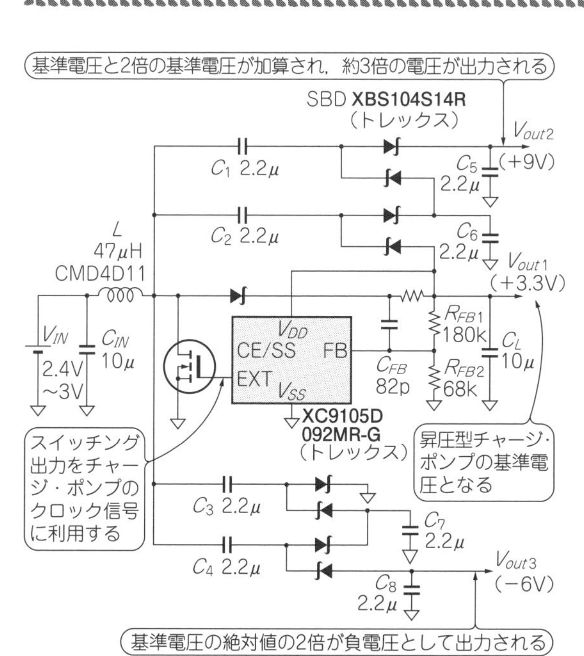

図34　3倍昇圧と－2倍負電圧を生成する多出力電源

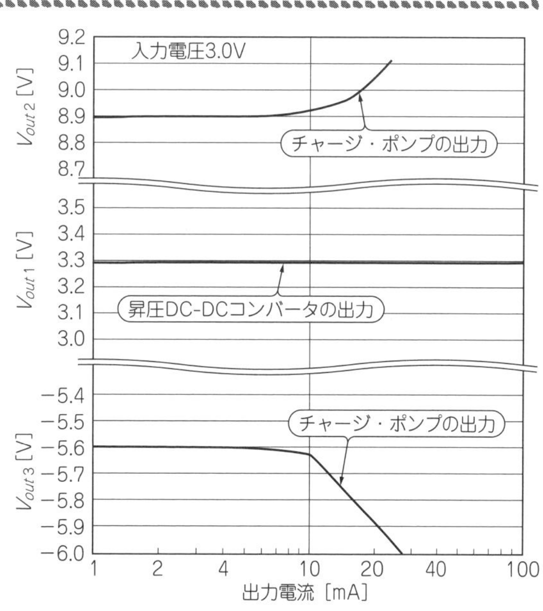

図35　図34の出力電流に対する出力電圧

チャージ・ポンプでの出力電圧は，ショットキー・バリア・ダイオードのV_F分，電圧降下を起こす

3 絵とき！電源回路

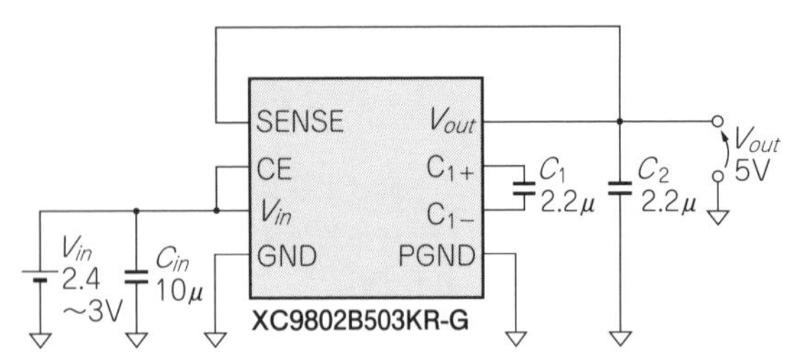

図36　実際のチャージ・ポンプ回路

ャージ・ポンプで昇圧し，任意の電圧を作れる回路になっています．この制御ICは，スイッチングにMOSFETを内蔵しているので，外付け部品はセラミック・コンデンサ3個だけです．

SENSE端子で出力電圧を監視し，出力電圧の安定化制御を行っています．この端子をGNDに接続すれば2倍昇圧チャージ・ポンプとしても利用できます．

◆参考文献◆

(1) トレックス・セミコンダクター㈱ 製品データシート．
(2) トレックス・セミコンダクター㈱ TIP(テクニカル インフォメーション ペーパー) No.00006「スパイクノイズの評価と低減方法」．
(3) Design Wave Magazine No.19「SEPICの基本原理」，CQ出版社．

〈前川 貴〉

（初出：「トランジスタ技術」2013年5月号）

昇圧型コンバータICで作る昇降圧電源「SEPIC回路」　Column 5

昇降圧動作が必要な場合に使うフライバック回路やフォワード回路では，トランスを必要とするためどうしても回路の小型化が困難になります．

一般的なSEPIC(Single-Ended Primary Inductance Converter)回路はフライバック回路にコンデンサとコイルを追加した形ですが，トランスの代替としてコイルだけを使っても動作できます．昇圧型DC-DCコンバータのXC9119シリーズを用いて，コイルを使用した**図J**のSEPIC回路を動作させてみます．波形を**図K**に回路の効率を**図L**に示します．

SEPIC回路に使用するコンデンサC_sには，入力電圧と出力電圧の合計電位差が加わります．極性のないセラミック・コンデンサを使い，耐圧が高めのものを選びます．

〈前川 貴〉

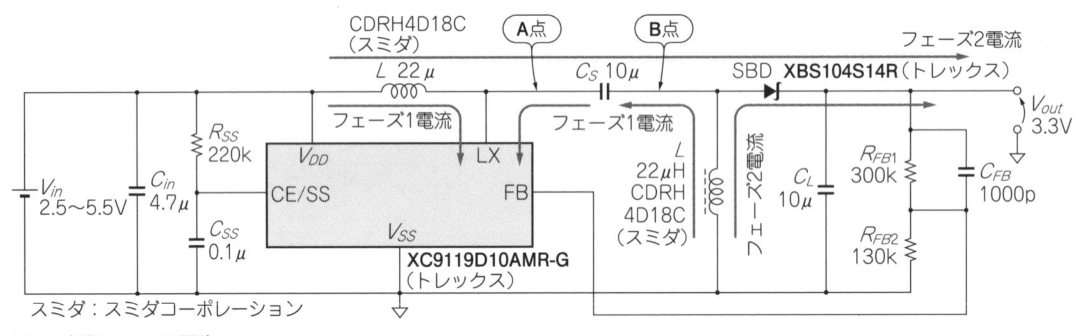

図J　実際のSEPIC回路

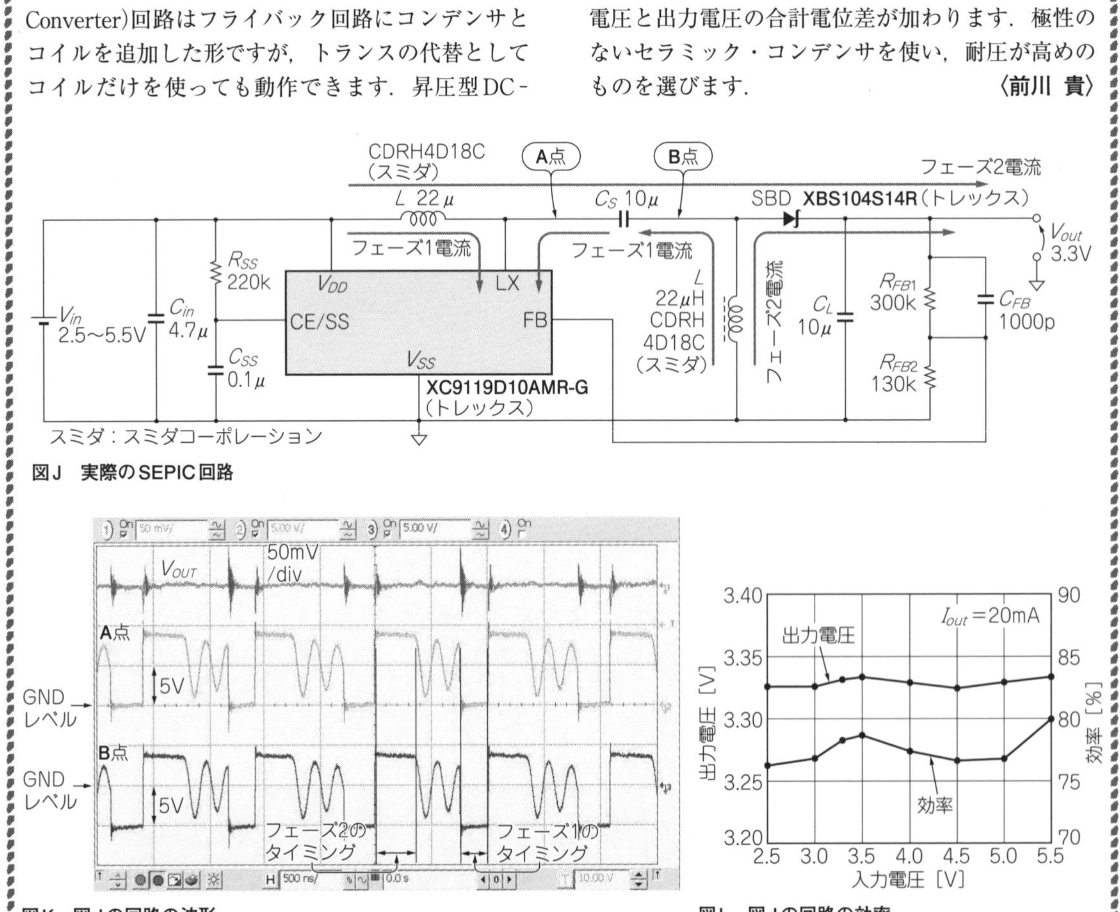

図K　図Jの回路の波形

図L　図Jの回路の効率

3-7 単電源から両電源を作る方法

真ん中にグラウンドを作れば正負電圧を供給できる

図36　真ん中にグラウンドを作れば(建てれば)，正負電圧を供給できる

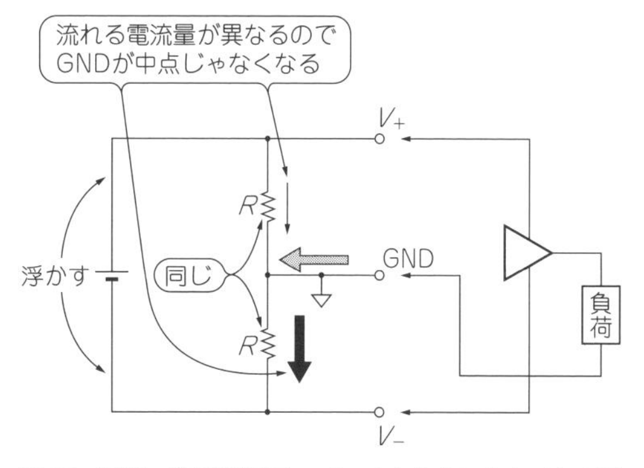

図37　原理：単電源電圧V_{in}の1/2を安定に出力できる回路があれば，±1/2 V_{in}を出力する両電源として使える
原理は簡単だが，負荷電流が増えると，グラウンドが中点ではなくなる

AC 100 Vで動作する装置では，±5 V，±12 Vなどの両電源で動作するICがあります．しかし，電池で動作する装置では，+3 V，+4.5 Vなどの1種類の電源で動作しています．このような装置では，電池が出力する電圧を2分割して中間の電圧を作り，この中間電圧を回路の基準電圧，つまりグラウンドとして利用しています．この中間電位(仮想グラウンド)にはさまざま回路が消費する電流が流れ込みますから，このラインのインピーダンスが十分に低くないと，大切な回路の基準が変動することになり，性能は望めなくなります．

● 安定なグラウンドを作るには

電子回路はグラウンドがなければ動きません．グラウンドとは，回路の動作基準のことです．0 Vの点とは限りません．2.5 Vを回路の動作基準に指定したならば，2.5 Vがその回路のグラウンド(仮想グラウンドと呼ぶ)です．

仮想グラウンドは，**図37**のように2本の抵抗で簡単に作ることができます．実際には，負荷電流がこの仮想グラウンドに流れ込むと，分割抵抗に電流が流れて，仮想グラウンドの電位が信号に合わせてゆらゆらと揺れてしまいます．抵抗値を小さくすれば，負荷電流の影響を小さくできますが，無信号時に分割抵抗に電流が流れて，無駄な電流を消費する不経済な回路になります．

この問題を解決するには，**図38**に示すように，分割点と中点出力の間にゲイン1倍のバッファ・アンプを追加します．バッファ・アンプは出力インピーダンスがとても低いため，仮想グラウンドが変動しにくくなります．

● 実際の回路

ベテランの方は「そんなにうまくいくわけないやろ」とおっしゃるかと思いますが，ハイその通りです．

OPアンプを使ったバッファ・アンプの出力インピーダンスは高域では高くなるので，周波数の高い信号電流が仮想グラウンドに流れると電位が変動します．この変動を抑えるには，コンデンサを追加して高域のインピーダンスも下げます．周波数の高い信号はコンデンサを通じて0 Vラインに流れ出していきます．

しかし，このコンデンサがクセモノで，OPアンプを発振させます．

実際には出力回路を**図39**のようにします．この回路は位相の遅れを小さく抑えます．中点に流れ込む電流のうち，周波数の高い成分はコンデンサでバイパスされ，周波数の低い信号電流はOPアンプが吸収します．より大きな電流が流れても安定したグラウンドを構成するためには，**図39(b)**のようになトランジスタを追加します．

● 電源をフローティングにすれば安心

前述の仮想グラウンドをもつ装置をほかの機器，例えば測定器などつなぐときは，互いのグラウンドの電

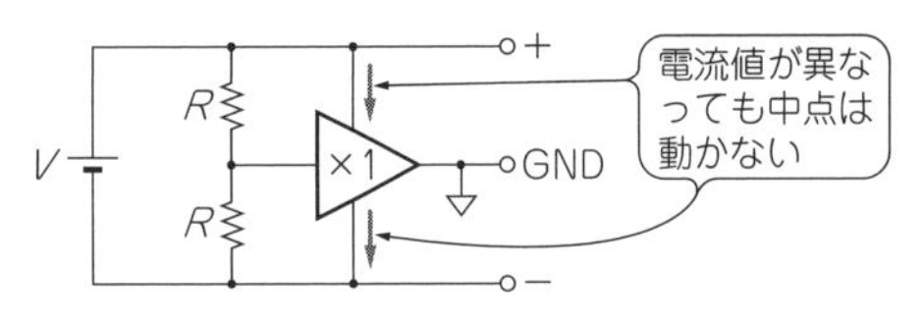

(a) バッファを追加する

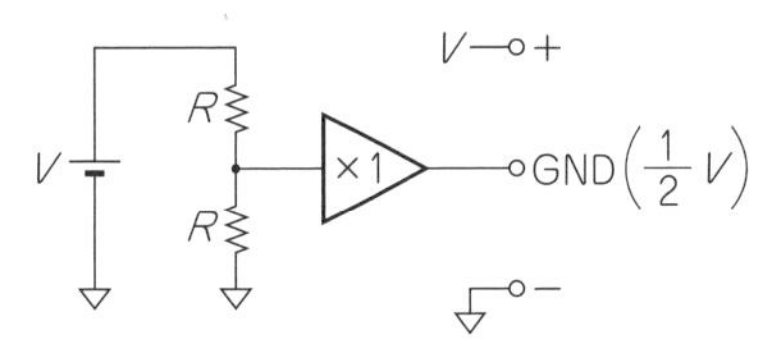

(b) こう描くと何のことはない1/2Vを出力するだけとわかる

図38　負荷電流が変わっても電位が変わらないようにバッファを入れる

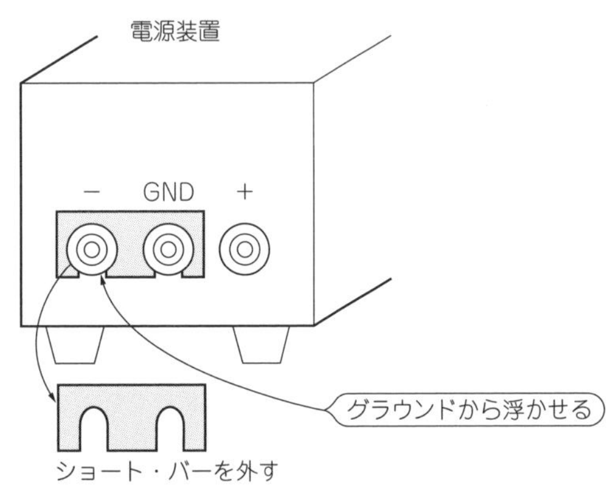

図40　電源は必ず浮かせて使うべし

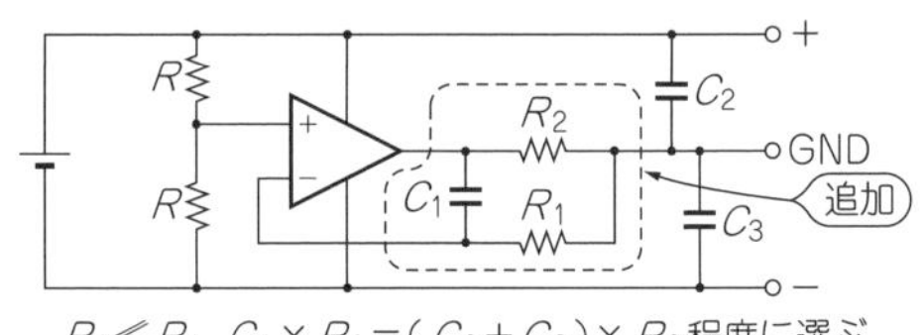

$R_2 \ll R_1$, $C_1 \times R_1 = (C_2 + C_3) \times R_2$ 程度に選ぶ

(a) 構成

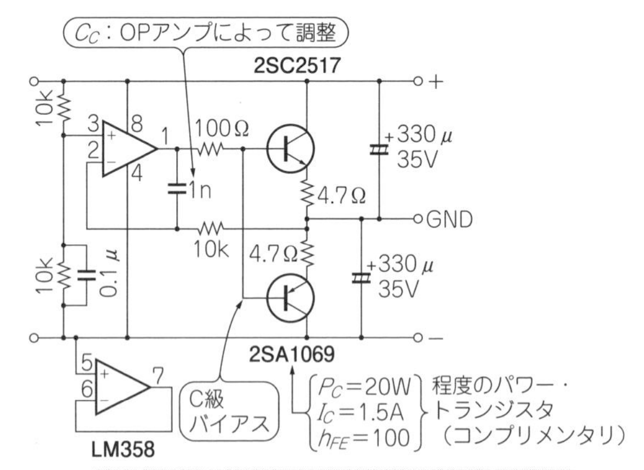

(b) 実際の回路

図39　OPアンプが発振しないように対策した回路
OPアンプとC_3を直結すると危ない！ R_1とR_2で離しつつ，特に高周波が遅れないようにC_1でバイパスする

位が異なるため，安易に接続すると，グラウンドどうしがショートして大電流が流れ，回路が破壊される可能性があります．グラウンド側の端子がケースにしっかり接続されている場合は，この仮想グラウンド回路は使わないほうがよいです．

ただし，電池や**図40**のようにグラウンドを浮かせて(フローティングで)使うことを前提にしている電源装置なら問題ありません．

〈佐藤　尚一〉

(初出：「トランジスタ技術」2012年4月号)

起動時の仮想グラウンドの電圧はわからない　Column 6

複数の電源を必要とするICにはその立ち上げ順序を規定したものもあります．

ICの構造上，不要な素子(寄生素子)ができてしまうのですが，電源の立ち上げ順序を間違うと，それがONして短絡してしまうことがあるからです．このICの動作では本来意図されていない短絡をラッチアップといいます．

筆者の経験では，意図してもラッチアップが起こらない場合がほとんどでしたが，気にする場合は最低でもトラッキング・レギュレータを使う必要があります．これは，＋/−電源の場合，どちらか一方の電圧を反転制御してもう一方の出力電圧にするものです．

仮想グラウンド回路は一つの電源から中点電圧を作る回路なので，正常動作時のトラッキングの点では有利です．

ただし，仮想グラウンド回路自体の電源立ち上がり時に出力(＝仮想グラウンド)の電圧がどのような挙動を示すかまでは評価していません．

〈佐藤　尚一〉

装置の心臓部！どんな部品も良いエネルギ供給源があってこそ　Column 7

● 電源回路は普通の電子回路と何が違うの？

テレビ，パソコン，スマートホンなどの身近な製品には，必ずトランジスタやIC(Integrated Circuit)などの半導体を使った電子回路が作り込まれています．

そして，これらの半導体が動いて初めて，インターネットやメールなどの今どきのアプリケーション・ソフトウェアを利用できます．

テレビのフロントパネルにある電源スイッチをONすると，半導体に電源が供給されて動き出します．半導体が動くためには，＋5 V，3.3 Vといったお決まりの電圧を加える必要があります．このとき，半導体が消費する電流が「一定」で，

たとえば1 Aなら，1 Aを出力したときに＋3.3 V一定の電源を用意すればよいのですが，半導体の消費電流は，常に大きくなったり小さくなったりします．

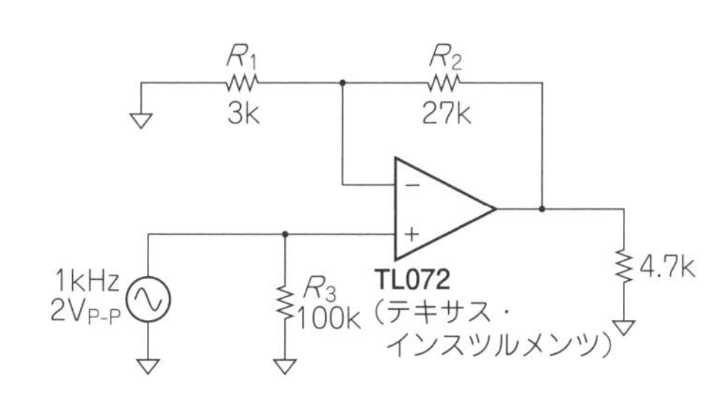

図M　よくある非反転アンプの回路図
電源は示されないことが多い．このまま電源をつながないと，この回路は動きません…

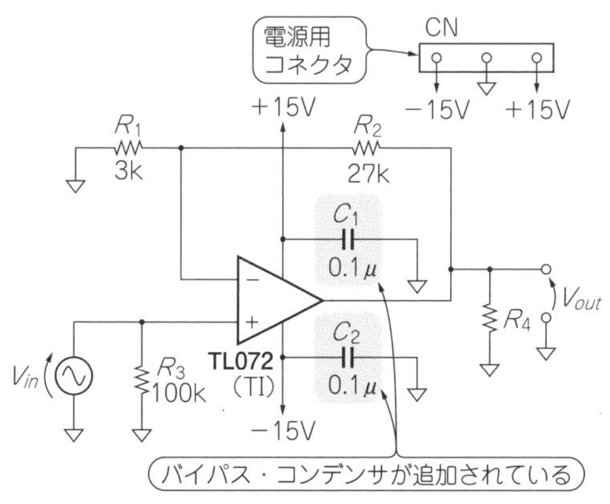

(a) 回路図

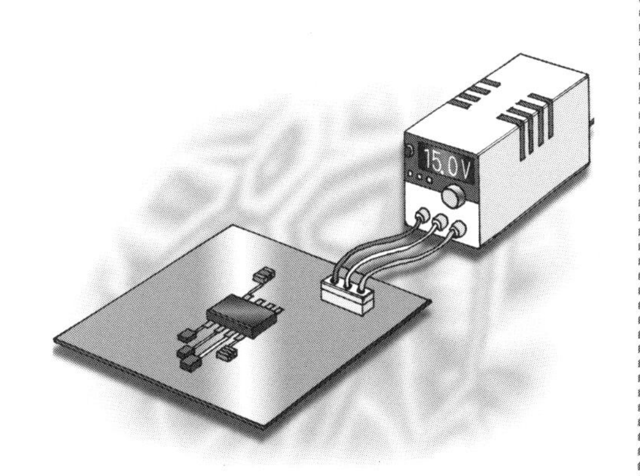

(b) 実際に組み上げたようす

図N　図Mの回路の完成度を上げて，実際に動くようにした回路図

半導体の消費電流(＝電源の出力電流)が変化すると，電源はその影響を受けます．半導体が動作するためには一定の電圧(3.3 Vや5 V)をキープしなければなりません．

出力電流が変化しても出力電圧が一定で，安定した電圧を半導体に供給できる回路，それが「電源」です．

● 忘れてない？ 教科書には載ってなかった電源回路

図Mは，OPアンプを使用した増幅回路です．この回路は非反転アンプで，ゲインを与える式を次に示します．

$$G = \frac{R_1 + R_2}{R_1} = \frac{3\,\mathrm{k\Omega} + 27\,\mathrm{k\Omega}}{3\,\mathrm{k\Omega}} = 10倍 \cdots (\mathrm{A})$$

式(A)に**図M**の定数を入れると，10倍のアンプだとわかります．

しかし，**図M**の通りに接続したのでは絶対に動作しません．電源部分が抜けています．一般的なOPアンプ回路は，電源部を回路図に記載しない，あるいは別途に回路図に書くことが一般的なため，記載されていないのです．**図N**に，実際に動作可能な回路図と実装イメージ図を示します．電源とグラウンドに接続されたコンデンサC_1，C_2(一般にバイパス・コンデンサ，デカップリング・コンデンサと呼ぶ)が追加されています．

〈瀬川 毅〉

第4章　信号の形が崩れないようにパワーを与える
絵とき！ OP アンプ増幅回路

4-1 OPアンプを使った3大基本増幅回路

たった2本の抵抗でゲインを自在に設定！
テコの原理で棒の長さと支点の位置をイメージする

図1　OPアンプは小さな信号を大きな信号に増幅する
小さな音を大きくしたり，小さなセンサの電気信号を大きくしたりすることが簡単にできる

● 2本の抵抗の比でゲイン(増幅率)を設定できる

アナログICといえばOPアンプです．**図2(a)**に示すように，OPアンプ(operational amplifier)が今でもアナログ回路の基軸部品として広く使われる最大の理由は，ゲイン(gain)の設定が抵抗2本でできるアンプを作りやすいからです．どの程度容易か10倍のアンプの事例として**図2(b)**，**(c)**を用意しました．**図2(b)**，**(c)**の抵抗R_1，R_2の2本で，ピッタリ10倍のアンプができます．

OPアンプの基本的な使い方は2種類です．反転アンプ(inverting amplifier)と非反転アンプ(non-inverting amplifier)です．

①反転アンプ

図3(a)の反転増幅回路は，入力電圧とは極性を反転した電圧が出力されます．入力電圧がプラスならば出力電圧はマイナスが，入力電圧がプラスならば出力電圧はマイナスが出力されます．

入力電圧V_{in}と出力電圧V_{out}の関係は，抵抗R_i，R_fだけで決まり，非常にシンプルです．

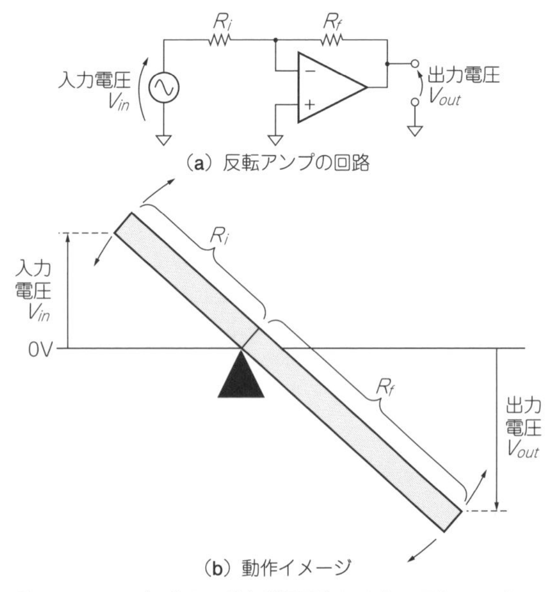

図3　OPアンプで作れる基本増幅回路タイプ1…反転アンプ
入力インピーダンスがR_iで決められる

$$V_{out} = -\frac{R_f}{R_i} V_{in} \quad \cdots\cdots (1)$$

● 反転アンプの基本動作…長さが違うシーソー

反転アンプの動作を**図3(b)**に示します．抵抗値に換算すると棒の長さ$R_i + R_f$のテコが用意されていて，テコの棒の長さR_iの位置に支点があり，その支点を0Vとして固定されているイメージです．ちょうど公園にあるシーソーのようになっています．

今，入力電圧V_{in}分だけテコの一方を持ち上げると，

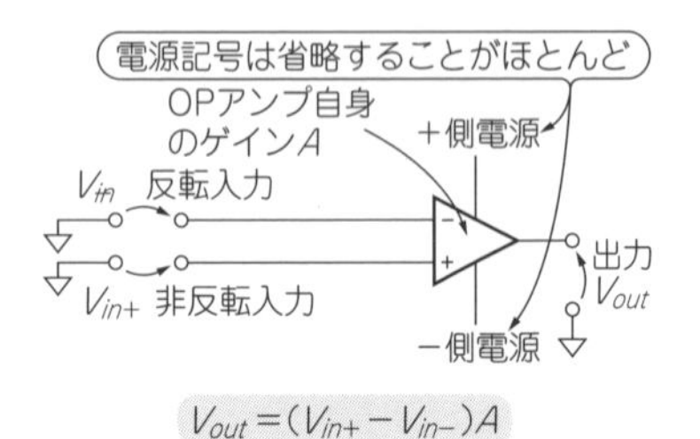

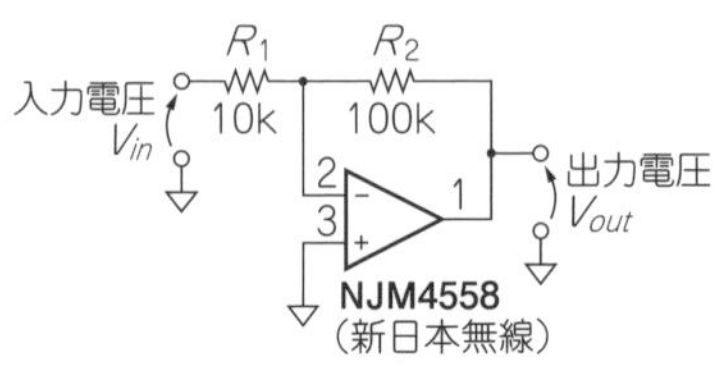

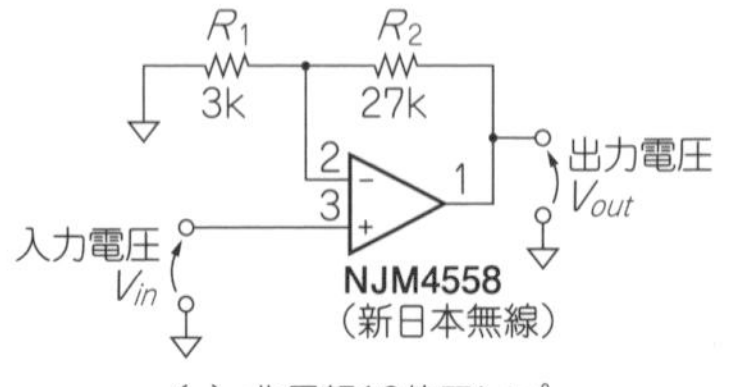

図2　OPアンプ増幅回路の基本…抵抗たった2本でゲインを決められる

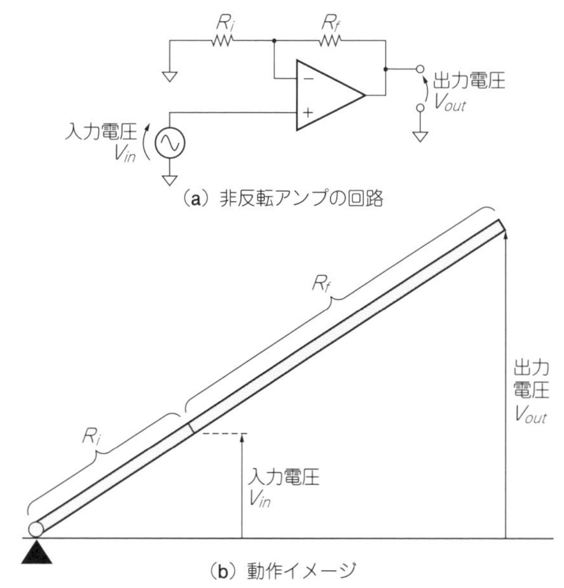

図4　OPアンプで作れる基本増幅回路タイプ2…非反転アンプ
入力インピーダンスが非常に高いので，信号源の出力インピーダンスが少々高くてもOK

出力は極性が反転し，式(1)に従う電圧が出てきます．頭の中でシーソーに乗った気分になり，出力電圧が変わるようすを想像してください．ポイントはテコの棒の長さの比率です，つまり抵抗R_iとR_fの比率でゲインが決まります．

▶入力インピーダンスをR_iで決められる

反転アンプの特徴は一般に次の三つです．

1. 入力インピーダンスがR_iで決まる
2. 電流入力，電圧出力のアンプが構成できる
3. 基準点がグラウンド

反転アンプの場合，入力インピーダンスがR_iで決まるので，信号源のインピーダンスZ_iが高い場合は，

$$R_i \gg Z_i \cdots\cdots (2)$$

の条件で使うか，非反転アンプの採用をお勧めします．

②非反転アンプ

非反転アンプの基本形を図4(a)に示します．非反転アンプというぐらいですから，入力電圧と出力電圧の極性は反転せず，極性は同じです．

入力電圧V_{in}と出力電圧V_{out}の関係は，やはり抵抗R_iとR_fだけで決まり，次のように表すことができます．

$$V_{out} = \frac{R_i + R_f}{R_i} V_{in} \cdots\cdots (3)$$

非反転とは，反転の否定で日本語としてどうなのか疑問も生じますが，ここでは英語訳でそう呼ばれていることにしてください．

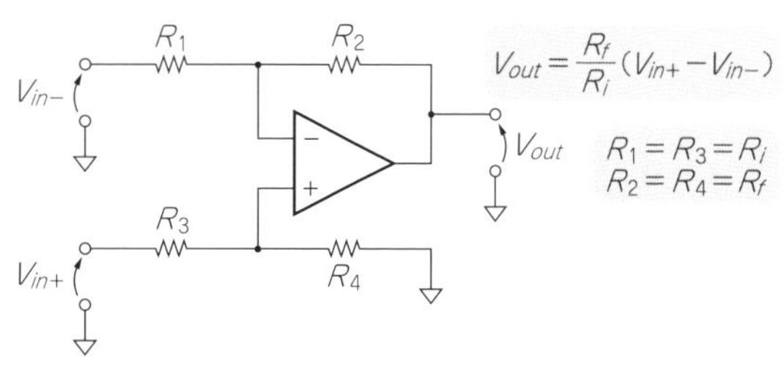

図5　OPアンプで作れる基本増幅回路タイプ3…差動アンプ
コモン・モード・ノイズを取り除ける

● 非反転アンプの基本動作…テコの原理をイメージ

非反転アンプが動作するようすも図4(b)のようにテコで説明できます，棒の長さ$R_i + R_f$のテコを用意します．今度はテコの棒の先端を支点として0Vに固定してあります．

入力電圧V_{in}分だけテコを持ち上げてみると，出力電圧V_{out}は入力電圧V_{in}に対して$(R_i + R_f)/R_i$だけ大きな電圧になります．$(R_i + R_f)/R_i$はテコ棒の長さの比率そのものです．極性が入力と同じで，式(3)に従う電圧が出力されます．頭の中でテコを動かして出力電圧が変わるようすを想像してください．

ポイントは，非反転アンプでも，テコの棒の長さの比率です，抵抗R_iとR_fの比率で，ゲインが決まります．

▶信号源の出力インピーダンスが少々高くてもOK

非反転アンプは，入力インピーダンスが非常に高く，信号源のインピーダンスが少々高い場合も増幅度が変わることなく増幅できます．

③差動アンプ

OPアンプ増幅回路として，反転アンプ，非反転アンプ以外にもう一つ挙げます，図5の差動アンプ(differential amplifier)です．この回路の特徴は二つの電圧の差分を増幅できます．次式で表されるゲインで増幅できる回路です．

$$V_{out} = \frac{R_f}{R_i}(V_{in+} - V_{in-}) \cdots\cdots (4)$$

この用途は，コモン・モードの影響を排除などに使われます．差動アンプを格好良く動作させるポイントは，OPアンプ自体のゲインAの大きさ，特に周波数特性が高い周波数まであることと，使用する抵抗R_f，R_iがピッタリとそろっていることです．

〈瀬川 毅〉

（初出：「トランジスタ技術」2013年6月号）

4-2 OPアンプの重要特性 その1…ゲインA

いつも抵抗2本だけでゲインを決められる理由

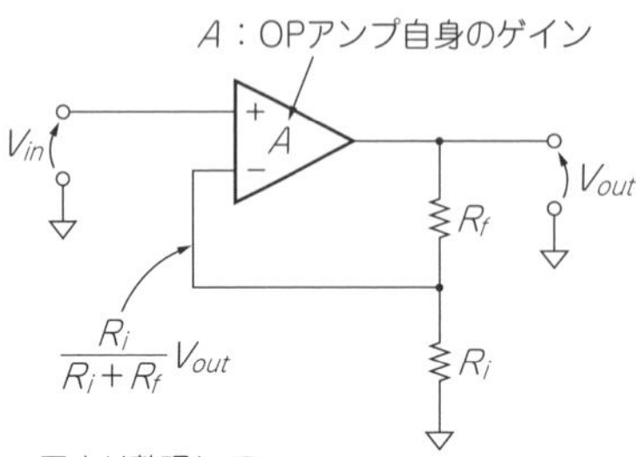

図より整理して，

$$V_{out}=\left(V_{in}-\frac{R_i}{R_i+R_f}V_{out}\right)A$$

$$=V_{in}A-\frac{R_i}{R_i+R_f}V_{out}A$$

$$V_{out}+\frac{R_i}{R_i+R_f}AV_{out}=V_{in}A$$

$$\therefore\left(1+\frac{R_i}{R_i+R_f}A\right)V_{out}=V_{in}A$$

$$\therefore V_{out}=\frac{A}{1+\frac{R_i}{R_i+R_f}A}V_{in}$$

この式の分子，分母をAで割ると，

$$V_{out}=\frac{1}{\frac{1}{A}+\frac{R_i}{R_i+R_f}}V_{in}$$

$A\gg$ならば$\frac{1}{A}=0$とみなし，

$$V_{out}=\frac{1}{\frac{R_i}{R_i+R_f}}V_{in}=\frac{R_i+R_f}{R_i}V_{in}$$

図6 OPアンプ自体のゲインAが十分に大きければ，R_iとR_fだけで増幅回路のゲインを決められる

● OPアンプがなぜ抵抗2本でゲインを決められるのか

OPアンプはなぜ，このように抵抗R_i，R_fの比率で簡単にゲインが決まるのか，あまり解説されていないので説明しておきます．

もう一度**図2**をご覧ください．実はOPアンプの動作は，抵抗R_i，R_fの比率にはまったく無関係です．ただ，反転入力端子−の電圧V_{in-}と非反転入力端子+の電圧V_{in+}の差の電圧$(V_{in+}-V_{in-})$をOPアンプ自体のゲインAで増幅しているに過ぎません．つまりOPアンプの出力電圧V_{out}は，反転アンプ，非反転アンプに無関係に次式で表されます．

$$V_{out}=(V_{in+}-V_{in-})A \quad\cdots\cdots(5)$$

この関係を，非反転アンプを理解しやすいように書き換えたのが**図6**です．**図6**の反転端子の電圧はV_{in}，非反転入力端子の電圧は出力電圧V_{out}を抵抗R_f，R_iで分割しているので$V_{out}R_i/(R_i+R_f)$となります．

この条件を式(4)に代入して整理すると次のようになります．

$$V_{out}=\left(V_{in}-\frac{R_i}{R_i+R_f}V_{out}\right)A$$

$$V_{out}=V_{in}A-\frac{R_i}{R_i+R_f}V_{out}A$$

$$V_{out}+\frac{R_i}{R_i+R_f}V_{out}A=V_{in}A$$

$$\left(1+\frac{R_i}{R_i+R_f}A\right)V_{out}=V_{in}A$$

$$V_{out}=\frac{A}{1+\frac{R_i}{R_i+R_f}A}V_{in} \quad\cdots\cdots(6)$$

ここからが面白いところです．式(6)の右辺の分子，分母をOPアンプ自体のゲインAで割ってみましょう．すると，式(7)になります．

$$V_{out}=\frac{1}{\frac{1}{A}+\frac{R_i}{R_i+R_f}}V_{in} \quad\cdots\cdots(7)$$

ここで条件とOPアンプ自体のゲインAが，非常に大きく$1/A=0$とみなせるとしましょう．すると，式(7)は簡単になって式(8)となり，非反転増幅回路のゲインを表す式(3)と同じになります．

$$V_{out}=\frac{R_i+R_f}{R_i}V_{in} \quad\cdots\cdots(8)$$

つまり，OPアンプの動作は．反転アンプ，非反転アンプに無関係に，

（非反転入力－反転入力）×A倍の信号を出力

しているだけなのです．

このために反転アンプ，非反転アンプにかかわらず，抵抗R_iとR_fの比率によってのみ，ゲインが決まるという素晴らしい特性が実現できるのです．

● OPアンプの使用範囲

OPアンプ自体のゲインA[注1]が非常に大きく$1/A=0$とみなせる，という条件が満たされないとき，OPアンプ増幅回路は期待していない動作になります．

このことを確認するには，**図7**のようなOPアンプ自体のゲインAをOPアンプ・メーカ各社のデータシ

使える！ 整数倍のゲインをもつOPアンプ増幅回路　Column 1

OPアンプ回路では抵抗R_fとR_iでゲインが決まります．そこでJIS E24系統で設計した，便利に使える整数倍のゲインをもつ回路を**図A**に挙げておきました．

表Aや**表B**のように抵抗R_f，R_iを組み合わせて任意のゲインを作る作業は楽しいですね．

〈瀬川 毅〉

表A　反転アンプのゲインが整数倍になる抵抗値の組み合わせ

ゲイン＼抵抗	R_i［Ω］	R_f［Ω］
－1倍	10k	10k
－2倍	10k	20k
－3倍	10k	30k
－4倍	30k	120k
－5倍	20k	100k
－6倍	20k	120k
－7倍	13k	91k
－8倍	15k	120k
－9倍	20k	180k
－10倍	10k	100k

表B　非反転アンプのゲインが整数倍になる抵抗値の組み合わせ

ゲイン＼抵抗	R_i［Ω］	R_f［Ω］
1倍	なし	短絡
2倍	10k	10k
3倍	10k	20k
4倍	10k	30k
5倍	30k	120k
6倍	20k	100k
7倍	20k	120k
8倍	13k	91k
9倍	15k	120k
10倍	20k	180k

R_i 10k　R_f 10k　V_{in}　V_{out}　TL072（テキサス・インスツルメンツ）　－1倍
TL072　1倍

（a）ゲイン1倍回路

R_i 10k　R_f 20k　TL072　－2倍
R_i 10k　R_f 10k　TL072　2倍

（b）ゲイン2倍回路

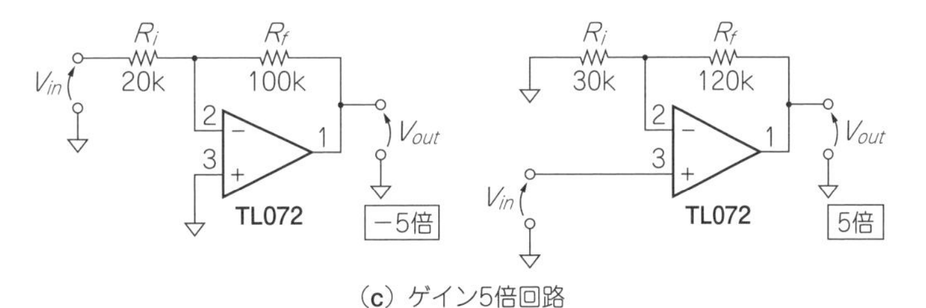

（c）ゲイン5倍回路

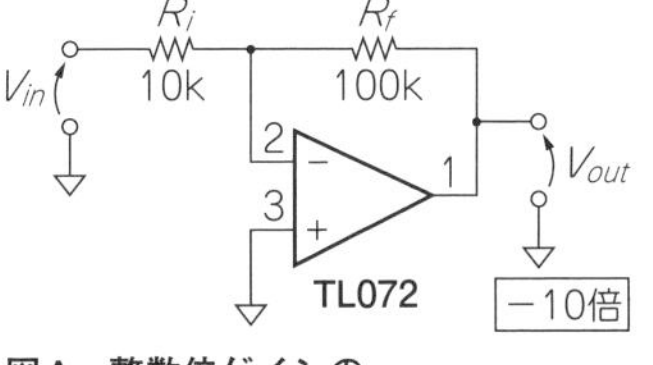

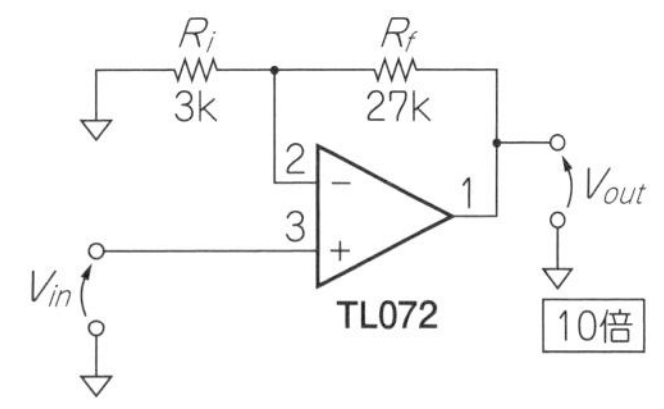

（d）ゲイン10倍回路

図A　整数倍ゲインのOPアンプ増幅回路

ートで調べなければなりません．

図7のOPアンプ TL072（テキサス・インスツルメンツ）で10倍の増幅回路で使った場合を例にゲインの誤差要因を説明します．

▶ゲインAが高いDC付近の誤差要因…R_fとR_iの誤差

DC付近でOPアンプ自体のゲインAは，100 dB以上と非常に高くなっています．この付近の周波数域では，設計したOPアンプ増幅回路のゲインの誤差は，OPアンプ自体のゲインAではなく，抵抗R_f，R_iに依存します．誤差0.5％以下の高精度の金属皮膜抵抗は，こうした用途に使ってこそ，その真価を発揮するのです．

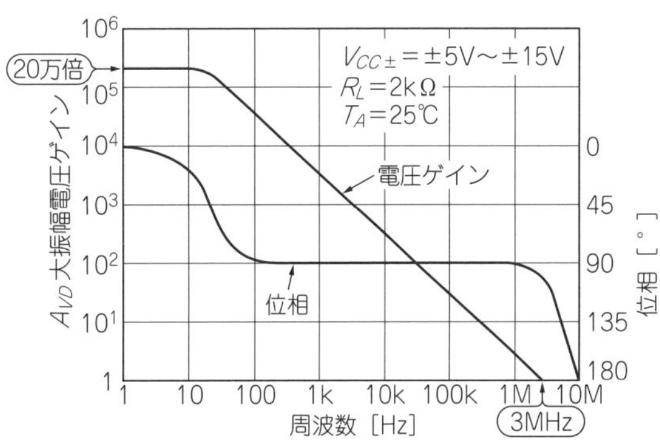

図7　周波数が高くなるとOPアンプ自体のゲインAが低くなる
TL072（テキサス・インスツルメンツ）のデータシートより

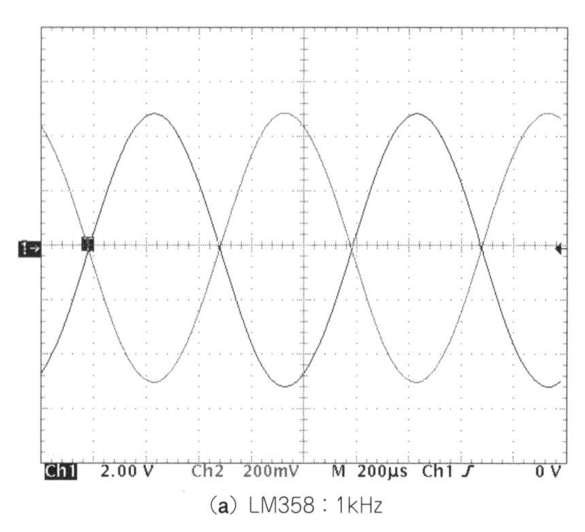

(a) LM358：1kHz

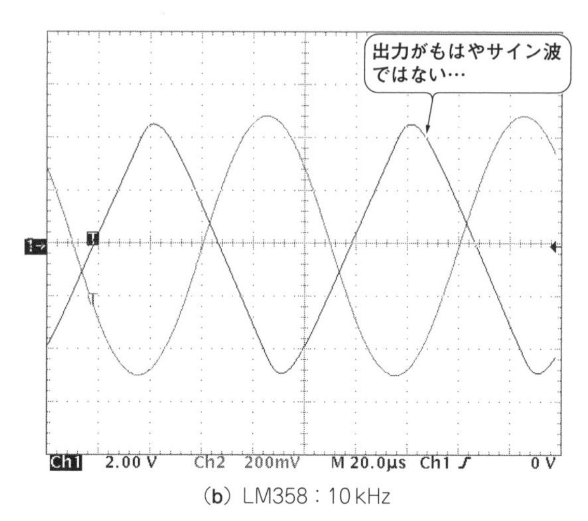

(b) LM358：10kHz

図8　ゲインが0 dBになる周波数が0.7 MHzのLM358で作った10倍アンプは10 kHzの増幅が厳しい

▶10 kHz以上での誤差要因…ゲインAの周波数特性

10 kHz以上でゲインの誤差が目立ってきます．これは，抵抗R_f，R_iが原因の誤差ではありません．

図7では30 kHz近辺でゲインA = 100倍となっています．周波数がこれ以上高くなって，ゲインAが低くなると，ゲインAが十分に大きいとはいえなくなってきます．

図7で注目してほしいのは，DC付近のゲインとゲインが0 dB(＝1倍)となる周波数です．特にゲインが0 dB周波数の高さは，OPアンプの広帯域性能，高速性能を決めています．**図7**では3 MHz程度です．

書きにくいのですが，OPアンプの価格は，性能の高さ，つまりゲインが0 dB周波数の高さが占める部分がとても大きいのです．

● ゲインの0 dB周波数の違いを実験で確認！

OPアンプ自体のゲインが0 dB(＝1倍)となる周波数の違いによって特性に違いがあるのか，10倍のアンプで実験して波形を比べてみました．違いがわかるように意図的にOPアンプを変えています．

▶OPアンプ　その1：単電源タイプの定番！ LM358…ゲインの0 dB周波数0.7 MHz

OPアンプ自身のゲインが0 dB(＝1倍)となる周波数が0.7 MHzのLM358(テキサス・インスツルメンツ)は，単電源で動作する低消費電流の定番OPアンプです．

図8(a)の入力周波数1 kHzでは，まったく問題なく10倍のアンプになっています．しかし**(b)**の入力周波数10 kHzとなると波形はひずんでしまい，出力電圧も10倍とはいいにくくなっています．

Ch1 2.00 V Ch2 200mV M 20.0μs Ch1 ∫ 0 V

図9　ゲインの0 dB周波数が10 MHzのNJM5532で作った10倍アンプは10 kHzもバッチリ！

▶OPアンプ　その2：低雑音タイプの定番！ NJM5532…ゲインの0 dB周波数10 MHz

低雑音OPアンプとして定番のNJM5532(新日本無線)は，OPアンプ自体のゲインが0 dB(＝1倍)となる周波数が10 MHzです．

NJM5532を**図8(b)**と同じ条件，入力周波数10 kHzで実験したのが**図9**です．

OPアンプ自身のゲインが0 dBとなる周波数が10 MHzと十分高いので，10 kHzでもちゃんと10倍のアンプとして動作しています．

〈瀬川 毅〉

(初出：「トランジスタ技術」2013年6月号)

注1：OPアンプ自体のゲインと書きましたが，半導体メーカ各社で用語名が微妙に異なるようです．いくつか挙げましょう，電圧ゲイン，GBW(gain band width)，unity gain band width，differential gainなどなど．この辺は慣れるしかないでしょう．

4-3 OPアンプの重要特性 その2…オフセット電圧

温度による性能ばらつきを小さくする

● ゲインが大きい増幅回路で特に気をつけたい…オフセット電圧

OPアンプで特に重要な特性を挙げます．

図10のオフセット電圧です．OPアンプの反転入力端子－と非反転入力端子＋を共にグラウンドに接続すると，理想的ならば出力電圧は0Vです．

理想的ならばと書いたのは，現実はそうならないからです．

入力電圧を0Vとしても，OPアンプの自体のDCゲインAが20万倍(＝120 dB)もあると，どうがんばってもDCの出力電圧V_{out}が発生してしまいます．DC出力電圧V_{out}＝0Vでないと，理想的ではありません．この理想的ではない出力電圧V_{out}を入力換算した値が，オフセット電圧V_{offset}です．

$$V_{offset} = \frac{V_{out}}{A} \quad \cdots\cdots (9)$$

図10の回路で，出力電圧がV_{out}＝10Vだった場合，OPアンプの自体のDCゲインAが20万倍ならば，オフセット電圧V_{offset}は50 μVになります．

$$V_{offset} = \frac{V_{out}}{A} = \frac{10}{2 \times 10^5} = 50\ \mu\mathrm{V} \quad \cdots\cdots (10)$$

オフセット電圧V_{offset}は，DCから増幅する用途で，ゲインを100倍など大きくとるとその影響が出てきます．

つまり出力電圧V_{out}に，抵抗誤差以外の誤差が生じてしまいます．

高抵抗を使うときはFET入力のOPアンプがよい　Column 2

● OPアンプの重要特性その3…バイアス電流

もう一つ，注意が必要なOPアンプの特性を挙げます，**図B**のバイアス電流I_Bです．バイアス電流は，OPアンプの反転入力端子(－)や非反転入力端子(＋)に流れる電流です．OPアンプ入力回路の構成により，次の3タイプがあります．

1. OPアンプに流れ込む方向特性をもつタイプ
2. OPアンプから流れ出る方向の特性をもつタイプ
3. OPアンプに流れ込んだり，流れ出たりと双方向の特性をもつタイプ

バイアス電流I_Bが問題となる用途は，高抵抗Rを使う場合です．この場合は，バイアス電流が少ないFET入力型のOPアンプを推薦します．

● バイアス電流が一番気になるのは差動アンプ

バイアス電流が一番気になる用途は，**図B**の高抵抗を使った差動アンプです．

OPアンプの反転入力端子(－)に流れるバイアス電流I_{B1}と，非反転入力端子(＋)に流れるバイアス電流I_{B2}が同じ補償は何一つありません．バイアス電流と，非反転入力端子(＋)に流れるバイアス電流が異なると，見かけ上オフセット電圧が発生したように見えます．こうした用途では無理をせずインスツルメンテーション・アンプという専用ICを使うことを推薦します．

● 温度上昇に対応するのは簡単じゃない

バイアス電流が少ないはずFET入力型のOPアンプですが，温度上昇によってバイアス電流が増加することが知られています．

こうした矛盾があるときこそ，回路エンジニアの腕のふるいどころです，専門の文献には素晴らしいアイデアが詰まっていますので参照してください．

〈瀬川 毅〉

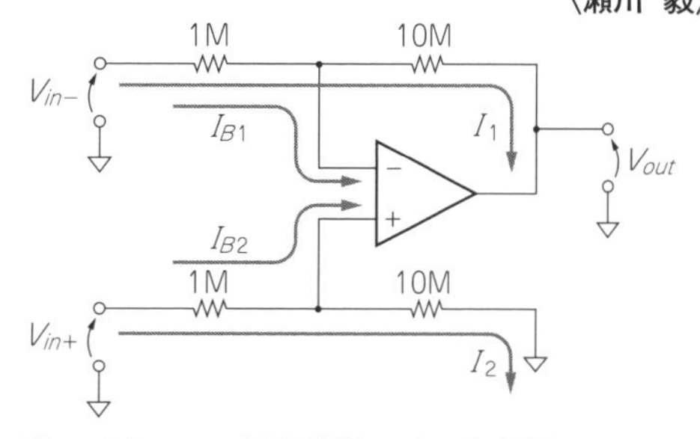

図B　もう一つの超重要特性…バイパス電流

● 温度ばらつきの原因となる…オフセット電圧の温度ドリフト

さらに困ったことにオフセット電圧V_{offset}は，温度によって変わります．つまりオフセット電圧V_{offset}は，温度特性をもつのです．

例えば**図10**の回路で温度が10℃上昇して出力電圧V_{out}が10Vから11Vになったとしましょう．10℃の温度上昇で出力電圧V_{out}が1V変化したのですね．そこで，先ほどと同様な計算をしましょう．10℃の温度上昇でオフセット電圧V_{offset}の変化は式(11)となります．

$$V_{offset} = \frac{V_{out}}{A} = \frac{1}{2\times10^5} = 5\,\mu\mathrm{V} \quad\cdots\cdots\cdots\cdots\cdots(11)$$

温度1℃当たりのオフセット電圧V_{offset}の変化は次の通りです．

$$\frac{\Delta V_{offset}}{\Delta T} = \frac{5}{10} = 0.5\,\mu\mathrm{V/℃} \quad\cdots\cdots\cdots\cdots\cdots\cdots\cdots(12)$$

こうしたオフセット電圧の温度変化を温度ドリフトと呼んでいます．

半導体メーカから高精度の名で販売されているOPアンプは，オフセット電圧や温度ドリフトを大きく低減させた特性をもっています．高DCゲインで使っても，抵抗の比率だけでゲインが決まる高精度の性能があるよ，ということです．

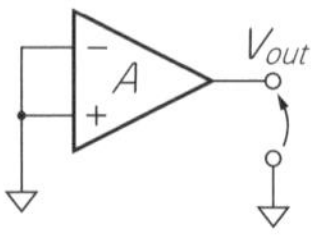

$$V_{out} = A\,V_{offset}$$
$$\therefore V_{offset} = \frac{V_{out}}{A}$$
V_{out}=10V，A=2×10^{5}なら，
$$V_{offset} = \frac{V_{out}}{A} = \frac{10}{2\times10^5} = 50\mu\mathrm{V}$$

図10　超重要特性その2…オフセット電圧
ゲインが大きい増幅回路では出力DC電圧レベルが0Vからずれやすい

▶補足…温度ドリフトが気になる用途では温度変化の小さい金属皮膜抵抗を使う

温度ドリフトが気になる用途であれば，OPアンプの特性ばかりでなくゲインを決める抵抗の温度特性である抵抗温度係数TCR(Temperature Coefficient of Resistance)にも注目すべきです．金属皮膜抵抗，とりわけ中でもTCR = ±5ppm/Kの金属皮膜抵抗は，こうした用途に使ってこそ真価を発揮します．

◆参考文献◆

(1) 岡村 迪夫；定本OPアンプ回路の設計，1990年，CQ出版社．
(2) 松井 邦彦；OPアンプ100の実践ノウハウ，1999年，CQ出版社．
(3) 黒田 徹；解析OPアンプ&トランジスタ活用，2002年，CQ出版社．
(4) 川田 章弘；OPアンプ活用成功のかぎ，2009年，CQ出版社．

〈瀬川 毅〉

(初出：「トランジスタ技術」2013年6月号)

ホントわかりにくい…OPアンプ増幅回路の書き方　Column 3

OPアンプ回路は理解した，と思っても意外な落とし穴があります．それは，回路設計者によって回路の書き方が異なるのです．そのため第三者が書いた回路を見ると，ピンとこない，まごつくといったことにもなります．そこで非反転アンプを事例に，**図C**にいくつか回路の書き方の事例を挙げました．結果からいいますと，これは慣れるしかありませんね．

〈瀬川 毅〉

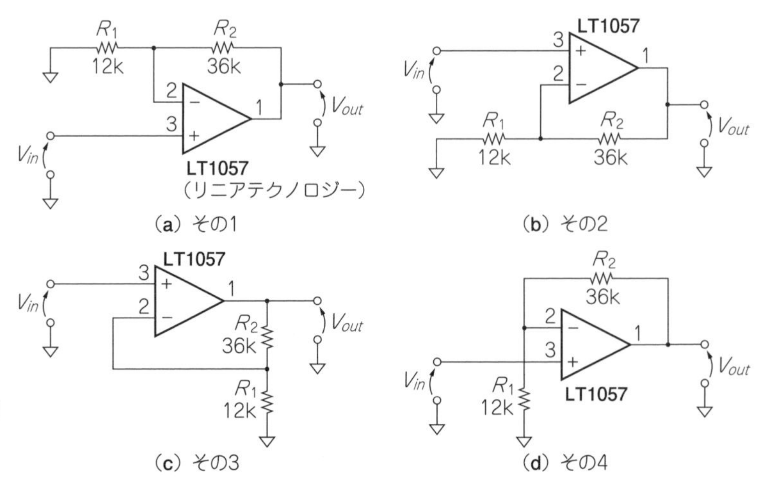

図C　全部同じ回路に見えますか？ホントにわかりにくいOPアンプ増幅回路の書き方いろいろ
慣れるしかありません

4-4 アナログICの王様「OPアンプ」の用途に合った選び方

高精度タイプから低雑音/高速タイプまで

OPアンプは,各デバイスによって特徴が異なるので,用途に合わせて選ぶ必要があります.しかし,一般の電子回路の教科書では,OPアンプによって特徴が異なる点や,用途に合わせた選び方などは解説されていません.そこで**表1**に,筆者の主観でOPアンプの特徴の違いを大きく分類してみました.

[選定1]直流~低周波の微小信号には高精度OPアンプを選ぶ

● DCから1kHz以下の微少信号を扱うには,オフセット電圧の少ない高精度OPアンプを使う

信号の電圧が10mV,20mV,100mV以下になってくると,OPアンプの選定も慎重になります.入力電圧0VのときにOPアンプの出力電圧がDCで10mV,といった現象が発生します.これはとてもわずかですがOPアンプ自身のDCの誤差です.このOPアンプ自身のDC電圧の誤差をオフセット電圧と呼びます.

オフセット電圧は,出力電圧を入力に換算した値で表現されるのが一般的です.10倍のアンプで入力電圧0V時に出力電圧10mVならば,オフセット電圧1mVという感じです.

表1 OPアンプには用途に特化した特徴的な製品がいろいろある

用途	型番(メーカ名)
汎用	TL072(テキサス・インスツルメンツ), μPC842G2(ルネサス エレクトロニクス)
高精度	LTC1050(リニアテクノロジー), NJMOP1772(新日本無線)
高速(広帯域)	AD817(アナログ・デバイセズ), LT1190(リニアテクノロジー)
低ノイズ	LT1028(リニアテクノロジー), AD797(アナログ・デバイセズ)
低バイアス電流	AD549L(アナログ・デバイセズ)
オーディオ	NJM5532(新日本無線), AD712(アナログ・デバイセズ)
単電源	NJM2119(新日本無線), μPC358G2(ルネサス エレクトロニクス)
レール・ツー・レール	NJM8532(新日本無線), AD822(アナログ・デバイセズ)

■ データシートの表記例:高精度OPアンプ「NJMOP1772」の低オフセット低ドリフトな性能

- **高精度**:V_{IO} = 最大値60μV,V_{IO} = 最大値100μV(T_A = -40~+85℃)
- **低温度ドリフト**:$\Delta V_{IO}/\Delta T$ = 最大値1.2μV/℃(T_A = -40~+85℃)

増幅すべき信号が20mVに対してオフセット電圧が1mVもあると,その分誤差を含みます.さらに困ったことにこのオフセット電圧は,温度によって変化(温度ドリフトと呼ぶ)します.それでDCから1kHz以下の微小信号を扱うには,オフセット電圧もその温度ドリフトも少ない高精度OPアンプと呼ばれているOPアンプをおすすめします.

[選定2]CPUでは補正しにくい温度ドリフトの小さいOPアンプを選ぶ

図11に高精度OPアンプの優れた低オフセット電圧,低ドリフトの性能を示します.

現代の電子機器は,CPUなどを使いますから,オフセット電圧やゲインのばらつきは,ソフトウェアで補正できます.ですからオフセット電圧があっても温度ドリフトが少ないOPアンプが好ましく,抵抗も精度よりも温度によるゲインの変動が少なくなるような金属皮膜抵抗が適していると考えています.

[選定3]広い周波数帯域,高速応答が必要なら高速OPアンプを選ぶ

OPアンプの用途もなかには1MHzを超える信号を扱ったり,パルスなどで急峻な立ち上がりが必要だったりする場合も増えてきました.そうした用途に向けて,高速アンプが販売されています.

高速アンプの定義は曖昧ですが,OPアンプ自体のゲインGBW(ジービー積と呼ぶ)が50MHzを超えると高速OPアンプと呼んでもよいと思います.

GBWの話をしたので,**図12**に汎用OPアンプ

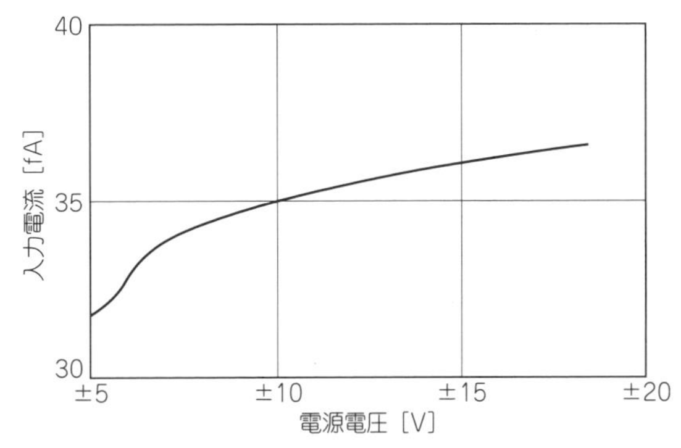

図11 低バイアスOPアンプの入力電流特性
縦軸の単位fAに注目!

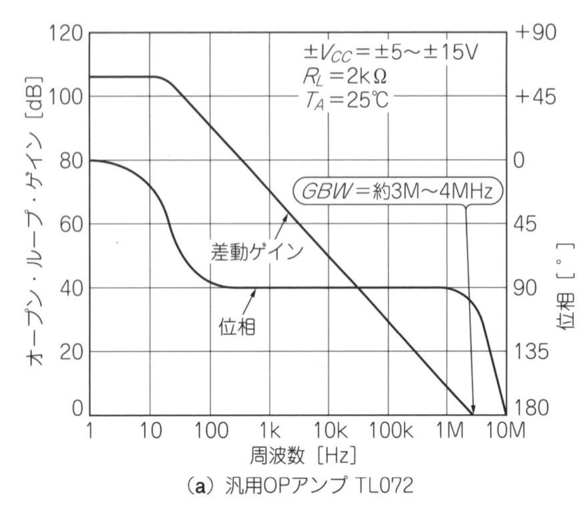

(a) 汎用OPアンプ TL072

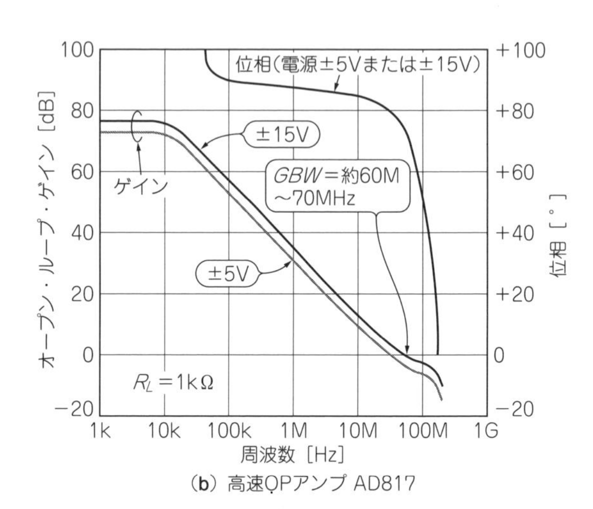

(b) 高速OPアンプ AD817

図12 高速OPアンプはGBWが汎用OPアンプより大きい

TL072 [**図12(a)**] と高速OPアンプAD817 [**図12(b)**] のGBWの特性を示します．**図12**でゲインが0 dBとなる周波数に注目してください．GBWとはこの周波数を示しています．TL072とAD817ではGBWに10倍近い違いがあります．

今度は周波数から時間軸へ話題を変えます．先にパルスの急峻な立ち上がりと書きましたが，このパルスの立ち上がりがOPアンプ自体で制限されては好ましくありません．そこでOPアンプの最速立ち上がり(立ち下がりでもOK)をスルーレート(slew rate)と呼びます．1 μsの間に上昇する電圧と定義され，単位は [V/μs] としてデータシートに書かれています．このスルーレートとGBWは密接な関係があり，GBWが高いとスルーレートも大きいのです．**図12**で例にあげたTL072のスルーレートは13 V/μsですが，AD817ではなんと350 V/μsもあります．高速OPアンプの意味がハッキリと分かる数字です．

● 高速OPアンプにはチップ部品がいい！ グラウンドも広く

高速OPアンプを使うときには，高い周波数を扱うのですから，グラウンドのパターンを幅広くしてバイパス・コンデンサ(bypass capacitor)もしっかりとOPアンプの端子の根本に実装しましょう．抵抗もリード線のタイプより小さな形状の1608などのチップ型が適しています．製品化はパッケージが小さいSMD (Surface Mount Device)のほうが適しています．

[選定4] センサなどの微小信号には低ノイズOPアンプを選ぶ

用途は少ないのですが，センサなどの微小な信号をアンプする場合は，ときにOPアンプ自身のノイズも気になることもあります．そのときは躊躇(ちゅうちょ)せず低ノイズのOPアンプをおすすめします．入力電圧が100 mV程度までは汎用OPアンプで十分ですが，100 μVにもなるときは低ノイズOPアンプを使いましょう．現実の低ノイズOPアンプはどの程度のノイズなのかを**図13**に示します．入力側に換算したノイズが1 kHzで，なんと1 nV/$\sqrt{\text{Hz}}$以下と素晴らしい特性です．

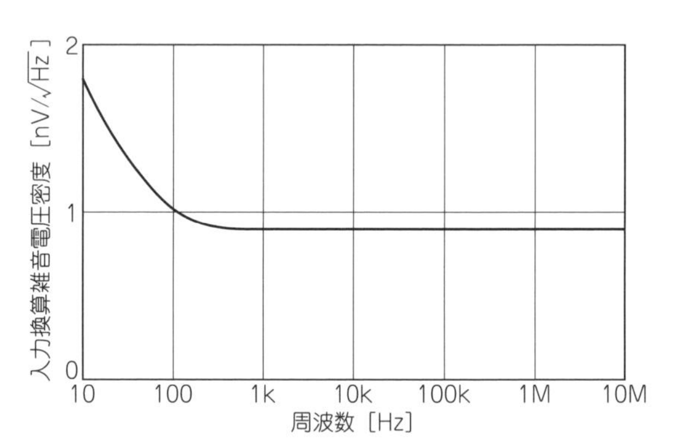

図13 低ノイズOPアンプAD797入力に換算したノイズ

● 低雑音OPアンプを使うときは抵抗の熱雑音 ($\propto\sqrt{R}$) に配慮する

低ノイズOPアンプを使うような場合は，OPアンプだけでなく抵抗自体が発生するノイズも気になります．つまり抵抗がノイズ源になるのです．抵抗のノイズ電圧V_N [V_{RMS}] は次式で表されます．

$$V_N=\sqrt{4kTRB} \quad \cdots\cdots (13)$$

ここで，

k：ボルツマン定数 [J/K]，T：絶対温度 [K(ケルビン)]，R：抵抗値 [Ω]，B：帯域幅 [Hz]

この式のルーツは熱力学にあり抵抗内部の電子のラ

ンダムな動き(ブラウン運動)が，外から見るとノイズに見えるという奥が深い話です．式(13)は熱雑音，またはこの現象を発見したベル研究所のジョン・バートランド・ジョンソン(John Bertrand Johnson)とハリー・ナイキスト(Harry Nyquist)の名前からジョンソン・ナイキスト・ノイズ(Johnson-Nyquist noise)と呼ばれます．エンジニアの立場から絶対温度$T = 288$ (= 15℃)と計算を簡略化すれば，式(13)は，

$$V_N\ [\mu V_{RMS}] = 0.126\sqrt{R[k\Omega]B[kHz]} \quad \cdots\cdots (14)$$

になります．

式(14)より低ノイズのOPアンプを使うときは，できる限り低い値の抵抗を使います．具体的には，フィードバックの抵抗は1 kΩ程度が目安になります．

● 低ノイズOPアンプにはリニア電源! 浮遊容量対策もしっかり

低ノイズのOPアンプは，高速OPアンプ同様グラウンドのパターンを幅広くして他からのノイズが入らないようにします．バイパス・コンデンサもしっかりとOPアンプの端子の根本に実装しましょう．

プリント基板のパターン間で生じるキャパシタンス成分(ストレ・キャパシティ：stray capacity)によってノイズが混入するとOPアンプの性能を生かせません．パターンの配線ごとにグラウンドを入れて，その影響を低減させましょう．

微小信号を扱うのですから，OPアンプの電源としてノイズが発生するスイッチング方式のDC-DCコンバータは使えません．必ずリニア電源，さらにその中でも低ノイズなタイプを使用しましょう．電源電流も汎用OPアンプより多く10 mA以上流れます．さらに信号によって出力電圧が大きく振れると，さらに電源電流は流れます．複数の低ノイズOPアンプを使う場合には，リニア電源の電源電流にも注意が必要です．

[選定5]単電源だけで動作させたいときは単電源用のOPアンプを選ぶ

電子機器全体の都合でプラス・マイナスの電源が用意できない場合も多いです．そこで電源がプラスだけの単電源で動作するタイプもあります．もちろん汎用OPアンプも単電源で動作できるのですが，動作できる電圧範囲が狭いのが難点です．単電源で使用する場合は，以下に登場するレール・ツー・レール型OPアンプを含めてその条件で動作することを前提に設計されたOPアンプを使うことをおすすめします．

[選定6]電源電圧が高くないときはレール・ツー・レールOPアンプ

近年，半導体デバイスの電源電圧が低下し，それにつれてOPアンプも低い電源電圧で動作させる必要も出てきました．とはいえ入力するアナログ信号の大きさは大きな変化はありません．

そこで電源電圧いっぱいに入力できるOPアンプ，電源電圧に近い電圧が出力できるOPアンプが登場しています．レール・ツー・レール(rail to rail)と呼ばれています．

レール・ツー・レールのOPアンプは，汎用OPアンプと同じようにとっても使いやすいです．注意点だけ書き留めましょう．

● 使用上の注意

▶その1：出力電圧は電源電圧より50 mVから100 mV程度低い

いくらレール・ツー・レールといっても，完全に電源電圧まで出力電圧が振れるわけではありません．振れ幅はデバイスによっても異なりますが，電源電圧より50 m～100 mV程度低いと認識しておくとトラブルは少ないように思います．

▶その2：電源電圧のばらつきがOPアンプの振幅に影響を及ぼす

レール・ツー・レールですから，電源電圧付近までOPアンプの出力電圧は振れます．ですがここで電源電圧がばらつくと，出力電圧までばらつくことになります．

対策は電源電圧のばらつきが少ない電源を選ぶか，電源電圧のばらつき分だけ出力電圧に余裕をみた設計にするかです．後者は何のためにレール・ツー・レールにしたのか設計していて悲しくなりますが，それでも十分メリットがあると思います．

▶その3：OPアンプの出力のインピーダンスが大きい

レール・ツー・レールのOPアンプは内部回路の構成上出力インピーダンスが大きいことがあげられます．この特徴は普通何ら問題をおこしませんが，容量性負荷が接続されると発振しやすい可能性があります．そのため現実の製品が，OPアンプとして発振を防ぐためにGBWが低く抑えられているのは少々残念です．

▶その4：3通りのデバイスが販売されている

入力電圧が電源電圧付近まで入力可能な入力レール・ツー・レール型，出力電圧が電源電圧近くまで振れる出力レール・ツー・レール型，入力出力がレール・ツー・レール型の3通りのデバイスが販売されています．

◆参考文献◆

(1) TL072データシート，SLOS080L，テキサス・インスツルメンツ．
(2) AD817データシート，REV. B，アナログ・デバイセズ．

〈瀬川 毅〉

(初出：「トランジスタ技術」2015年5月号)

第5章　必要な周波数成分を取り出したり，取り除いたり
絵とき！ フィルタ回路

5-1 一番シンプルでよく使う！ RCフィルタの性質
信号に周波数というふるいをかける回路

(a) コーヒのフィルタ

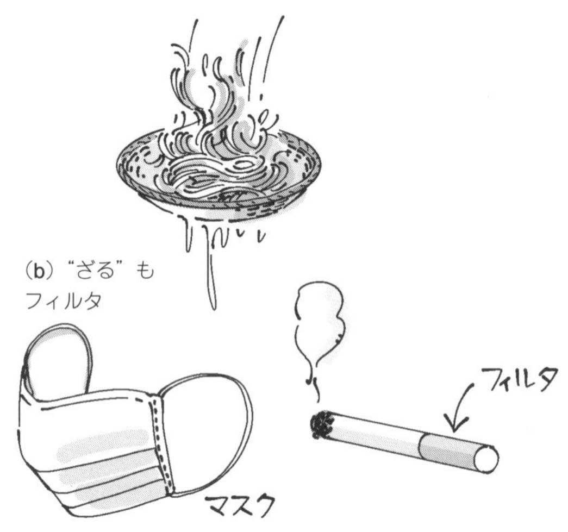

(c) マスクやタバコもフィルタ

図1　信号に含まれる周波数成分を選り分けてくれるフィルタのイメージ
電子回路のフィルタは周波数で選り分ける

● 電子回路のフィルタは周波数で選別する

フィルタと聞いて最初に思い浮かべるのは，筆者は何といっても**図1(a)**のコーヒのフィルタです．

コーヒ豆を挽いて粉上になったものにお湯をかけると，コーヒが抽出され，フィルタの中には出し殻が残ります．フィルタは，コーヒの粒によってふるい分けて，細かな粒だけをコーヒ・サーバに落としています．堅苦しい言い方ですが，コーヒのフィルタは大きさによる選別といえます．

図1(b)のザルもタバコもマスクもフィルタですし，エアコンにもメール・サーバにもフィルタが入っています．選別する機能があれば，何でもフィルタといえます．

電子回路におけるフィルタの役割は，周波数によって選別，分離，弁別することです．本項では，周波数によって信号を分離するフィルタを考えます．

周波数特性

最初に登場するフィルタは，**図2(a)**のRCによるLPF(Low pass filter)です．

注目すべきは回路中の周波数特性をもつ素子です．**図2(a)**では，周波数特性をもつ素子はコンデンサCただ一つです

コンデンサCの周波数特性は，そのインピーダンスZ_Cが式(1)で表されます．

$$Z_C = \left| \frac{1}{2\pi fC} \right| \quad \cdots\cdots (1)$$

式(1)は，周波数fを高くしていくと，コンデンサCのインピーダンスZ_Cがどんどん小さくなることを示

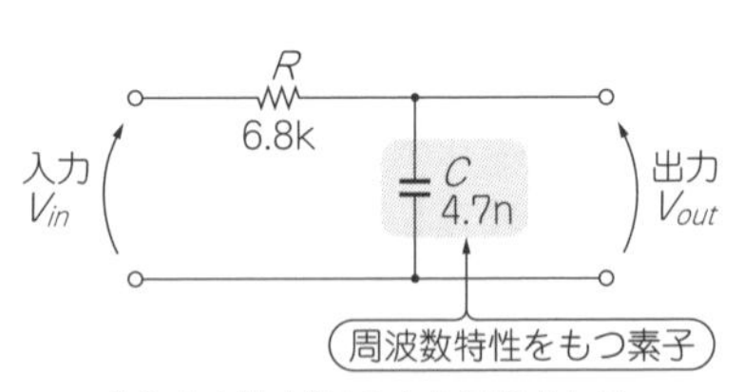

(a) しばしばこのように書かれる

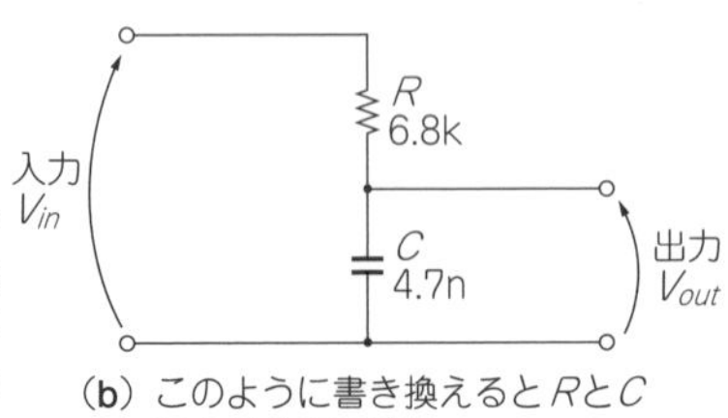

(b) このように書き換えるとRとCによる分圧回路

図2　よく使う！ RCによるロー・パス・フィルタ
フィルタには，インピーダンスが周波数によって変わる素子(コンデンサなど)が必ず使われている

しています．インピーダンスZ_Cが小さくなる割合は，周波数が2倍高くなれば1/2，周波数が10倍高くなれば1/10です．一方，**図2(a)**の回路で抵抗Rは周波数特性をもちません．

ここまでわかったところで，**図2(a)**を書き換えた**図2(b)**を見てください．**図2(b)**では入力電圧V_{in}を抵抗RとコンデンサCで分圧しているように見えます．

図2(b)で周波数特性をもつ素子はコンデンサCだけで，そのインピーダンスは周波数に半比例します．周波数が2倍で1/2，10倍で1/10です．そのため出力電圧V_{out}は，低い周波数でコンデンサCのインピーダンスZ_Cが大きいので，入力電圧V_{in}がそのまま出力電圧V_{out}として表れます．

一方，高い周波数ではコンデンサCのインピーダンスZ_Cが小さく，出力電圧V_{out}が減少します．減衰の程度は，コンデンサCのインピーダンスZ_Cの特性に従い，周波数が2倍で1/2，10倍で1/10です．

図2(a)によって，低い周波数で信号が通過するのですが高い周波数では減衰する，つまりLPFが実現できます．これはひとえに周波数特性をもつ素子が1個しかないことによって生じた特性です．厳密にはコンデンサCのインピーダンスZ_Cが周波数特性をもつことで生まれた特性です．

● コンデンサの周波数特性がフィルタを生み出す

抵抗RとコンデンサのインピーダンスZ_Cに注目して，フィルタの動作を解説します．

▶低い周波数では

低い周波数ではコンデンサCのインピーダンスZ_Cがとても大きく，コンデンサCがないのと同じです．周波数特性をもつ素子の影響を受けないのですから，この付近では周波数特性をもちません．次式が成り立つ周波数では，RとCによるLPFは周波数特性をもちません．

$$R < \left|\frac{1}{2\pi fC}\right| \cdots\cdots (2)$$

▶ちょっと高い周波数では

周波数が高くなると，コンデンサCのインピーダンスZ_Cが小さくなります．抵抗Rと等しくなる周波数付近から，コンデンサCのインピーダンスZ_Cが回路の周波数特性に影響を及ぼしだします．つまり次式が成立する周波数付近からRとCによるLPFの周波数特性は変化します．

$$R = \left|\frac{1}{2\pi fC}\right|$$

$$f = \frac{1}{2\pi RC} \cdots\cdots (3)$$

▶だいぶ高い周波数では

さらに周波数が高くなると，抵抗RよりコンデンサCのインピーダンスZ_Cが小さいので，次式が成り立つようになります．

$$R > \left|\frac{1}{2\pi fC}\right| \cdots\cdots (4)$$

この周波数領域では，出力電圧はコンデンサCのインピーダンスZ_Cが小さくなる割合で減少します．

実際に**図2**の定数を式(3)に入れてみると$f = 5$ kHzと求まります．

$$f = \frac{1}{2\pi RC} = \frac{1}{2\pi \times 6.8 \times 10^3 \times 4.7 \times 10^{-9}} \cong 5\ \mathrm{kHz} \cdots (5)$$

そして**図2(a)**の回路の周波数特性を測定した結果を，**図3**に示します．10 kHz以上の周波数では，周波数が2倍で1/2，10倍で1/10，つまり－6 dB/octまたは－20 dB/decになっています．これはコンデンサCのインピーダンスZ_Cが周波数特性をもつことで生まれた特性です．

こうしてみると式(3)で表される周波数fは，周波数特性の変化点になっています．そこでカットオフ周波数(cutoff frequency)と呼ばれます．

● インダクタと抵抗でもフィルタは作れるが…やめておいたほうがいい

少し脱線してみます．回路中に周波数特性をもつ素子が1個しかない場合は，**図3**と同じ周波数特性を実現できそうです．設計した結果が**図4**です．

実はここで挫折してしまいました，図中のインダクタLのインダクタンスがあまりにも大きく入手が難しかったからです．**図4**の回路でも同じ周波数特性が実現できなくはないですが，入手性，大きさ，価格を考えると**図4**は一般的ではありません．

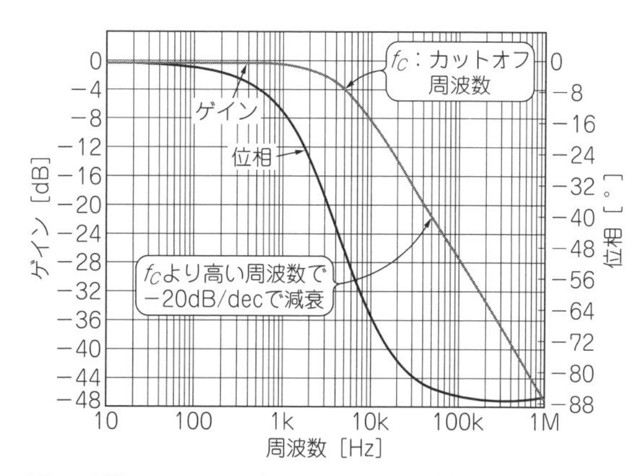

図3 実際のRCロー・パス・フィルタの周波数特性(実測)
周波数が高い領域で，－20 dB/decで減衰する

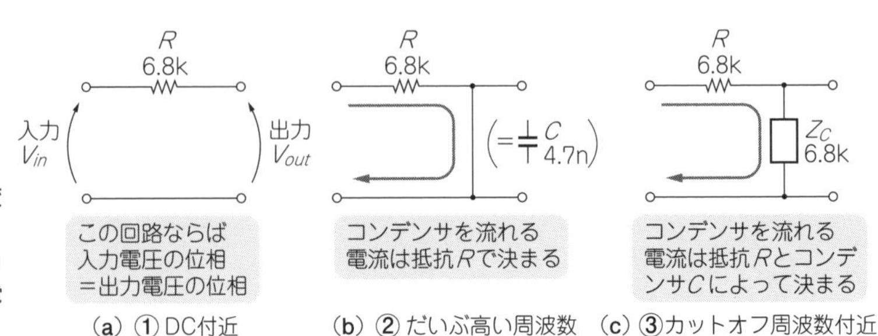

図5　信号がフィルタを通過すると位相が変化して出力される
コンデンサの電圧は電流より90°遅れるので，コンデンサCの両端電圧＝出力電圧V_{out}は，入力電圧V_{in}に対して90°遅れる

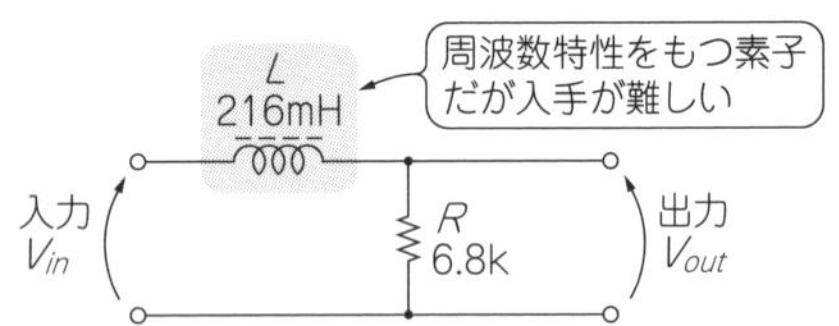

図4　周波数特性をもつ素子ならフィルタを作れるので理屈上はRとLでもフィルタを作れるが…
インダクタLは，大きい，定数の精度が悪い，入手が難しいなどの理由で敬遠される．一般的ではない

RとCで作るLPF回路［**図2(a)**］がとても現実的です．

位相特性

● 位相遅れは，周波数特性をもつ素子によって

今度は**図3**の位相特性について考察します．抵抗RとコンデンサCに流れる電流を**図5**に示します．

▶①DC付近…入力電圧V_{in}と出力電圧V_{out}は同位相

まずDC付近の周波数では，コンデンサCのインピーダンスZ_Cが非常に大きく，等価回路は**図5(a)**と書けます．この**図5(a)**の回路では入力電圧V_{in}の位相と出力電圧V_{out}の位相は等しくなります．

カットオフ周波数付近の話はあとにして，100 kHz以上の周波数で考えてみましょう．この周波数ではコンデンサCのインピーダンスZ_Cは非常に小さくなり，短絡したと考えると，**図5(c)**となります．つまり抵抗Rで決まる電流がコンデンサCに流れます．このとき，電流は抵抗Rで決まるのですから，その位相は，入力電圧V_{in}と同じです．

▶②だいぶ高い周波数…100 kHz以上

ここで「コンデンサの電圧は電流より90°遅れる」ことを思い出してください．コンデンサCの両端電圧，つまり出力電圧V_{out}は，入力電圧V_{in}に対して90°遅れます．ですが，周波数によっては90°まで遅れることもありません．

▶③カットオフ周波数付近…①と②の中間状態

カットオフ周波数付近では，抵抗RとコンデンサCのインピーダンスZ_Cが等しくなり，等価回路は**図5(b)**となります．流れる電流の大きさは，抵抗RとコンデンサCの両方で決まります．DC付近周波数の状態と100 kHz以上の周波数の状態と中間の状態となるでしょう．つまり出力電圧V_{out}の位相は，カットオフ周波数付近の信号は入力電圧V_{in}に対して45°遅れて出力されます．

〈瀬川 毅〉

（初出：「トランジスタ技術」2013年6月号）

減衰率－6dB/octと－20dB/decは同じ意味　Column 1

周波数が2倍で1/2，10倍で1/10となる周波数特性をそれぞれ－6 dB/oct，－20 dB/decと書きます．文中－6 dBとは電圧1/2，－20 dBは電圧1/10を示し，octはオクターブ(octave)の略で周波数2倍，decはdecadeの略で直訳は10年ですが周波数10倍の意味で使っています．**図A**に示すように，－6 dB/octと－20 dB/decは同じ減衰率を示します．

〈瀬川 毅〉

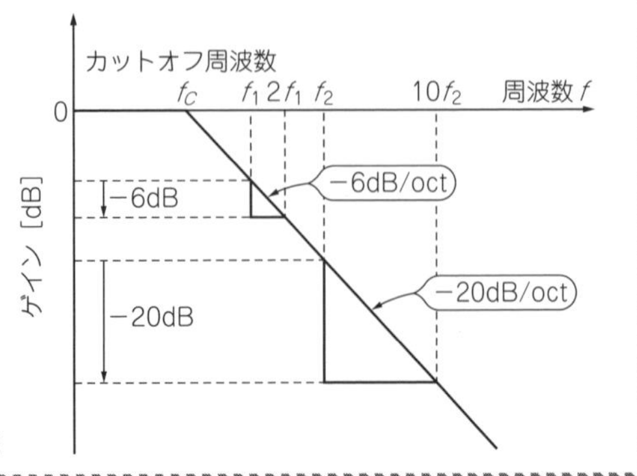

▶**図A　ロー・パス・フィルタの周波数特性**

5-2 LCフィルタの性質

RCフィルタを2個並べた減衰量が得られる!

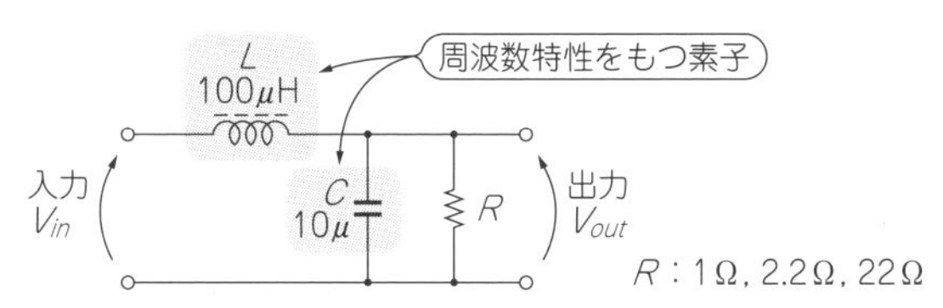

図6　LCフィルタはRCフィルタを2個並べた減衰量が得られる!
周波数特性をもつ電子部品（コンデンサやインダクタ）を二つ使えば，それぞれ－20 dB/decで合わせて－40 dB/decの減衰量になる

● 基本動作

ここまでは，周波数特性をもつ素子（CやL）が一つのシンプルなフィルタについて解説してきました．ここで二つの場合の動作も考えてみます．

図6は**図2(a)**の抵抗Rを，周波数特性をもつ素子であるインダクタLに変えたフィルタ回路です．周波数特性をもつ素子がLとCで二つある回路になります．インダクタLとコンデンサCで構成されているので，LCフィルタと呼ばれています．**図2(a)**と比較しやすいように，**図6**もカットオフ周波数5 kHzで設計しています．

一般にインダクタLのインピーダンスZ_Lは次式で表されます．

$$Z_L = 2\pi fL \cdots\cdots (6)$$

インピーダンスZ_Lは，周波数が2倍でインピーダンス2倍，10倍でインピーダンス10倍です．ところでコンデンサCのインピーダンスZ_Cが，周波数が2倍で1/2，10倍で1/10でした．こうした周波数特性をもつ素子を一つより二つの組み合わせたほうが，カットオフ周波数以上の帯域において，大きな減衰を期待できます．

● 減衰量の目安はCまたはL一つで－20 dB/dec

実験結果を**図7**に示します．

注目してほしいのは，カットオフ周波数の5 kHz以上の周波数帯域です．周波数が10倍高くなると，例えば10 kHzと100 kHzではそのゲインが－40 dB減衰しています．Lが周波数10倍でインピーダンス10倍，Cが周波数10倍でインピーダンス1/10となれば，Cの電圧は周波数10倍で1/100となり，－40 dB/decになります．

周波数特性をもつ素子が一つのRCフィルタでは，－20 dB/decで減衰していました．周波数特性をもつ素子が一つで－20 dB/decで減衰ですから，周波数特性をもつ素子が二つならば－40 dB/decです．

図6に抵抗Rがあります．抵抗Rの必要性は，**図7**のように抵抗Rを変えてみるとハッキリします．この場合フィルタとしてはR＝2.2 Ωとする必要があります．実際の設計ではR＝50 Ωなどで，周波数特性がフラットになるように設計する必要があります．

〈瀬川 毅〉

（初出：「トランジスタ技術」2013年6月号）

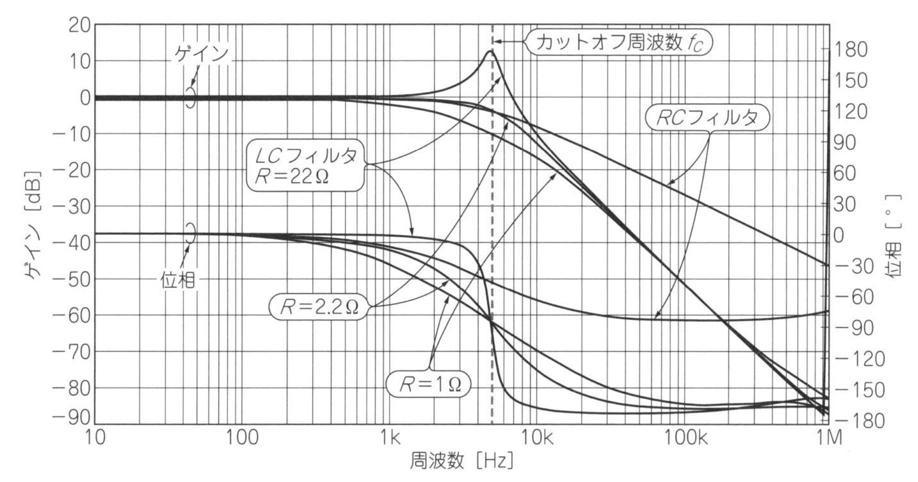

図7　LCフィルタは実際にはRの値も設計しないといけない
周波数特性をもつ素子が一つの特性も重ねてある

5-3 RCロー・パス・フィルタの設計

2ステップで周波数特性をコントロールしてみる

実際にRCによるLPFを設計してみます．フィルタの設計とは，気どった書き方をすれば「周波数特性の設計」にほかなりません．例題で実際にやってみましょう．

カットオフ周波数f_C＝5kHz…RCロー・パス・フィルタの場合

● 定数は二つで式が一つ…一発では決まらない

カットオフ周波数$f_C = 5$ kHzのRCによるLPFを設計してみます．

RCによるLPFにおいて，カットオフ周波数f_Cは次式で得られます．

$$f_C = \frac{1}{2\pi CR} \quad \cdots\cdots (7)$$

設計条件はカットオフ周波数$f_C = 5$ kHzで，抵抗RとコンデンサCを求める必要があります．求めるパラメータは抵抗RとコンデンサCの2個で，式は一つですから，代数的には求められません．そこで抵抗R，コンデンサCの一方の値を仮に決めておき，もう一方の値は式(7)を満たすように決めます．解は一つだけではありません．

この場合，抵抗RとコンデンサCでは，どちらを先に決めておくのでしょうか．ケース・バイ・ケースですが，JISの系列の数が少ないほうから計算するとよいでしょう．抵抗RはJIS E24配列が一般的で，コンデンサCは種類が多くてもJIS E12系列ですから，コンデンサCを先に決めると計算する回数は少なくて済みます．そこで，Cを先に決めておいて，抵抗Rを決める順で設計してみます．

表1　ステップ1…Cの値を決めたときのRを計算する

順番	Cの値	Rの計算値
1	1.0 nF	$R = \frac{1}{2\pi f_C C} = \frac{1}{2\pi 5k1n} \cong 31.8\,k\Omega$
2	1.2 nF	$R = \frac{1}{2\pi f_C C} = \frac{1}{2\pi 5k1.2n} \cong 26.5\,k\Omega$
3	1.5 nF	$R = \frac{1}{2\pi f_C C} = \frac{1}{2\pi 5k1.5n} \cong 21.2\,k\Omega$
4	1.8 nF	$R = \frac{1}{2\pi f_C C} = \frac{1}{2\pi 5k1.8n} \cong 17.7\,k\Omega$
5	2.2 nF	$R = \frac{1}{2\pi f_C C} = \frac{1}{2\pi 5k2.2n} \cong 14.5\,k\Omega$
6	2.7 nF	$R = \frac{1}{2\pi f_C C} = \frac{1}{2\pi 5k2.7n} \cong 11.8\,k\Omega$
7	3.3 nF	$R = \frac{1}{2\pi f_C C} = \frac{1}{2\pi 5k3.3n} \cong 9.65\,k\Omega$
8	3.9 nF	$R = \frac{1}{2\pi f_C C} = \frac{1}{2\pi 5k3.9n} \cong 8.17\,k\Omega$
9	4.7 nF	$R = \frac{1}{2\pi f_C C} = \frac{1}{2\pi 5k4.7n} \cong 6.78\,k\Omega$
10	5.6 nF	$R = \frac{1}{2\pi f_C C} = \frac{1}{2\pi 5k5.6n} \cong 5.69\,k\Omega$
11	6.8 nF	$R = \frac{1}{2\pi f_C C} = \frac{1}{2\pi 5k6.8n} \cong 4.68\,k\Omega$
12	8.2 nF	$R = \frac{1}{2\pi f_C C} = \frac{1}{2\pi 5k8.2n} \cong 3.88\,k\Omega$

● ステップ1…Cを決めてRを計算する

抵抗Rは，式(7)を変形した次式で得られます．

$$R = \frac{1}{2\pi f_C C} \quad \cdots\cdots (8)$$

コンデンサを1 nF(＝1000 pF)から順にJIS E12系列に従って決めておき，抵抗Rを計算で求めると**表1**のようになります．

● ステップ2…JIS E24系列に合ったRを選ぶ

あとは抵抗RがJIS E24系列の定数値にできる限り近い組み合わせを選びます．その意味で事例では次の候補が挙げられます．

2)　$C = 1.2$ nF時　$R = 26.5$ kΩ → $R = 27$ kΩ
4)　$C = 1.8$ nF時　$R = 17.7$ kΩ → $R = 18$ kΩ
6)　$C = 2.7$ nF時　$R = 11.8$ kΩ → $R = 12$ kΩ
9)　$C = 4.7$ nF時　$R = 6.78$ kΩ → $R = 6.8$ kΩ
11)　$C = 6.8$ nF時　$R = 4.68$ kΩ → $R = 4.7$ kΩ
12)　$C = 8.2$ nF時　$R = 3.88$ kΩ → $R = 3.9$ kΩ

つまりコンデンサCを1.0 nFから10 nFの間で選んでも，設計の解は，6通りありますよ，ということです．

最後は，入出力のインピーダンスを考慮して，6通りの中からRCの組み合わせを選びます．このRCのLPF回路は，**図8**のように入力となる信号原インピーダンスが非常に低く，かつ出力側は高インピーダンスで接続されていることが前提です．

ですから信号源のインピーダンスが0Ωでない場合は，抵抗Rを大きくします．一方，信号を受ける側の回路の入力インピーダンスがそれほど高くない場合，Rには低い値を選択します．最後は，回路設計エンジ

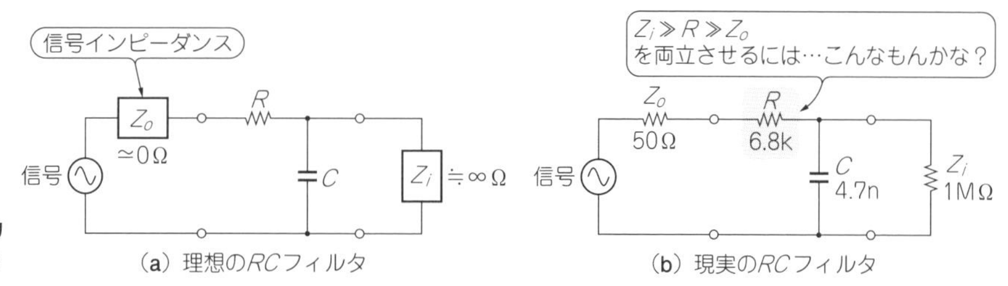

図8　ステップ2…系列と入出力インピーダンスからRを決める

ニアの主観で決めます．

図2(a)では，筆者の主観で，この中から9)の$C = 4.7$ nF，$R = 6.8$ kΩを最善としました．**〈瀬川 毅〉**

（初出：「トランジスタ技術」2013年6月号）

5-4 OPアンプで作れる二つのアクティブ・フィルタを使いこなす

コイルを使わないで－40dB/decより急しゅんな減衰特性を実現する

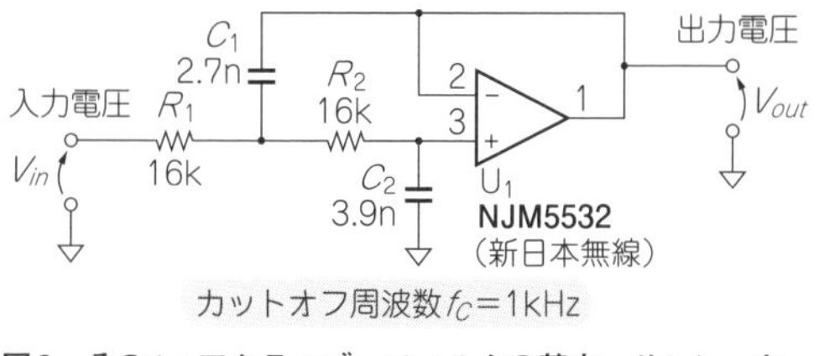

図9　その1：アクティブ・フィルタの基本…サレン・キー回路

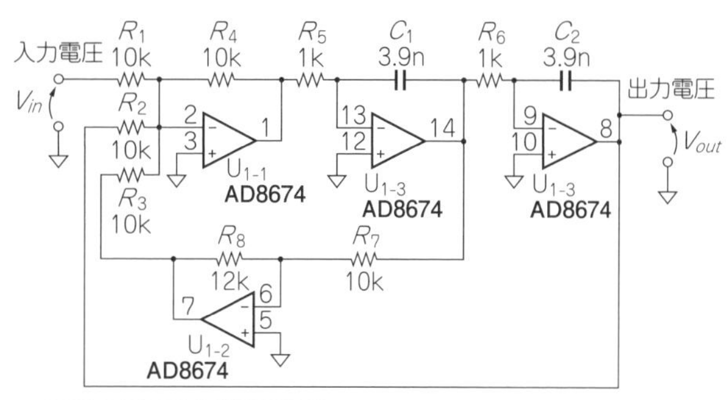

▶図10　その2：定数の誤差や温度変化に強い…ステート・バリアブル・フィルタ

L，C，Rのような受動(パッシブ)素子でフィルタばかり紹介したので，OPアンプを使った本格的なアクティブ・フィルタも紹介しましょう．

▶その1：アクティブ・フィルタの基本…サレン・キー回路

図9は，OPアンプ1個によるアクティブ・フィルタでLPFを実現しています．この回路はサレン・キー(Sallen-Key)回路と呼ばれて，アクティブ・フィルタとしてとても一般的な回路です．

▶その2：定数の誤差や温度変化に強い…ステート・バリアブル・フィルタ

もう一つは**図10**のLPFでステート・バリアブル・フィルタ(State Variable Filter)と呼ばれる一般的なフィルタです．実は，一般的なステート・バリアブル・フィルタはOPアンプ3個で構成しますが，**図10**はOPアンプを1個増やして，特性を少し改善しています．

図9と**図10**を比較すると，部品定数の誤差やバラツキ，温度変化に対して**図10**のほうが強く安定に動作します．

● アクティブ・フィルタといえども！ Cが二つなら減衰量は－20 dB/dec×2＝－40 dB/dec

注目してほしいのは，周波数特性をもつ素子の数です．**図9**のサレン・キー回路によるLPFも，**図10**のステート・バリアブル・フィルタ回路によるLPFも，いずれも周波数特性をもつ素子の数は2個です．カットオフ周波数以上の周波数域では－40 dB/decで減衰します．

● 扱いにくいLの代わりにOPアンプを使ったフィルタも！

電子回路のフィルタは，周波数特性をもつコンデンサCやインダクタLを使って構成します．ただ，現実のインダクタLは，大きい，定数の精度が悪いなどの理由で敬遠されます．回路もより小さくとの要求もあります．そこで，インダクタLに相当する素子をOPアンプで実現したアクティブ・フィルタも実用化しています．

〈瀬川 毅〉

（初出：「トランジスタ技術」2013年6月号）

おさらい！ 周波数選別機能によるフィルタの分類　Column 2

フィルタは一般に，周波数の選別機能よって次のように分類されています(**図B**).

- LPF(low pass filter)：低い周波数域が通過，高い周波数域が減衰
- HPF(high pass filter)：低い周波数域が減衰，高い周波数域が通過
- BPF(Band-pass filter)：特定の周波数幅が通過，他の周波数は減衰
- BEF(band elimination filter)：特定の周波数のみ減衰，他の周波数は通過
- APF(all pass filter)：振幅特性は周波数特性をもたないが，位相特性のみ周波数特性をもつ(**図C**，**図D**)

脱線しますが，フィルタの文献に数式が多く登場するのは，LPFやHPFなどの通過，減衰の特性を数学の関数や多項式で決めているからです．つまり周波数特性を数学の関数で近似しているのですね．バターワース(Butterworth)，ベッセル(Bessel)，チェビシェフ(Chebyshev)などフィルタの名前に近似した関数や多項式の名前がついます．

VHF(30 MHzから300 MHz)以上の周波数で使われる*LC*回路の共振現象を利用して周波数を選択するレゾネータ(resonator)も，フィルタの一種でBPFといえます．

〈瀬川 毅〉

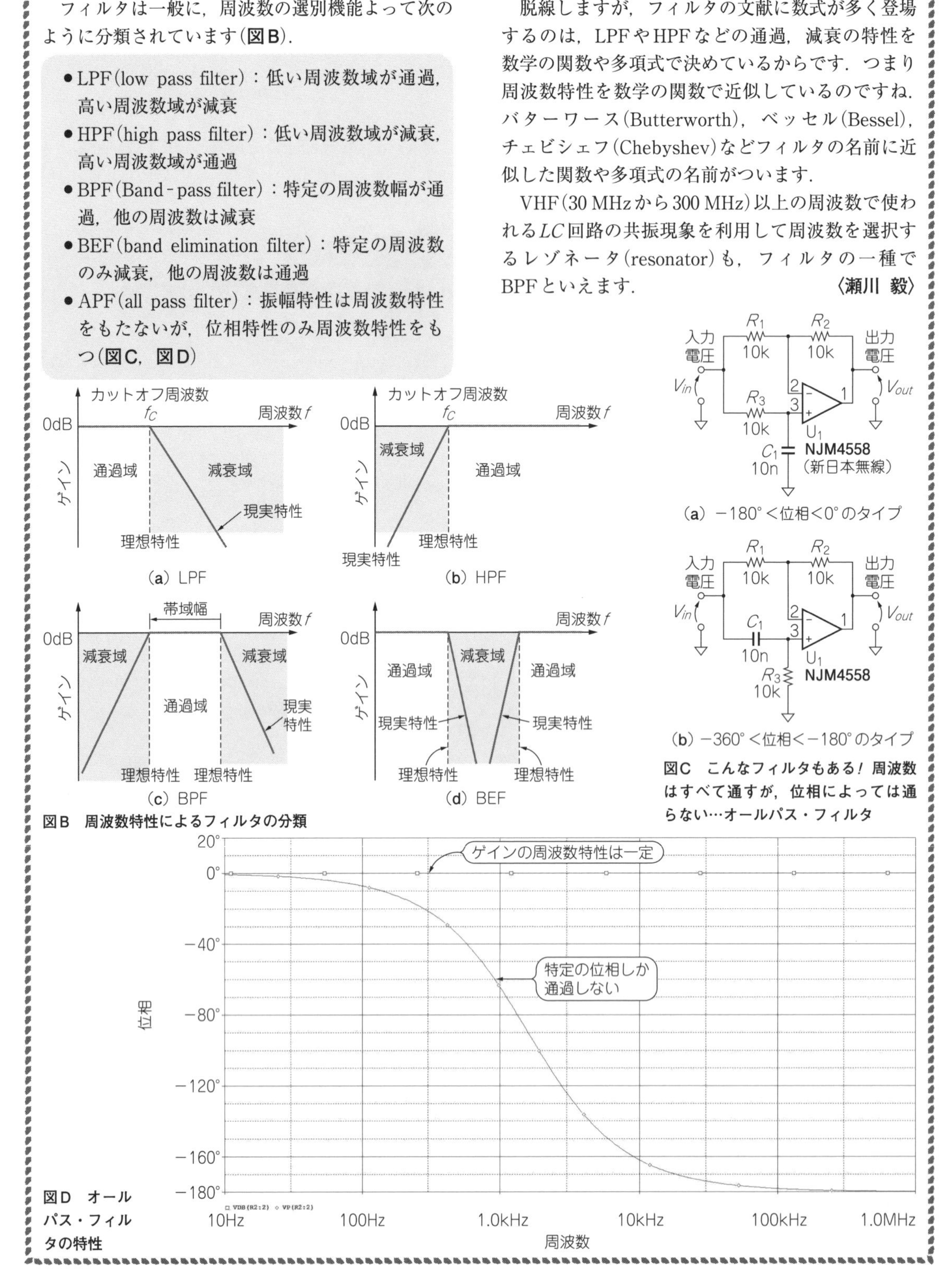

(a) LPF　(b) HPF　(c) BPF　(d) BEF

図B　周波数特性によるフィルタの分類

(a) −180°＜位相＜0°のタイプ

(b) −360°＜位相＜−180°のタイプ

図C　こんなフィルタもある！ 周波数はすべて通すが，位相によっては通らない…オールパス・フィルタ

図D　オールパス・フィルタの特性

5-5 アナログじゃなくてもできる！ディジタル・フィルタの基本

素子のばらつきや経年変化の心配は要らない

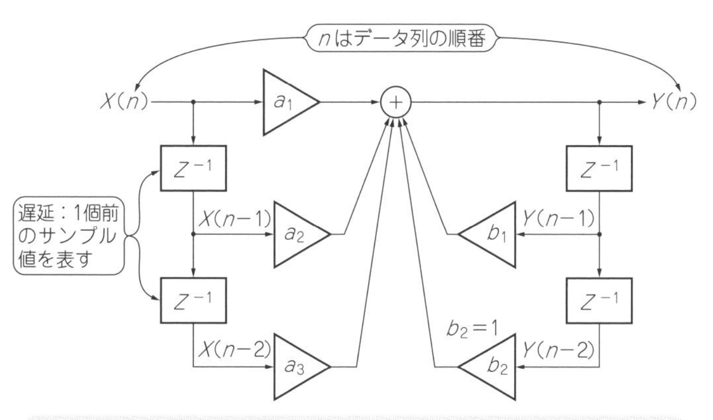

図11　ディジタル・フィルタは数値計算で実現する

図12　言い換えると…数値計算によって周波数特性を表している

● これからはディジタル・フィルタ…1個前のサンプル値を使って演算することでうまく周波数特性を表す

近年はFPGA，CPUといったディジタル・デバイスが急速な進化を遂げ，高速な処理が可能になり，価格的にも十分製品化できるようになっています．すると従来までのOPアンプなどで構成された**図9**と**図10**のアクティブ・フィルタ回路は，あまり使われなくなり，代わりにディジタル・フィルタ(digital filter)が登場しました．**図11**はディジタル・フィルタの中でIIR(Infinite impulse response)型と呼ばれるタイプです．**図11**のIIRフィルタが，**図9**と**図10**が同じ特性とは図を見ただけでは，にわかに信じられませんね．

図11のIIR型のディジタル・フィルタの場合，次式の演算をすることで目的の周波数特性を得ています．

$$Y(\mathrm{n}) = b_1Y(n-1) + b_2Y(n-2) + a_1X(\mathrm{n}) + a_2X(n-1) + a_3X(n-2) \cdots\cdots (9)$$

式(9)の係数a_1，a_2，a_3，b_1，b_2を変えるとLPF，HPFなどの機能の切り替えとカットオフ周波数f_Cを変えることができます．

ディジタル・フィルタと聞くと，専門書ではこちらも数式ばかりで難しそうな印象をもちがちです．しかし，簡単にいうと「演算によって周波数特性を得ているフィルタ」なのです．

演算による周波数特性の例として，平均を考えてみましょう．例えば**図12**のように現在のデータから5個前までのデータまで平均化します．すると得られたデータ列は，飛び抜けた値がなくなります．つまりLPFされたということです．演算で周波数特性を得るので，アナログ・フィルタに比べ，さらに数式が多く登場しているのです．

＊

脱線しますが，式(9)は係数×入力データ(出力データ)＋の形をしています．一般にこのような$A \times B + C$の掛け算と足し算の組み合わせを積和演算と呼びます．マイコンなどでDSP(Digital Signal Processor)機能をうたっているものは，積和演算が高速で演算できる機能がついたタイプといえます．CPUであれFPGAであれディジタル・フィルタは，積和演算によって実現しているのです．

● 定数の変更が簡単で，実物のチューニングも不要

ディジタル・フィルタの利点は，係数a_1，a_2，a_3，b_1，b_2を変えるだけのソフトウェア的な変更でフィルタの特性を変えられること，係数はソフトウェア的な定数なので温度特性をもたず経年変化もないこと，等が挙げられます．

OPアンプによるアクティブ・フィルタに代わりディジタル・フィルタが使われ出しましたが，これは単に実現の方法が変わったに過ぎません．周波数によって信号を分離するフィルタの特徴は何ら変わらないことを強調したいと思います．　**〈瀬川 毅〉**

(初出：「トランジスタ技術」2013年6月号)

A-Dコンバータ&ディジタルLSIの高速化でフィルタ設計が簡単に！ Column 3

● A-D変換時に発生する$f_S/2$折り返しノイズを取り除く！アンチエイリアス・フィルタ

アナログ信号をディジタル的に処理する場合，一定の周期TごとにA-D変換(サンプリング)されたあとのデータを数値演算して処理します．それが，いわゆるディジタル信号処理(digital signal processing)です．

このときA-D変換周期Tの逆数$1/T$をサンプリング周波数f_Sと呼びます．ここでサンプリング定理により，サンプリング周波数f_Sの1/2以下の周波数は復元できることが証明されています．この$f_S/2$の周波数をナイキスト周波数と呼んでいます．

言い換えると，帯域幅がナイキスト周波数$f_S/2$の信号を復元するには，周波数f_SでA-D変換する必要がありますよ，ということです．

一般的な信号処理系で発生する問題は，ナイキスト周波数$f_S/2$以上の周波数が入力された場合です．この場合，サンプリング周波数f_Sで折り返したいわば偽の信号(エイリアス)が信号として混じる現象が起きます．この現象を防ぐために，通過帯域をナイキスト周波数$f_S/2$以下に制限するアンチエイリアス・フィルタが必要です．つまりLPFをA-D変換器の前に実装するのです．このLPFは，急しゅんな遮断特性が要求されるので，**図E(a)**のように5次または6次の連立チェビシェフ・フィルタが使われていました．

● オーバーサンプリングできれば5次チェビシェフ・フィルタが*RC*フィルタで済む

しかし，ディジタル・デバイスの発達で，A-D変換の周期をとても短く，つまりサンプリング周波数f_Sをとても高くすることが可能になりました．サンプリング定理に基づくサンプリング周波数f_Sよりも何倍も高い周波数でサンプリング(オーバーサンプリング)すると，エイリアシングの影響を減らせます．従来必要だったアンチエイリアス用の5次または6次の連立チェビシェフ・フィルタはなくなり，**図E(b)**に示すように，代わりに*RC*フィルタで済むようになりました．

● これからも使われ続ける！*RC*フィルタ

今後はOPアンプを使って高次のフィルタを構成したアクティブ・フィルタ(**図9**)などの出番は少なくなるでしょう．といってフィルタ役割が減るわけではありません．多くはFPGA，CPUによってオーバーサンプリング(oversampling)とフィルタを実現するディジタル・フィルタに置き換わるでしょう．そして使われる周波数域も，ディジタル・デバイスの進化と主により高周波に使われることでしょう．現に携帯などでは，ディジタル・フィルタがほとんどです．

残るのが**図2(a)**のような抵抗RとコンデンサCによる*RC*フィルタ回路です．この回路は，CPUの入力，より厳密に書くと，CPU内部のA-Dコンバータの入力に実装され，ノイズ除去，弱い帯域制限の目的で使われ続けるでしょう．

〈瀬川 毅〉

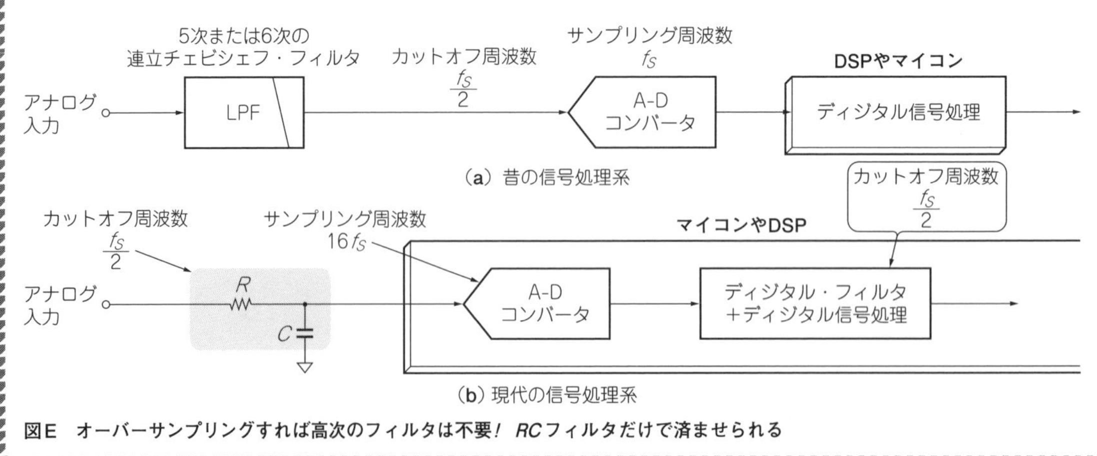

図E　オーバーサンプリングすれば高次のフィルタは不要！ *RC*フィルタだけで済ませられる

6-1 水晶振動子が発振するしくみ

電圧を加えるとひずむ圧電特性を利用する

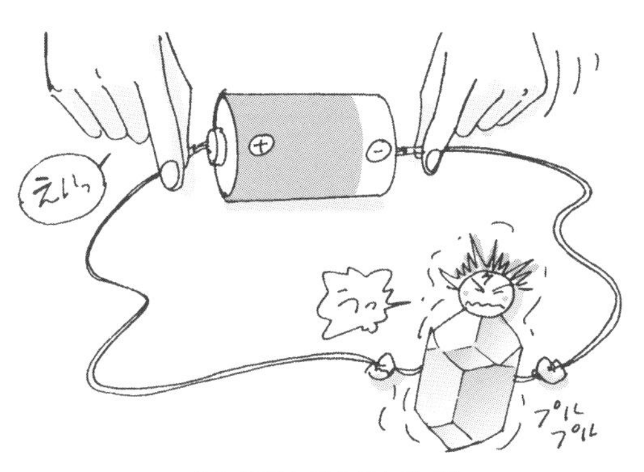

(a) 電圧を加えるとひずむ

(b) ひずむと電圧が発生する

図1　圧電特性とは

● 電圧を加えると安定振動する周波数がある

水晶振動子は，マイコンやディジタル回路のクロック信号生成などに使われます．中には無色透明で板状の水晶板が入っています．水晶はSiとO_2が結合した単結晶で，圧電特性をもっています．

圧電現象とは機械的な圧力を加えると電荷を発生する性質や，電荷を加えるとひずみを発生する物理的な性質です(**図1**)．

水晶の板面には対向する電極が付けられて，それぞれ水晶振動子の外部端子や外部電極につながっています．例えばMHz帯で振動する水晶振動子では，電圧を加えると**図2**のように厚みに対して直角方向に振動します．

水晶は互いに直角な方向にX，Y，Zの結晶軸をもっています．その軸に対してある一定の角度で板状に切り出すと，周波数-温度特性が良く，安定して振動する水晶片が得られます(**図3**)．

ただし水晶振動子は自身では振動できません．アナ

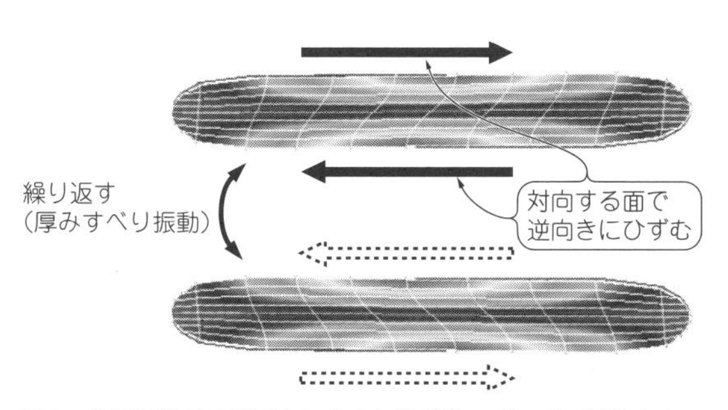

図2　水晶振動子は電圧を加えると物理的にプルプル振動する
厚みすべり振動の水晶片断面

(a) 特定の厚みに切ると…

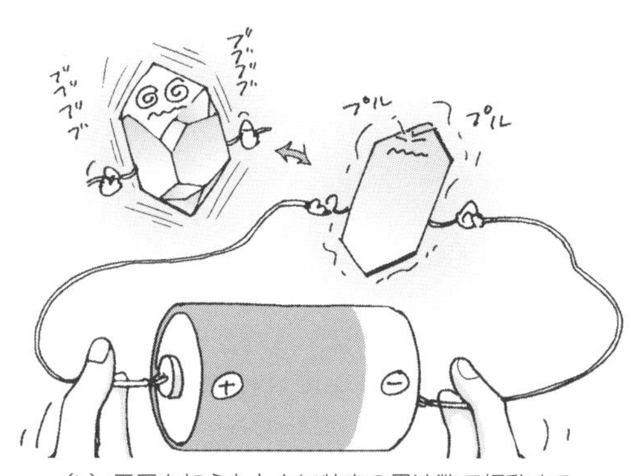

(b) 電圧を加えたときに特定の周波数で振動する

図3　切り出す厚みを変えると安定振動する周波数が変わる
切り出す角度をわずかに変えると周波数-温度特性が変化する

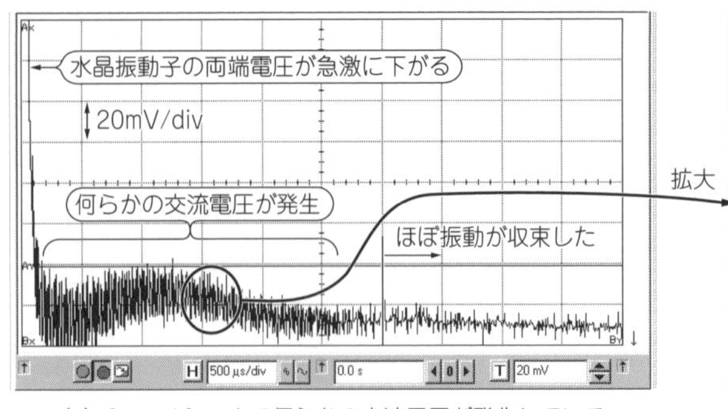

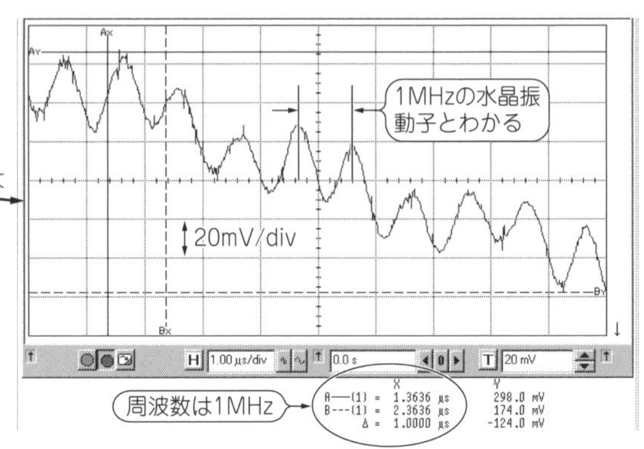

(a) 3 msくらいまで何らかの交流電圧が発生している

(b) 固有の周波数で振動している

図4　1 MHz水晶振動子にDC 5 Vを加えておいて開放したときの発生電圧

図5　水晶振動子と発振回路がうまくマッチしていないとすぐに振動しなくなる

ログ反転アンプと組み合わせる必要があります．

● 圧力を加えるだけだとすぐに振動は終わる

水晶自体は圧電特性をもち，圧力を加えると内部で分極が発生して相対する面に電荷を発生します．しかし，圧力を加え続けると発生した電荷は極めて短い時間でなくなってしまいます．

図4は実際に水晶振動子の両端子に5 Vの直流電圧を加えて開放したときの発生電圧をFETプローブで測定した電圧波形です．

電圧を加えるのを止めた瞬間に，水晶振動子の両端の直流電圧が約20 μs後には0 V付近に下がり，その後は何らかの交流電圧が発生しているように見えます．約3 ms後には振動が減衰して見えなくなります(ノイズに埋もれてしまう)．

振動しているように見える部分を拡大すると**図4(b)**のような特性になります．水晶振動子の端子間に発生した交流電圧の周期は1 MHzで振幅は40 mV_{P-P}ほどです．1 MHzの水晶振動子が振動していることがわかります．

ここでは水晶振動子に加えた直流電圧をOFFにして測定しましたが，何も加えていない状態で直流電圧を加えると同じように交流電圧を発生します．

● 反転増幅して戻すと発振が継続する

水晶振動子の二つの端子には逆相の交流電圧が発生します．片側の端子に発生した交流電圧を高インピーダンスの反転アンプで増幅して水晶振動子のもう一方の端子(仮にOUT端子とする)に加えると，OUT端子につながれた水晶片の電極に加わります．

すると反対側の端子(IN端子とします)には，OUT端子に加えられた交流電圧に比例した逆位相の交流電圧が発生します．

次にIN端子に現れた交流電圧は反転アンプで増幅されてOUT端子に加わります．この動作が数μs～数msの間に最大振幅に達して継続的に振動します．継続振動とは発振です．

最大振幅は反転アンプの電源回路から供給される電圧の範囲に制限されるので，DC 5 Vで動作する発振回路ならば0～＋5 Vの範囲です．

● 水晶振動子と発振回路がマッチしていないと動かない

水晶振動子は発振回路と組み合わせて安定的に振動することができます．振動の種は回路から水晶振動子の電極に加えられる直流電圧や微小なノイズ・レベルの電圧です．確実に水晶振動子を振動させるためには発振回路全体が一定の条件を満たしていなければなりません(**図5**)．

〈大川 弘〉

(初出：「トランジスタ技術」2012年4月号)

6-2 水晶発振回路の動作

反転アンプと水晶振動子の組み合わせが基本

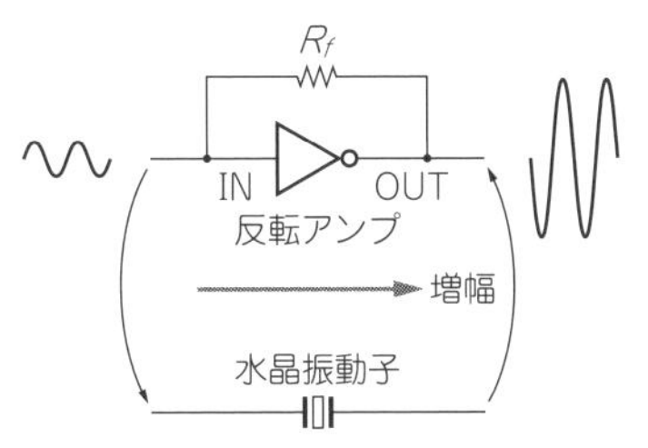

図6　基本中の基本！　水晶発振回路は水晶振動子と反転アンプを組み合わせる

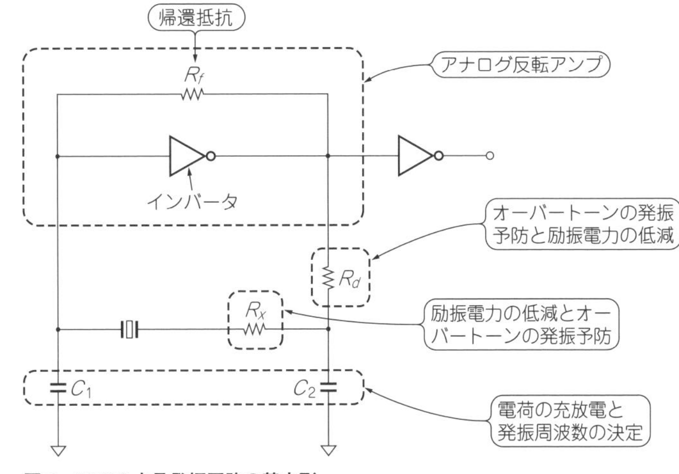

図7　CMOS水晶発振回路の基本形
だいたいR_d，R_x，C_1，C_2が追加される

図6は水晶発振回路の基本形です．ディジタル素子のインバータを反転アンプとして動作させ，水晶振動子と組み合わせています．

発振回路の電源がONになると微小な直流電圧が水晶振動子に加わり水晶振動子は振動を開始します．発振開始初期は微弱な振幅ですが，振動電圧が反転アンプのIN端子に加わると反転増幅されて逆極性の振幅としてOUT端子に現れます．同時にこの振動電圧はOUT端子に接続された水晶振動子に加わります．

振動電圧の振幅が大きくなり発振が継続するようになります．

CMOS発振回路の動作

● インバータ（反転アンプ）と帰還抵抗R_f

図7はCMOS水晶発振回路の基本形です．インバータはディジタル反転素子ですので，それだけでは水晶振動子を発振させることはできません．これをアナログ反転アンプとして動作させるため，帰還抵抗R_fをインバータのINとOUTに接続します．

R_fの接続によってインバータの入出力端子は自己バイアスされてほぼ$V_{DD}/2$になり，アナログ反転アンプとして動作します．これによって発振初期の微小な振動も増幅できるようになります．

▶反転アンプは普通マイコンに内蔵されている

アンバッファ・タイプの汎用インバータが水晶発振回路に利用されており，汎用ICを使って水晶発振回路を作る場合もあります．

マイコン・クロックとしての用途が多い現在では，ほとんどの場合に反転アンプ（インバータ）は内部クロック発生回路としてLSIに内蔵されています．

その場合，帰還抵抗R_fもLSIに内蔵されています．

● 負荷コンデンサC_1，C_2

これらは二つの役割をもっています．

▶役割　その1：発振を安定させる

一つは水晶振動子の電極に発生する電荷を充放電して発振を安定させる役割です．これらに3pF未満のコンデンサを使うと起動が不安定になり水晶振動子が振動を開始できなくなる場合があるため，それぞれ3pF以上にしなければなりません．

▶役割　その2：発振周波数を合わせる

もう一つは発振回路の負荷容量として機能して発振周波数を目的の周波数に合わせる役割です．この負荷容量には2通りあり，一方は水晶振動子を接続する端子から見た回路側コンデンサ成分の「発振回路の負荷容量」です．他方は水晶振動子製作時に水晶振動子に直列接続して目的の周波数に調整するときの「水晶振動子の負荷容量」です．

C_1やC_2を適切な値に選び回路側の負荷容量を水晶振動子の負荷容量に合わせると当初の目的の周波数が得られます．通常，これらにはCH特性のコンデンサを使用します．

発振回路の負荷容量はC_1，C_2やプリント基板やインバータなどの寄生容量成分の合計です．

● ダンピング抵抗R_d

▶役割 その1：高調波で発振することを防ぐ

MHz帯の水晶振動子は主に3 MHz～60 MHz程度が生産されています．一般的に基本波モードで振動するように設計されていますが，3倍や5倍などの奇数次のオーバートーン・モードで振動する性質をもっています．

オーバートーン周波数帯のゲインが基本波の周波数帯よりも大きな反転アンプと組み合わせると，水晶振動子は基本波の3倍や5倍などの奇数次のオーバートーン・モードで発振させることができます．

例えば4 MHz水晶振動子を発振させる場合，ゲインが4 MHzよりも12 MHzのほうが大きな反転アンプを使うと12 MHzで発振します．本来は4 MHzで発振させなければならないのですから，12 MHzやそれ以上の周波数帯で反転アンプのゲインを小さくしなければなりません．R_dはこの目的で使われます．

R_dは主に10 MHz以下のCMOS発振回路において，水晶振動子がオーバートーン発振してしまわないようにする目的で使われます．C_2との組み合わせでローパス・フィルタを形成して反転アンプの周波数特性を調整します．発振させようとする周波数の3倍周波数帯のアンプ・ゲインを低下させて，オーバートーン発振を予防します(**図12**)．

▶役割 その2：振動エネルギが大きくなり過ぎないように抑える

他には10 MHz以上の周波数帯で，水晶振動子の励振電力を低下させる効果もあります．励振電力が大きくなってしまう水晶発振回路で，許容励振電力の小さい水晶振動子を安定して発振させるためにもR_dは使われます．

主に20 MHz以上の5.0 mm × 3.2 mmサイズ以下のSMT水晶振動子を発振させる場合に，R_xだけでは励振電力低減効果が足りないときなどに使用します．R_xを使用しても励振電力が許容値を超えてしまっている発振回路では，R_dを併用することで発振周波数が変動し続けたり微小なジャンプを繰り返したりする不具合が予防されます(**図14**)．

● 励振電流制限抵抗R_x

水晶振動子に抵抗器を直列接続して，水晶振動子に流れる高周波電流(励振電流)を制限し，励振電力の増加を防ぎます．主に20 MHz以上の周波数帯で，5.0 mm × 3.2 mm以下のサイズの水晶振動子を電源電圧が3.3 V～5 Vの発振回路で発振させるときに使います．他の役割として，R_dほどではありませんが，オーバートーン発振を予防する効果もあります．**〈大川 弘〉**

(初出：「トランジスタ技術」2012年4月号)

6-3 発振周波数は外付けコンデンサで微調整できる

回路の負荷容量を大きくすると発振周波数が下がる

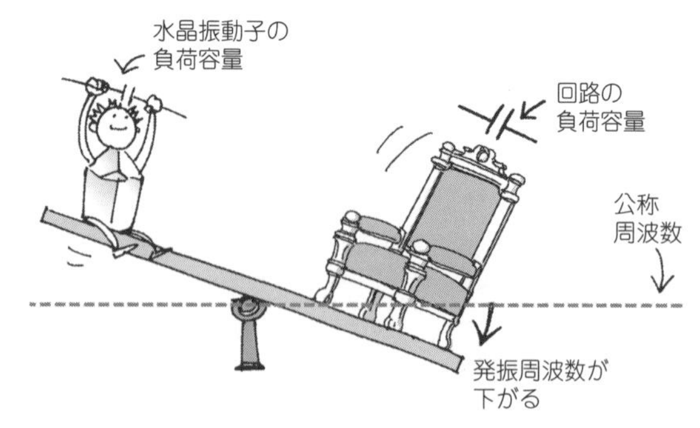

図8 発振回路の負荷容量(C_1やC_2)を変えると，発振周波数が変わる
発振回路の負荷容量の方が大きくなると，発振の中心周波数が公称周波数より下がる

● 負荷コンデンサC_1とC_2の容量値を変えると発振周波数を微調整できる

水晶振動子は負荷容量値(C_1/C_2など)の大きさによって，発振周波数が変化する性質をもっています．水晶振動子が量産される場合は周波数偏差の中心値のオフセットが変化することになります(**図8**)．

例えば水晶振動子メーカのカタログに書かれた負荷容量値が8 pFの場合は，水晶振動子に8 pFのコンデンサを直列接続して，水晶振動子の直列共振点が公称周波数に合うように水晶振動子を微調整しています．

多数の水晶振動子を生産すると公称周波数に対する周波数バラツキが起こりますが，その範囲は室温偏差と呼ばれ公称周波数に対して「$\pm 50 \times 10^{-6}$」などのように表されます．

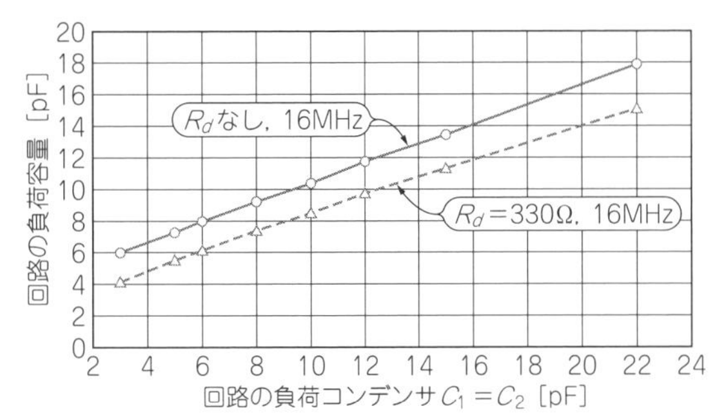

図9　負荷コンデンサ容量値-発振回路の負荷容量特性
C_1とC_2が同じとき

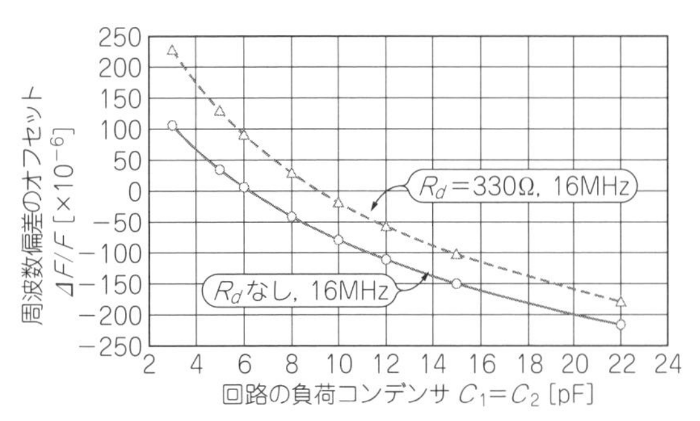

図10　発振回路の負荷コンデンサと周波数偏差のオフセット
$C_1=C_2$のとき

● 計算！ C_1とC_2を変えたときどれくらい周波数が変わる？

特性図から16 MHzの場合を例に水晶振動子の負荷容量と発振回路の負荷容量の関係を考えてみましょう．**図9**と**図10**でR_dを使わない場合を見ると，負荷コンデンサ$C_1 = C_2 = 6$ pFのときの回路負荷容量は**図9**から約8 pFになります．測定には負荷容量＝8 pFの水晶振動子を使用していますので，**図10**を見るとそのときに周波数偏差のオフセット値はほぼゼロです．このとき室温偏差＝±50 ppm（±800 Hz）の水晶振動子を使用すると，量産レベルの発振周波数バラツキは15999200 Hz～16000800 Hzの範囲になります．

C_1，C_2をそれぞれ8 pFに交換すると**図9**から回路の負荷容量は9 pFよりも少し大きくなります．そのときの周波数偏差の中心値オフセットは**図10**から約－50 ppmになります．すると周波数偏差の範囲は－100 ppm～±0 ppmになりますので，周波数換算では（15998400 Hz～16000000 Hz）の範囲になります．

● こんがらがってはいけない！　水晶振動子の負荷容量と発振回路の負荷容量

水晶振動子の負荷容量は製造時に水晶振動子に直列接続し，水晶振動子の内部を微調整して目的の周波数に合わせるためのコンデンサです．水晶振動子メーカのカタログには8 pFや12 pFなどと書かれています．

回路の負荷容量とは水晶振動子を接続する端子から見た容量性成分の合計です．負荷容量12 pFの水晶振動子とは**図7**のような水晶発振回路でC_1やC_2に12 pFを使うことを意味していませんので注意しましょう．

〈**大川　弘**〉

（初出：「トランジスタ技術」2012年4月号）

6-4 負荷コンデンサの選び方

発振が止まらないように発振回路の増幅度に保険をかけておく

● 水晶発振回路の増幅度を「負性抵抗」という

発振回路の増幅度を表すパラメータを負性抵抗といいます．負性抵抗は発振回路がもっている能力です．水晶振動子の内部抵抗が大きくなったときにどの程度まで発振可能かを表す目安で，負の抵抗値で表します．

負の値が大きいほどゲインが大きくなります．

● 水晶振動子には突然内部抵抗が大きくなる不良モードがある

水晶振動子は突発的に内部抵抗が大きくなる不良モードがあり，DLD不良と呼ばれます．水晶振動子を製造する際に内部に誤って封じ込められた小さなゴミが，検査後に水晶片の電極に固着して水晶の振動を妨げて起こります．

メーカの出荷検査でほとんど除かれますが，ppmの割合で検査をすり抜けて出荷されてしまう場合があります．検査のときに水晶片に固着していなければ良品として出荷されてしまうからです．

DLD不良で内部抵抗がどの程度まで大きくなるかはゴミの大きさや質量や固着強度によって変わります．

● 内部抵抗の増大で発振が止まらないように発振回路の増幅度に保険をかける…発振マージン

仮に内部抵抗が100 Ωの水晶振動子が1000 Ωに変化した場合に発振回路の負性抵抗が－500 Ωの場合は，発振が起こらなくなってしまいます（**図11**）．この回

(a) 負性抵抗(増幅度)が小さすぎると動かない

(b) 負性抵抗が小さいとかろうじて発振するが止まりやすい

(c) 負性抵抗が十分に大きいと安定して発振

図11　発振回路の増幅度「負性抵抗」の大きさ次第で発振の余裕度が違う

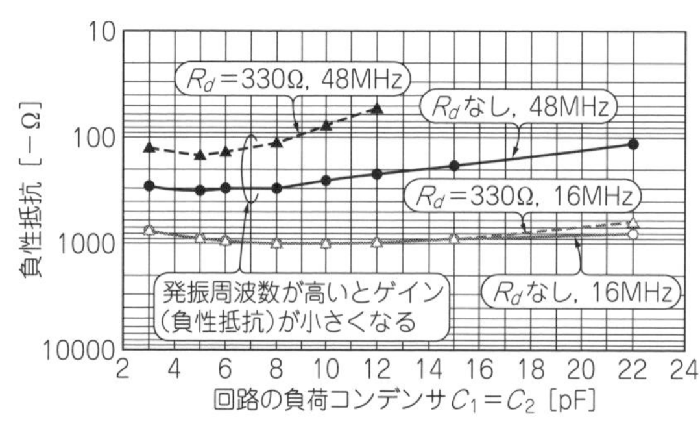

図12　ダンピング抵抗R_dを使うと3倍高調波の負性抵抗を小さくできる
負荷コンデンサC_1, C_2を変えると負性抵抗が変化する

路の負性抵抗が－1000Ω以上に設計されていれば，発振が起こらない不具合は避けることができます．

発振回路の負性抵抗をどの程度に設計するかは，保険と同じ効果があります．

発振マージンは発振回路の負性抵抗を水晶振動子の内部抵抗で割り算した値ですが，計算式の分母になる値は水晶振動子のカタログに書かれた直列抵抗R_1の最大値を元に回路の負荷容量や水晶振動子の等価定数から算出されます．

● 負性抵抗は負荷コンデンサC_1/C_2で変化する

発振回路の発振能力は，反転アンプの増幅度や回路定数，プリント基板の配線パターンがもつ寄生容量によって左右されます．これが負の抵抗値「－R」です．

発振マージンが大きいと，予期しない水晶発振回路の異常が起こったときに不発振を避けられる度合いが大きくなります．水晶発振回路の異常とは反転アンプのゲインが急激に低下したり，水晶振動子の内部抵抗が急に大きくなったりするトラブルです．

図12で示すように，C_1, C_2を変えると負性抵抗が変化します．**図12**のダンピング抵抗R_dを使うと3倍高調波の負性抵抗を小さくできます．

● 発振マージンは大き過ぎるのも毒

発振マージンは大きいに越したことはありません．現実には，10kΩを超えるMHz帯の発振回路では水晶振動子固有の共振周波数とは関係のない周波数で発振しやすくなるので，好ましくありません．

マッチョな負性抵抗の発振回路は保険になりますが，マッチョ過ぎると逆効果になる場合もあるのです．

〈大川　弘〉

(初出：「トランジスタ技術」2012年4月号)

6-5 負荷コンデンサの大きすぎに注意！
発振周波数がジャンプ/変動する…最悪壊れる

水晶振動子の内部抵抗は，負荷容量が大きくなると小さくなる性質をもっています．水晶発振回路は定電圧回路ですので，水晶振動子の内部抵抗が小さいと水晶振動子に大きな電流が流れ，励振電力も大きくなります．

励振電力が大きすぎると，発振周波数がジャンプしたり変動したりします．最悪は壊れます(**図13**)．

● 励振電流が大きすぎると…①発振周波数のジャンプが起きる

水晶発振回路で振動中の内蔵水晶片は**図2**のような偏移を繰り返しています．振動の偏移は中心部分で最

図13　励振電力が大きすぎると最悪は壊れる

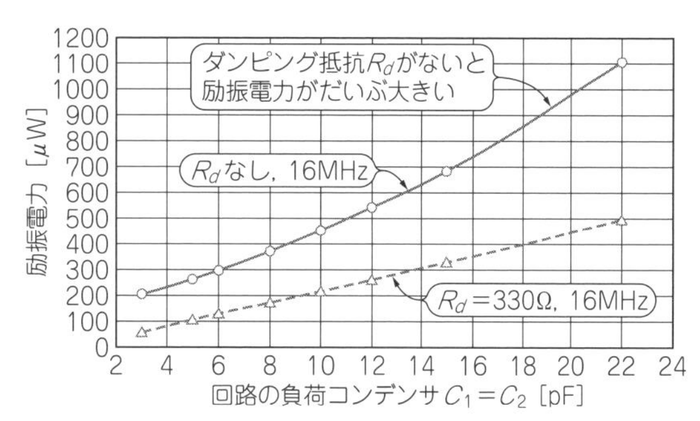

図14　発振回路の負荷容量C_1とC_2の容量値が大きくなると励振電力が増える

大になります．偏移量は水晶振動子に流れる励振電流に比例して大きくなります．

励振電流が大きくなりすぎると，**図2**の偏移部分のひずみが過大になります．水晶片の平行度が保てなくなり，発振周波数の変動や微小なジャンプが起こります．

● 励振電流が大きすぎると…②自己発熱によって発振周波数が変動する

励振電流と水晶振動子の内部抵抗(負荷時共振抵抗)によって，水晶振動子内部で消費されるエネルギが励振電力です．さまざまな水晶発振回路における励振電力は32.768 kHzの場合は0.1 μW～0.5 μW程度で，MHzの水晶振動子では数μW～数mWです．**図14**に例を示します．

水晶振動子は周波数-温度特性をもっているため，自己の内部発熱によって発振周波数がその水晶振動子の温度特性カーブに従って変化します．

安定した周波数で発振することが望まれる場合は，励振電力の許容値が水晶振動子メーカのカタログに記載されていますので，その範囲内で水晶振動子が動作するように回路を設計すべきです．

MHz帯の水晶振動子では型名や公称周波数によっても異なりますが100 μW，300 μW，500 μWなどの許容値があります．

● 励振電流が大きすぎると…③最悪は壊れる

励振電力の検討なしに設計された水晶発振回路で水晶振動子を数mWで動作させ続けるとやがて水晶片が割れてしまうので，水晶発振回路を設計する場合には注意が必要です．

32.768 kHz水晶発振回路の場合は，0.2 μW以下で動作させると水晶片破損などのトラブルを避けられるでしょう．

〈**大川　弘**〉

(初出：「トランジスタ技術」2012年4月号)

6-6 振動子を使わない！ *RC*だけ！…弛張発振回路

スイッチングレギュレーターやD級アンプのタイミング発生回路に重宝する

ディジタル回路では基準クロック信号を使います．マイコンがあれば水晶振動子をつなぐだけでクロック信号を内部で生成してくれますが，マイコンがない場合は個別の回路で生成しなければなりません．

精度の要らないロジック回路やスイッチング・レギュレータ/D級アンプのタイミング生成には，弛緩発振回路をよく使います．充電と放電(緊張と弛緩)をスイッチで周期的に切り替えることで簡単に生成できます．

● わりと簡単で便利な弛張発振器

*RC*を使って，わりと簡単に周期信号を作れて便利なのが弛張(しちょう)発振器です．コンデンサの充電と放電を繰り返すことで波形を得ます．ディジタル回路のクロックであまり時間精度を必要としない場合，スイッチング・レギュレータやD級アンプのタイミング発生などの用途に使われており，次のメリットがあります．

(1) 確実に発振する
(2) 決められた電圧間の上下動作のため振幅を維持する回路が不要
(3) 発振周波数を容易に変えることが可能

発振波形は矩形波が基本で，回路方式によっては三角波やのこぎり波を同時に得ることができます．PWM変調の比較基準波形などに使われます．

図15　緊張と弛緩を周期的に繰り返すことで振動するのが弛張発振回路

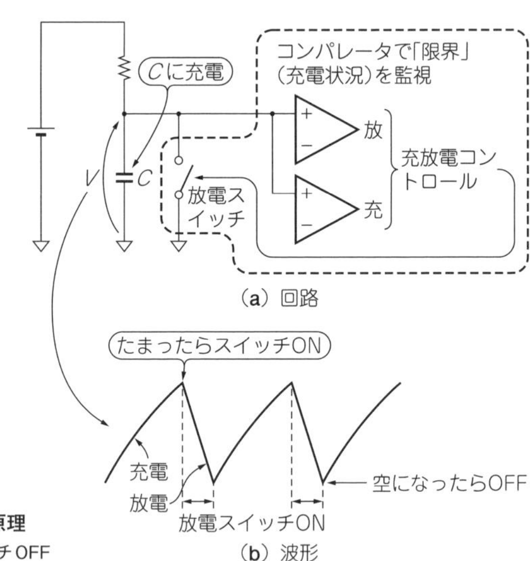

図16　RとCでクロック信号が生成できる原理
充電できたらスイッチON，空になったらスイッチOFF

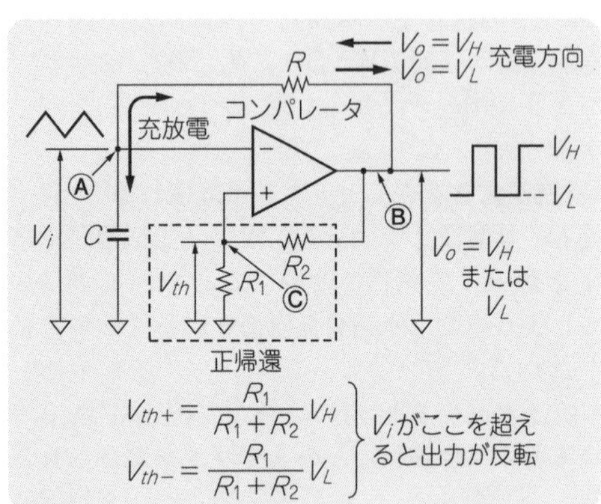

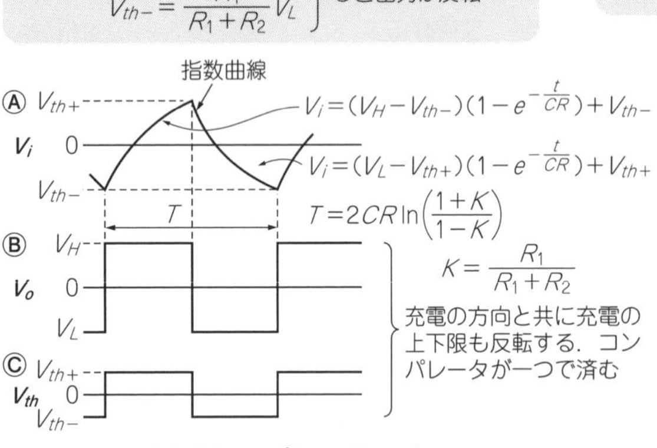

(a) OPアンプ/コンパレータ一つ

充電方向 V_H V_L　R　C　Ⓐ　Ⓑ　Ⓒ　R_1　R_2　正帰還　OPアンプ　V_i　V_c　コンパレータ　V_o　積分器

$(V_i-V_c):(V_c-V_o)=R_1:R_2$

$V_c=\frac{R_1V_o+R_2V_i}{R_1+R_2}$ ← 0Vを超えると出力が反転

$V_i=\frac{-V_L}{RC}t+V_{th-}$，$V_i=\frac{-V_H}{RC}t+V_{th+}$　直線！

$V_{th-}=-\frac{R_1}{R_2}V_H$

$V_{th+}=-\frac{R_1}{R_2}V_L$

$T=4\left(\frac{R_1}{R_2}\right)CR$　$(V_H=V_L)$のとき

分圧の基準点を反転する

(b) OPアンプ/コンパレータ/標準ロジック・インバータ二つ

図17　RCを使った発振回路「弛張発振回路」

● 回路の動き

▶OPアンプ/コンパレータを使う

OPアンプやコンパレータで構成した図17(a)(b)の回路はよく使われています．(a)はOPアンプまたはコンパレータ1個で構成できます．(b)はOPアンプが2個必要ですが，矩形波と三角波を同時に得られます．

▶標準ロジックのインバータを使う

回路によっては標準ロジックのインバータを使ってクロック信号を作れるので，汎用OPアンプが発振できない高い周波数での動作やロジックICとの混在に便利です．

いずれの回路もコンデンサの充放電回路とコンデンサの端子電圧を検出して充電か放電かを切り替えるコンパレータで構成されています．充放電のタイミングは，時間と電圧の関係で計算できます．

以前は単体のトランジスタを用いた非安定マルチバ

マイコンは最大発振周波数の1/2ぐらいで動かす　Column 1

● マイコン/LSI内蔵の反転増幅用インバータや帰還抵抗R_fは自分で選べない

例えば汎用インバータは**表A**のように発振周波数に適した特性があるので，この中から選択することができます．ところがLSI内蔵のインバータはICメーカがインバータを設計しているため，発振周波数に合わせたインバータを自分で選択することができません．

● だいたいは周波数が高い領域でゲインが不足気味

一般的にLSIは，内部の分周回路やPLL回路を駆使していくつかの周波数の水晶振動子が使えるように設計されています．ところが水晶振動子を発振させるためのインバータの特性はさまざまです．

特に使用可能な上限の周波数で水晶振動子を発振させるためのゲインが不足しているLSIが非常に多く存在します．

水晶発振回路では発振マージン(発振回路の負性抵抗÷水晶振動子の負荷時共振抵抗)の目安になるインバータの能力(ゲイン)は，低い周波数帯で大きく，高い周波数帯では小さくなります．そのような場合に，上限の周波数ではゲインが小さめになるため発振マージンが小さめになってしまい，発振回路の信頼性が劣ってしまいます．

● 現実解：上限発振周波数20 MHzのマイコンなら，1/2の10 MHzくらいで発振させるとベター

LSIのデータシートに「4 MHz，8 MHz，12 MHz，16 MHz，20 MHzが使用可能です.」などと比較的広い範囲が書かれている場合は，16 MHzや20 MHzのゲインが小さい場合があるので注意が必要です．

そのような場合には上限周波数の半分以下の周波数を選択すると十分に大きな発振マージンを得られやすくなります．例えば，4 MHz，8 MHz，12 MHz，16 MHz，20 MHzが使用可能なLSIの場合は8 MHzから12 MHzの間にクロック周波数を選ぶと発振マージンや励振電力やその他の諸特性が良好な水晶発振回路が得られやすくなります．　〈大川 弘〉

表A　ロジック反転に用いる代表的な汎用インバータ

汎用インバータ	TC4069UBP	TC74HCU04	TC74VHCU04
周波数帯[MHz]	10 MHz未満	10～20 MHz未満	20～30 MHz未満

イブレータという回路もよく使われました．

ICでは「タイマIC」と称されるNE555が有名です．

● ロジックICによる発振回路ではヒステリシス付きを使う

たまにロジックICなどで使われている**図18**の回路は注意が必要です．異常発振することがあるのです．

類似のほかの回路は，ヒステリシス付きのコンパレータかフリップフロップなどで充放電の切り替え電圧を検出しており，次の切り替え点までは間違って検出しないようにできています．

ところが**図18**の回路では比較レベルが検出前の方向に戻って波形が暴れます．大本の回路ではシュミット・トリガ回路(ヒステリシス付き入力回路)が使われていたのが，「伝承」するうちに忘れられてしまったと思われます．

〈佐藤 尚一〉

(初出：「トランジスタ技術」2012年4月号)

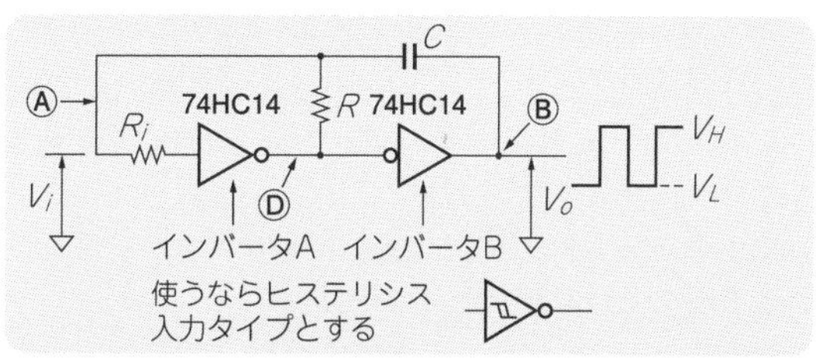

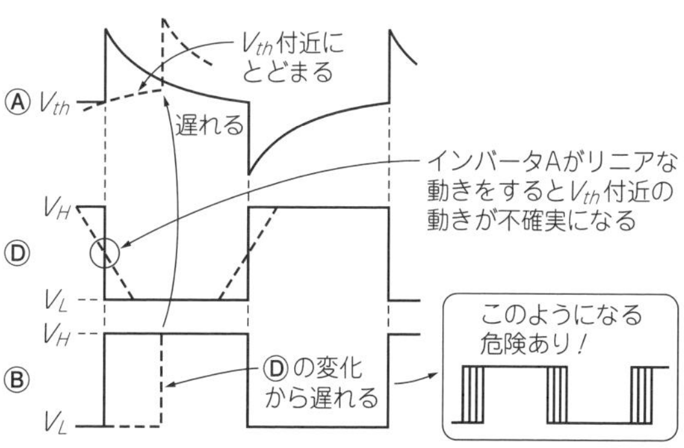

図18　要注意！　標準ロジックIC発振回路
この構成は異常発振するのでオススメしない．やるならヒステリシス入力タイプを使う

第7章 マイコンと周辺回路をつなぐために
絵とき！ マイコン/ディジタル回路

7-1 ディジタルICをつなぐ①：信号レベル

出す側と受ける側を上手に設定しながら伝えていく

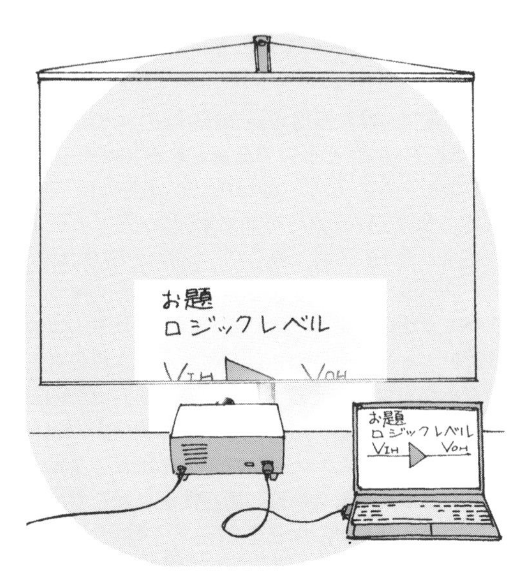

図1　ディジタル信号は出す側と受ける側の信号の大きさを上手に設定しながら伝えていく

● ディジタル回路は信号がHigh（ハイ）かLow（ロー）かを判定しながら動く

ディジタル信号を正しく伝えるには，出力信号のHighレベルを入力側でもHighレベルと，出力信号のLowレベルを入力側でもLowレベルと確実に認識できなければなりません．

出力側と入力側のHigh/Lowの電圧レベルがずれていると正しく信号が伝わりません．

図2に示すようにディジタル回路は，信号の電圧がある基準値より高い(High)か低い(Low)かを識別しながら動作しています．回路自体はアナログとまったく変わりなく，トランジスタや抵抗，コンデンサなどで構成されています．

● High/不定/Lowの電圧範囲はICによって決められている

ディジタル回路はノイズに強いのが強みです．Highとディジタル ICの仕様書を見ると，ある入力電圧(V_{IH})以上はHighとみなし，ある電圧(V_{IL})以下はLowとみなすように定められています．そのようすを示したのが**図3**です．

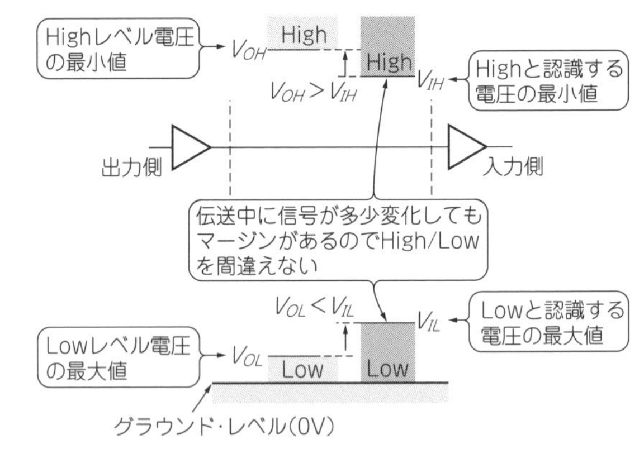

図2　HighとLowの電圧レベルは確実に認識される大きさにする
$V_{OH} > V_{IH}$, $V_{OL} < V_{IL}$が守られないとディジタル信号は正しく伝わらない

まず，信号を受ける側のICには，V_{IH}とV_{IL}が決められています．V_{IH}以上の電圧をHighとみなし，V_{IL}以下の電圧をLowとみなします．V_{IH}-V_{IL}間の電圧はどっちつかずの不定として扱われます．

● 出力側のICは基準電力(V_{IH}とV_{IL})に対して余裕のある電圧を出力すべき

信号を出す側のICは，V_{IH}/V_{IL}ピッタリの電圧を出していたのでは，出力電圧が不定になってしまう恐れがあります．V_{IH}より高いまたは，V_{IL}より低い十分なマージンのある電圧を出力します．V_{OH}/V_{OL}という値で規定されます．Hレベルの出力時はV_{OH}以上の電圧となり，Lレベルの出力時はV_{OL}以下の電圧となります．二つのICの入出力間で正常に信号がやり取りされるためには次の関係でなければなりません．

$$V_{OH} > V_{IH}$$
$$V_{OL} < V_{IL}$$

V_{OH}とV_{OL}は**表1**に示すようなICの規格で定められています．同じICでも動作電圧がフレキシブルな場合は電源電圧によって変る場合もあります．あまり難しく考えなくてもよいように設計されていますが，技術の進歩と共に規格が多様化しているのでIC個別のデータシートで確認する必要があります．

〈佐藤 尚一〉

（初出：「トランジスタ技術」2012年4月号）

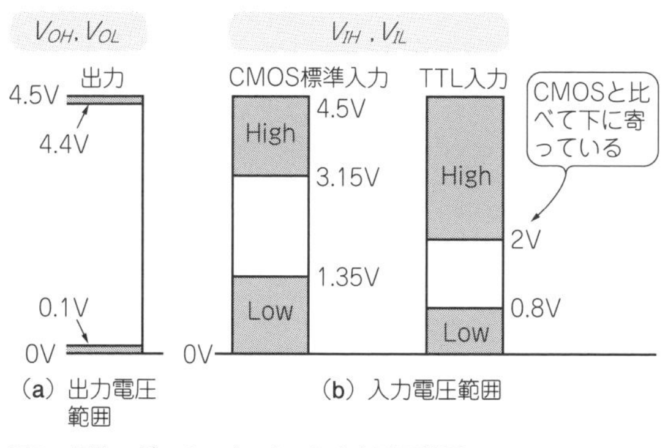

図3　標準ロジックIC(5 V)の入出力電圧範囲

表1　実際の標準ロジックICの入出力仕様

タイプ	TC74VHC244	CMOS(標準) TC74HC04A	CMOS(TTL入力) TC74HCT04A
V_{OH}	V_{CC} − 0.1 V	V_{CC} = 4.5 Vのとき 最小4.4 V	V_{CC} = 4.5 Vのとき 最小4.4 V
V_{OL}	0.1 V	0.1 V	0.1 V
V_{IH}	V_{CC} × 0.7	3.15 V	2 V (V_{CC} = 4.5〜5.5 V)
V_{IL}	V_{CC} × 0.3	1.35 V	0.8 V (V_{CC} = 4.5〜5.5 V)
備考(条件)	I_{OH} = − 50 μA, I_{OL} = 50 μA	I_{OH} = − 20 μA, I_{OL} = 20 μA	

7-2 ディジタルICをつなぐ②：電源電圧

入力側ICの許容電圧の確認を怠ると壊れるかも

図4　電源電圧の異なるIC同士をつなぐときは，入力側ICの許容電圧を必ず確認する

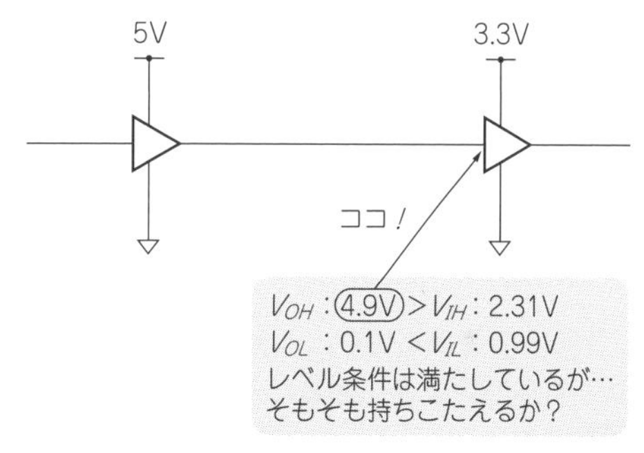

図5　入力側の電源電圧(5 V)が出力側の電源電圧(3.3 V)より高いと壊れるかも

ディジタル回路の電源電圧の主流は5 Vや3.3 V，2.5 V，1.2 Vなどです．電源電圧はどれかに統一できればよいのですが，現実には混在しています．

入力側のICの電源電圧が出力側のそれより低く，かつ電源側にダイオードが内蔵していると，ダイオードを経由して電源に電流が流れ込み，入力側ICが壊れることがあります．

● いろいろな電源電圧のディジタルICが混在するとつなぐのが面倒

ディジタル回路の電源電圧は，30年ほど前までは＋5 Vでほぼ統一されていましたが，現在では3.3 V，1.8 V，1.2 Vのように多岐に渡っています．

図2に示すように電源電圧の違うICが混在している場合は，両者の信号ラインは単純につなぐことができません．

アナログ回路は割と簡単で，アッテネータ(減衰器)やアンプ(増幅器)で信号レベルを調節すれば済みます．しかしディジタル(ロジック・レベル)はそういうわけにはいきません．

● 入力側ICの電源電圧が出力側ICの電源電圧より低いときは破壊に注意

ディジタルICは，ある決まった電圧(しきい値電圧)を境に入力電圧が“H”なのか“L”なのかを判定します．**図2**で説明したように，入出力共に一定の余裕電圧を持った限界値が定められています．

このときつながった相手を壊さないように注意が必要です．

ディジタルICの入力には，内部で**図6**のような保護ダイオードが接続されています．高電圧側の出力で定電圧側の入力を駆動するとこのダイオードに過大な

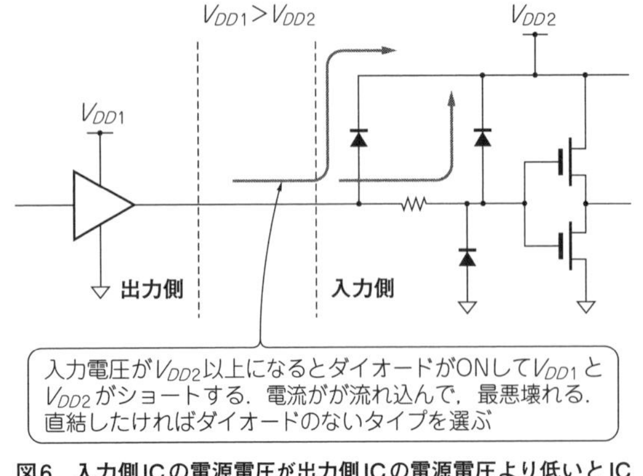

図6　入力側ICの電源電圧が出力側ICの電源電圧より低いとICが壊れるかもしれない
入力端子の電源側に入っている保護ダイオード経由で電源に電流が流れ込み，入力側ICが壊れる．レベル変換可能なタイプなどを使う

電流が流れてICが損傷する恐れがあります．

▶入力端子の保護ダイオードのないレベル変換IC

標準ロジックICのシリーズでも「レベル変換可能」と称するもの(74VHCシリーズなど)はこのダイオードをもっていません．

この保護ダイオードは静電気を電源に逃がすのが主な目的ですが，あらゆる過大電圧の入力に耐えるほど強くありません．逆に他の方法で静電破壊に耐えることができれば，なくてもOKというわけです．

● 入力側ICの電源電圧が出力側の電源電圧より高いときはL/Hの判定ミスに注意

電源電圧の低いICの出力で電源電圧の高いICの入力を駆動する場合，**図7**のように出力側ICの高レベル出力電圧V_{OH}が入力側ICの高レベル入力電圧V_{IH}より低くなる恐れがあります．

この場合，入力側をしきい値電圧の低いTTL入力レベルのもの(標準ロジックでは74HCTなど)で受けるなどの対策が必要です．

現在では需要に対応して，TC74LCXR164245など専用のレベル変換ICも多種用意されています．

▶ディスクリート・トランジスタで対策

図8のように，単体のトランジスタでも対応できますが，専用のディジタルICに比べて速度が遅いです．オープン・コレクタ(ドレイン)出力のICを使ってもよいでしょう．ただしオープン・ドレイン端子でも**図9**のように保護トランジスタが入っている場合があります．

● A-Dコンバータの入力電圧範囲

マイコンにもアナログ入力に対応したA-D変換器が標準的に内蔵されるようになりました．

アナログ信号のレベル変化は連続的で，ディジタル

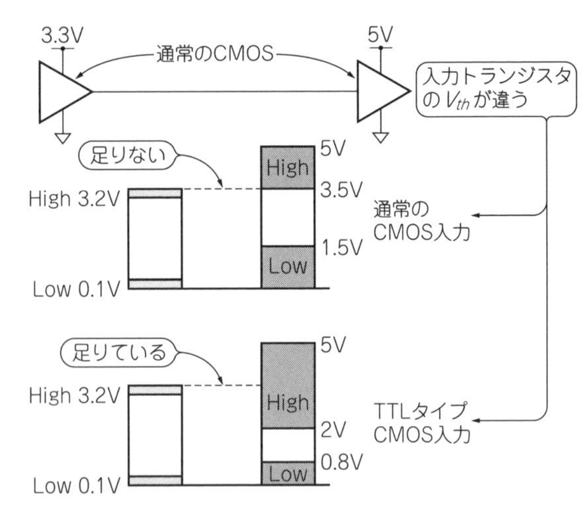

図7　入力側ICの電源電圧が出力側ICの電源電圧より高いときは，TTL入力タイプのICなどを使ってHighレベルを確実に認識させる

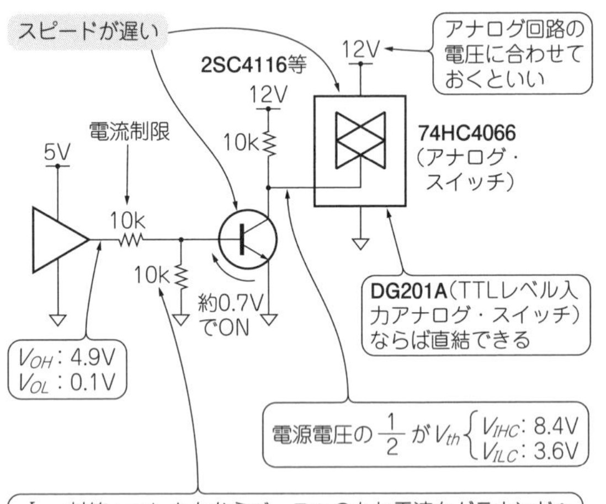

図8　入力側ICの電源電圧が出力側の電源電圧より高いときは，トランジスタを使う

のように不定な状態にはなりません．

A-D変換器に加えられる入力電圧の範囲はV_{DD}/V_{ref}/V_{SS}の供給の仕方で決まります．次のような方法があります．

- 下限値を0 V(V_{SS})として上限値V_{ref}を外部から与える
- 限値，下限値を内部でV_{DD}，V_{SS}に固定する(**図10**)
- 上限値，下限値とも外部から与える［**図11(b)**］

いずれにしても，アナログ入力電圧をこの範囲内に収めなければ正常な変換結果を得ることができません．

また**図12**のように前段アンプをマイコンと電源を共通にすることで，上限値をV_{DD}にしてしまうと，A-D

開発時にしか使わない外部インターフェースの変換には外付け治具を作っておくと便利

Column 1

高機能なLSIやモジュールのおかげで，電子回路がわりと簡単に作れるようになりました．そんな中で目の上のタンコブなのが電圧レベルの問題です．

機能的にはあっちをこっちにつなぐだけなのに，実際は電圧レベルを変換しなければならないことがよくあります．

フラッシュ書き込み用RS-232-C信号のように基板から外に出る信号線で，開発やメンテナンス時にしか使わないような場合，変換機能だけを別の小型基板に作っておくと便利です．

RS-232-Cは代表的なものですが，JTAGやディジタル・オーディオ(SPDIF)，USBなども変換治具を作っておくと便利で使い回しがききます．バージョンアップもわりと容易です．

このような変換基板はメインの基板から配線で引き出して使うことが前提となります．

高速の信号線を適当に延ばしてしまって動作不良にならないように電圧レベル以外の信号仕様にも注意してください．

〈佐藤 尚一〉

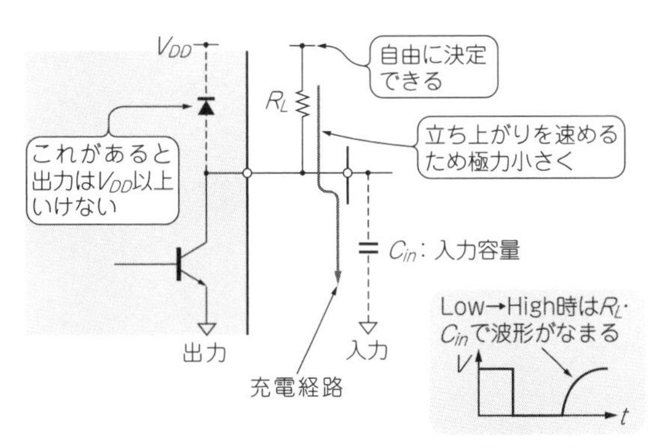

図9 入力側ICの電源電圧が出力側ICの電源電圧より高いときはオープン・コレクタ出力のICを使う

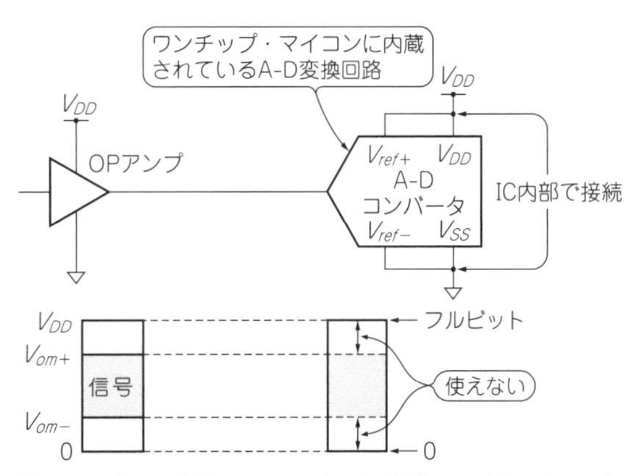

図10 マイコン内蔵A-Dコンバータは前段アンプをマイコンと電源を共通にするとA-D入力の最大電圧まで振り切れない

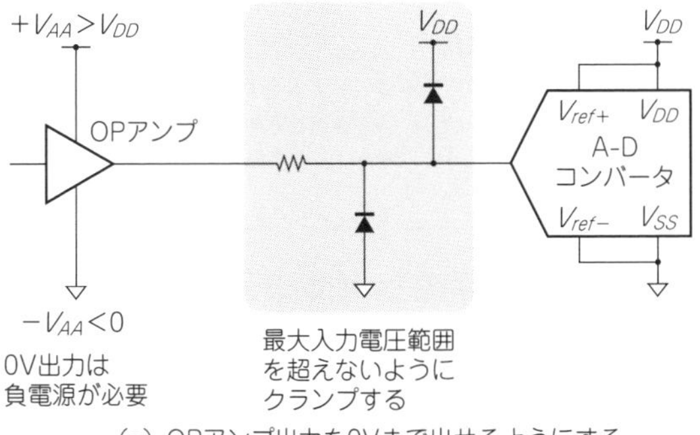

(a) OPアンプ出力を0Vまで出せるようにする

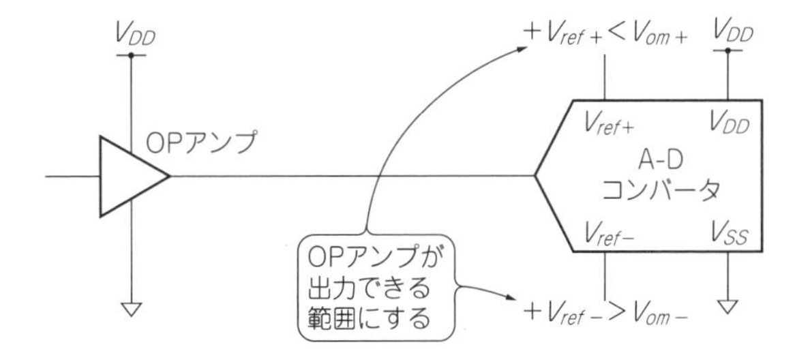

(b) OPアンプ出力をA-Dコンバータでフルに受けられるようにする

図11 前段アンプから0Vを出力したい(A-Dコンバータに0Vを入力したい)**場合は工夫が必要**

入力のフルスケールまで振り切れません．

下限値側が0Vを基準としている場合は要注意です．単電源のOPアンプは完全な0Vを出力できないからです．**図12(a)**のように負電源を使うか，**図12(b)**のようにV_{ref}をアンプが出力できる範囲にする必要があります．

〈佐藤 尚一〉

(初出：「トランジスタ技術」2012年4月号)

7-3 リセットICは初期化ICというよりスタータIC

クリアした状態で止めておき一斉にスタートさせる

図12　リセット回路は一斉スタート機能が重要

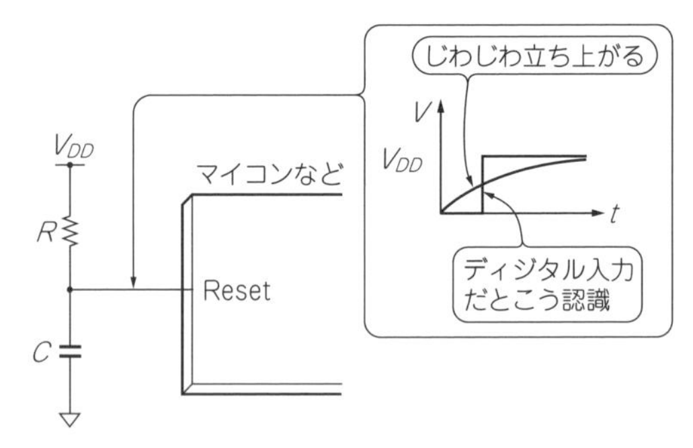

図13　リセット回路の例
簡単なアナログ回路だが動かないと致命傷になる

リセットは名前のとおり，状態を初期化する機能です．電源投入直後のディジタル回路はてんでんばらばらの状態ですが，それをクリアした状態で止めておき，ころあいを見計らって一斉にスタートさせます．リセットICは，初期化ICというよりスタータICといったほうが適切です．

リセット回路の役割

● その1：初期化

ディジタルICには内部のハードウェアを初期状態に戻すための端子(リセット端子)が備わっています．**図13**に示すように，その端子に初期化のための信号を与えるのがリセット回路の役割です．

「リセット・スイッチ」は，デスクトップ・パソコンには備わっているものの，ノート・パソコンにはなく，あってもよほどのことでないと押しませんから，何だかリセットは必要のないように思えますが，そうではありません．

● その2：待機＆一斉スタート

リセット信号には初期化以外に，回路を動かないように止めておくという重要な役割があります．ディジタル回路が通常動作時にハードウェア・リセットを必要とすることは稀(まれ)ですが，電源の立ち上げ時には回路を止めておく必要があります．

電源投入直後のディジタル回路はてんでんばらばらです．リセット信号はそれをクリアした状態で止めておき，ころあいを見計らって一斉にスタートさせます．

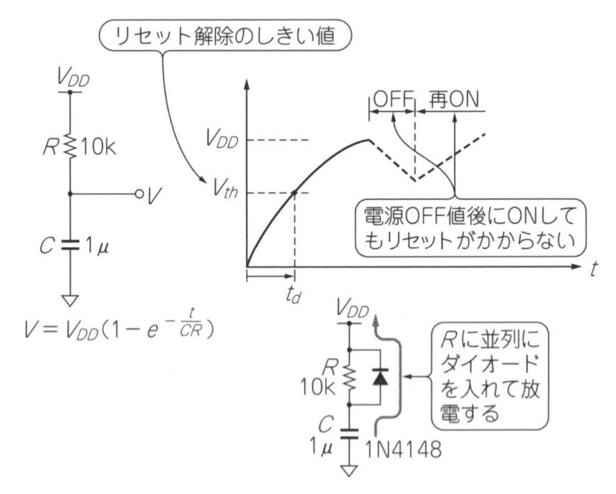

図14　*RC*リセット回路
V_{DD}が立ち上がっていないときは，リセットをかけたまま(回路を止めたまま)．V_{DD}が立ち上がれば，$V > V_{th}$でリセットを解除する．連続リセットしたい場合はダイオードを*R*に並列に入れる

実際のリセット回路

● 基本の*RC*回路

リセット・スイッチを設けて電源立ち上げのたびに押せばよいのかもしれませんが，面倒臭くてそうもいきません．やり方が悪いとリセットを掛ける前に勝手な動きをします．そこで使用されるのがコンデンサ(*C*)と抵抗(*R*)による遅延を利用した，**図14**に示すような回路です．

機能的に不完全なところもありますが，実用的には十分です．この機能をそのまま内蔵しているICもあります．

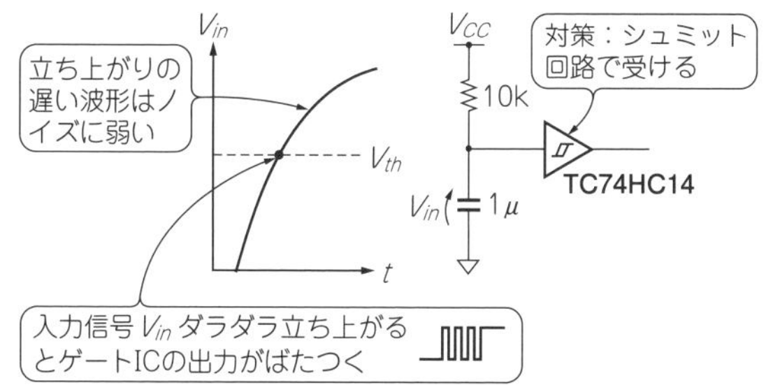

図15　ばたつきたくなければシュミット入力で受ける

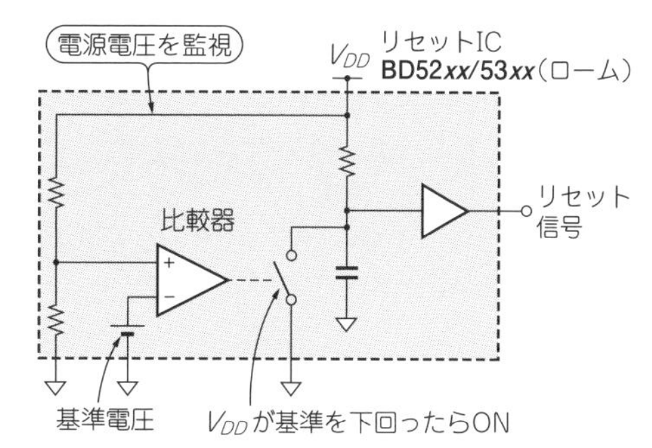

図16　瞬断を検知する回路
リセットIC回路の典型

● 連続リセットに対応したければダイオードを*R*と並列に入れる

*RC*リセット回路は，電源投入後，コンデンサが充電されている最中だけ働きます．

いったん電源が立ち上がり，コンデンサが満充電状態になると動かなくなります．電源を切ってすぐ入れなおすと，コンデンサにたまった電荷が抜け切らないうちに，電源が再投入されるので，リセット回路は動作しません．

このようなリセット回路をもつ装置でコンセントの抜き差しを繰り返すと，マイコンの電源電圧がいったん動作範囲以下に低下したのち，リセット回路が動作しないまま，電源電圧が通常値に戻ります．マイコンはこのような状態になると，内部のロジック回路の状態がおかしくなり暴走します．

ダイオードは，電源をOFFした直後，すみやかにコンデンサにたまった電荷をグラウンドに流し出し，コンセントを抜き差しするたびに確実にリセット回路が動作するようにするために必要です．

● ヒステリシス入力で受ける

*RC*回路は電圧変化が緩やかです．このようにゆっくり立ち上がる信号をリセット端子に入力すると，入力回路のしきい値電圧付近で，判定論理が“L”になったり“H”になったりします．立ち上がりの遅い波形はノイズに弱いのです．こんなときは，ヒステリシス特性をもつシュミット型の端子に入力します(**図15**)．

多くのマイコンのリセット入力端子の内部回路はシュミット特性をもっています．そうでない場合は，*RC*リセット回路は使わないほうが無難でしょう．

表2　各社の代表的なリセットIC

型　名	メーカ名
ADM6348	アナログ・デバイセズ
STM809	STマイクロエレクトロニクス
MAX6340	マキシム
PST36xxNR	ミツミ
RNA51951A	ルネサス エレクトロニクス
BD52xxG	ローム

● 瞬断なども検出できるリセットIC回路

電子回路によっては，電源電圧が低下してくると，異常な動作をし始めます．このようなときは，リセットをかけて暴走を避けます．

暴走しないようにするには，電源電圧をコンパレータで監視し，基準電圧以下になったらリセット信号を出します．**図16**に示すのは，*RC*回路に瞬断検出機能を追加したリセット回路です．

個別の部品で作るのは面倒です．また，リセット回路は電源立ち上げ時や電圧低下時の電源電圧が怪しい状態でも，正常にそして確実に動作しなければなりません．そこで，**表2**に示すように各社から専用のリセットICが市販されています．

検出電圧を抵抗で細かく設定できるものもあります．基準電圧ごとのバージョンを用意しているものもあります．

さらにウォッチドッグ機能(ハードウェアによるプログラムの動作監視機能)や，複数回路の立ち上げ順序を決めるシーケンサなど，進んだ機能のICもあります．

〈佐藤 尚一〉

(初出：「トランジスタ技術」2012年4月号)

7-4 ディジタル・ポートでアナログ信号を出力できるPWM回路はこうやって動く

D級アンプや電源回路にも重宝する

図17　食べる量は，器の大小ではなく，盛り方で調節

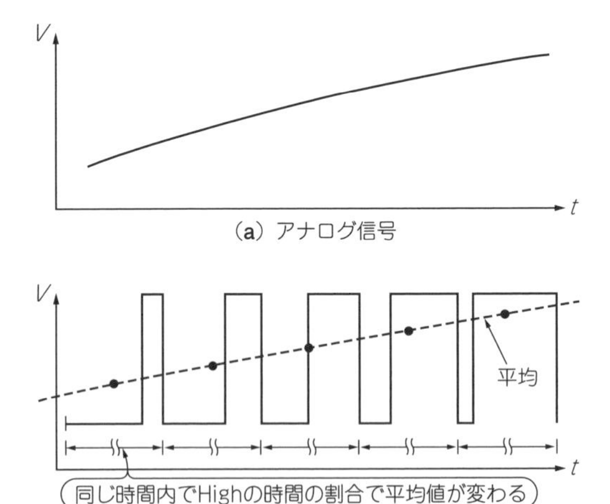

図18　信号の幅(時間)で電圧値を表すPWM信号
振幅は固定だが，一定時間にHighになっている割合で平均値が変わる

PWM(パルス幅変調；Pulse Width Modulation)は，**図18**に示すようにパルス信号の“L”と“H”の時間比率(デューティ・サイクル)を変えることで，信号の電圧を表す変調方式です．“L”か“H”のON/OFFを利用する技術なので，ディジタル回路を使って実現できます．多くのマイコンがタイマ機能の一つとしてPWM出力機能を搭載しており，D-A変換の一つともいえます．D級アンプや電源回路にも利用されています．

● PWM信号生成の原理

アナログPWM変調器は**図19**に示すように，コンパレータに信号と周期的な搬送波を入力します．時間に対して直線的に変化する三角波やのこぎり波(搬送波)と入力信号を比較すると，周期が同じで入力信号に比例してHighの時間が変わるパルス列を得ることができます．

原理は簡単ですが回路規模は意外と大きくなります．そこで，比較的シンプルな自励式と呼ばれる回路で動作を解説します．自励式は，発振回路に抵抗を追加するだけで実現できるので，実験なども簡単です．

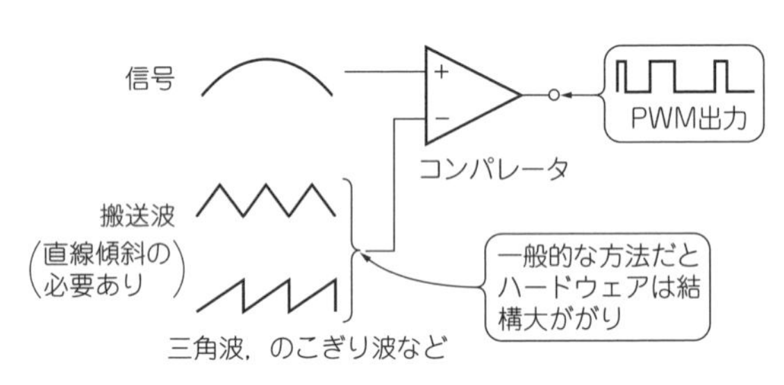

図19　PWM信号を生成する原理
周期的＆直線的に変化する三角波やのこぎり波と入力信号を比較すると，電圧の平均値に比例したパルス幅のPWM信号が得られる

● 発振回路に抵抗を1本追加するだけ

図20は自励式のPWM信号生成回路です．6-6項で紹介した発振回路(弛張発振回路)に抵抗R_iを追加しただけの回路です．

図21に示すように，そのままだとHighとLowの時間が等しい矩形波(方形波)を出力しますが，抵抗経由でコンデンサを充電することにより，Ⓐ点の電圧が三角波になります．この三角波の角度によって出力のHighとLowの時間が決まります．

ここに追加する抵抗R_iをつないでV_{in}に＋の電圧を加えると，下りの坂道部分でのコンデンサの充電は早まります．よって下りの坂道部分の角度が急になり，Highの時間は短くなります［**図22(a)**］．

一方で登りの坂道部分は抵抗経由の電流とR_iからの電流は逆方向なので，充電電流は少なくなり角度がゆるくなります．その結果Lowの時間は長くなります［**図22(b)**］．

V_{in}が－の時は逆にHighの時間が長くLowの時間が短くなります．このような動作で，入力電圧の大小によってHighとLowの時間の比が変わります．

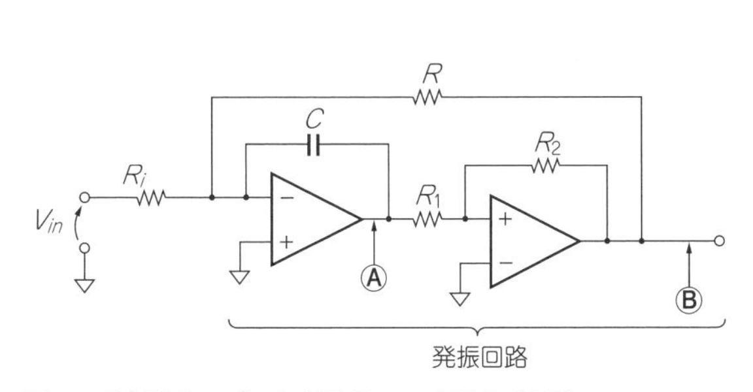

図20　比較的シンプルな自励式PWM信号生成回路
発振回路に抵抗を1本追加するだけ

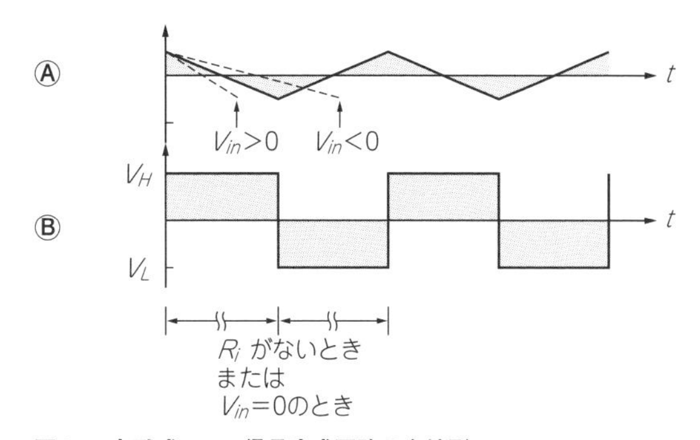

図21　自励式PWM信号生成回路の各波形
V_{in}を入力することでデューティ比50%の方形波がPWM信号になる

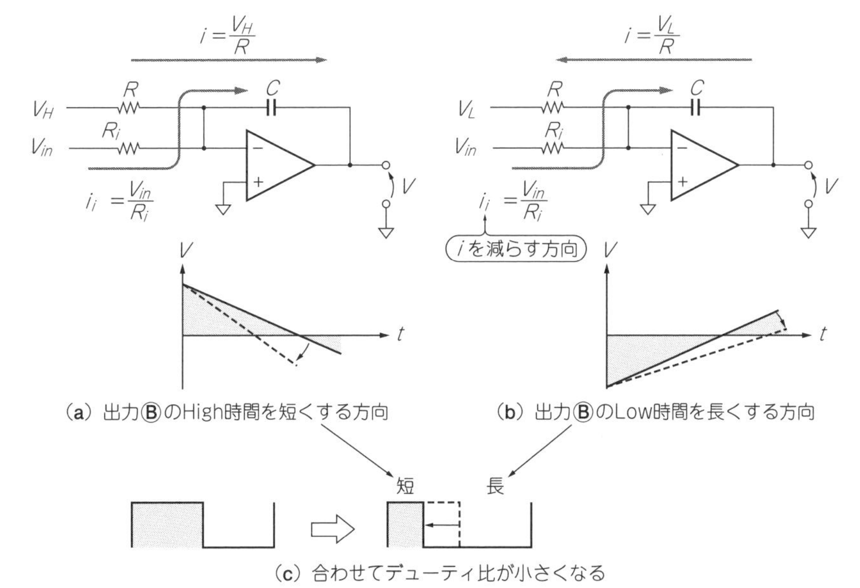

図22　入力段R_iの抵抗値が小さくなるほどデューティ比が小さくなる
R_iを追加することはHigh期間を短くし，Low期間を長くする方向に働く

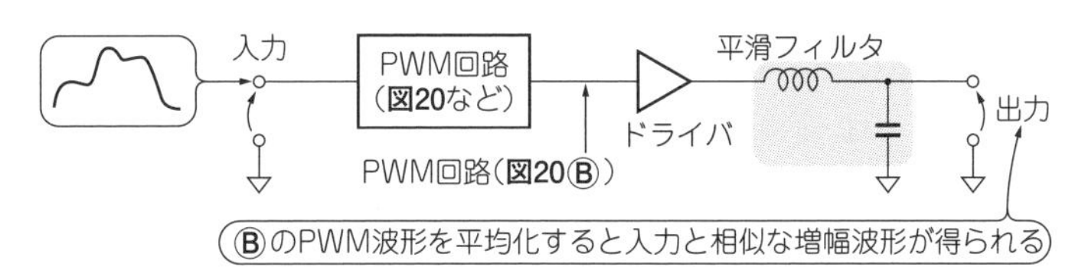

図23　D級アンプにはPWM回路が使われている

● D級アンプなどで使われている

同じ原理が**図23**のような形でD級アンプなどに応用されています．実用化にはドライバ回路を用いてパワーの増強などを考える必要がありますが，**図20**の回路を用いて実験的にHigh/Lowの出力を平滑フィルタなどで平均化すれば，入力と相似な増幅波形が得られます．

〈佐藤　尚一〉

（初出：「トランジスタ技術」2012年4月号）

7-5 A-Dコンバータと折り返し雑音の発生

信号よりサンプリング周期が遅いと波形が違って見えてしまう

図24　のぞき見る周期よりも速い運動をすると，実際の動きとは違って見える

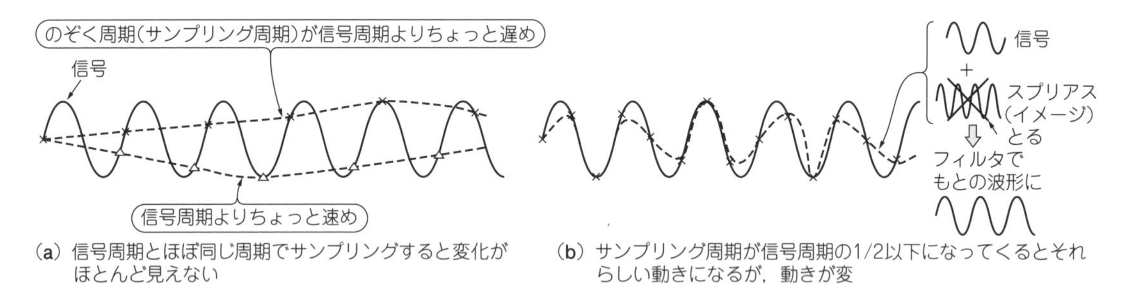

(a) 信号周期とほぼ同じ周期でサンプリングすると変化がほとんど見えない

(b) サンプリング周期が信号周期の1/2以下になってくるとそれらしい動きになるが，動きが変

図25　サンプリング周波数の1/2以上の周波数の信号をA-D変換すると元信号にはない邪魔な信号が生まれる

A-Dコンバータは，アナログ信号を周期的にサンプリングします(のぞき見る)．このとき**図25**に示すようにアナログ信号の周波数がサンプリング周波数の1/2より高いと，実際の変化よりも遅く見えます．この現象のことを折り返し雑音と呼び，A-Dコンバータを含むすべてのサンプリング装置において発生します．

● 変換速度の遅いコンバータでA-D変換すると，アナログ信号を正しくとらえられない

前処理なしに，いきなりアナログ信号をディジタル化して信号処理する装置が増えました．しかし，A-D変換の速度(サンプリング周波数)が，元のアナログ信号の変化速度(周波数)より十分速くないと，元のアナログ信号を正しくディジタルに変換することができません．

蛍光灯の下で扇風機の羽など回転するものを見ると，電源周波数で点滅している光と羽の動きとの干渉縞が見えることがあります．そしてその干渉縞は羽の動きとは関係ない速さで回転したり羽の回転方向とは逆に回ったりします．信号のA-D変換時も同じことが起こります．

▶サンプリング周波数の1/2より高い周波数の信号をA-D変換すると雑音が生まれて加算される

サンプリング定理と呼ばれる信号理論によれば，一定周期でアナログ信号を正しく標本化(ディジタル化)したいなら，信号周波数の最大値は標本化周波数(標本化する周期の逆数)の1/2以下でなければならないことになっています．

では，それ以上はどうかというと，まともに変換された信号に分離できない雑音として加算されます．この雑音を折り返し雑音(エイリアシングともいう)と言います．

● 折り返し雑音はA-D変換すると必ず起こる

折り返し雑音は，珍しい現象でもなんでもありません．時間変化のあるアナログ(連続)信号を標本化すれば必ず起こります．例えば，何らかのアナログ値をA-D変換で何度か取り込んで平均化しても値が安定

A-D変換は2段階処理 Column 2

時間的に連続した信号をディジタル処理する前段階として，ある瞬間の値を動きを止めて取り込む必要があります．連続した処理を行うには一定時間間隔で周期的にデータを取り込み続けます．これを標本化(サンプリング)といいます．標本化を行う信号処理は**図A**のように2タイプありますが，どちらも速い動きがおかしく見える問題が生じます．

マイコンにも内蔵されているA-Dコンバータでは,「標本化」と共に電圧をディジタル化する「量子化」もあわせて行います．ディジタル信号処理の代表的手法であるPCM(パルス・コード変調)と呼ばれます．

＊

標本化だけで量子化を行わない信号処理を行う例はD級アンプやスイッチト・キャパシタ・フィルタ(SCF)などがあります．これらはディジタル信号処理ではありません．

〈佐藤 尚一〉

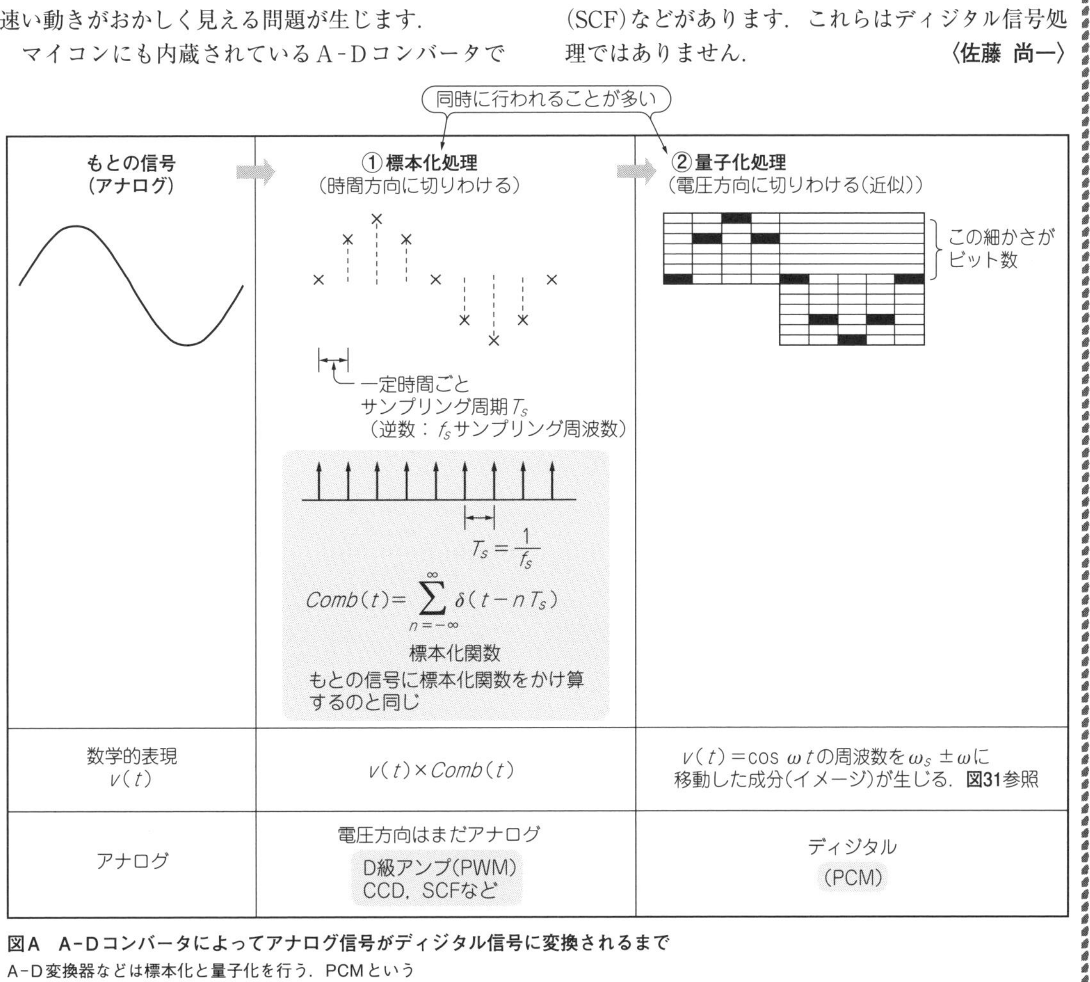

図A　A-Dコンバータによってアナログ信号がディジタル信号に変換されるまで
A-D変換器などは標本化と量子化を行う．PCMという

しないという症状に見舞われます．これを避けるには，標本化周波数の1/2以下に入力信号の周波数帯域を制限するフィルタを追加する必要があります．

〈佐藤 尚一〉

(初出：「トランジスタ技術」2012年4月号)

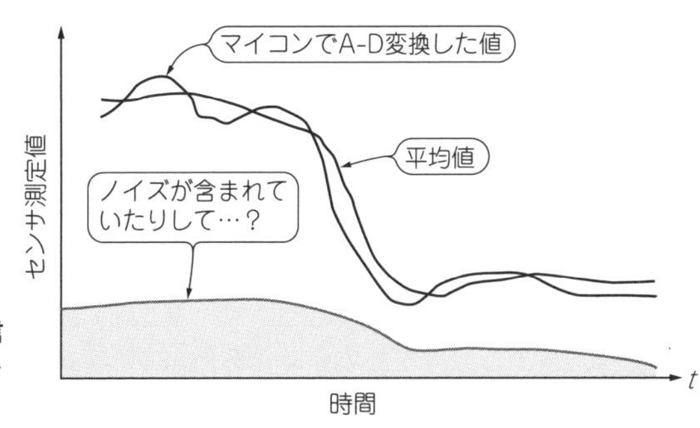

図26　ホントにだいじょうぶ？　すごくゆっくりしたセンサ信号などをマイコンに取り込んでいるときも，エイリアシングを生じさせるような高周波ノイズがのっているかもヨ

7-6 折り返し雑音を除去する アナログ・フィルタのいろいろ

A-D/D-A変換回路に欠かせない

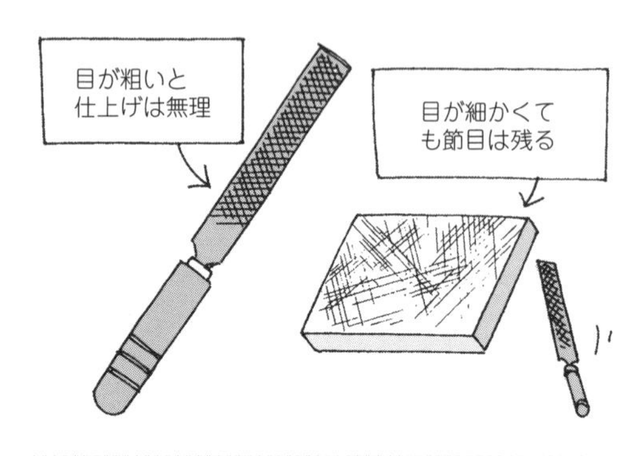

アナログ→ディジタル変換時に細かいキズを取り込まない
ディジタル→アナログ変換時にスジ目を残さない
アナログ・フィルタが必要
スジ目なし！

図27　目の粗いヤスリ(遅いサンプリング)では仕上げはムリだが，目の細かいヤスリ(速いサンプリング)でもスジ目は必ず残る

アナログ信号をサンプリングしたときに必ず発生する高周波ノイズ(折り返し雑音)は，いったん信号と重なってしまうと分離できなくなります．サンプリング周波数を高くすると信号と重ならなくなりますが，折り返し雑音がなくなるわけではありません．

図28に示すようにA-D変換器の前にアナログ・フィルタを入れて，信号だけを取り込みます．

折り返し雑音は元の信号成分と標本化で生じた虚像(イメージ)成分が干渉することで起こります．イメージの発生原理は**図29**に示します．A-D変換の原理的に発生します．

部品の不備など特別な条件下ではなく標本化を行うことで必ず発生します．

● 「虚像」が信号帯域に重なると除去不可能になる

標本化周波数(標本化する周期の逆数)が信号周波数より十分に高ければ，イメージは信号周波数よりも高い周波数に発生します．ところが信号周波数が高くなってくると，イメージの周波数が信号と近づいていき，ついには**図30**のように重なってしまいます．こうなるとイメージの信号に識別印が付いているわけではないので信号成分と分離できなくなります．これが折り返し雑音(エイリアシング)です．

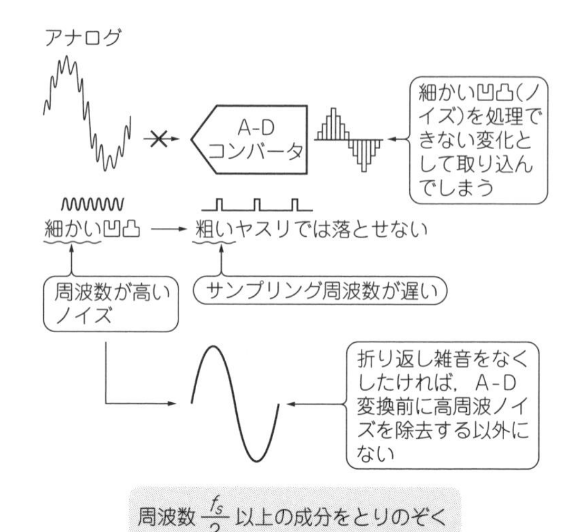

周波数 $\frac{f_s}{2}$ 以上の成分をとりのぞく

図28　A-D/D-A変換にアナログ・フィルタは欠かせない

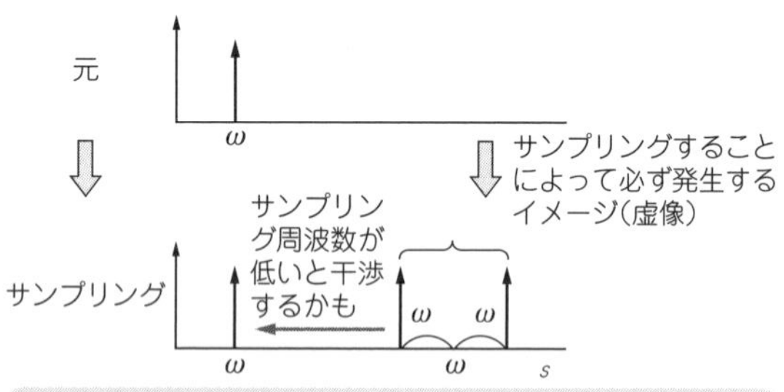

$Comb(t)$ は f_s の整数倍の周波数の正弦波の1次結合で表すことができる．

$$Comb(t)=\sum_{n=-\infty}^{\infty} a_n \cos n\omega_s t \quad (\omega_s=2\pi f_s)$$

$v(t)=\cos \omega t$ として，$Comb(t)$ の $n=1$ の成分を考えてみると，

$$\cos \omega_s t \times \cos \omega t=\frac{1}{2}\{\cos(\omega_s+\omega)t+\cos(\omega_g-\omega)t\}$$

$\cos(A+B)=\cos A \cos B-\sin A \sin B$
$\cos(A-B)=\cos A \cos B+\sin A \sin B$
$\cos(A+B)+\cos(A-B)=2\cos A \cos B$
より

図29　折り返し雑音の発生は数学で説明できる

● 折り返し雑音の取り除き方

サンプリング周波数が入力信号の周波数帯域より十分高ければ，アナログ・フィルタの設計がラクになります［**図31(a)**］．もちろん，サンプリング周波数を上げるとデータ量は増大しますし，高性能のハードウェアが必要になります．

(a) アナログ信号の周波数成分(スペクトラム)例

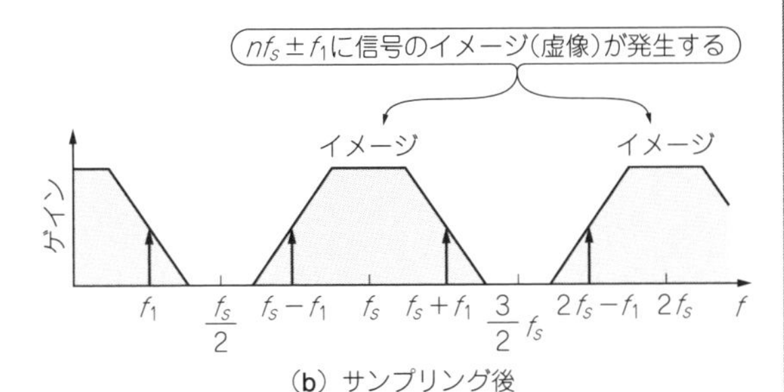

(b) サンプリング後

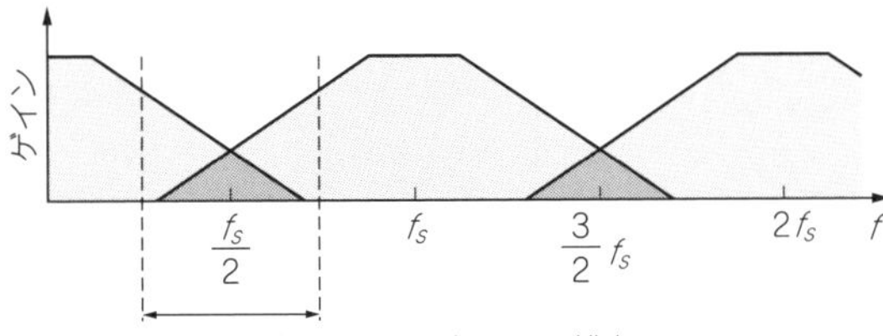

(c) 折り返し雑音の発生

図30 いったん信号に折り返し雑音が加わると二度と取り除くことができなくなる

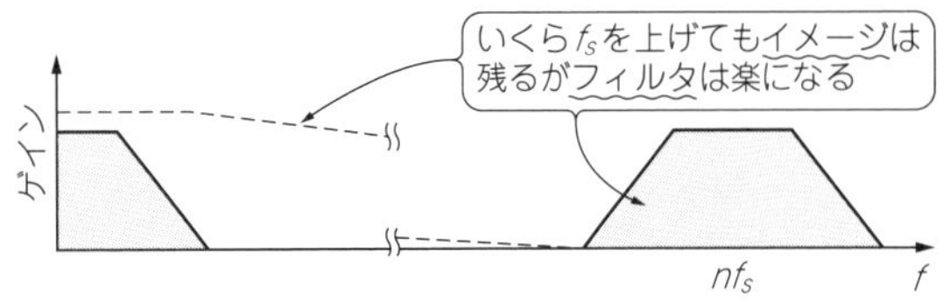

(a) サンプリング周波数が非常に高い場合

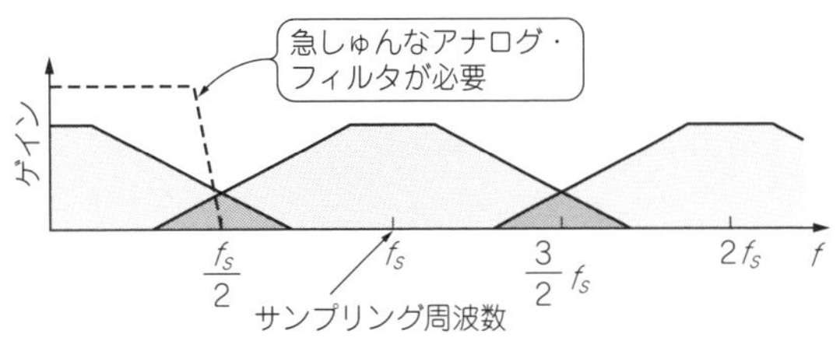

(b) 1倍の普通のサンプリング

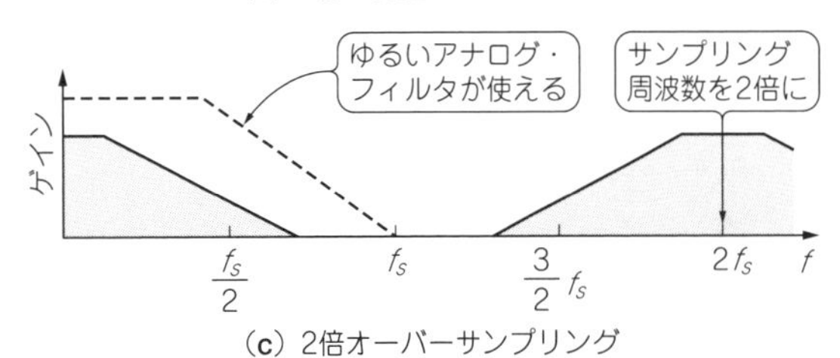

(c) 2倍オーバーサンプリング

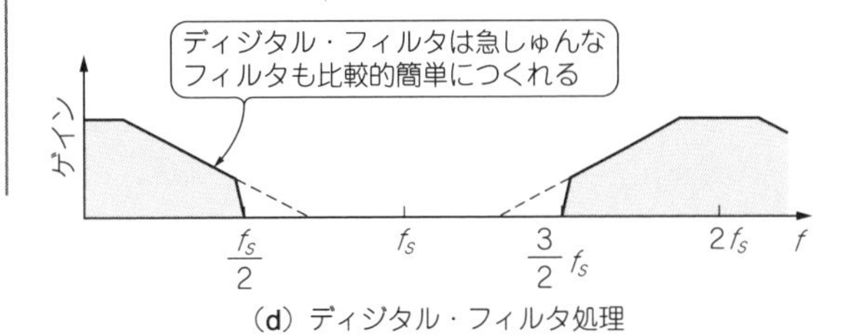

(d) ディジタル・フィルタ処理

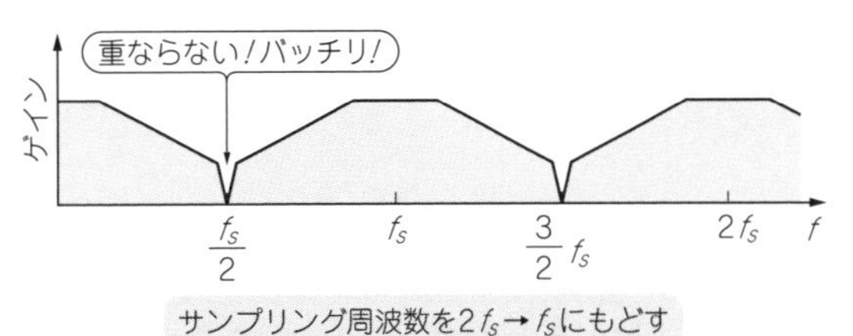

(e) デシメーション(間引き)サンプリング

図31 サンプリング周波数を入力信号の帯域数倍に設定すればアナログ・フィルタの設計がラク

図31(b)のように信号帯域をあまり犠牲にしない$f_s/2$ギリギリの周波数でサンプリングすると仮定します．この場合，サンプリング周波数の1/2で急しゅんな遮断特性をもつアナログ・フィルタが必要になります．ディジタル・フィルタを使えば，アナログ・フィルタでは困難な急しゅんな特性を実現できますが，折り返し雑音はサンプリングの処理中に生じるため，処理はアナログで行う必要があります．

そこで，必要なサンプリング周波数の整数倍でとりあえずサンプリングを行います．すると，**図31**(c)のように信号とイメージ(折り返し信号)の間隔があきます．アナログ・フィルタによる前処理もゆるやかなフィルタでよいことになります．

こうして取り込んだ信号は折り返しによる重なりがありません．ディジタル・フィルタ処理も正常にできるので，ここで**図31**(d)のように本来のサンプリング周波数の1/2以下に帯域制限してしまいます．

この段階で実際のサンプリング周波数はもともとの整数倍で動いています．ここから本来のサンプリング周波数になるようにデータを間引くと，イメージはサンプリング周波数を中心に復活します［**図31**(e)］．信号との重なりは取り除かれます．

● サンプリング周波数を上げるだけでは虚像はなくならない

サンプリング周波数を信号の周波数帯域よりも十分高くとれれば，イメージの周波数を高いほうに追いやることができます．

しかし，イメージそのものがなくなったわけではありません．

D-A変換などで信号を再びアナログに戻そうとすると，復活してしまいます．

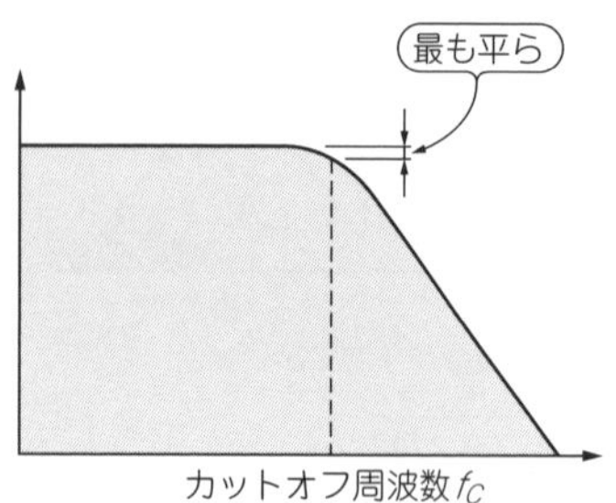

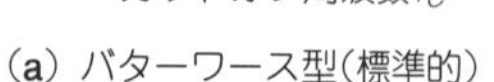

(a) バターワース型(標準的)

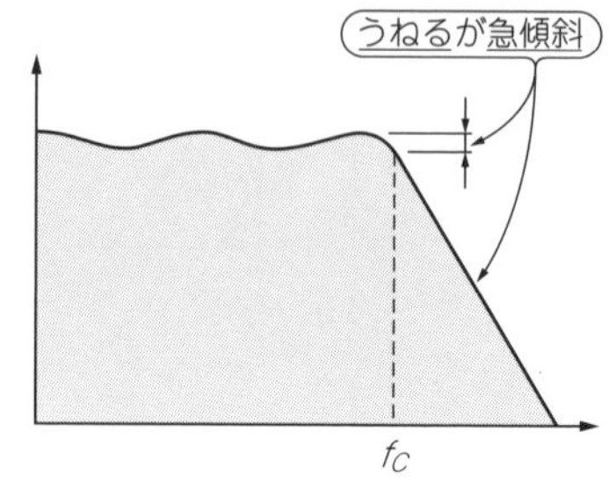

(b) チェビシェフ型(切れがよい)

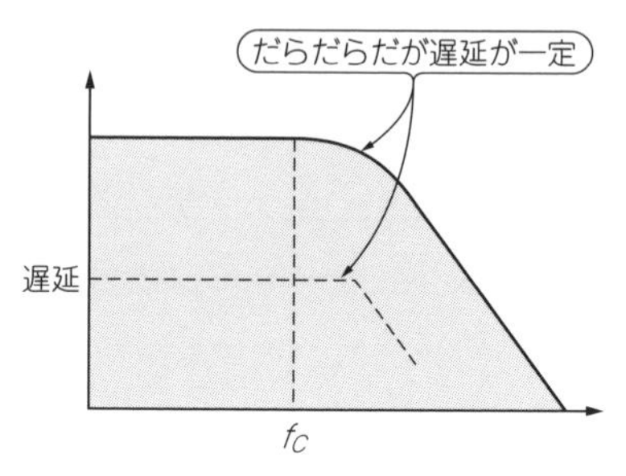

(c) ベッセル型(波形変化が小さい)

図32　フィルタの型
遮断特性の鋭さを優先したり，位相変化の小ささを優先したりできる

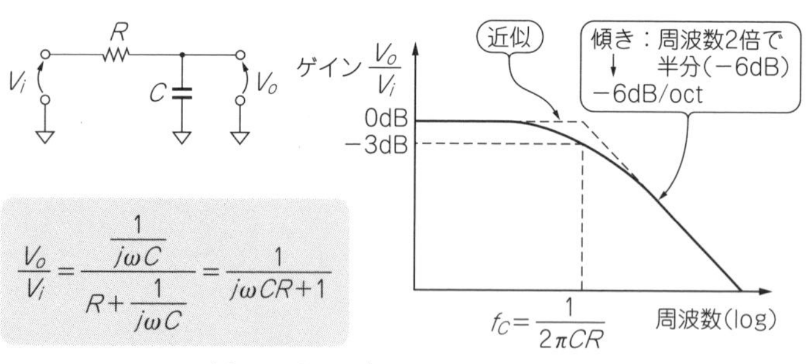

(a) 1次パッシブLPFの回路と遮断特性

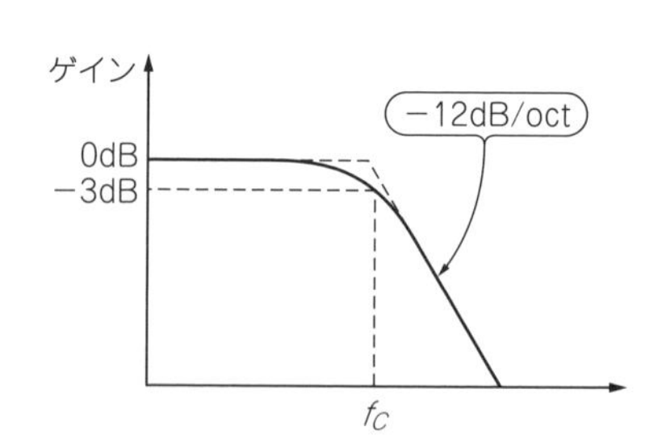

(b) 2次バターワースLPFの切れの良さは1次のパッシブ回路を2段つなげても実現できない

図33　フィルタは何段もつなげる(次数を上げる)**ほどしゃ断特性が急峻になる**

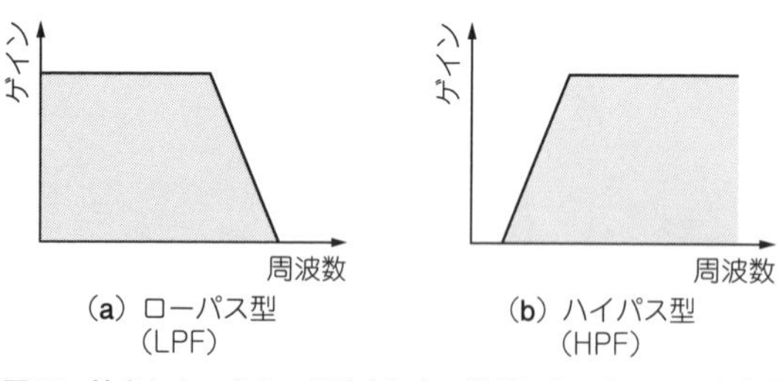

(a) ローパス型 (LPF)　(b) ハイパス型 (HPF)

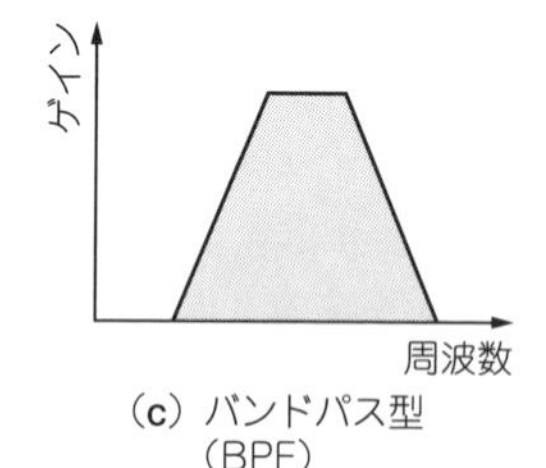

(c) バンドパス型 (BPF)

(d) バンドエリミネーション型(BEF)

図34　抽出したいあるいは除去したい帯域に合ったフィルタを選ぶ

折り返し雑音を除去するフィルタのいろいろ

● 低周波帯域での主力はアクティブ・フィルタ

フィルタには，次のようなタイプがあります．

この中で低周波では，アクティブ型が一般的です．特性と次数は基本的な回路の縦続接続で実現します．

▶パッシブ型とアクティブ型

L，R，Cだけを使用したパッシブ型と，アンプの帰還を利用したアクティブ型があります．

▶バターワース/チェビシェフ/ベッセル型

フィルタには型があり，その選択によって遮断特性の鋭さを優先したり，位相変化の小ささを優先したりすることができます．**図32**のバターワース型，チェビシェフ型，ベッセル型が代表的です．1次パッシブ・フィルタを単に組み合わせてもできない特性です(**図33**)．

▶次数

減衰性能の鋭さを上げたり「切れ」をよくしたりするためには「次数」を上げます．

▶ローパス/ハイパス/バンドパスほか

周波数帯域のどちら側を切るかでローパス型(低域通過型)，ハイパス型(高域通過型)，バンドパス型(帯域通過型)，バンド・エリミネーション型(帯域阻止型)の四つのタイプがあります(**図34**)．

ローパス型を基本として設計し周波数変換という手法により各タイプのフィルタに変換します．

● OPアンプを使ったフィルタ回路方式①：正帰還型フィルタ

図35はアクティブ・フィルタの中ではおそらく一番使われている回路です．OPアンプ1個で2次のロー

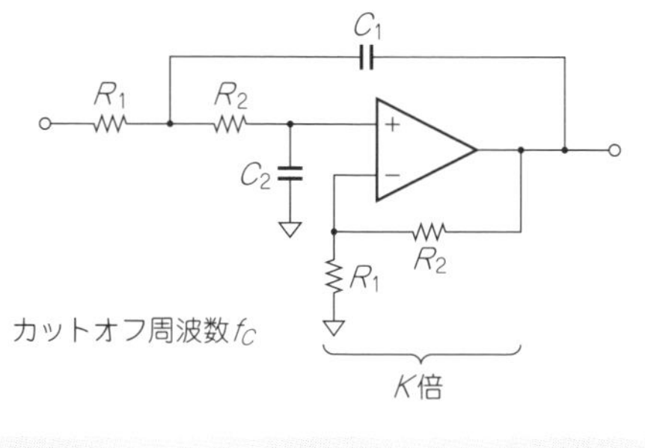

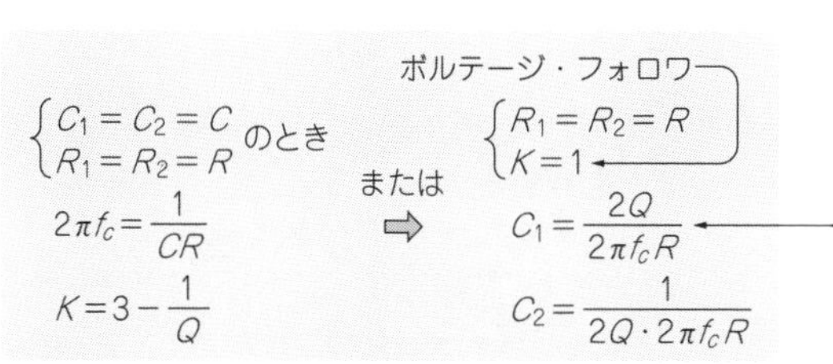

Qとは

Q大

Q小

f_s

f_C付近の特性を決める「Q」というパラメータ．2次LPFは，

$Q \geqq \dfrac{1}{\sqrt{2}}$で

でピークを生じる．$Q = 1/\sqrt{2}$のときにバタワース特性になり，平坦部が一番長くなる

図35　OPアンプを使ったフィルタ回路方式　その1：正帰還型
まずは2次を覚える

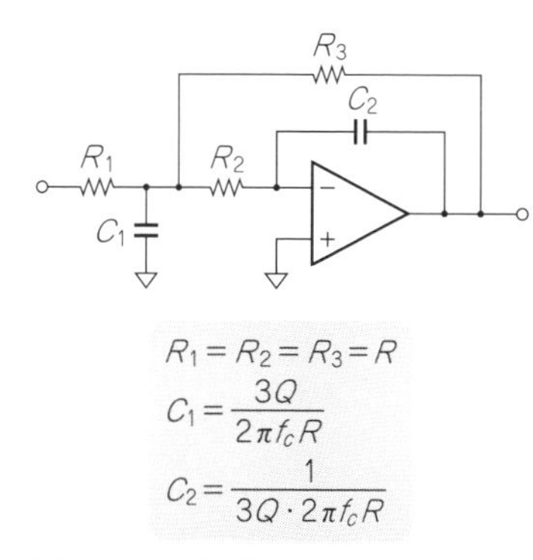

図36　OPアンプを使ったフィルタ回路方式　その2：多重帰還型
まずは2次を覚える

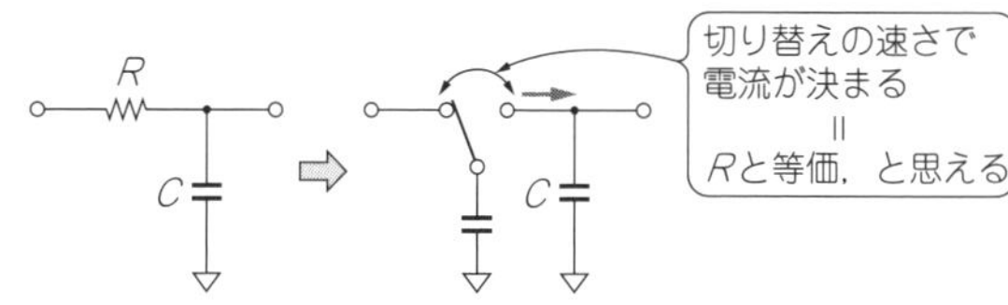

図37　ICに内蔵しやすいスイッチト・キャパシタ・フィルタ
RをCとスイッチに置き換える．値の正確な抵抗を作るのが苦手なICに向く．スイッチト・キャパシタ・フィルタにも折り返し防止フィルタは必要だが，スイッチング周波数が高いのでフィルタリングはラク

パス・フィルタを構成できます．考案者の名前でSallen-Key型，あるいはVCVS(電圧制御電圧源)型とも呼ばれます．

低域通過型としては阻止域(通してはいけない高い周波数)の信号が出力に「筒抜け」になることがあるという弱点があります．OPアンプでなくともゲイン1倍のエミッタ・フォロアなどでも構成できます．

● OPアンプを使ったフィルタ回路方式②：多重帰還型フィルタ

正帰還型と並んで代表的な回路です．やはりOPアンプ1個で2次のローパス・フィルタを構成できます．正帰還型で起きる「筒抜け」は回避できます．

● その他のフィルタ回路

- 状態変数型

2次の特性を得るためには3個のOPアンプが必要ですが，ローパス，バンドパス，ハイパスの三つの出力を同時に得ることができます．

- biquad型
  状態変数型を変形して反転アンプだけで構成できるようにしたものです．差動入力を必要とする状態変数型よりも高い周波数での動作に有利とされます．
- twin-T回路
  伝送ゼロ点をもつパッシブ回路で特定の周波数を強力に減衰させるノッチ・フィルタとして使われます．
- 移相回路
  振幅を変化させず位相だけを変化させる回路です．
- FDNR(周波数依存負性抵抗)型
  「D素子」という仮想素子をOPアンプで構成しパッシブ・フィルタのL，Cを置き換えるもの．GIC型というものが有名です．

● 高次フィルタの必要性は少なくなっているけど…

3次以上の高次のフィルタは，**図35**や**図36**で説明した2次のフィルタを，特性を少しずつ変えながら縦続接続して実現するのが一般的です．

高次のアナログ・フィルタが必要になることは少なくなってきています．オーバーサンプリングやスイッチト・キャパシタ型フィルタの内蔵などでA-D変換側がアンチエリアシング・フィルタに要求する性能が緩和されてきているからです(**図37**)．

その他，D級アンプやPWM回路などにも理屈上はアンチエイリアシング・フィルタが必要ですが，高い周波数の信号成分が存在しないという理由で省略されることもあるようです．フィルタが不要，と勘違いしてはいけません．

〈佐藤 尚一〉

(初出：「トランジスタ技術」2012年4月号)

7-7 マイコンの出力増強をアシストしてくれる「ドライバ」

LED/スイッチ/モータを力強く駆動したいときに欠かせない

図38 大きなLEDやスイッチ，モータなどを動かすときは専用のドライバを使う

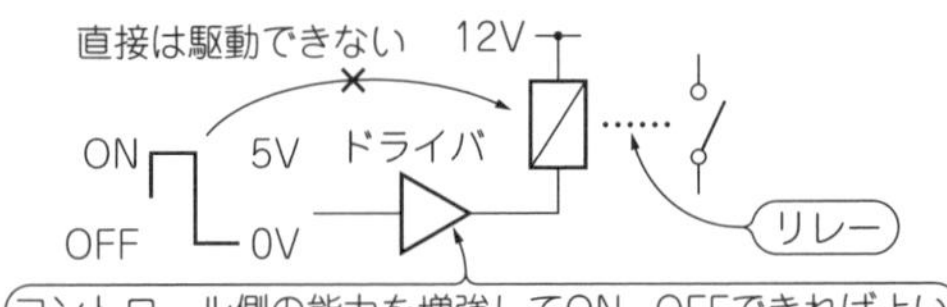

(a) このままだとリレーを動かせない

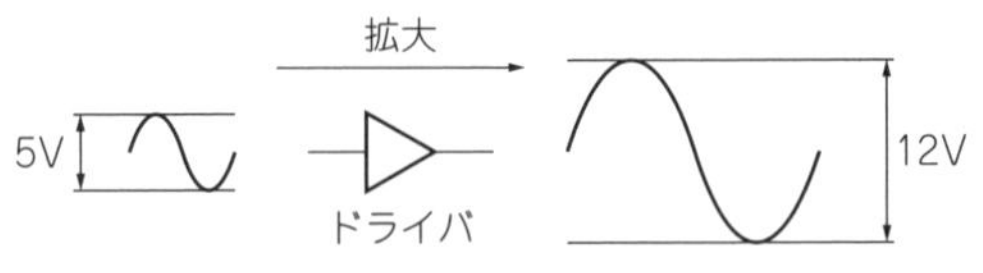

(b) 例えば，ドライバで電圧を増幅

図39 ドライバはマイコンの出力能力を増強してくれる
5Vしか出力できないマイコン・ポートに代わって12VでON/OFFしたり，4mA以下の電流しか流せないマイコン・ポートに代わってもっと大きな電流を流したり

マイコンのI/Oポートに，LEDをつないで電流制限用の抵抗を直列に接続するとLEDを点灯させたり消灯したりできます．しかし，ポートが出力したり吸い込んだりできる電流や電圧には限界があります．**図39**に示すように大きな電流を必要とするLEDを光らせたり，12Vを加えるリレーをON/OFFするには，電圧や電流の能力を増強しなければなりません．

このような増強用ICまたは回路をドライバといいます．ドライバを構成するには，トランジスタを組み合わせたり，標準ロジックICや専用ドライバICを使ったりします．

ドライバ回路とは日本語で駆動回路です．マイコンの出力ポートも立派なドライバですが，ある程度大きな電流や電圧が必要で専用の回路が必要な場合に特にそう呼んでいます．

● 電流を増強した例…LEDの点灯

LEDは基本的に電流を流せば光ります(**図40**)．マイコンのポートに電流制限抵抗を直列にして接続すればよい場合が多いです(**図41**)．最大出力電流4mA以下のポートでは十分でない場合は，抵抗入りのディスクリート・トランジスタなどでアシストします(**図42**)．

LEDの数が多いときは専用ICが便利ですが改廃が進んでいます．バス・ドライバICやオープン・コレクタの汎用ロジックなども流用できます(**図43**)．

特に青色や白色のLEDはV_Fが高く，3.3V系以下の電源では直接点灯できないので，別途電源が必要です．この場合，ドライバの出力形式はオープン・コレクタ(ドレイン)型である必要があります．

I_F：大きいほど明るくなるが上限はある
V_F：点灯時ほぼ一定

図40 LEDは流す電流を大きくすれば明るく輝く

● 電圧と電流を増強した例…リレーのON/OFF

メカニカル・リレー(電磁石で機械接点を動かす物)やソレノイド(電磁石)を駆動するときも電圧や電流の増強が必要です．LEDと異なるのは，ソレノイドのON/OFF時にインダクタンスから逆起電圧が生じるので，対策をしないと回路が壊れます(**図44**)．

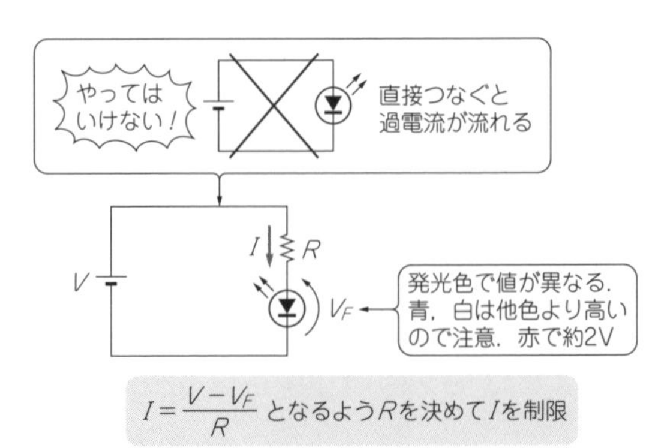

図41 抵抗を直列に入れて電流(明るさ)をコントロールする
やってはいけない！ LEDと電源の直結

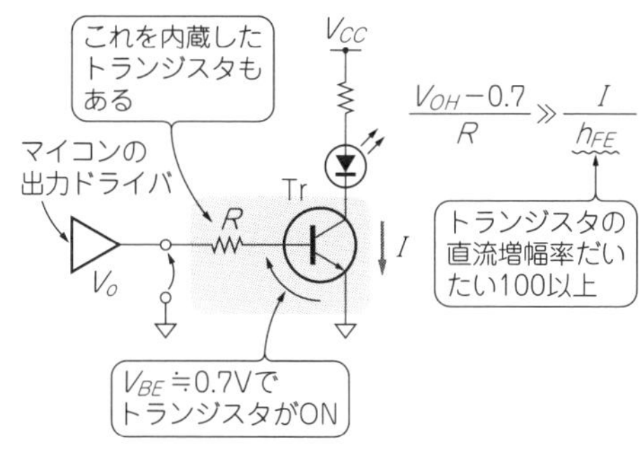

図42　LEDを明るく光らせたいときは，トランジスタでアシストする
抵抗入りトランジスタが便利

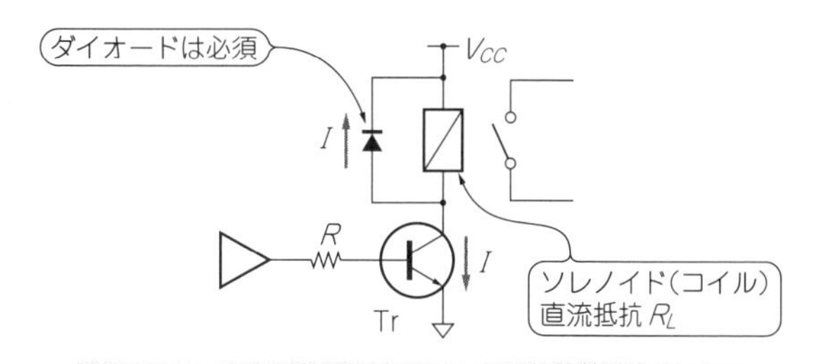

図43　モータやリレーなどのコイルを応用した部品を確実に駆動したいときも，トランジスタでアシストすればいい
ON/OFF時に瞬間的に電流が流れるのでダイオードがないと壊れる

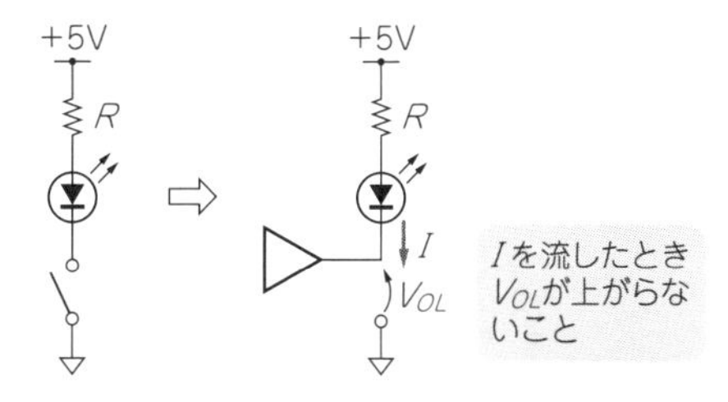

(a) LEDドライバは単なるスイッチ

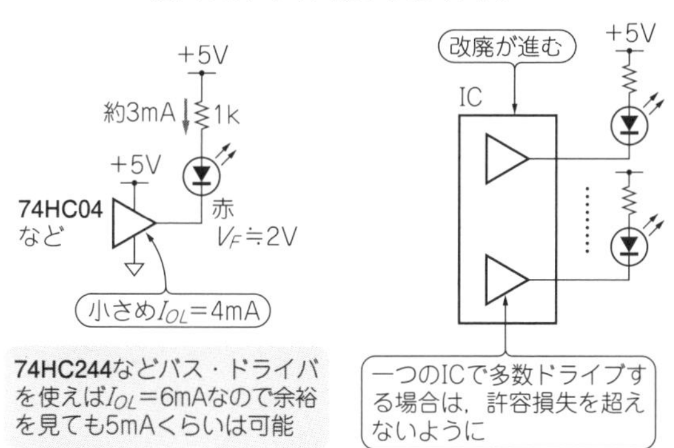

(b) 汎用ロジックIC　　(c) 専用IC

図44　専用ICを使えばラクチン

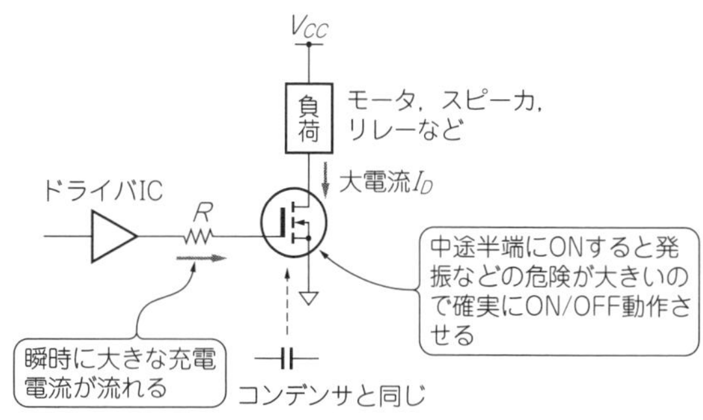

図45　MOSFETの駆動は専用ドライバICを使ったほうがラク

図46　アンプは信号レベルを大きくする回路，ドライバはほかの回路を制御する電流を出力する回路
特別な仕事をするために能力を拡大するドライバとは，似ているがちょっと違う

● 電圧と電流を増強した例…MOSFETの駆動

MOSFETはその先につながる何かを駆動します．ただ，MOSFETの駆動電圧は低いものでも3V以上あります．マイコンなどから制御するときは，前段にMOSFET自体の駆動回路が必要です．

教科書通り入力は直流的には絶縁されているので，遅くてよければ電圧さえ加えれば動作します．ただし，ドレイン電流数アンペア以上の大型のものは入力容量が大きく，高速にON/OFFさせるには大きな駆動電流が必要です．ON⇔OFFに時間がかかると，発振の危険性が高まりますし，損失も増えます．

ディスクリートでやってできないこともないのですが，最近では専用のドライバICが普及しているのでそちらのほうがはるかに簡単です(**図45**)．

MOSFETは，それほど速くスイッチングする必要がなくても，ON⇔OFFに時間がかかる(リニアな動作をする時間がある)と発振などの危険があります．専用のICでパチパチと素早くON/OFFするのが身のためです．

▶アンプとドライバの違いは何だろう？

電流や電圧を増強する似た回路にアンプもあります．**図46**に示すようにアンプは，信号の形を崩さずに拡大するのが目的です．ドライバはほかの部品や回路を制御するために十分な電流を出力する回路です．

〈佐藤 尚一〉

(初出：「トランジスタ技術」2012年4月号)

第8章 当たり前のこと大丈夫？ 絵とき！ 電子回路コモン・センス

8-1 目を覚ませ！ ベタグラウンドは0Vじゃない

インダクタンス成分が電流の流れをじゃましてノイズになる

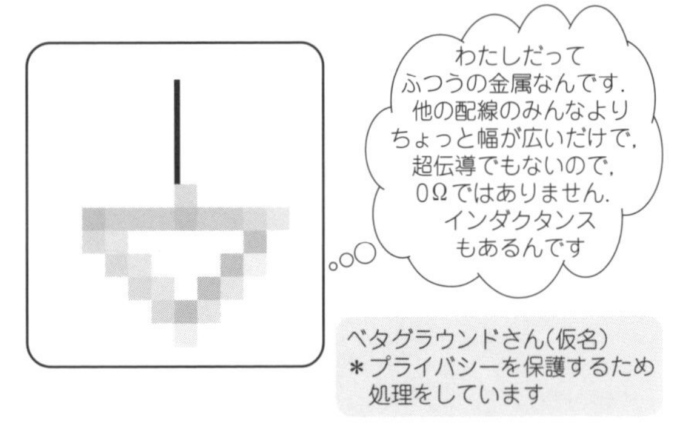

図1 ベタグラウンドさん，実はOVじゃなかった！

● ベタグラウンドはすごくない…

「ベタグラウンド」って名前で呼んでしまうと，なんだかすごいグラウンドで，ノイズもまったくなくて，インピーダンスもゼロで電流が滑らかに伝わり，静かな0Vのような気がしてしまいます．実際は**図1**のように，ベタグラウンドもふつうの配線パターンと同じ金属で，違いはちょっと配線よりも太いってところです．

同じような考え方で，ノイズ対策として太い電線で接続する「グラウンド強化」という対策方法がありますが，この強化されたグラウンドもインピーダンスはゼロではありません．特にノイズ対策の際は，概算でもよいので，具体的に回路素子としてグラウンドの抵抗やインダクタンス分を考える必要があります．

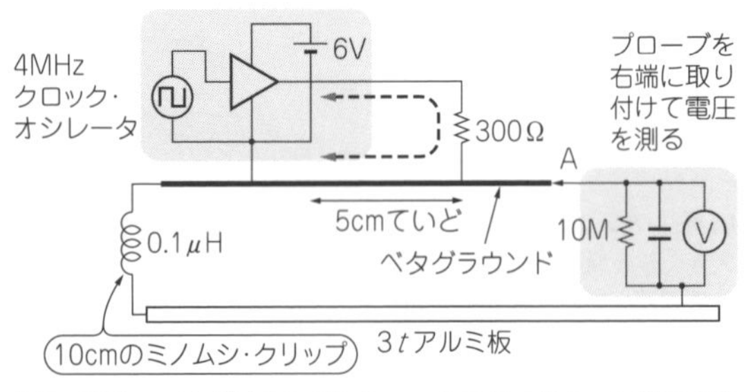

図2 実験：ベタグラウンドにクロック信号のリターン電流を流したときのA点の電圧を測る

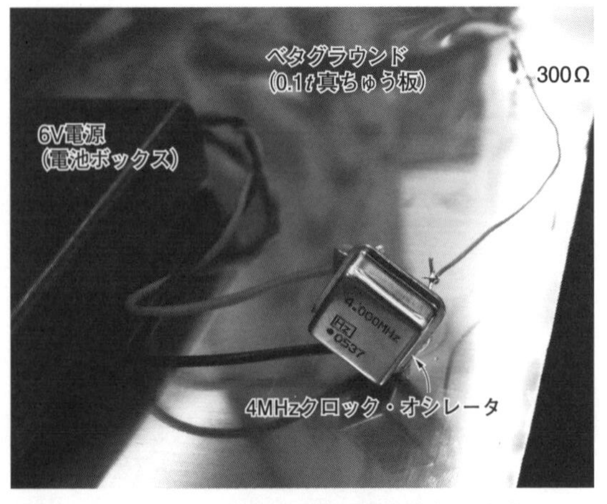

写真1 ベタグラウンド(図1)の正体を暴く実験のようす

クロック・オシレータと300Ω抵抗と電池ボックス

● 実験！インダクタンス成分が電流の流れをじゃましてノイズになる

ベタグラウンドがそれほど理想的ではないことを簡易な実験で確認してみます(**図2，写真1**)．**図2**に示すように，4 MHzのクロック・オシレータと300 Ωの負荷抵抗をベタグラウンドの板の上に5 cmほど離してはんだ付けします．ベタグラウンド板は厚さ0.1 mmの真ちゅう板を使いました．ベタグラウンドの下に厚さ3 mmのアルミ板をおいて，双方を10 cmのミノムシ・クリップで接続しました．10 cmの線のインダクタンスは100 nH程度だと思います．ベタグラウンドの逆側のA点にオシロスコープの10 MΩプローブを接続し，**図2**のA点の電圧を測ってみました．

写真2の左が実際に動作させた場合のベタグラウンド右端の電圧(ノイズ)をオシロスコープの10：1プローブで測定したものです．約60 mVの振幅のノイズが観測されました．

ベタグラウンドとアルミ板を集中乗数回路で表してみた等価回路を**図3**に示します．信号線の帰りの電流が流れるパスのインピーダンスがゼロではないので，電流×ωLのインピーダンス分の電圧が発生します．**写真1**のような接続で**図3**の等価回路にあてはめる場

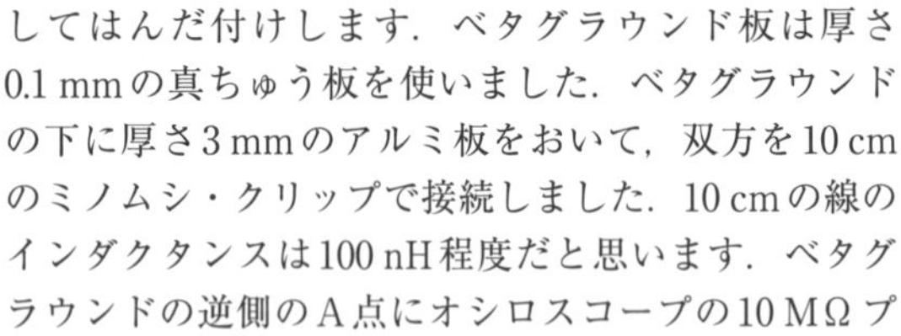

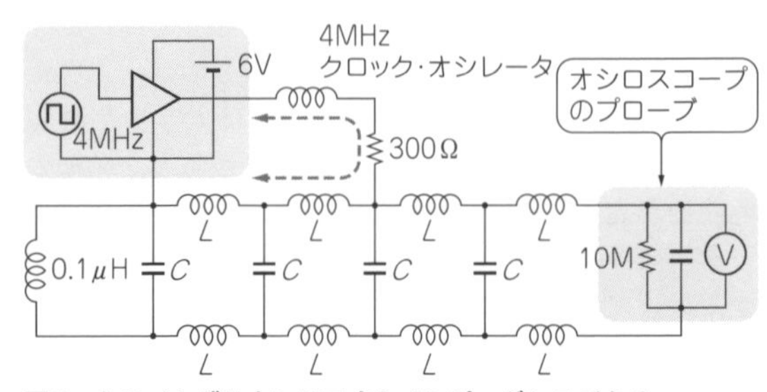

図3 あのベタグラウンドですらインピーダンスがある

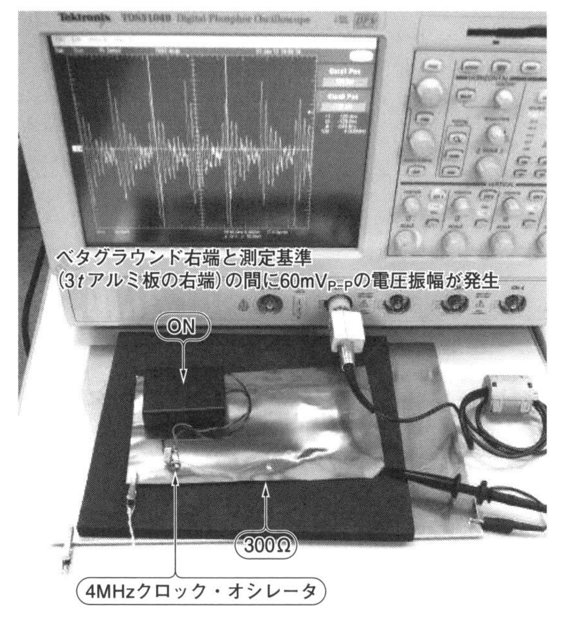

(a) パワーON

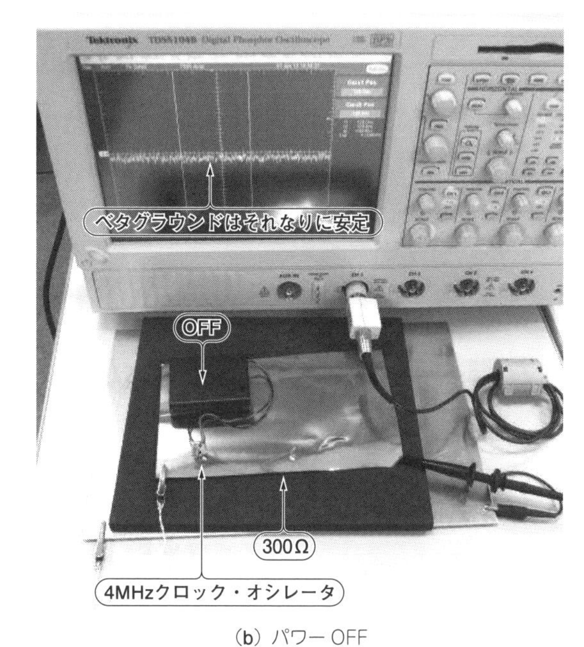

(b) パワーOFF

写真2　あのベタグラウンドにもインピーダンスがあるので，電流が流れてノイズ源になることがある
クロック・オシレータを動作させると，ベタグラウンドの右端とアルミ板の間に60 mV_{P-P}の電圧振幅が発生する

合，Lの値は5 nH程度，Cは10 pF程度とするとシミュレーションで近い電圧にすることができます．

〈鮫島 正裕〉

（初出：「トランジスタ技術」2012年4月号）

3本のグラウンド線　Column 1

図A　3本の細い線は，1本の太い線とほぼ同じインダクタンス！

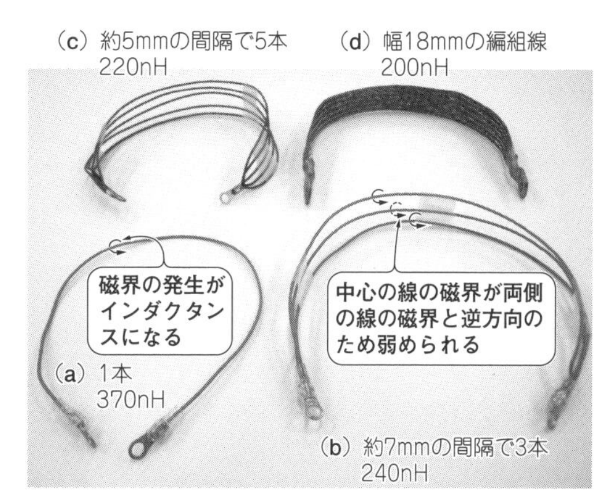

写真A　いろいろな形状の30 cmのケーブルとそのインダクタンス

高周波信号にとっては，**写真A**のような3本の距離を置いた線(**b**)と編組線(**d**)は同じようなインダクタに見えます．3本の線に同じ向きの電流が流れた場合，発生する磁束が各線の間で打ち消し合うため，等価的に「きしめん」状の編組線に近くなります．高周波ノイズの対策では直流抵抗よりもインダクタンスに注意する必要があるという教えです．

写真Aは長さ約30 cmの電線のインダクタンスを比較したものです．線の曲がり具合などの形状によりインダクタンスの値はばらつきますが，写真のような形状のときには，おおむね写真に示したインダクタンス値になります．

〈鮫島 正裕〉

8-2 ノイズを洗い落としてくれるコモン・モード・チョーク・コイル

信号はそのまま通過させ，ノイズ成分は減衰させる

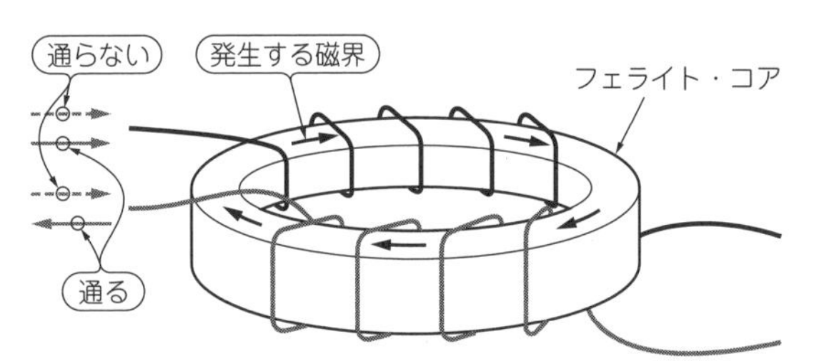

図4 コモン・モード・チョーク・コイルは信号を通す
2本の線に逆向きに流れようとする信号などの電流(実線)は通すけれど，同じ向きに流れようとする電流(破線)はフェライト・コアに磁界を発生させてインダクタンスとなり，高い周波数の電流を通しにくくする

● 信号はそのまま通過させ，同相ノイズ成分は減衰させる

コモン・モード・チョーク・コイルは**図4**のように2本以上の線や同軸線をフェライト・コアに巻きつけた電子部品です．

線に同じ向きに流れる電流成分(同相成分)は，電流によってフェライト・コア内に磁界が発生し，インダクタンスによってインピーダンスが発生します．周波数が高くなるにしたがって，電流は流れにくくなります．

電流が逆向きに流れる電流成分(差動成分)では，逆向きに流れる電流によって磁界が打ち消されて，インダクタンスが増加しません．この性質により，電流が逆向きに流れる信号成分はそのまま通過させ，電流が同じ向きに流れるノイズ成分は減衰させることができます．同じ向きに流れる電流に対するインダクタンスでノイズを減衰させるしくみです．

MHzオーダのノイズには有効ですが，数kHz以下のノイズに作用させるには，1 mH以上のインダクタンスが必要で，コイルの巻き数を増やす必要があります．コイルの巻き数を増やすと，コイルの配線間の寄生容量によって，高い周波数成分が通過してしまうので注意が必要です．

● 実験！ 二つのグラウンド間に入れてみる

ロー・ノイズ回路ではブロック間でグラウンドを分離し，グラウンド電位のノイズ(同相ノイズ/コモン・モード・ノイズ)を伝搬させないようにするテクニックが使用されています．これをグラウンド・アイソレーションといいます．

グラウンド・アイソレーションには，次の方法があります．

- フォトカプラによる光結合
- トランスによるAC結合
- 差動伝送
- コモン・モード・チョーク・コイルで同相電流を低減

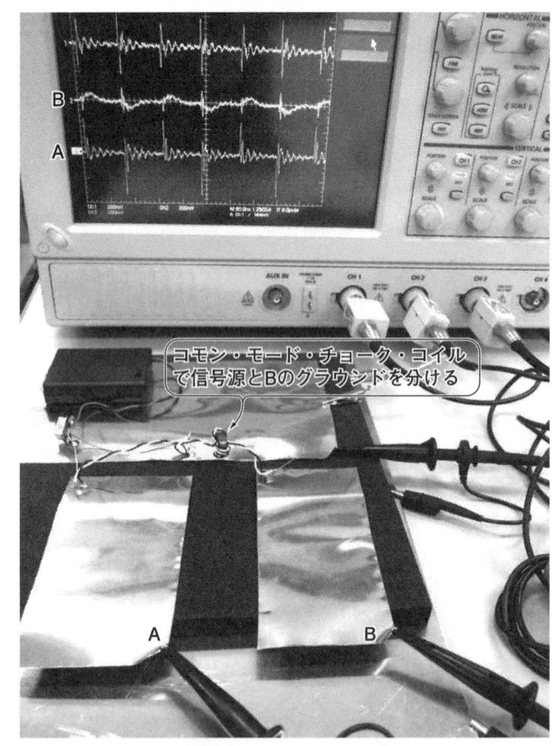

写真3 二つのベタグラウンド間のノイズの行き来をなくす実験！
ノイズの行き来がなくなれば，両グラウンドとも電位の変動が小さくなる

写真3はコモン・モード・チョーク・コイルを使ったグラウンド・アイソレーションの実験のようすです．**図5(a)**はベタグラウンド同士を直接接続した場合，**図5(b)**はコモン・モード・チョーク・コイルを経由させた場合です．**図5(b)**で使用しているコモン・モード・チョーク・コイルはFT37の#43材(フェライト・コアFT37の#43材，アミドン社)にツイスト線を6T(ターン)巻いたものです．

図6に，A点とB点での時間軸電圧波形を50 Ω終端で測定した結果を示します．直接接続したA点と，

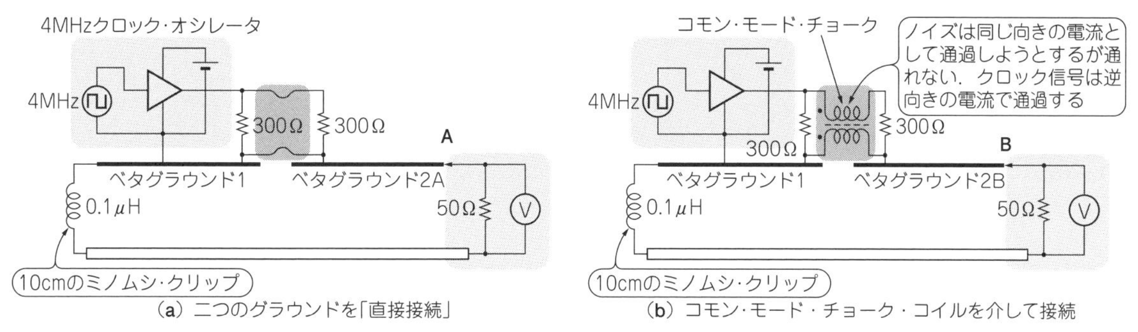

図5　コモン・モード・チョーク・コイルを使って，グラウンド・ノイズを伝わりにくくする

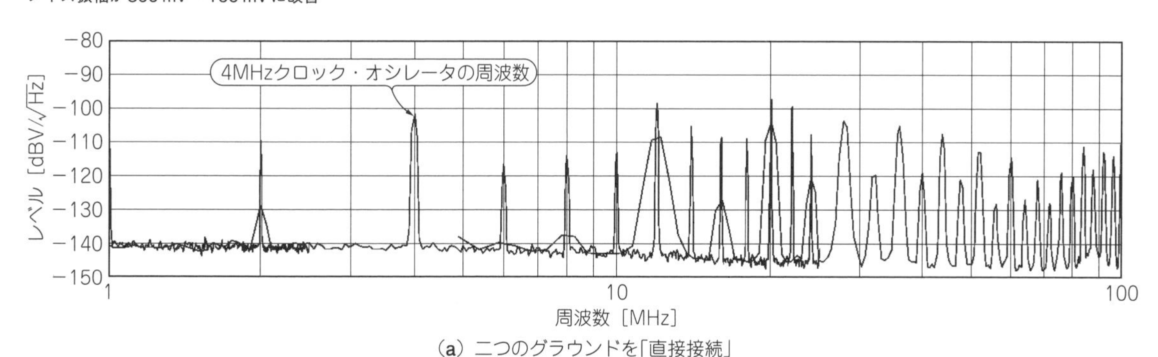

図6　コモン・モード・チョーク・コイルによるグラウンド・アイソレーションの改善効果(時間軸)
ノイズ振幅が300 mV→100 mVに改善

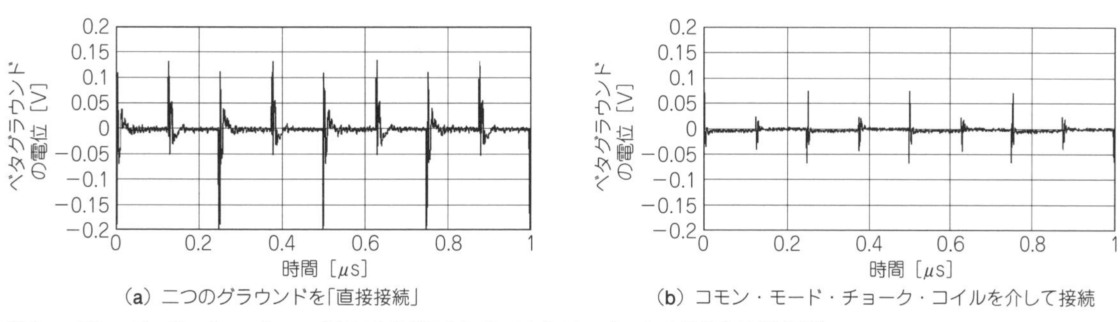

図7　コモン・モード・チョーク・コイルによるグラウンド・アイソレーションの効果(周波数軸)
10 M～100 MHzの高調波(オーバートーン)ノイズが20 dB程度改善された

コモン・モード・チョーク・コイルを経由したB点では，時間軸で300 mV程度のノイズ振幅が100 mV程度に改善しています．

図7に同様の条件で測定したノイズ・スペクトラムを示します．10 MHz～100 MHzの高調波(オーバートーン)ノイズが20 dB程度改善しています．

〈鮫島 正裕〉

(初出：「トランジスタ技術」2012年4月号)

8-3 何が違う？ 教科書の回路図と現場の回路図

理屈を説明するためのものであって実物とは違います！

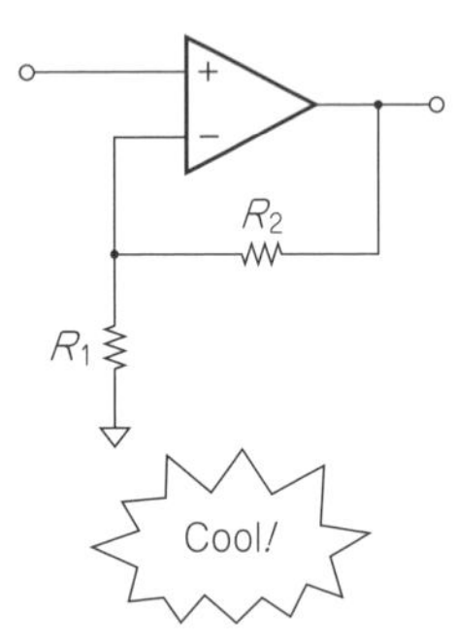

図8 教科書の回路図
OPアンプの型名や抵抗値が入っていないことが多いのだ…

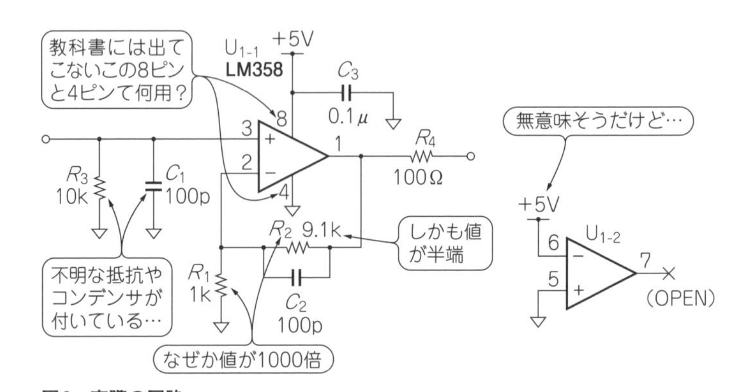

図9 実際の回路
なにやら部品や値の情報がたくさん…

図8にOPアンプを使った10倍の非反転アンプの回路図を書いてみました．教科書通りに書くと，このようになると思います．

一方，**図9**は，実際に使うことを想定して書き直した回路図です．教科書の回路はあくまで理屈を説明するためのものであって実物とは違います．

現場の回路図は，次の点で教科書の回路図とは違います．

(1)OPアンプに型名を書き入れる

OPアンプの種類は用途によってさまざまです．また，入手できる品種を必要に応じてどれか選ぶ必要があります．

(2) 部品の値を書き入れる

必ず抵抗やコンデンサの値を記載します．**図8**と**図9**に示すのはOPアンプを使った増幅回路ですが，計算で6.3 kΩが必要という計算結果が出ても，そんな抵抗器は入手できません．「系列」と呼ばれる規格で，製造の効率を上げるために，メーカが作る抵抗値がステップ状に決められています．

(3) ICの端子名を書き入れる

図8に示されているOPアンプの実際のICの多くは，2個分の回路が入っていて，8個の端子をもっています．端子が8個にもなると，回路図を読むときに各端子の機能を覚えておくのはたいへんです．そこで「8ピン(電源)，4ピン(グラウンド)…」というふうにメモしておきます．

(4) 使わない端子の始末の方法も書き入れる

1個のOPアンプに入っている二つの増幅回路のうち，1個しか使わない場合，使わないアンプを放置すると，IC自体の動作が不安定になったり部品が壊れたりします．必ずその処理の方法・方針を書いておく必要があります．

(5) OPアンプを動かすために必要な抵抗が書き入れられている

OPアンプはトランジスタ回路でできています．トランジスタはベース電流を流さないと動いてくれません．**図9**のLM358の＋端子にはトランジスタのベースがつながっていて，このトランジスタにベース電流を流さなければOPアンプは正常に動きません．R_1はそのベース電流が流れる経路になっています．**図8**の回路は動きません．

(6) 電源のインピーダンスを下げるコンデンサが書き入れられている

ICは安定した電源が供給されないと性能を発揮できません．そこで**図9**の回路には電源ラインのインピーダンスを下げて，OPアンプの消費電流が大きく変動してもびくともしないように，コンデンサC_3(バイパス・コンデンサ)がつけられています．

(7) 発振対策用の部品がつけられている

アンプの設計が悪いと，信号もなにも入れていないのに信号が出てきたり，増幅して出力された信号に不必要な信号が重畳されることがあります．この現象を「発振」と呼びます．C_1，C_2，R_4はこの発振をさせないようにする対策部品です．

〈佐藤 尚一〉

(初出：「トランジスタ技術」2012年4月号)

8-4 ディジタルVSアナログ
ディジタルは信号の高い/低いだけを利用，アナログは信号の大きさが情報

● yes or noで動くディジタルIC

ディジタルICは，High(ハイ)かLow(ロー)の二つの信号で動作します．入力された信号がHighかLowなのかは，あるレベルを基準に判定します(**図10**)．入力信号のレベルがHighと判定される電圧範囲でいくら入力電圧が変化しようとも，Highという判定結果を覆すことはありません．

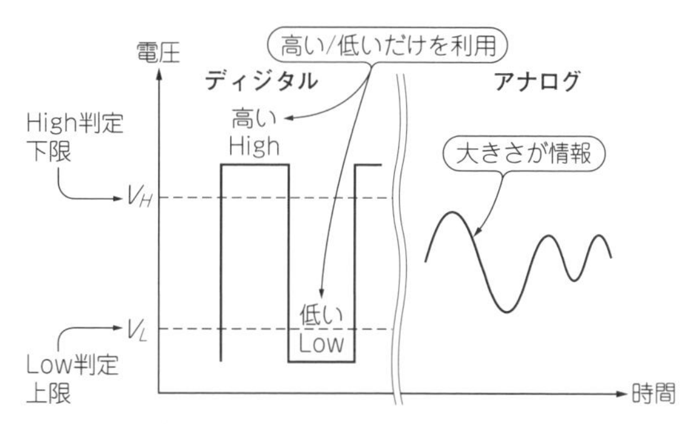

図10　ディジタルは高いか低いかだけが重要，アナログは大きさが重要

● ノイズに強いけど，突然ダメになるディジタル

この特性のメリットは，多少のノイズが入力信号にのっていても動作がおかしくならないという点です(**図11**)．データを遠くまで通信する用途では，特にこのメリットが生きます．

ディジタル回路は確かにノイズに強いのですが，判定レベルの付近にまで影響のあるノイズが入ってくると，一気に逆転してデータが完全に欠落し，想像のつかない不具合を起こしたり，原因不明の停止という結果になったりします．そこで，重要な回路では必ず誤り訂正などの対策がとられます(**図12**)．

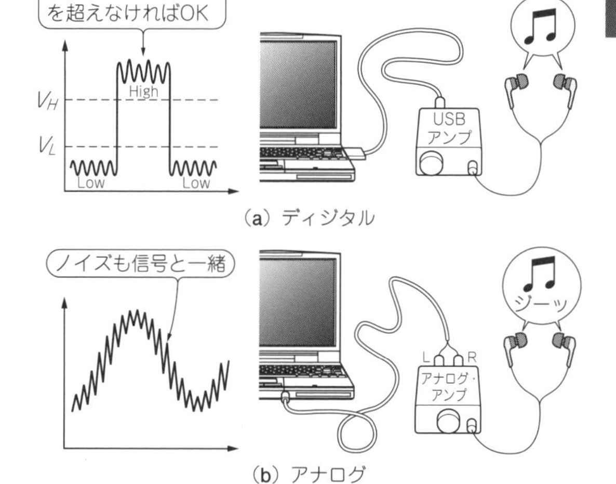

図11　ディジタルはノイズが判定レベルを超えなければOK！アナログはノイズも信号と一緒

● ノイズに弱いけど，なかなかすぐにはダメにならないアナログ

アナログは，小さなものでもノイズが混じると，混じった分だけ影響を受けます．ディジタル信号は，誤り訂正などの技術で失われたデータを復活させることがありますが，アナログ信号はいったん影響を受けるともう分離できません．ただしアナログ信号は，ノイズにまみれても信号全体は何となく形を保っていて，すぐにダメになるということがありません．

● ディジタル回路とアナログ回路は分離するのが基本

最近の基板には，ノイズに対する耐性の違うアナログ回路とディジタル回路が混載されています．HighとLowの2値で動くディジタル回路が最大のノイズ源になることもあります．これらを同居させるときは，できるだけ場所を離して実装します．まず重要なのは電源とグラウンドの分離です．　　〈佐藤 尚一〉

(初出：「トランジスタ技術」2012年4月号)

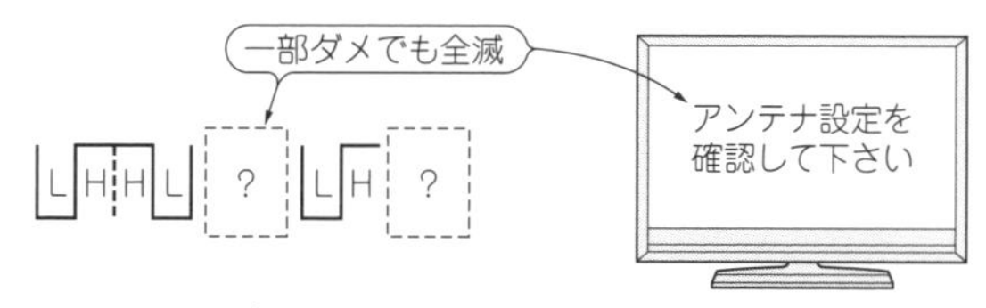

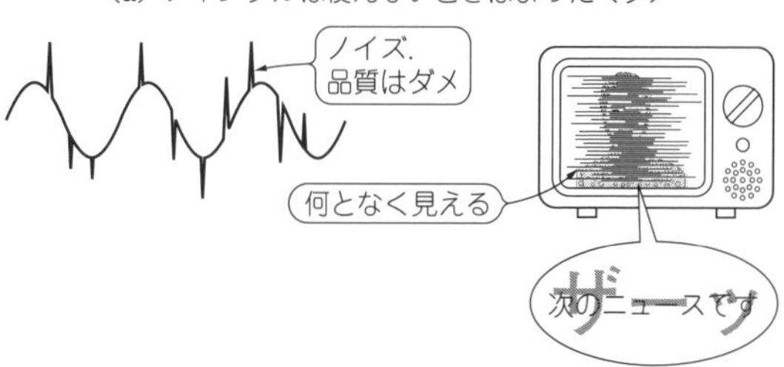

▶図12　ディジタルは突然ダメになる．アナログは少しずつダメになる
強いがもろい面もあるディジタル

8-5 ICやトランジスタの内部温度の見積もり方

内部は表面より意外と熱い！

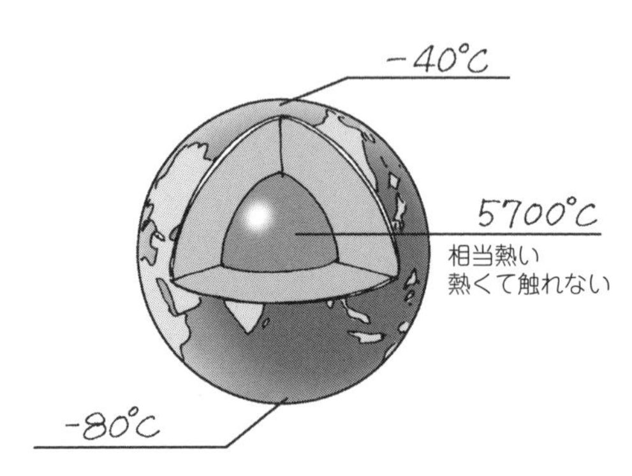

図13　モノの内部は表面より熱いのだ…地球もICも同じ

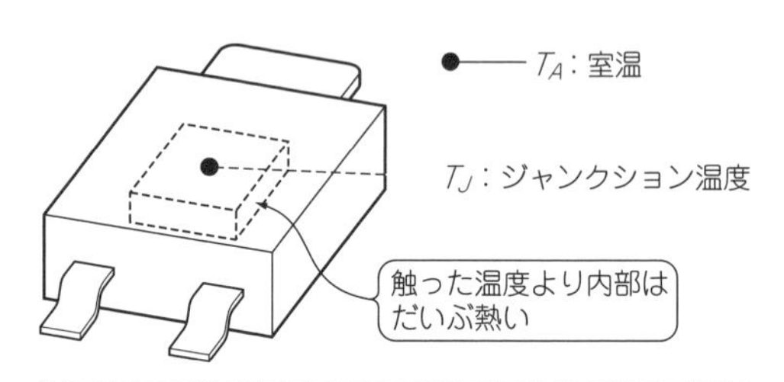

図14　温度限界は内部の半導体チップの温度T_Jで規定されている
表面実装デバイスの場合，実装条件が指定されている

ICやトランジスタの内部には半導体チップが入っています．この半導体チップの温度T_J（ジャンクション温度）は，パッケージ温度や周囲温度T_Aより何十℃も高いのがふつうです．消費電力が大きいと100℃を超えたりして意外と簡単に壊れます．

温度限界はT_Jで定められています（**図14**）．

● ICは熱に弱い

ベテランのエンジニアに言わせれば「何をいまさら」ってところでしょうが，ICは熱に弱いです．保存温度最大150℃，動作温度最大125～150℃くらいがデータシートに記載されている典型的な数値です．いずれも熱湯より高く，すず鉛共晶はんだの融点に迫る温度です．

だからといって，ICが単純にその温度まで使えるわけではありません．

● ICの中にあるチップの温度T_Jをチェックせよ

動作時の上限を示す温度はOperating Junction Temperature（動作接合部温度）という表記になっています．接合部温度とは内蔵のICチップの温度です．メーカでは特殊なチップなどを使用して測定するようですが詳細は不明です．一般ユーザではちょっと測りようがありません．

● 熱の伝わりやすさを表す熱抵抗

熱はとらえどころがありません．これを考えやすくするために熱抵抗というパラメータがあります．熱は温度の高いほうから低いほうへと移動します．移動の速さは伝わる物質の状態によって変わりますが，温度差がなくなったときに止まります．これを電流が電位の高いほうから低いほうへと流れるようすに見立て，熱の流れやすさを示すパラメータとして定めたのが熱抵抗です（**図15**）．

二つの点の温度がT_J，T_A（$T_J > T_A$）で，その間を流れる単位時間当たりの熱エネルギがP_Dのとき，熱抵抗θ_{JA}は次のようになります．

$$\theta_{JA}\ [℃/W] = (T_J - T_A)\ [℃]\ / P_D\ [W]$$

よって，高温側温度は低温側の温度と熱抵抗およびP_Dを用いて，次のように求めることができます（**図16**）．

$$T_J = T_A + \theta_{JA} \times P_D$$

T_J：ジャンクション温度［℃］
T_A：室温［℃］
P_D：消費電力［W］
θ_{JA}：ジャンクション－大気間の熱抵抗

物理的には「P_Dによる発熱で温度が$\theta_{JA} \times P_D$℃上昇する」と覚えておくとわかりやすいと思います．

単体のトランジスタなどを何Wまで許容するかを表す損失軽減曲線（ディレーティング曲線）もθ_{JA}から決まります（**図17**）．温度によって許容できる消費電力が異なります．

● 計算例：内部は意外と熱いとわかる

以下の3端子レギュレータで，実際にIC内部の半導体チップの温度T_Jを計算してみます．

入力電圧V_{in} = 12 V
出力電圧5 V
出力電流I_o = 100 mA

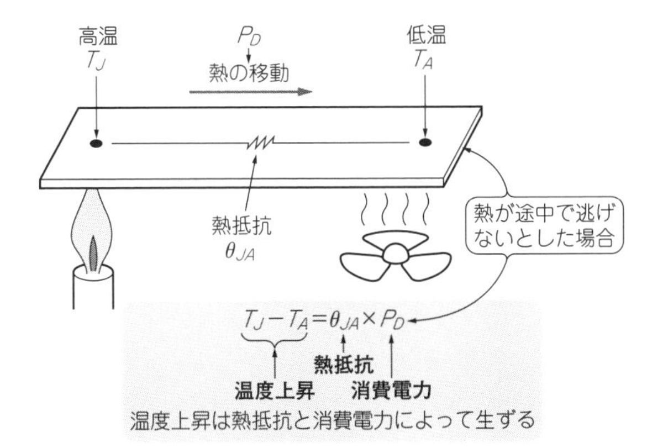

図15　温度上昇は熱抵抗と消費電力によって生ずる
放熱とは熱抵抗 θ_{JA} を下げる努力といえる

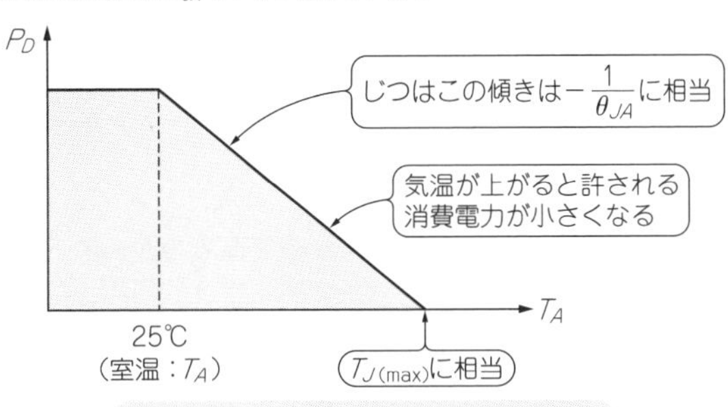

単体のトランジスタなどの損失軽減曲線(ディレーティング曲線)．
ある温度でどの位のP_Dを許容するか表したもの(データ・シートに記載されている)

図17　室温T_Aと許される消費電力P_D

$\theta_{JA} = 60℃/\text{W}$
$T_{J(max)} = 125℃$

$$P_D = (V_{in} - V_o) \times I_o = (12\ \text{V} - 5\ \text{V}) \times 0.1\ \text{A} = 0.7\ \text{W}$$
$$T_J = \theta_{JA} P_D + T_A,$$
$$T_J - T_A = \theta_{JA} \times P_D = 60\ ℃/\text{W} \times 0.7\ \text{W} = 42℃$$

室温に対して半導体チップは温度が42℃上昇します．$T_{J(max)} = 125℃$から逆算すると，室温が，

$$T_A = T_J - \theta_{JA} \times P_D = 125\ ℃ - 42\ ℃ = 83℃$$

まで計算上(理想的)はOKです．

しかし出力電流が2倍($I_o = 200$ mA)のとき，消費電力P_Dも2倍になります．許される室温は，

$$T_A = T_J - \theta_{JA} \times P_D = 125℃ - 84℃ = 41℃$$

となります．この計算は通風条件などがよく，周囲温度T_Aが一定に保たれる場合の値で，実際はICの発熱と共に周囲温度も上昇してしまいます．さらに余裕をもった設計が必要です．

▶損失軽減曲線(ディレーティング曲線)

熱抵抗の説明から電力損失P_Dと熱抵抗(θ_{JA})によって室温を基準としたチップの温度上昇が生じることがわかります．

逆にいうと，チップ温度(ジャンクション温度)の最

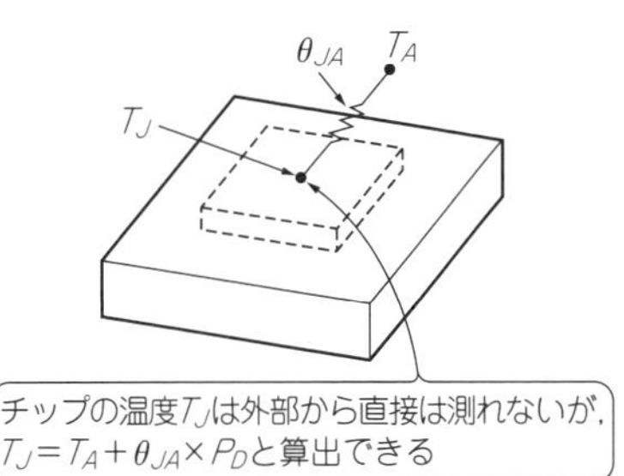

図16　IC内部にある半導体チップの温度T_Jの見積もり方法

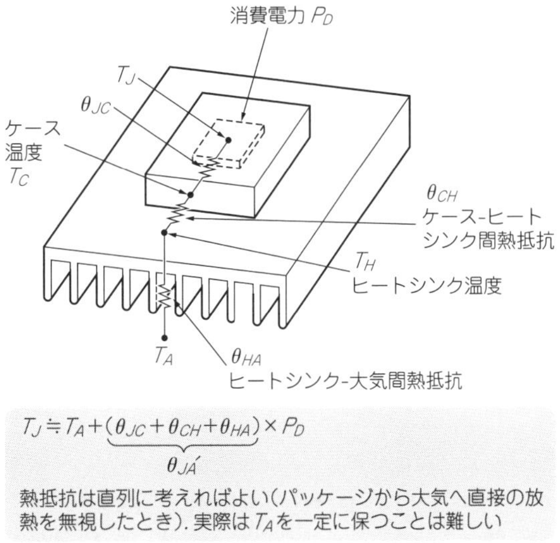

消費電力 P_D
T_J
θ_{JC}
ケース温度 T_C
θ_{CH} ケース-ヒートシンク間熱抵抗
T_H ヒートシンク温度
T_A
θ_{HA} ヒートシンク-大気間熱抵抗

$$T_J \fallingdotseq T_A + \underbrace{(\theta_{JC} + \theta_{CH} + \theta_{HA})}_{\theta_{JA}'} \times P_D$$

熱抵抗は直列に考えればよい(パッケージから大気へ直接の放熱を無視したとき)．実際はT_Aを一定に保つことは難しい

図18　ヒートシンクを使う場合はジャンクション-ケース間熱抵抗θ_{JC}を直列に入れる

大値T_J(max)を限界と考えた場合の電力損失の上限値は室温によって小さくなっていくことがわかります．これを示したのが，**図17**の損失軽減曲線です．

データシートの条件は室温T_A = 25℃に設定されていることがほとんどです．この条件を順守するのは難しく，これより高いT_Aで動作させる場合が多いと思います．データシートのグラフで具体的に検討してみると，温度上昇にともなうP_Dの上限値の低下は結構厳しいことがわかると思います．

● 放熱器を使う場合はケースの温度も定義される

θ_{JA}(ジャンクション-大気間熱抵抗)はICのデータシートにも記載されています．放熱器を使用しないICの考察には上記の式にそのまま当てはめることができます．放熱器を使用する場合はθ_{JC}(ジャンクション-ケース間熱抵抗)というパラメータを使います(**図18**)．TO-220型など放熱器を使用するパッケージのICには規定されています．パッケージから大気に逃げる熱などがないとした場合のジャンクション温度は，おおむね次のようになります．

$T_J \fallingdotseq T_A$ + (θ_{JC} + パッケージ放熱器間の熱抵抗 + 放熱器大気間の熱抵抗) × P_D

〈佐藤 尚一〉

(初出：「トランジスタ技術」2012年4月号)

8-6 電子部品は向きを間違えると性能が出ない

回路にはホット/コールドがある

写真4 インダクタの巻き始め表示
メーカが違うと巻き方向(左巻きか右巻きか)が異なる場合があり，巻き始めだけでは影響の度合いはわからない

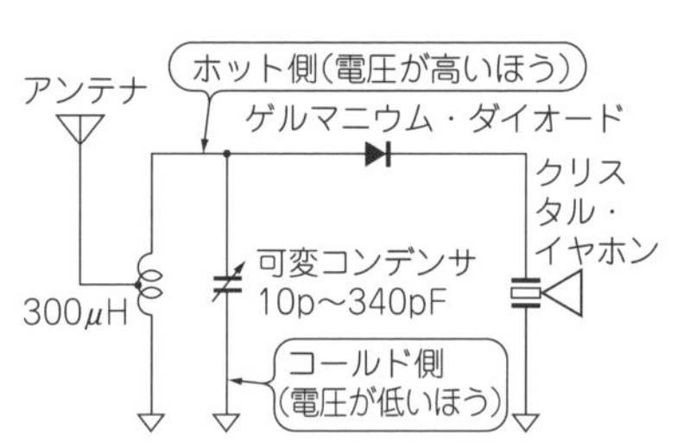

図19 回路にはホット(電圧が高い)側とコールド(電圧が低い)側がある

● ホットにしますか？ コールドにしますか？ 回路にはホット/コールドがある

コーヒーならホットとアイス(関西はレイコー？)ですが，電気回路ではホットとコールドといいます．実際に熱かったり冷たかったりするわけではなく，グラウンド(基準レベル)に対して電位が高い部分をホット側，低い部分をコールド側といいます．**図19**はゲルマニウム・ラジオの回路例で，同調回路のグラウンドの反対側は典型的なホット側です．

部品にもホット/コールドがある

さて，*LCR*(インダクタ，コンデンサ，抵抗器)のような2端子部品は，電気回路図上のホット側に部品のどちら側の端子をつないでもよさそうに見えます．例えば，**図19**のバリコン(可変コンデンサ)の記号にはホット/コールドの区別がありません．

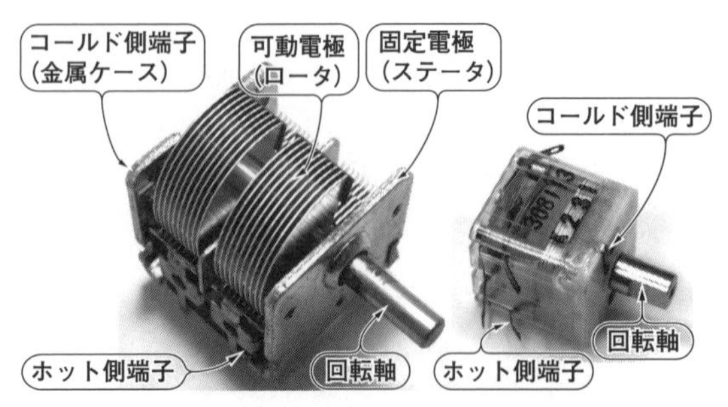

(a) エアバリコン(2連)　(b) ポリバリコン(AM/FM用，ミツミ)

図20 回路図上でどちらをつないでもよさそうであっても，実物は方向を間違えてはいけない部品がある
可変コンデンサ(バリコン)の例．今は製造されていない

しかし，部品の構造は必ずしも対称にできていません．ホット/コールドの区別が必要なものがあります．

バリコンを例にとると，エア・バリコン［**図20(a)**］のように機械的に可変するものは，見るからに非対称なので，ホット/コールドの区別がわかりやすいです．ポリバリコン［**図20(b)**］はケースで覆われているので，見ただけでは区別がつきにくいです．

いずれのバリコンも回転軸は金属製で可動電極につながっています．そのため，回路のホット側に部品のコールド側をつないでしまうと，回転軸や金属ケースに触るたびに同調周波数が変わってしまいます．また，浮遊容量が増えて周波数調整範囲が狭くなってしまいます．

見ただけでホット/コールドの区別がつきにくい部品はやっかいです．

● その1：トリマ・コンデンサ

トリマ・コンデンサは半固定コンデンサとも呼ばれ，同調回路やフィルタなどの調整に使うものです．トリマ・コンデンサにもホット/コールドの区別があり，実装に回路のホット/コールドに向きを合わせないと，調整がやりにくくなったり，浮遊容量が増えたりしてしまいます．

トリマ・コンデンサも，固定電極がホット側，可動電極がコールド側になるのが基本ですが，外観からでは判断がつきにくいものが多いです．例えば，**図21(a)**はセラミック・トリマ・コンデンサの外観例ですが，同じような端子構造でホット/コールドの表示もありません．セラミック・トリマの構造［**図21(b)**］を知っていれば**図21(a)**の手前の端子がホット側と想像がつきますが，正確を期すためにはカタログなどでの確認が必要です．

(a) 外観：ホット側は上部から伸びている

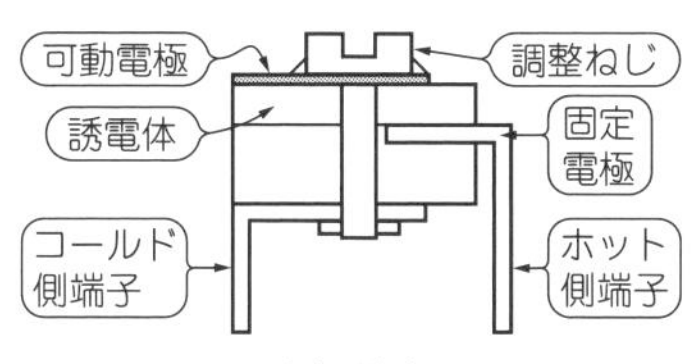

(b) 構造

図21　セラミック・トリマ・コンデンサのホット/コールド

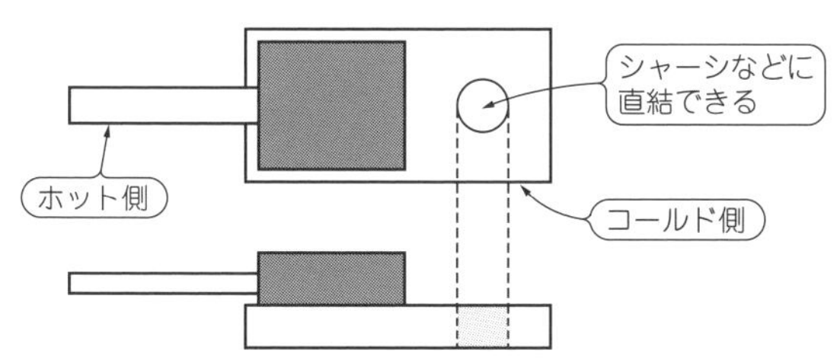

図22　高周波向けの終端用抵抗のホット/コールド

なお，カタログなどではホット/コールドと明確に表示している例は少なく，「+/−」で表示していることが多いです．+はホット側，−はコールド側を表し，電圧のプラス/マイナスではありません．

▶電解コンデンサ

ちなみに，電解コンデンサの場合は電圧のプラス/マイナスを表しており，ホット/コールドの区別はありません．

● その2：高周波向け抵抗

特殊な抵抗器に高周波終端用があります．**図22**に示すようにコールド側端子がシャーシや放熱器などに直接設置できるようになっています．

チップ・タイプの高周波終端用抵抗器もあり，コールド側(グラウンド側)の端子面積が広くなっていますので，実装時は取り付け方向に注意が必要です．

● その3：インダクタンス

2端子のインダクタンスには原則としてホット/コールドの区別がありません．その代わり，巻き線に方向性があります．

インダクタンスは**図23**に示すように，複数が近接していると相互に磁気結合してしまいますが，巻き方向によって影響の度合いが異なります．

例えば，二つの1 mHのインダクタを直列につなぐと，計算上の合計インダクタンスは2 mHになりますが，並べて実装したときに磁束の方向が一致すると最大4 mHまで大きくなり，磁束の方向が逆だと最小0 mHまで小さくなります．影響の度合いは両者の結合度によって異なり，両者の距離，コイルの向き，コア(磁心)の有無などによって変化します．

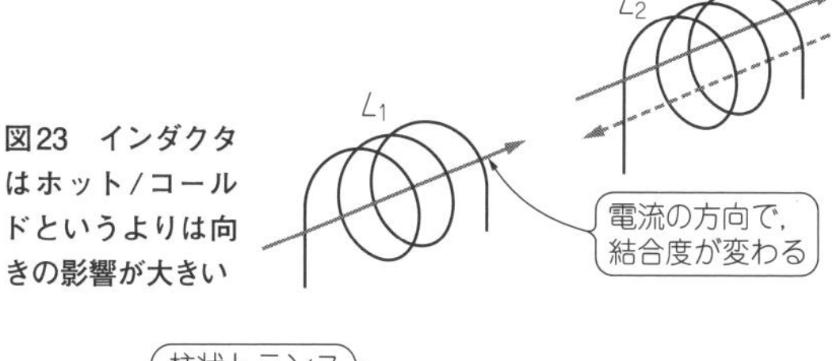

図23　インダクタはホット/コールドというよりは向きの影響が大きい

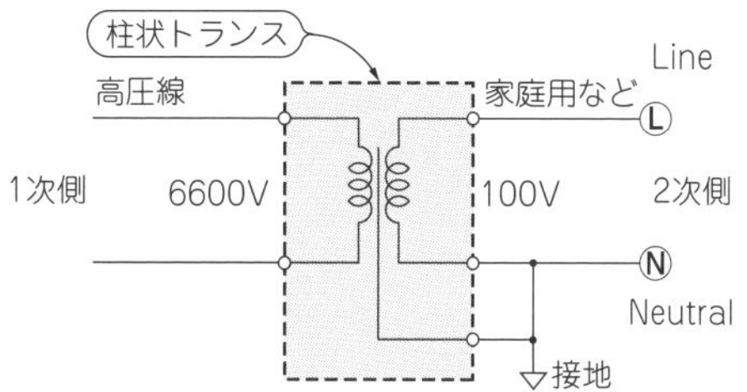

図24　家庭用商用電池の接地

市販のインダクタは，コアを入れたり，磁性体で囲ったりして結合を減らす工夫をしていますが，完全に結合をなくすことはできません．そこで，コイルの巻き始めを表示し，影響が少なくなるような実装方法をとれるようにしています(**写真4**)．

ただし，巻き方向(左巻きか右巻きか)がわからないので，異なるメーカ間では巻き始めがわかっても影響の度合いがわからないことがあります．同じメーカでも品種によっては巻き方向が異なる場合がありますので，その都度確認が必要です．

● その4：商用電源

家庭用商用電源は単相2線式あるいは単相3線式で配電されています．安全確保のため**図24**に示すように，配線の一方(3線式では中点)を柱状トランスの2次側で接地しています．

接地側をニュートラル(Neutral)，反対側をライン(Line)と呼びますが，電子回路でいえばコールド側，ホット側と同じです．

電子機器では商用ラインのニュートラルとラインの区別を意識することは少ないです．ヒューズや避雷部品などの保護回路の設計には，ニュートラル/ラインを考慮する必要があります．

〈藤田 昇〉

(初出：「トランジスタ技術」2012年4月号)

8-7 特性インピーダンス50Ωっていうけど何が50Ω？

同軸ケーブルの構造と材料で決まるL/C成分の比

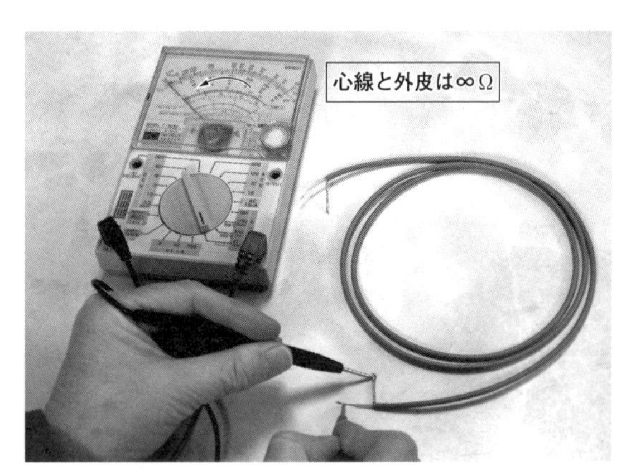

(a) 心線と外皮は∞Ω

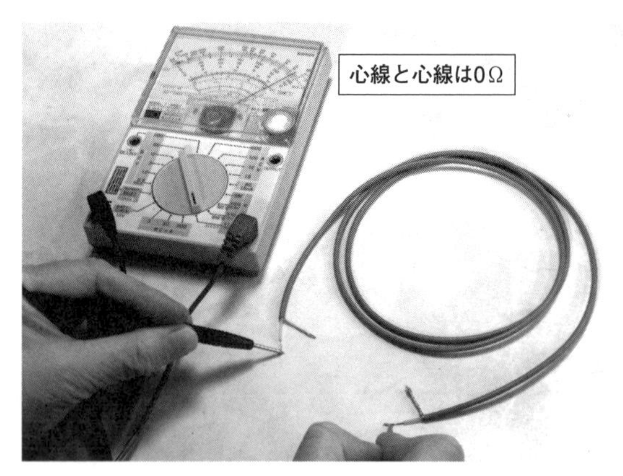

(b) 心線と心線は0Ω

写真5　問題…50Ωの同軸ケーブルをテスタで測ると何Ω？

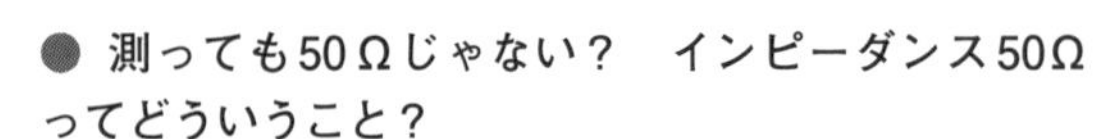

● 測っても50Ωじゃない？　インピーダンス50Ωってどういうこと？

同軸ケーブルには規定のインピーダンス(特性インピーダンス)があり，50Ωや75Ωがよく使われています．でも，**写真5**のようにインピーダンス50Ωの同軸ケーブルをテスタ(オーム計)で測っても50Ωにはなりません．

たしかに反対側を50Ωの抵抗器で終端すれば50Ωになりますが，1kΩで終端すれば1kΩになり，ケーブルのインピーダンスとは関係ありません．では，同軸ケーブルのインピーダンスとはいったい何なのでしょう．

● 特性インピーダンス：L成分とC成分の比

同軸ケーブルのインピーダンスは，正確には特性インピーダンスといいます．抵抗器やコンデンサ単体のインピーダンスと少し意味合いが異なります．

同軸ケーブルは**図25**のように分布定数として考えることができます．単位長当たりのキャパシタンスをC_0 [F]，単位長当たりのインダクタンスをL_0 [H]とすれば，特性インピーダンスZ [Ω] は次の式で計算できます(導体損，誘電体は無視)．

この式は同軸ケーブルだけではなく，平行ケーブルやプリント基板のパターンにも適用できます．

$$Z = \sqrt{\frac{L_0}{C_0}} \ [\Omega]$$

つまり，伝送線路の単位長キャパシタンスと単位長インダクタンスを適当に合わせると任意のインピーダンス(特性インピーダンス)を得られます．

● 特性インピーダンスはケーブルの構造と材料で決まる

図26に示すように，同軸ケーブルは内部導体と外部導体を絶縁物(誘電体)を挟んで同軸上に配置した構造になっており，外部導体内径と内部導体外径の比と誘電体の比誘電率で特性インピーダンスが決まります．

ケーブル外径(外部導体内径)が一定の場合，内部導体の外径を大きくすれば特性インピーダンスは低くなり，小さくすれば高くなります．また，特性インピーダンスは比誘電率の平方根に反比例しますから，比誘電率が高いほど特性インピーダンスは低くなります．

● 高周波で使われるインピーダンスはほとんど50Ωか75Ω

以上からわかるように，同軸ケーブルの特性インピーダンスは自由に決めることができます．ただし実際には，極端に細い内部導体や極端に薄い誘電体を製造するのは困難なため，数Ω～数百Ωの範囲になります．

ところが，実際に使われる同軸ケーブルの特性インピーダンスはというと，そのほとんどが50Ωまたは75Ωです．高周波用測定器の入出力インピーダンスも，その多くが50Ωや75Ωです．

これは高周波では，測定対象と測定機を同軸ケーブルを使って接続することが多く，入出力インピーダン

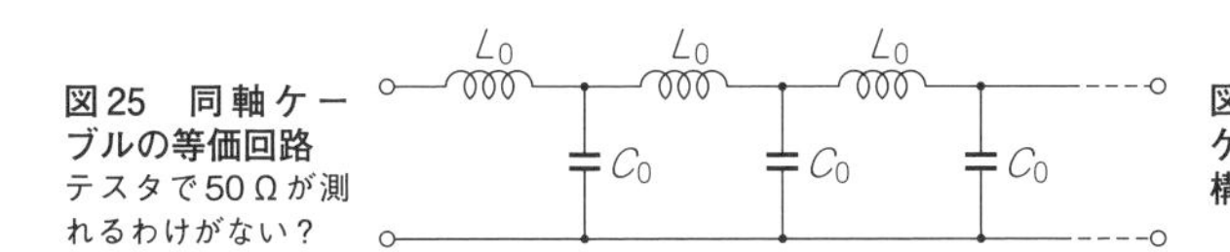

図25　同軸ケーブルの等価回路
テスタで50 Ωが測れるわけがない？

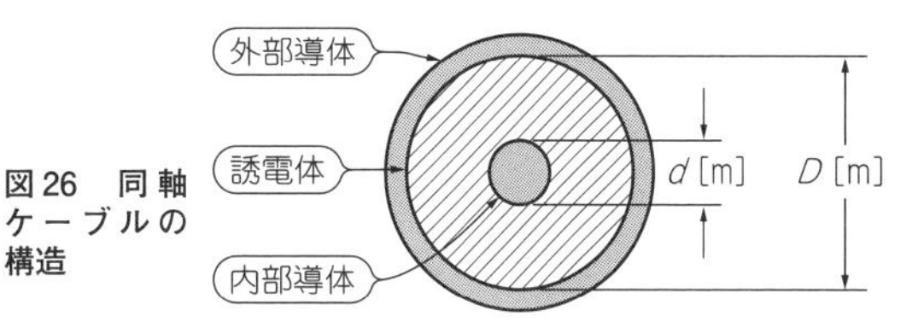

図26　同軸ケーブルの構造

スを同軸ケーブルの特性インピーダンスに合わせているからです．もちろん，同軸ケーブルを接続するコネクタの特性インピーダンスも，50 Ωや75 Ωになっています．

これはなぜなのでしょうか．答えを先にいうと，できるだけ損失が少ない構造を選んだらそうなったということです．では，損失が少ないインピーダンスがなぜ2種類になったのでしょうか？

● 同軸ケーブルの構造と損失の関係

誘電体が空気の同軸ケーブルを考えてみます．同軸ケーブルの特性インピーダンスZ［Ω］は次式で表されます．

$$Z=\frac{60}{\sqrt{\varepsilon}}\ln\frac{D}{d}=-\frac{138.1}{\sqrt{\varepsilon}}\log\frac{D}{d}\cdots\cdots(1)$$

ただし，ε：比誘電率，D：外部導体の内径［m］，d：内部導体の外径［m］

同軸ケーブルに高周波信号を通したときの損失は，導体損と誘電体損の和となります．

空気は誘電体損失が十分に小さいため，導体損が支配的になります．この場合，表皮効果によって高周波電流は，外部導体の内側と内部導体の外側だけを流れます．したがって導体損Γは，次のようになります．

$$\Gamma=i^2(R_o+R_i)\cdots\cdots(2)$$

ただし，i：電流［A］，R_o：外部導体の表皮効果抵抗［Ω］，R_i：内部導体の表皮効果抵抗［Ω］

伝送する高周波電力をP，同軸ケーブルの特性インピーダンスをZとすれば，導体を流れる電流iは，

$$i=\sqrt{P/Z}\cdots\cdots(3)$$

となります．式(2)と式(3)から，導体損Γは次のようになります．

$$\Gamma=\frac{P}{Z}(R_o+R_i)\cdots\cdots(4)$$

表皮効果抵抗Rは表皮効果抵抗率に比例し，導体の円周長に反比例するので，長さL［m］の同軸ケーブルの導体損Γは次のようになります．

$$\Gamma=\frac{P}{Z}\rho L\left(\left(\frac{1}{\pi D}+\frac{1}{\pi d}\right)\right)\cdots\cdots(5)$$

ただし，Γ：導体損［W］，P：伝送する高周波電力［W］，Z：特性インピーダンス，ρ：表皮効果抵抗率［Ω］，L；同軸ケーブル長［m］，D：外部導体の内径［m］，d：内部導体の外径［m］

表1　特性インピーダンスの計算例

内部導体比 (d/D)	特性インピーダンス［Ω］		備　考
	空　気	ポリエチレン	
0.01	276.126	183.726	
0.1	138.063	91.863	
0.1526	112.721	75.001	75 Ωケーブル
0.2785	76.649	51.000	導体損最小
0.2856	75.140	49.996	50 Ωケーブル
0.2862	75.014	49.912	
0.9	6.317	4.203	

● 最も損失が少なくなる外部導体内径と内部導体外径の比が存在する

内部導体を太くすれば抵抗値を小さくできますが，特性インピーダンスも低くなり，同じ電力を伝送するためには，多くの電流を流さなくてはなりません．導体損は電流の2乗に比例するので，内部導体を太くしすぎると，かえって導体損が増えます．すなわち，最も損失が少なくなる外部導体内径と内部導体外径の比が存在するわけです．

外部導体内径を一定とし，内部導体外径dを変数として，式(1)と式(5)から導体損Γが最小になる点を計算すると，外部導体内径に対する内部導体外径の比は0.2785です．この比は，表皮効果抵抗率や比誘電率，ケーブルの長さと無関係に決まります．なお，数式で最小点を求めるのは面倒ですが，表計算ソフトウェアを使うと機械的に求められます(**表1**)．

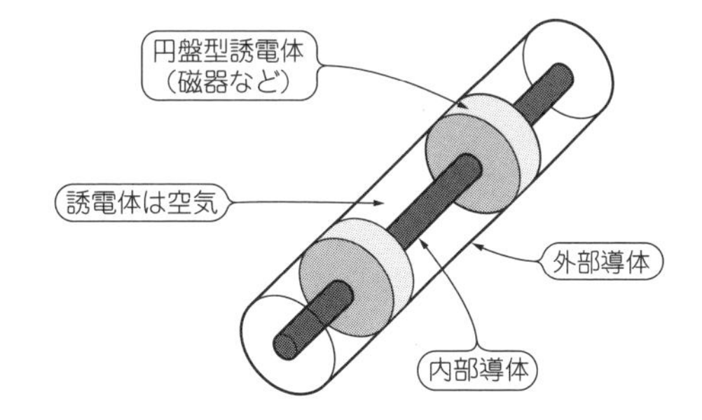

図27　空気を誘電体として利用した同軸ケーブル

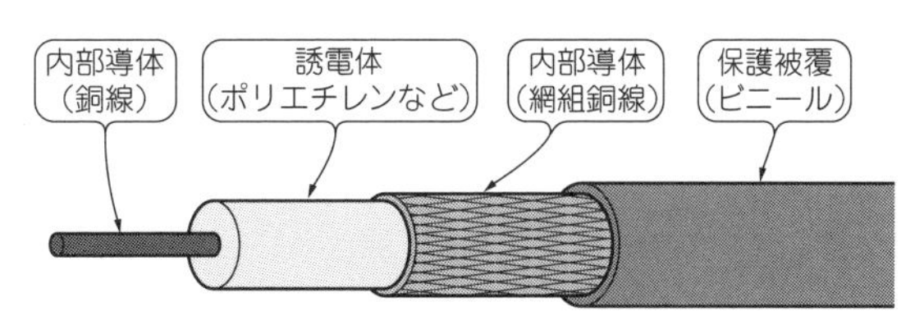

図28　現在市販されている同軸ケーブルの構造
誘電体はポリエチレンが一般的

● 誘電体が空気のとき導体損が最小になる構造では75Ω

表1に示す導体損が最小になる外径と内径の比(0.2785)において，誘電体が空気(比誘電率：約1.000536，20℃，1気圧)のときの特性インピーダンスは，式(1)から76.65Ωです．数字を丸めて75Ωにしたのが，75Ω同軸ケーブルの始まりです．

同軸ケーブルが使われ始めたころは，高周波損失の少ない誘電体がなかったため，できるだけ空気を誘電体として使っていました．**図27**に示すように，円盤形の磁器で内部導体を保持したり，絹糸で吊ったりしていました．つまり，誘電体の大部分は空気なので75Ωは妥当な数値だったのです．

たまたま，ダイポール・アンテナのインピーダンスが約73Ω(実数部)なので，アンテナとのインピーダンス整合に都合が良かったことも理由の一つです．

● 誘電体がポリエチレンのとき損失が最小になる構造では50Ω

1933年にポリエチレンが開発(英ICI社)されました．高周波特性が極めて良いことから，同軸ケーブルの絶縁体に使われるようになったのが，第2次世界大戦の直前のころです．ポリエチレンを内部に充填できると，細いケーブルを製造しやすくなります．また，曲げても特性の変化が少なく，使い勝手もよくなります．そこで戦後，同軸ケーブルのほとんどがポリエチレンを充填する構造になりました．

ポリエチレンの比誘電率は約2.26ですので，導体損が最小になる外径と内径の比(0.2785)のときの特性インピーダンスは約51.0Ωになります．数字を丸めて50Ωにしたというのが50Ω同軸ケーブルの始まりです．

● 50Ωと75Ωが併存している理由

現在では，75Ω同軸ケーブルもポリエチレン充填構造(**図28**)が主流ですので，内部導体外径は最小損失条件よりも細くなっています．

しかし，すでに75Ω系で設計されたシステムを変更するのが困難だったのと，50Ωと75Ωの損失の差がそれほど多くない(10%程度)ことが理由となって，50Ω系と75Ω系が併存しています．ただし，75Ω同軸ケーブルを使用しているシステムは，ポリエチレンが使われ始める前から存在する通信システムや測定器が主体で，HF帯(3M～30 MHz)以下の通信機やテレビジョン関連機器などに限られます．

ケーブルや測定器を2種類そろえるのは煩わしいので，最近の通信システムや測定器はHF帯以下のものでも50Ωで設計することが多いようです．

● ポリエチレンより低損失の誘電体でも50Ω

使用周波数が高くなってくると，誘電体損が無視できなくなります．そのため，より高周波特性の良いテフロンや発泡ポリエチレンを絶縁体に使った同軸ケーブルが作られています．

テフロンの比誘電率は2.1程度であり，発泡ポリエチレンの比誘電率は発泡度(泡の割合)によって異なります．発泡度を大きくすると誘電体損は小さくなりますが，機械的強度が下がって扱いにくくなるので，比誘電率は1.5程度が一般的です．また，伝送する高周波電力が極めて大きいときや，ケーブル敷設長が長いときは，わずかな誘電体損でも問題になるため，円盤形や扇形やらせん状の絶縁物を使った同軸ケーブルが使われています．

比誘電率がポリエチレンより小さくなると，最小損失の特性インピーダンスは50Ωより高くなりますが，測定器や通信システムの入出力インピーダンスが50Ωであることから，同軸ケーブルの特性インピーダンスも50Ωにしています．

● ちょっと寄り道…テスタでコンデンサやインダクタ単体を測るとどうなる？

少し横道にずれますが，テスタでコンデンサの両端の抵抗を測るとどうなるでしょうか．容量が小さすぎるとわかりにくいですが，一瞬は低い抵抗値を示し，徐々に∞Ωになります．

同じくインダクタの両端の抵抗を測ると，指針はゆっくり動き，最終的にはインダクタの直流抵抗を指します．インダクタンスが小さすぎるとわかりにくいです．

この過渡現象は，テスタの内部抵抗と，コンデンサあるいはインダクタとの時定数$\tau = RC$，$\tau = L/R$によるものです．なお，インダクタの場合はテスタの測定電流が少ない(内部抵抗が大きい)ため，コンデンサに比べて指針の振れの遅れを感じるのが難しいかもしれません．ちなみに，アナログ・テスタの低抵抗レンジの内部抵抗は100Ωくらいです．

コンデンサとインダクタを直列につないだものをテスタで測定すると，コンデンサの進みとインダクタの遅れで，ある時間内は適当な抵抗値になります．

● ケーブルがすごく長ければ，テスタでも特性インピーダンスが測れる

極めて長い同軸ケーブルの一端からテスタで抵抗を測定すると，ある時間は一定の抵抗値を示します．その抵抗値が50Ωという特性インピーダンスなのです．ちょうど大容量のコンデンサとインダクタを直列につないだものに似ています．

擬人的な言い方をすると，「テスタから見ると測定開始時点では同軸ケーブルの先端に何オームの抵抗が付いているかわからないので，とりあえずは特性インピーダンスを示しておこう．信号が先端に達し，さら

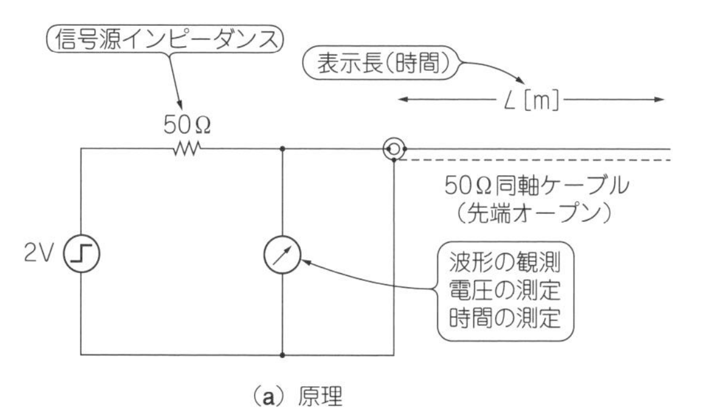

(a) 原理

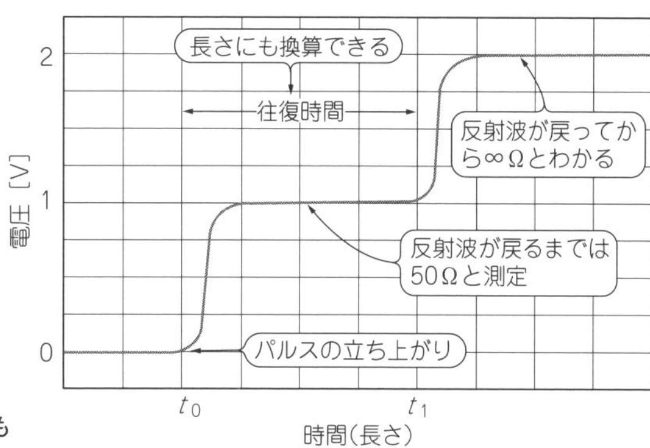

(b) 測定される波形はこんな感じ

図29 速い信号を入力して電圧の変化を見れば，短いケーブルでも特性インピーダンスが測れる
TDR計測という

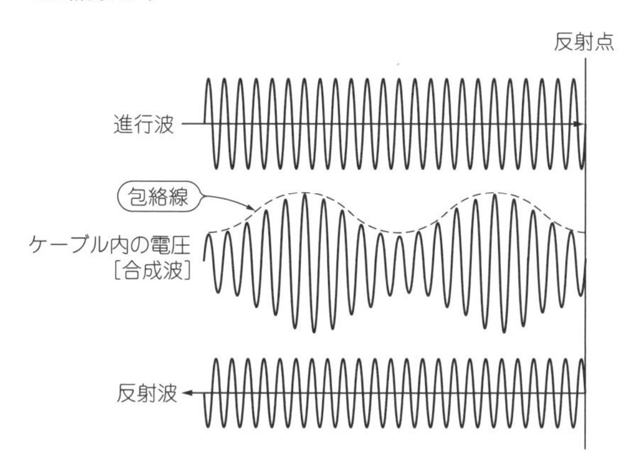

図30 反射波によって定在波が生じてしまう

に先端から反射信号が戻ってくれば抵抗値がわかるので，それを表示しよう」となります．

先端の抵抗が50Ωであれば，いつまで経っても50Ωのままで，先端から反射信号はなかったことと同じです．これをインピーダンス・マッチングがとれているといいます．

テスタの指針の応答特性はせいぜい数Hzですので，数百ms以下で変化する現象は測れません．測るためには，電気信号の往復時間が数百ms以上の同軸ケーブルが必要です．同軸ケーブル内の電気信号の速度は秒速20万kmくらいですから，長さ5万kmあればテスタで測れることになります．

5万kmは地球1周以上の長さですので，そのような長い同軸ケーブルを用意するのは困難です．それに，ケーブルが長くなると導体抵抗を無視できなくなりますので，絶対零度付近まで冷やして超伝導状態にするなどの仕掛けが大げさになってしまいます．

● **測定時間が短いと，ケーブルが短くても特性インピーダンスが測れる**

より高速で動作する測定器，例えばパルス発生器とオシロスコープを用いれば，数m程度の同軸ケーブルの反対側が先端が何Ωであっても，測定開始からある時間内は50Ωに見えることを確認できます．

TDR(Time Domain Reflectometer)と呼ばれる専用の測定器を用いればより簡単に確認できます．TDRは立ち上がりの速いパルス発生回路と送信端の電圧変化検知回路を組み合わせた測定器で，伝送線路のインピーダンスや反射点までの距離(時間で換算)を測ることができます．高級なTDRだと100ps以下の時間分解能をもちます．距離分解能に換算すると30mm以下になります．

図29(a)はTDRの原理で，**図29(b)**は長さLで先端開放の50Ω同軸ケーブルを測定したときの波形のイメージです．

● **交流信号の場合**

直流信号であればケーブル長が極端に長い場合を除き，特性インピーダンスを考慮する必要がありません．しかし，交流信号の場合は信号の電圧や極性が時間で変化します．その周波数が高く(波長が短く)なるとケーブル長を無視できなくなります．

もし，ケーブル長の長い交流回路で反射波があると，送信点の電圧あるいは極性が変わってから反射波が戻ってくることになります．ケーブル内で進行波(信号源からの信号)と相互に干渉し，反射点から距離によってケーブル内の電圧が上がったり下がったりする現象が発生します．正確にいうと包絡線が変動するのですが，これを定在波といいます(**図30**)．

定在波が発生すると負荷に所望の電力を供給できなくなったり，波形が乱れたりします．

これはアナログ回路だけで問題になるわけではありません．ディジタル回路で波形が乱れるとビット誤りを生じます．ディジタル回路といえども，動作速度が速くなるとインピーダンス・マッチングが重要になります．

◆参考文献◆

(1) 電線要覧，三菱電線工業㈱．

〈藤田 昇〉

(初出：「トランジスタ技術」2007年7月号/2012年4月号)

8-8 同軸コネクタといっても高周波に使えるとは限らない

よく使われるBNCコネクタの手抜き品に注意！

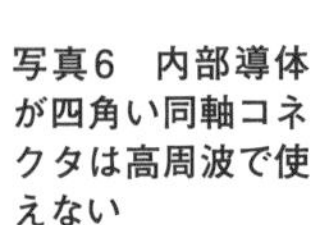

写真6　内部導体が四角い同軸コネクタは高周波で使えない

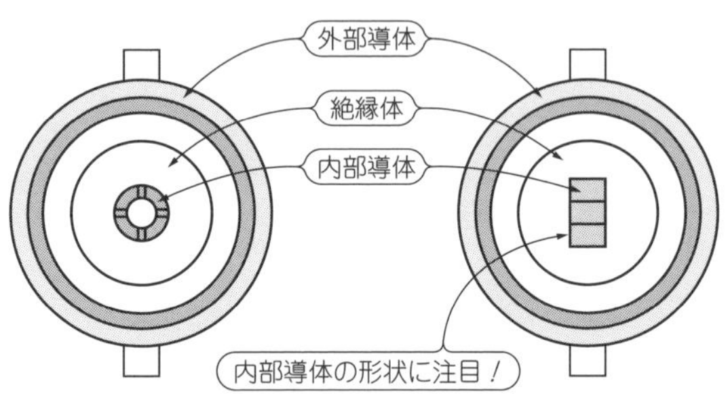

図31　同軸BNCコネクタ(ジャック)の勘合面
内部導体が四角いと高周波では使えない

(a) 細いリードのもの

(b) 分岐アダプタ

写真7　低い周波数にしか使えないBNCコネクタ

● インピーダンスが合っていないと伝送効率が下がる

高周波信号を伝送するためには信号源・伝送線・負荷のインピーダンスを合わせる，いわゆるインピーダンス・マッチングが重要です．もし，インピーダンスが合っていない(マッチングしていない)と，その境目で反射波が発生し，信号の伝送効率が低下します．

● よく使われるBNCコネクタには手抜き品がある

よく使われる高周波用コネクタにBNCタイプがあります．インピーダンスは50 Ω(75 Ωのものもある)で，最高使用周波数は2 G～4 GHz程度です．小型で接続が簡単(ワンタッチロック)なので，いろいろな用途に使われています．

特に計測器分野では必ずしも高周波と呼べない周波数帯でも使われています．例えば，オシロスコープ，低周波発振器やレベル計などに使われています．

写真6のように，BNCコネクタの中には，低い周波数だけに使うことを前提として，工作に手を抜いているものがあるので注意が必要です．価格は安いのですが，高い周波数で使うと反射波が発生してしまいます．

● 見分け方

▶その1：内部導体が四角い

まずは，ジャック側の芯線の構造を見てみましょう．**図31(a)**のように高周波用の内部導体は丸形ですが，**図31(b)**のように角形(取り出して横から見るとフォーク形)のものがあります．同軸ケーブルの中心導体は円形ですので，正確なインピーダンス・マッチングがとれません．

▶その2：グラウンド側の端子が細い

写真7(a)のように外部導体(グラウンド側)が細い端子になっているものは低い周波数用と思ってよいでしょう．外部導体が絶縁されているものはこのタイプが多いです．

▶その3：分岐アダプタ

写真7(b)のような分岐アダプタは単純に分岐していますので，インピーダンス・マッチングがとれません．つまり，低い周波数でしか使えません．

● 手抜きBNCでも150 MHzくらいまでは使える

BNCコネクタの同軸部分の長さはせいぜい20 mm程度です．これに比べて信号の波長が十分長い場合は多少インピーダンスが違っていても無視できます．例えば，波長が20 mmの100倍以上，つまり周波数が150 MHz以下の信号であれば，手抜きBNCでも十分使用可能です．

低い周波数でしか使えないとはいっても，150 MHz程度までは使えるということで，用途によっては高周波でも使えるともいえます．

なお，分岐アダプタの場合は分岐線の長さによって影響度合いが変わりますので，分岐の一方は信号の波長に比べて十分短くして使いましょう．

〈藤田 昇〉

(初出：「トランジスタ技術」2012年4月号)

第9章 エレクトロニクス1年生に贈る 絵とき！あとで役立つ！ワンポイント・アドバイス

9-1 アンプのゲインの決め方

高*SN*比を実現するノウハウを紹介

図1　サイズ調整を間違えると肝心の部分が取り込めない…

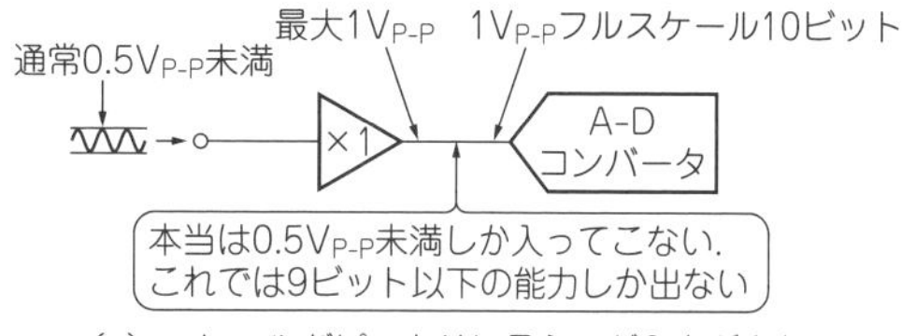

(a) スケールがピッタリに見えるが入力が小さい

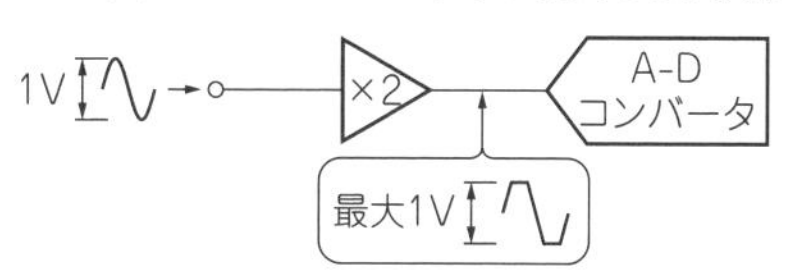

(b) 増幅すると過大入力が入ったときにひずむ

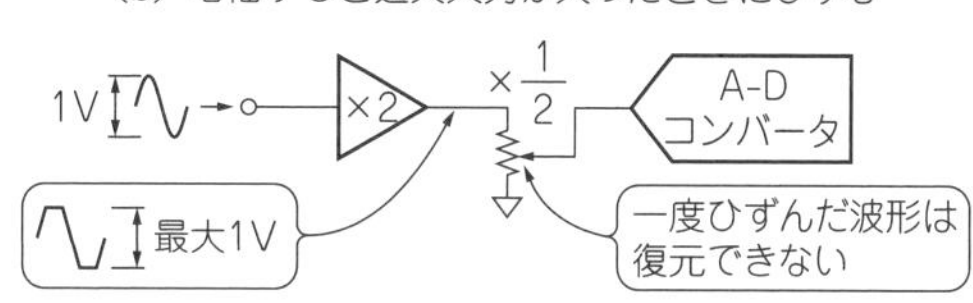

(c) 可変抵抗で調整するのも簡単ではない

図2　信号を適切に増幅/減衰させて扱う信号に対してフルスケールにしたい
実用時の信号レベルを把握していなければならない

アナログ信号は，OPアンプで増幅されたりアッテネータやフィルタで減衰されたりして流れていきます．

このとき，仕上がりのゲインが同じだとしても，増幅と減衰の順番によっては，信号が雑音に埋もれたりします．

また，装置内を通過できるアナログ信号の最大値と最小値の比(ダイナミック・レンジ)が大きいほど，回路を通過するたびに少しずつ悪化していく*SN*比(信号と雑音の比)に対処しやすくなります．

● いったんノイズに埋もれたアナログ信号はもう取り戻せない

アナログ回路が扱えるアナログ信号の最大電圧は電源電圧などの制約を受けます．一方最小電圧はノイズやオフセット電圧の制約を受けます．

アナログ信号が回路を伝わっていく中で，そのレベルがノイズやオフセット電圧よりも小さくなって埋もれてしまうと，もうどんなに高性能なアンプを使っても，そのアナログ信号を抽出することも増幅することもできなくなります．

ディジタル信号処理の世界のダイナミック・レンジは，信号を表すデータの分解能(ビット数)に相当します．A-Dコンバータが高い分解能をもっていても，アナログ信号のレベルが適切でないとその性能は発揮されません．

例えば，フルスケールで10ビット(1V入力)の分解能をもつA-Dコンバータに入力されるアナログ信号の最大値が0.5Vしかないと，このA-Dコンバータは9ビット分しかそのダイナミック・レンジ性能を生かすことができません［**図2(a)**］．

● 回路の入口に近いほうでできるだけ大きく増幅すれば，出口で高*SN*比の信号が得られる

信号とその信号に含まれる雑音のレベル比を*SN*比といいます．*SN*比が大きいアナログ信号ほど低ノイズであるということができます．*SN*比を大きくするには，信号の割合を増やすかノイズの割合を減らすしかありません．

複数のアンプで信号を増幅する場合，ゲインは前のほうでできるだけ稼ぐほうが，*SN*比の高い信号を出力することができます(**図3**)．回路の後ろのほうにゲインの高いアンプを置くと，前段のノイズが増幅されてしまいます．

入力許容電圧が最大1VのA-Dコンバータのプリアンプが，振幅10Vのアナログ信号を扱える場合は，プリアンプの信号レベルは1Vではなく10Vで扱って，A-Dコンバータの直前で1Vに減衰させると高*SN*比が得られます(**図4**)．

OPアンプなどの初段回路で発生する入力換算雑音やオフセット電圧は，対策のしようがありません．どうしても対策が必要であれば，ロー・ノイズ/低オフセット・タイプのアンプを選ぶ以外に選択肢はありません．

● OPアンプ出力は一度でも飽和したら取り返しがつかない

入力信号レベルが過大な場合は入口で絞ります［図4(a)］．絞る手前にアンプが入っているとそこが飽和する恐れがあります．前段が飽和してしまったら，後段で対策することはできません．

*SN*比を稼ぐために，前段でゲインを稼ぎすぎると，最終段で信号が頭打ちすることがあります［図2(b)］．

● 張り切ってゲインを上げ過ぎたらアカン

▶非直線性/ひずみという問題

アナログ信号のレベルはできるだけ大きくしておくほうが，高い*SN*比が得られます．ところがアンプによっては信号が大きくなると，直線性が悪くなってひずみを生じます．特に高い周波数でレベルの大きい信号を扱うのは，アンプにとっては重労働です．ひずみが発生すると，高調波による不要輻射の問題も出てきます．

▶オフセットも増幅する

アンプのゲインを上げるとノイズやオフセット電圧もそれなりに増幅されます．交流信号を扱うときは，直流分をカットしてオフセットの影響を避けます．ただし，段間で直流をカットしても，アンプ自体が直流ゲインをもっていると，出力がオフセットしてしまいます．出力のオフセットが大きいと，出力できる電圧の最大値が小さくなります．

＊

● ゲインを可変にすれば，レベル変化の大きい信号を*SN*比を損なわずに扱える

入力信号の電圧レベルが一定で変化しなければ問題になりませんが，たいていの装置はレベルが変化するアナログ信号を扱います．

このような装置で*SN*比を確保するためには，増幅率や減衰率を柔軟に調整できるアンプとアッテネータを備える必要があります(図5)．例えば，オシロスコープには，入力電圧レンジを切り替えるノブが付いています．内部では，アッテネータの減衰率やアンプのゲインが切り替わっていて，このゲイン調節機能のおかげで，レベルの微小な信号から巨大な信号の細部を一つの装置で観測できるのです．

〈佐藤 尚一〉

（初出：「トランジスタ技術」2012年4月号）

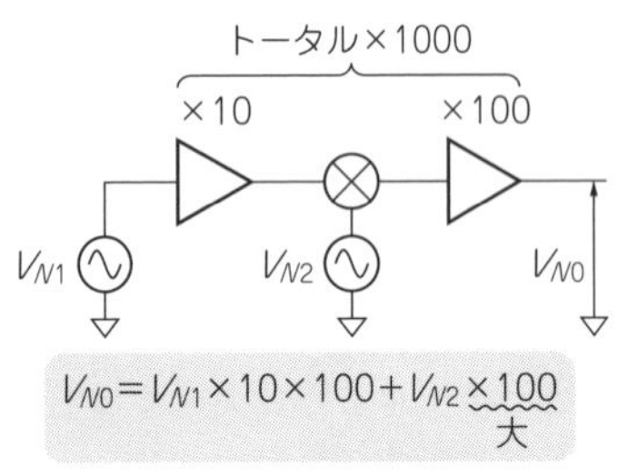

(a) 後段のゲインが大きいシステム：100 V_{N2} が加わる

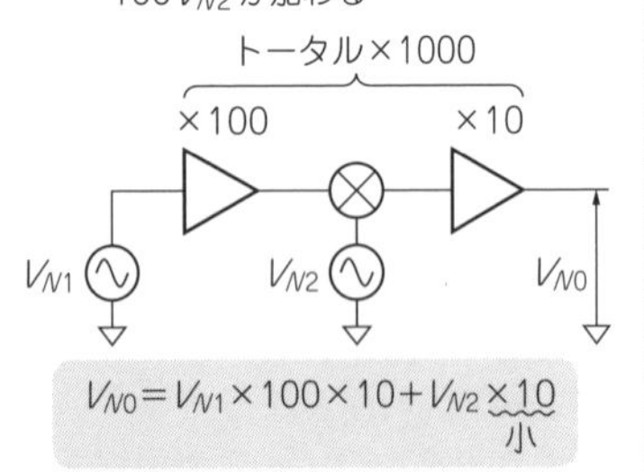

(b) 前段のゲインが大きいシステム：10 V_{N2} が加わる

図3 ゲインは前段に持たせたほうが低ノイズ

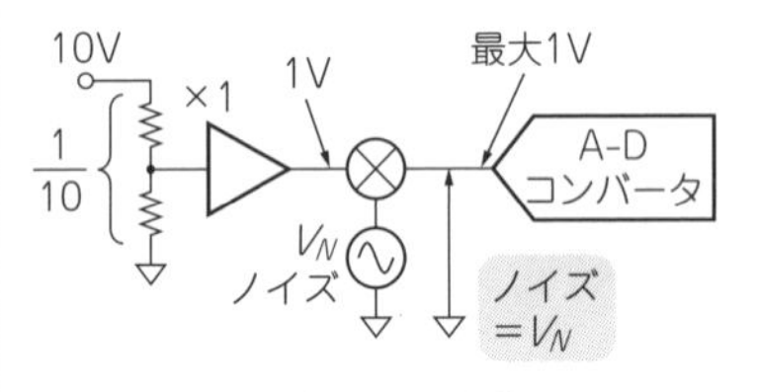

(a) 前段で絞るとノイズが大きくなる

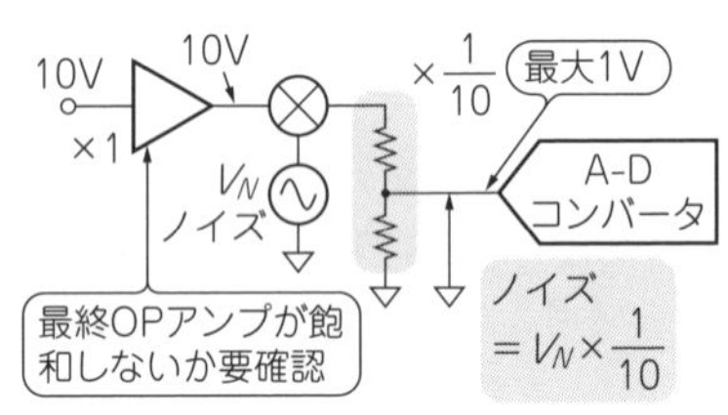

(b) 後段で絞るとノイズは小さくなるが最終段のOPアンプが飽和しやすくなる

図4 信号は後段で絞ったほうが低ノイズにできる

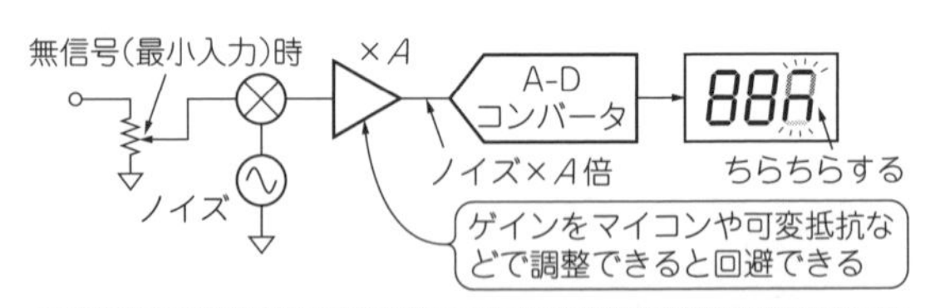

図5 ゲインを調整するしくみがあれば高*SN*比を実現できる

9-2 周波数を電圧に変換できるF-V変換回路

モータの回転数を制御するときなどに重宝する

図6　一定時間経過後に積み上がる高さを見れば，食べる速さを割り出せる

● 回路の構成

図7に示すのは，原理が一番シンプルなPDM(パルス密度変調)タイプのF-V変換回路です.

F-V変換回路は，入力信号の周波数に応じた電圧を出力します．回転センサのパルス出力を電圧に変換して，モータの回転数を制御するときなどに利用できます.

最近は，高機能化したワンチップ・マイコンで，周波数のカウントもその後の処理もできるため，出番が減りました.

● 幅が一定のパルスを平均化する

F-V変換回路は，**図8**に示すように入力信号の立ち上がり(または立ち下がり)に同期して，幅が一定のパルス信号を発生します．これを平均化すると，原理的に周波数に比例した電圧が得られます.

● 標準ロジックICが使える

幅が一定のパルスをアナログ的に発生させるディジタルICに，ワンショット・マルチバイブレータ回路があります．74HC123などの標準ロジックICが使えます(**図7**)．機能名とちょっと違った使い道としてはFMの復調回路があります.　**〈佐藤 尚一〉**

(初出:「トランジスタ技術」2012年4月号)

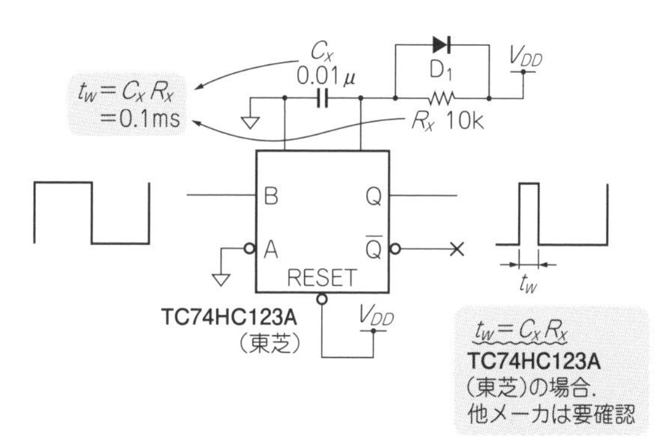

図7　エッジごとに一定幅のパルスを生成できる回路
ワンショット・マルチバイブレータ74HC123 1個で作れる. C_x = 0.01 μF, R_x = 10 kΩのとき$t_\omega = C_x R_x$ = 0.1 msで，このときデューティ比100%とすると，最高周波数f_{max} = 1/0.1 ms = 10 kHzとなる

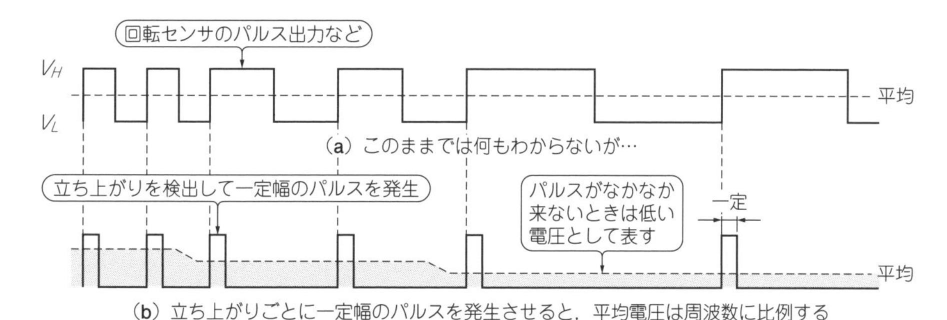

図8　立ち上がりの頻度(回転などの頻度)**に比例した電圧に変換できる**
回転センサが出力するパルス信号などをパルスの頻度に置き換えて平均化すると，周波数に比例した電圧値になる

9-3 電流を電圧に変換できる「I-V変換アンプ」と「チャージ・アンプ」

微小電流の検出に重宝する

フォトダイオードが出力する微小な電流を電圧に変換して測るときの回路を二つ紹介しましょう．

微小な電流であれば直読(OPアンプで増幅)して測ります．ものすごく微小な電流であれば，いったん集めて(コンデンサに貯めて)から測ります．違いはコンデンサ一つです．前者をI-V変換回路，後者はチャージ・アンプ回路といいます．

● 微小電流を検出できる「I-V変換アンプ」

フォトダイオードに光が当たると，光子が励起されて微小電流が発生します．この微小電流を測るときは，**図10(a)**に示すようにいったんI-V変換アンプで電圧に変換します．このアンプは，OPアンプを使用した反転アンプから入力側の抵抗を取り除いた形をしています．作り方によってはpA(ピコ・アンペア)オーダの微小電流も扱うことができます．

● 極小電流を検出できる「チャージ・アンプ」

I-V変換アンプと似た回路にチャージ・アンプがあ

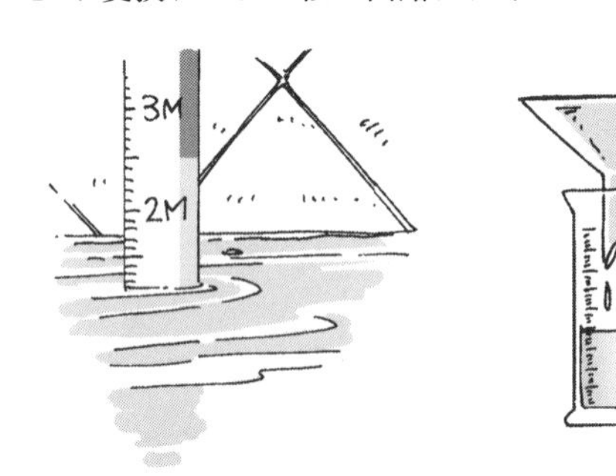

(a) 注水量がそこそこ大きければ今の水高を直読すればいい　(b) いったん集めて時間で割れば注水量が微小でも正確に測れる

図9 流入量を測る方法

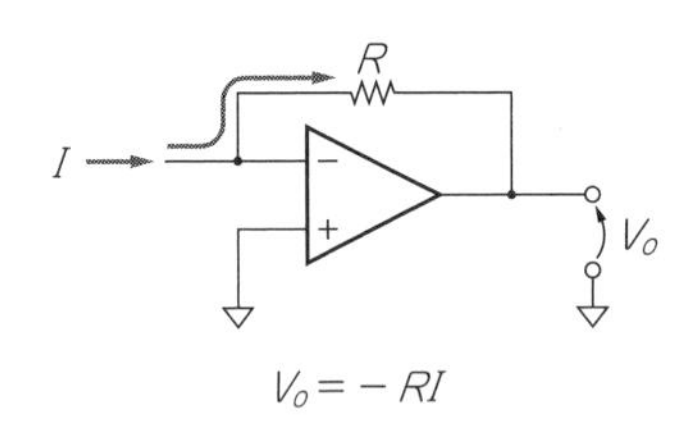

電流をオームの法則で電圧に変換．リアルタイムで電流を読める．

$1\mathrm{G}\Omega \times 1\mathrm{pA} = 10^{9} \times 10^{-12} = 10^{-3}\mathrm{V} = 1\mathrm{mV}$

なのでpA(ピコ・アンペア)オーダ以下の電流を扱うのは相当厳しい

(a) 微小電流を測れる…I-V変換アンプ

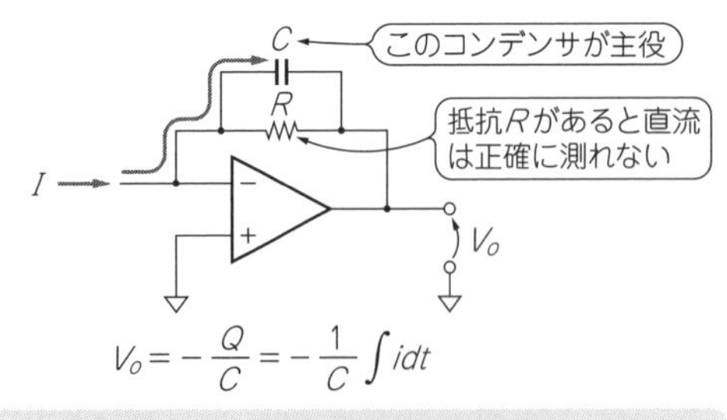

一種の積分器．コンデンサCにたまった電荷Qに比例した電圧V_oを出力する．Rがあると直流(静電荷)は測れない．

$Q = \int idt$

なので，一定時間にたまったQを時間で割れば平均電流が求まる．非常に小さな電流(ピコ・アンペア以下)も扱うことができるがテクニックは相当必要

(b) 微小電流を測れる…チャージ・アンプ

図10 センサなどが出力する微小電流を電圧に変換する回路

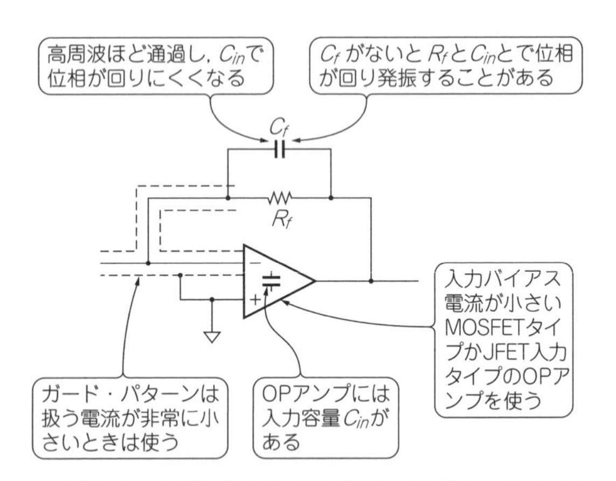

抵抗Rと熱雑音V_Nには次の関係がある．

$V_N = \sqrt{4\pi kTRB}$

(k: ボルツマン定数，T: 絶対温度，B: 周波数帯域幅)

R_fが大きい方が$I \rightarrow V$の変換率は大きいが，熱雑音も大きくなる．熱雑音はRの平方根に比例するので，Rを大きくすると相対的にS/Nが向上する．ただし，インピーダンスを上げると外来ノイズの影響を受けやすくなる

図11 チャージ・アンプを作るときのチェック・ポイント

微小電流の測定はちゃんとやるとわりとたいへんなので，ここでは勘どころだけ

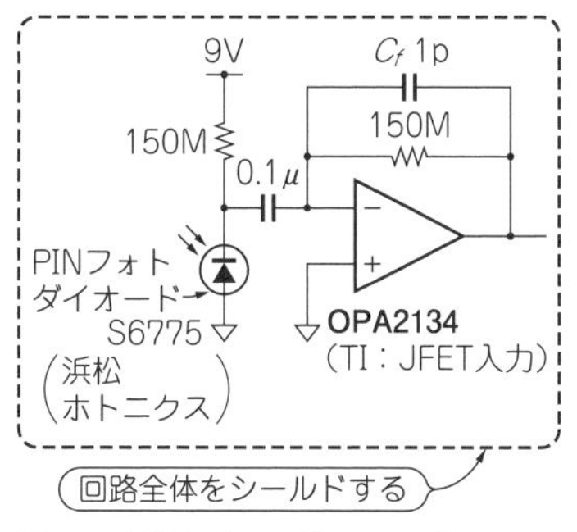

図12　実際のチャージ・アンプ

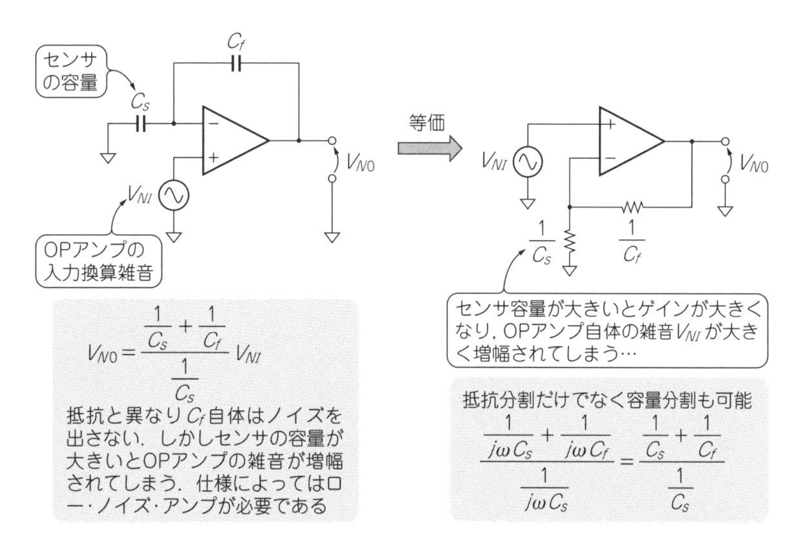

図13　センサの容量が大きいときは低ノイズ・タイプのOPアンプを検討すること

ります．一見通常のI-V変換アンプと同じですが，**図10(b)**に示すようにフィードバック・コンデンサにジワジワ電荷を貯め込んで（電流を積分して）増幅します．コンデンサは熱雑音を発生しないので，微小な電荷の変化を高SN比で検出するのに向きます．

＊

I-V変換アンプもチャージ・アンプも原理的には特に微小な電流用ということはありません．よく見かける用途が，フォトダイオードのセンサ・アンプなど，微小電流を対象とする場合が多いのでそういうイメージになっています．

● ホントに使いこなすのはわりとたいへん

図11に回路を実際に作るときの勘どころをまとめてみました．

入力電流を積分するチャージ・アンプ（**図12**）のほうが実用上扱える最小電流が数桁小さくなります．性能は実装の良し悪しで決まります．

積分動作なので，リアルタイムで電流値をモニタすることはできませんが，直流的な動きのほとんどない信号しか扱えないというわけではありません．センサの微小な電荷の変化をパルスとして扱う用途にも使われます．

入力側につなぐセンサの容量C_sが大きいと，OPアンプの雑音が増幅されます．このときは，ロー・ノイズ・アンプを使わなければいけません（**図13**）．

〈佐藤 尚一〉

（初出：「トランジスタ技術」2012年4月号）

1mV以下の入力電圧を増幅したいなら低ノイズOPアンプを選ぶ　Column 1

図Aは，低ノイズのOPアンプを使ったゲイン10倍のアンプです．

低ノイズOPアンプは，自分自身が発生するノイズが非常に少ないOPアンプです．微小な信号などノイズを嫌う用途にピッタリです．

入力電圧が100 mV程度までは汎用OPアンプで十分ですが，100 μVにもなるときは，**図A**に示すようなの低ノイズOPアンプを使いましょう．

こうしたOPアンプを使う場合は，ゲインを決める抵抗を極力小さい値にするのがポイントです．抵抗自体でもノイズを発生し，その抵抗値が大きいほどノイズも増加するためです．

〈瀬川 毅〉

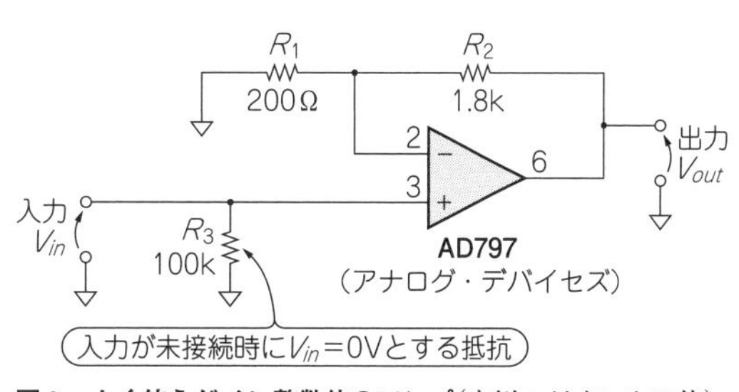

図A　よく使うゲイン整数倍のアンプ（本例のゲインは10倍）

9-4 電子回路シミュレーションは万能ではない

エンジニアは実物を触ってナンボ

● 電子回路シミュレーションは実機と合わない場合がある

電子回路シミュレーションは，とても便利で今日まで進化をしてきました．

ところが実物とシミュレーションの結果が，大きく違うとの声もよく聞きます．それは，ベテラン・エンジニアからはあまり聞かれず，初心エンジニアほどこのような声を上げます．

ではなぜベテラン・エンジニアからは上がらないのでしょうか．それはベテラン・エンジニアが独自に育てたライブラリの充実もありますが，意外と普通のライブラリを使っている場合もよくあります．

実は，ベテラン・エンジニアは，電子回路シミュレーションの弱点をよく知っており，弱点を補うような使い方をしているから問題にならないのです．

その弱点とは，電子回路シミュレーションが電気物理の法則の一部分を計算しているにすぎないということです(**図14**)．

● 試作や実験の経験をシミュレーションで補うべし

実物は電源をONした瞬間から，あらゆる物理の法則が一斉に襲ってきます．ところがシミュレーションは，すべての現象を計算することはできません．

ベテラン・エンジニアは，シミュレーションの結果から傾向を読み取って，実物ではこうなるだろうと，過去の経験に照らして頭の中で補正しているのです．

現代はシミュレーションを活用する時代です．電子回路シミュレーションによって回路の動きの全体の把握や，基本的なミスを取り除くことができ，生産性を上げられます．

それでも絶対に大事にしなければならないのは，実物による試作と実験の積み重ねです．道遠くともこの工程を省略してはいけません．

〈浜田 智〉

(初出：「トランジスタ技術」2012年4月号)

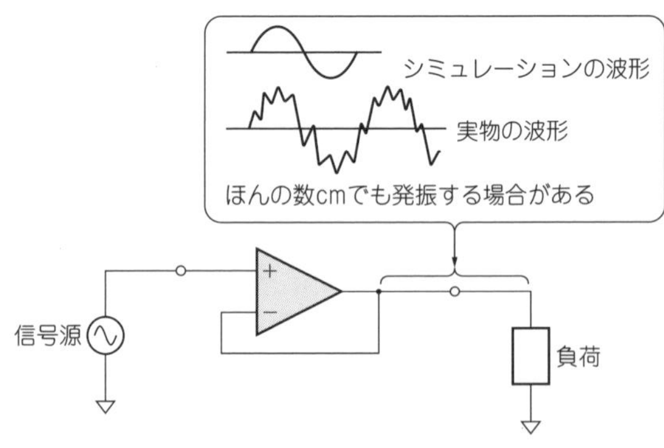

図14 シミュレーションでは何の問題もない回路だが，実物ではOPアンプの出力端と負荷が離れていると発振する

9-5 オシロスコープでやってはいけないこと…プローブはショートさせない

波形を見るときに起きる悲劇

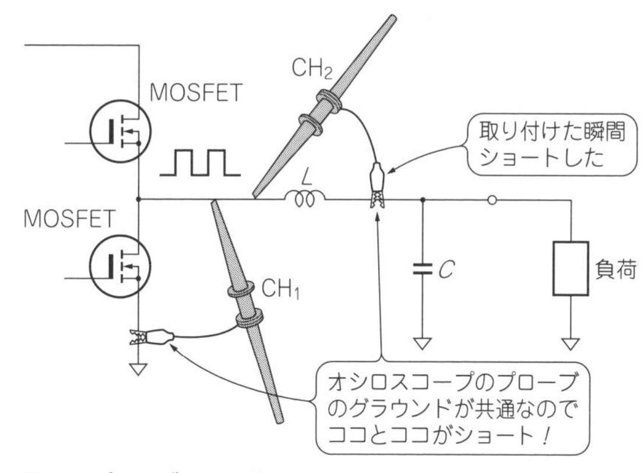

図15　プローブ同士が触っていなくても，このように接続してしまったらショートする

● 数W～数kWといったエネルギを扱うパワエレが盛んに

近年，パワー・エレクトロニクス(通称：パワエレ)が盛んになってきました．

パワエレと普通の電子回路と大きく違うのは，電力というエネルギを扱っていることです．それは数Wの場合もあれば，数百Wの場合もあれば，数kWの場合もあります．

そしてその開発の場面でも，オシロスコープは大活躍です．

● オシロスコープで波形を見るときに起きる悲劇

開発現場では，オシロスコープであの波形も見たい，この波形も見たいと，ついついプローブを何本もつないでしまいます．

ある波形を見ていて，次に別な波形を見るためプローブを追加したところ，バン！と大きな音がして煙が出ました．見るとプローブは焼け，基板も焼けてパターンがはがれています．もうその基板は廃棄するしかありません．

そうです．最初に接続していたプローブのGND線と，追加したプローブのGND線とで，パワー回路を回り込みショートさせてしまったのです(**図15**)．

とにかくパワエレでのショートは悲惨な状況を招きます．ですからパワエレではワン・プローブで波形を見ることが基本です．

2波形以上を見たいときは，安易に追加してはいけません．大げさかもしれませんが，そのための作業手順書を作り，慎重に作業を進める必要があります．

その場で思いついた作業を絶対に安易に追加してはいけません．

〈浜田 智〉

(初出：「トランジスタ技術」2012年4月号)

9-6 電子回路をちゃんと動かすには温度テストは重要

高品質な電子回路の開発に必要不可欠！

オシロスコープやスペクトラム・アナライザは，いろいろな波形やスペクトルが見られるので華があり人気の計測器です．ですがこれらの計測器と同じくらい重要なのが温度テストを行う恒温槽です．

電子回路は，とにかく温度の影響を受けます(**図16**)．オフセットのドリフト，アンプの異常発振，水晶など．の発振回路の停止，回路チューニングのズレなどがあります．恒温槽による温度テストは，高品質な電子回路の開発に必要不可欠なのです．

温度テストはとにかく地味です．でもノウハウの宝庫で，それを知っているかいないかで，一流と二流のエンジニアに分かれます．　**〈浜田 智〉**

(初出：「トランジスタ技術」2012年4月号)

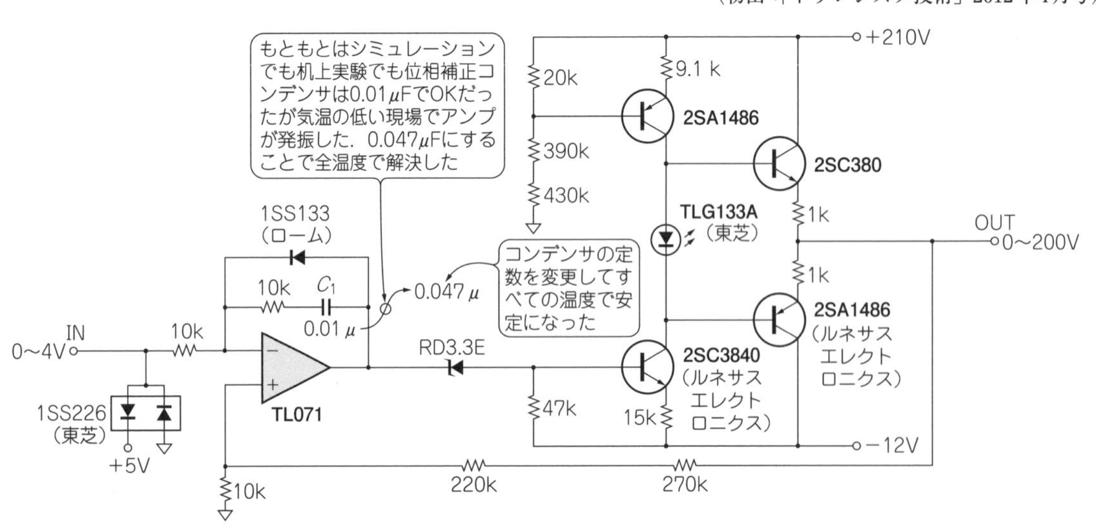

図16 シミュレーションでも机上実験でも動いていたが低温時に動かなかった回路(高電圧出力アンプ)

OPアンプが発振してしまった．C_1＝0.01 μF→0.047 μFにするとすべての温度範囲で安定になった．恒温槽で温度テストしていれば気づく内容だった

A-1 おさらい！オームの法則

基本中の基本！どんな電気回路も従う物理法則

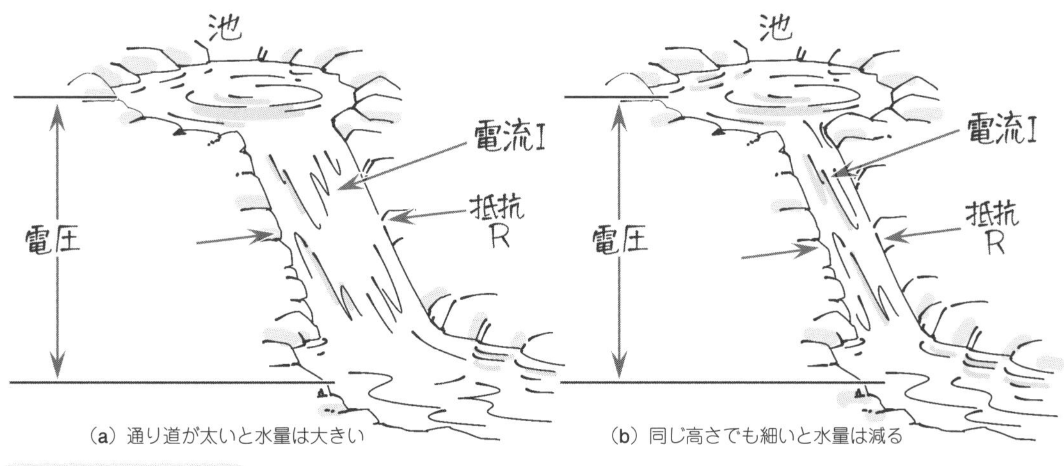

(a) 通り道が太いと水量は大きい　(b) 同じ高さでも細いと水量は減る

オームの法則は，
$V=RI$
この例のように
水位の差→電圧
水量→電流
水の通りやすさ→抵抗
と考えるとわかりやすい

(c) 水の流れで例えると…

(d) 回路ではこうなる

図1　基本中の基本！電気回路が従う物理法則「オームの法則」

図2　オームの法則…こんな風に教科書では習う

最初は，電気の基本中の基本，**図1**に示すオームの法則から始めます．

電気回路でいいますと，電圧をV，電流をI，抵抗値をRとすれば，次の関係があります．

$$V=RI \quad \cdots\cdots (1)$$

図1で，水位→電圧V，水量→電流I，水路の太さ→抵抗R，と置き換えると，電気回路になります．

次のように想像すると式(1)のイメージがはっきりするかと思います．

- 水路が広い(抵抗Rが小さい)と…水量(電流I)がたくさん流れる
- 水位が高い(電圧Vが大きい)と…やっぱり水量(電流I)はたくさん流れる

式(1)は，この法則を発見したゲオルク・オームさんにちなんでオームの法則と呼ばれています．このときオームさんは，銅とビスマスを接触させた熱電対に発生する電圧を測定してこの法則を発見したそうです[(1)]．

なぜ式(1)のようになるのかと疑問に思った読者もいるかもしれませんが，法則なので証明はできません．

オームの法則をいつでも使えるようにするには，**図2**のような郵便のマークに似た感じで覚えておくと便利です．**図2**のマーク中，横線―は割り算，縦線｜は掛け算を意味します．次のように，簡単に電圧V，電流I，抵抗値Rを求められます．

(1) 電流Iと抵抗Rがわかっていて，抵抗Rの両端に生じる電圧Vを知りたいとき，

$V=RI$

(2) 電圧Vと電流Iがわかっていて，抵抗Rを求めたいとき，

$R=\dfrac{V}{I}$

(3) 電圧Vと抵抗Rがわかっていて，流れる電流Iを知りたいとき，

$R=\dfrac{V}{R}$

〈瀬川 毅〉

◆参考文献◆

(1) 直川 一也；科学技術史，電気電子技術の発展，1998年，東京電機大学出版局．

(初出：「トランジスタ技術」2013年6月号)

A-2 おさらい！ キルヒホッフの法則

電流が勝手にどっかに行くことはありません

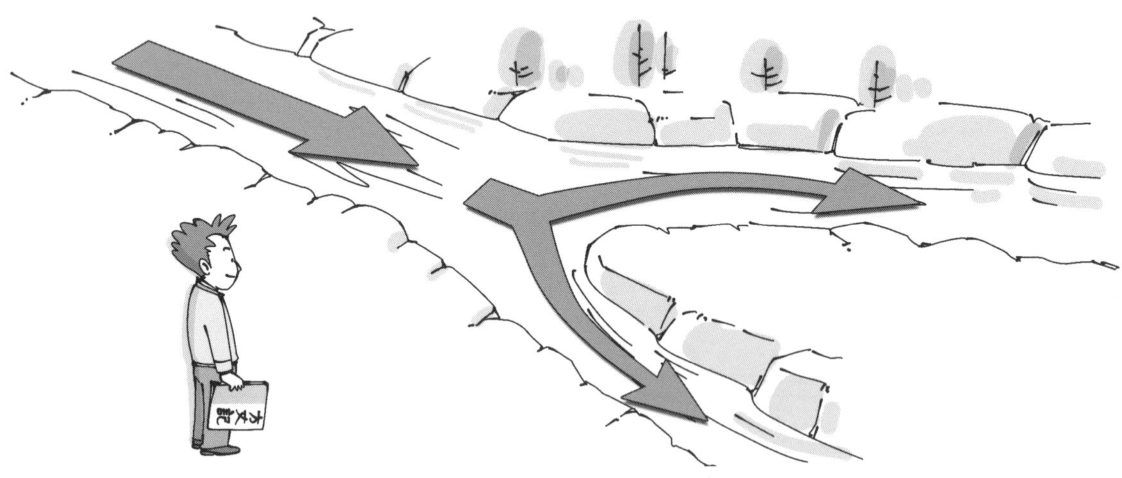

図3　流れ込む水量と流れ出る水量は同じ
川底にしみこむ水の量は無視してネ

● 電流量は分岐しても変わらない…キルヒホッフの第1法則（電流則）

図3は，川が中州で分流しているようすを表しています．ここで**図3**で水量に注目します．

水流が二つに分かれる前と分かれた後では，水量に変化はありません．

これを回路に置き換えたのが**図4**です．電流i_0は，Ⓐ点で抵抗R_1に流れる電流i_1と抵抗R_2に流れる電流i_2に分かれています．Ⓐ点で電流の流れ込む方向，流れ出る方向を区別してみましょう．流れ込む方向の電流はi_0，流れ出る方向の電流はi_1とi_0ですね．流れ込む電流と流れ出る電流が等しいので，次のように書けます．

$$i_0 + i_1 + i_2 = 0$$

これがキルヒホッフの第1法則（電流則）です．

つまり，回路中の一点の接続点に注目したとき，接続点に流れ込む電流と流れ出る電流の和はゼロですよ，ということです．

● 1周したら元の位置…キルヒホッフの第2法則（電圧則）

図5のように，大きな公園や近郊の山をトレッキン

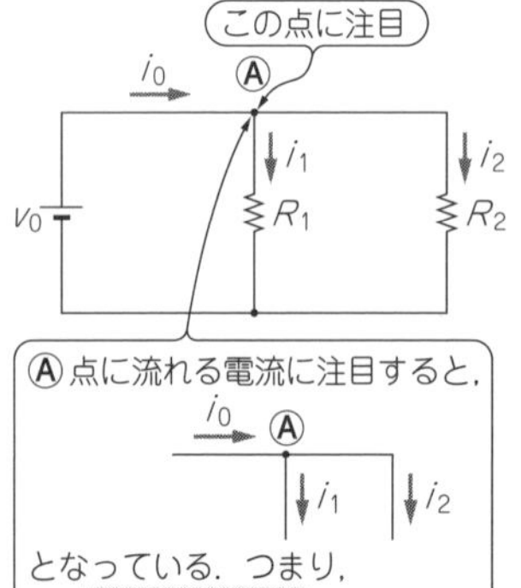

図4　キルヒホッフ第1法則（電流則）**…流れ込む電流と流れ出る電流は同じ**
流れ込む電流と流れ出す電流の総和は0

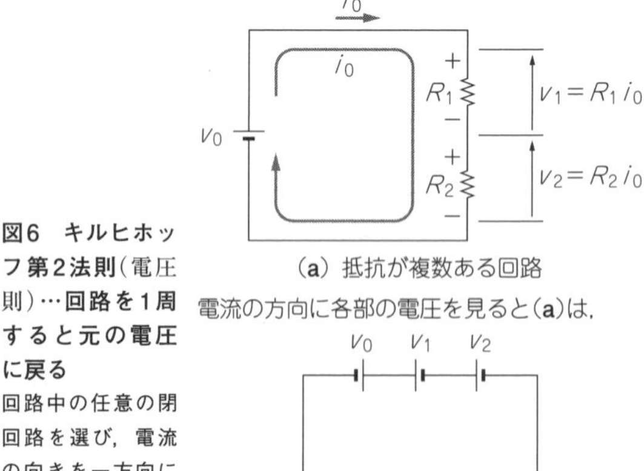

図6　キルヒホッフ第2法則（電圧則）**…回路を1周すると元の電圧に戻る**
回路中の任意の閉回路を選び，電流の向きを一方向にとったとき，閉回路に沿った各素子の電圧の総和は0

図5　トレッキングで1周すると元のスタート地点(元の標高)に戻る

グします．汗をかいて山を登り，沢を下り，コースを1周してゴールするとそこはスタート地点です．標高で考えると同じ高さの地点に戻ってしまいました．

回路に置き換えてみたのが**図6(a)**です．電圧vに対して，抵抗R_1，R_2が接続されています．このとき，抵抗R_1，R_2には，やはりオームの法則が成り立っています．電流をi_0とすれば抵抗R_1の両端電圧v_1，抵抗R_2の両端電圧v_2は，それぞれ次のようになります．

$$v_1 = R_1 i_0$$
$$v_2 = R_2 i_0$$

そこで電流iの流れる方向に沿って一回りするルートで各部の電圧を見てみましょう．すると**図6(b)**のような等価回路が書けます．電圧には次の関係が成り立ちます．

$$\mathrm{v}_0 + \mathrm{v}_1 + \mathrm{v}_2 = 0$$

これがキルヒホッフの法則の電圧則(第2法則)です．

ルートを1周すると同じ標高に戻るトレッキングのように，電気回路では，回路を1周した電圧の和はゼロです．

〈瀬川 毅〉

(初出：「トランジスタ技術」2013年6月号)

A-3 直列/並列で回路を読み解く

分圧と分流のイメージで本質をつかむ！

それでは，二つの抵抗を直列にした「直列回路」と，二つの抵抗を並列にした「並列回路」について，電圧や電流を求めてみます(**図7**)．

どのような回路であろうと「オームの法則」と「キルヒホッフの法則」の二つがあれば，各部の電圧と電流が求められる」のが，この法則を使う理由です．

いまさら，中学校で習うような直列・並列回路の話か…と思われるかもしれません．しかし，どんな回路を作ったとしても，その回路の“つなぎかた”は必ず「直列回路」か「並列回路」に分類されるのです．回路の構造としてはこれしかないので，いかなる回路であろうと，この直列・並列の議論に帰着するのです．

●「分圧」と「分流」のイメージで本質をつかむ

もちろん，いろいろな素子が入ってきたり，回路の「枝」の数が増えたりすると複雑そうに見えることもあります．しかし，基本的な考え方は変わりません．すなわち，直列回路における「分圧」の考え方と，並列回路における「分流」の考え方です．

その回路にどのような電流・電圧の分布が生じているかは，例によってキルヒホッフの電圧則と電流則によって決定されます．

ただ，キルヒホッフの法則は具体的に「何V？」，「何A？」という情報は教えてくれません．これは，キルヒホッフの法則というのはあくまで「“回路の構造”

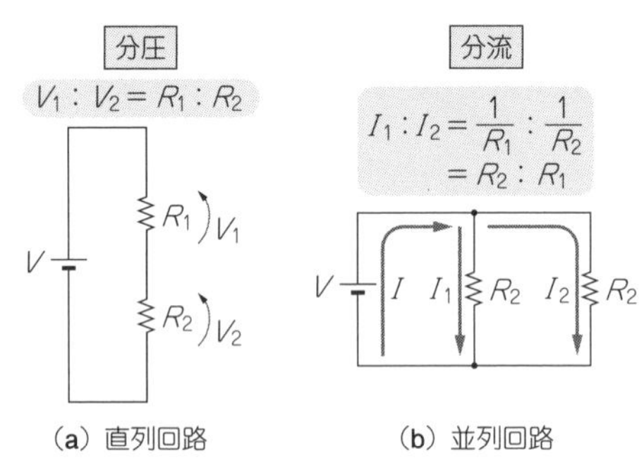

図7　二つの基本回路の電流・電圧をキルヒホッフの法則で把握してみよう
どんなに複雑な回路も，この二つの基本回路をベースに考えれば読み解ける

としてループにおける電圧の総和はゼロ」とか，「“回路の構造”として節点における電流の総和はゼロ」という情報を与える法則だからです．

そこで，「電圧＝電流×抵抗」という「値」を結びつけるオームの法則を使うことになります．これによって，回路の中のすべての量，「電流」，「電圧」，「抵抗」を知ることができます．

直列回路は電圧を分割する

● 目標は，各パーツの「電流」と「電圧」を知ること

まずは直列回路からいきましょう．図8のような単純な「抵抗の直列」を題材にします．くどいですが，こういった回路図が出てきたときの最終目標は，「すべての部品に流れる電流」と，「すべての部品にかかっている電圧」を知ることです．それさえわかってしまえば，「回路のすべてが見える」状態になります．

● キルヒホッフの法則を使う

最初に使うのは「キルヒホッフの電流則」です．今回の回路では電流の枝分かれがないので，「回路のどこでも流れる電流は同じ」となります．

次に，「キルヒホッフの電圧則」より，電源電圧とそれぞれの抵抗に印加されている電圧の和は「つり合っている」ことになります(図9)．ただ，それぞれの抵抗に対して具体的に何Vの電圧が印加されているのか，この時点ではわかりません．

● オームの法則を使う

そこで，各抵抗に対してオームの法則を使います．それぞれの抵抗に印加される電圧をV_1，V_2とおき，電流Iとの間にオームの法則を適用します．それぞれの電圧は図10の通りに求まります．

よって，さきほど立てたキルヒホッフの電圧則をもう一度持ち出すと，

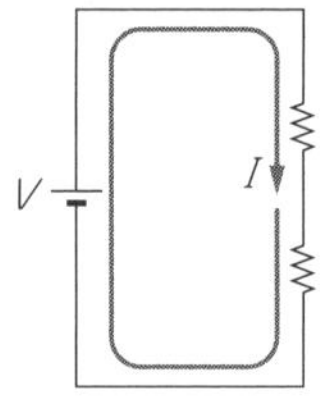

図8　直列回路の考え方①…二つの抵抗に同じ電流が流れる
キルヒホッフの電流則を使う

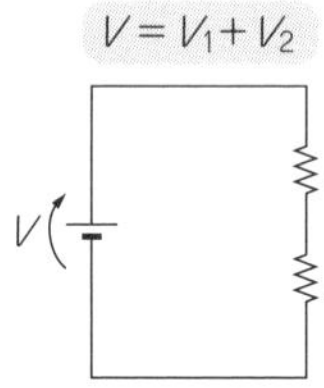

図9　直列回路の考え方②…二つの抵抗に加わる電圧の合計が電源電圧と同じ
キルヒホッフの電圧則を使う

$$V = V_1 + V_2 = R_1 I + R_2 I$$

以上で，直列回路における各部品の電圧と電流を知ることができました．

● 直列回路の合成抵抗

さきほどの式を，Iについて整理すると次のようになります．

$$V = (R_1 + R_2)I$$

この式から，直列回路では全体としての抵抗値が「$R_1 + R_2$」になっていることが読み取れます．この「$R_1 + R_2$」を，直列回路の「合成抵抗」と呼びます．結局，この結果は「キルヒホッフの法則」と「オームの法則」の二つを合わせることで導くことができた…という点が重要です．この二つの法則以外からは，絶対に求めることができませんし，この二つの法則だけで回路を解くことができるのです．

さまざまな電子回路の設計において必要なのは，結局のところ，オームの法則とキルヒホッフの法則に尽きるのです．

● 直列回路は，抵抗で「分圧」する回路

結局，直列回路における各部の電流・電圧は図11

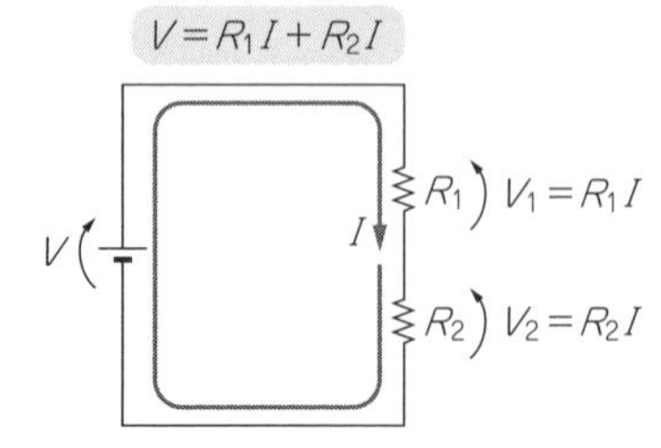

図10　直列回路の考え方③……電圧と電流に関する式を立てる
オームの法則を使う

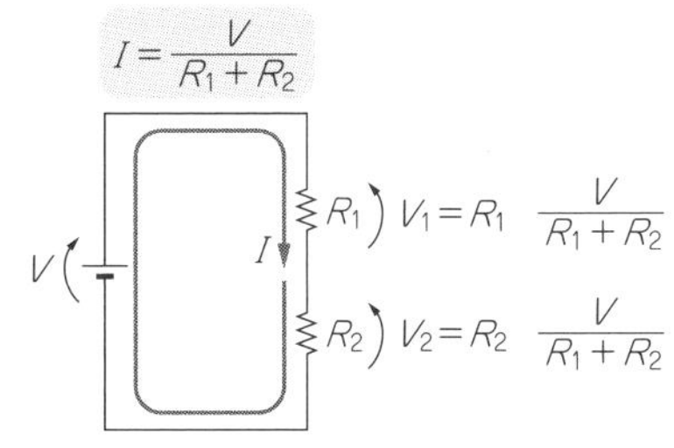

図11　直列回路の考え方④……抵抗によって電圧が二つに分けられている
オームの法則とキルヒホッフの法則を適用することで，電圧と電流が求められた

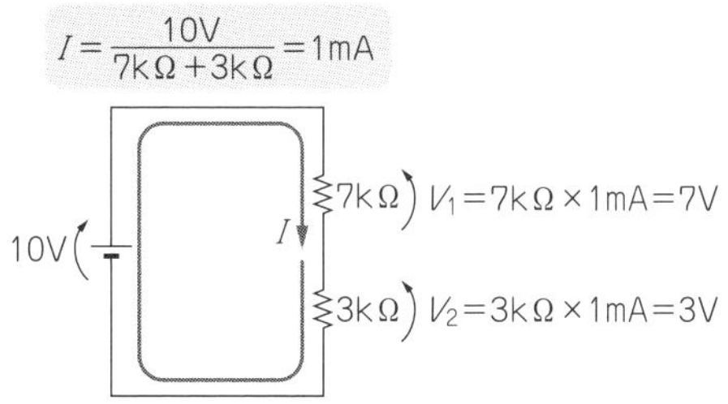

$$I=\frac{10\text{V}}{7\text{k}\Omega+3\text{k}\Omega}=1\text{mA}$$

7kΩ　V_1=7kΩ×1mA=7V
10V　I
3kΩ　V_2=3kΩ×1mA=3V

図12　直列回路による分圧を使って10 Vから3 Vを作る例
2本の抵抗値を7：3にすればよい

のようになることがわかりました．

上の抵抗にかかる電圧と，下の抵抗にかかる電圧を比べると，上の抵抗にかかる電圧が$V\times R_1/(R_1+R_2)$，下の抵抗にかかる電圧が$V\times R_2/(R_1+R_2)$なので，ちょうど$R_1:R_2$の比になっています．このように，直列回路では全体の電圧Vを，それぞれの抵抗の大きさの比で「分圧」することができます．

この単純な直列回路は実際の電子回路中でも多用されていて，大抵は，二つの抵抗のつなぎ目の部分に欲しい電圧をもってくるために使います．たとえば，10 Vの電圧から3 Vの電圧が欲しい(ただし，電流は多く流す必要がない)場合は**図12**のようにします．

※ワット数の小さい(1/4 W, 1/8 Wなどの)抵抗を使った分圧回路は．所望の「電圧」は得られても，大きな電流を流す用途には使えません．電源のように，ある程度大きい電流を流すような回路の場合は電流を多く流せるトランジスタを使用した安定化電源回路を組むのが通例です．

並列回路は電流を分割する

● まずはキルヒホッフの法則から

次に，並列回路です．これについても，「すべての部品に流れる電流」と，「すべての部品にかかっている電圧」を求めることにします．

例によって，最初に見ておくのはキルヒホッフの電流則です．**図13**の並列回路では，電源からの電流がそれぞれの抵抗に分流します．この値はわからないので，とりあえず「I_1」，「I_2」としておきます．

次に，キルヒホッフの電圧則です．並列回路なので，電源に対して一つ一つの部品がそのままつながっている状態になっています．よって，各抵抗に印加される電圧は，**図14**のように電源電圧そのまま，“V” ということになります．

一応，正統的(？)な回路の見方もしておきます．キルヒホッフの電圧則は，一つ一つの「ループ」に注目することになっていました．今回の回路で言えば，「電源とR_1で一つの完結したループ」，同じく，「電源とR_2で一つの完結したループ」ということです．それぞれの回路で「電位差のつりあい」を見ると，確かに，R_1，R_2それぞれの両端の電圧は電源Vと一致しなければならないことになります．

● オームの法則を使う

ここまでで，すべての抵抗に印加されている電圧はわかりました．しかし，流れている電流はまだわかっていません．そこで，オームの法則の出番ということになります．

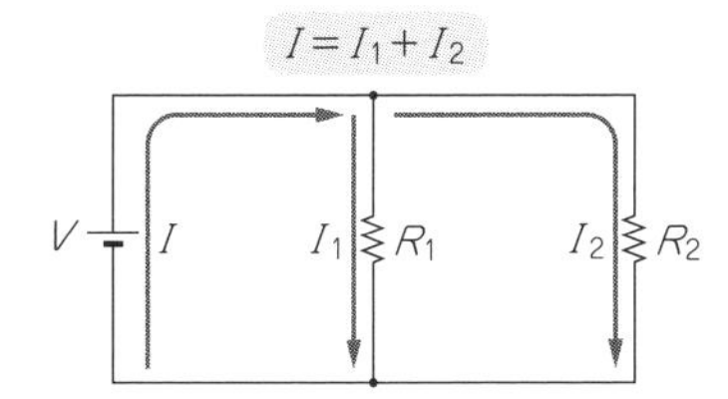

図13　並列回路の考え方①…電源の電流が二つの枝(抵抗のある配線)**に分流する**
キルヒホッフの電流側を使う

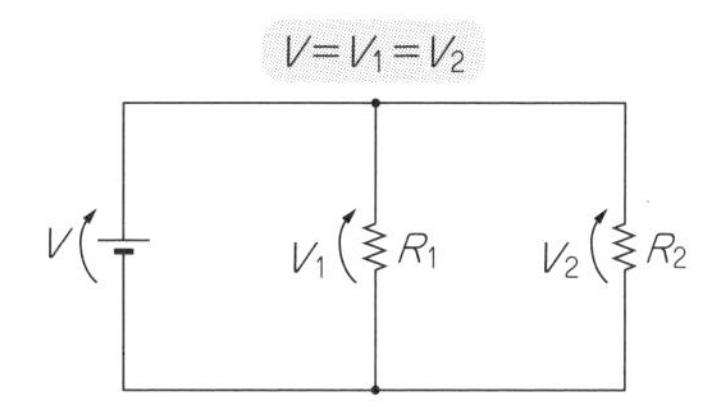

図14　並列回路の考え方②…二つの抵抗に加わる電圧はどちらも電源電圧と同じ
キルヒホッフの電圧則を使う．正確には，VとR_1のループ，VとR_2のループ，二つのループを考えた結果

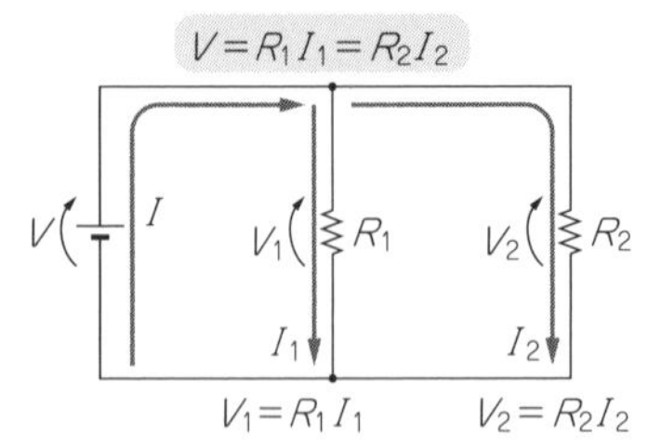

図15　並列回路の考え方③…抵抗ごとに電流を求めて式を立てる
オームの法則を使う

今回，抵抗に印加されている電圧は電源電圧Vだとわかっています．よって，それぞれの抵抗におけるオームの法則は次のようになります(**図15**)．

$$V = R_1 I_1$$
$$V = R_2 I_2$$

上の式を変形して，それぞれの抵抗に流れる電流を求めます．

$$I_1 = V/R_1$$
$$I_2 = V/R_2$$

以上で，各抵抗に印加される電流と，各抵抗を流れる電流，すべての情報が揃いました．

● 並列回路の合成抵抗

回路の“根本”である電源の電圧・電流の関係を確認しておきます．この回路を流れる全電流Iは，$I = I_1 + I_2$です．電源電圧Vの関係は次のようになります(**図16**)．

$$I = I_1 + I_2 = \frac{V}{R_1} + \frac{V}{R_2} = \left(\frac{1}{R_1} + \frac{1}{R_2}\right)V$$
$$= \frac{R_1 + R_2}{R_1 R_2}V$$

上の式をオームの法則「$V = RI$」の形に合わせて整理すると，次の式になります．

$$V = \frac{R_1 R_2}{R_1 + R_2}I$$

結局のところ，電源Vに$R_1R_2/(R_1 + R_2)$という抵抗をつないだ状態と等しいことがわかります．$R_1R_2/(R_1 + R_2)$が「並列の合成抵抗」です．この値は，R_1やR_2単体の値よりも小さくなります．イメージとしては，抵抗1本のときよりも抵抗2本を並列にすれば電流の通り道が増えるので，「電流の流れにくさ」であるところの抵抗値は減少する…という具合です．

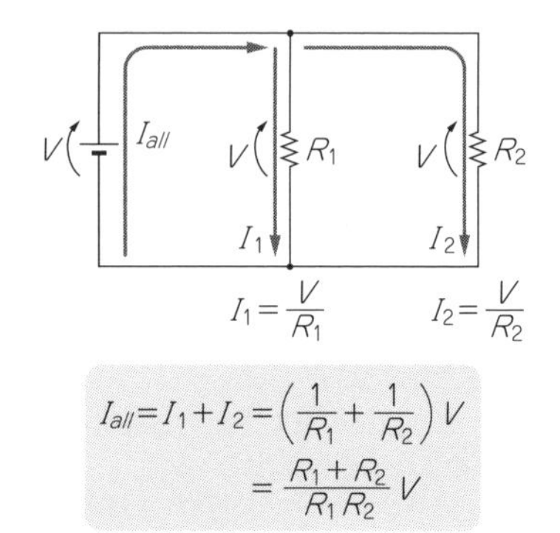

図16　並列回路の考え方④…電源の電流を二つに分流している
分流の割合は抵抗の逆数

並列回路についても，電圧・電流の関係が次のように整理できることがわかりました．

● 並列回路は，抵抗で「分流」させる

全体の電流は，以下の式で求められました．

$$I = \frac{R_1 + R_2}{R_1 R_2}V$$

これに対して抵抗R_1，R_2に流れる電流は，それぞれ次式です．

$$I_1 = \frac{V}{R_1} = V\frac{R_2}{R_1 R_2}$$
$$I_2 = \frac{V}{R_2} = V\frac{R_1}{R_1 R_2}$$

このことから，電流は次式のように，抵抗の逆比になっていることがわかります．

$$I_1 : I_2 = R_2 : R_1$$

このように，並列回路は抵抗値の逆比に電流を「分流」させる回路になっています．

〈別府　伸耕〉

（初出：「トランジスタ技術」2015年5月号　別冊付録）

A-4 おさらい！ テブナンの定理

複雑な回路も「電源１個」＋「抵抗１個」の簡易回路に置き換える

● テブナンの定理で複雑な回路を見やすくする

テブナンの定理を使うのは，次のようなシチュエーションです．

ある回路の一部分に，電圧V_{out}が生じているとします．**図17**では，いちおう「出力端子」のような書き方をしていますが，回路の中のどこの部分でもかまいません．この部分に適当な負荷抵抗R_Lをつなげたとき，「負荷抵抗にどれだけ電流が流れるのか？」ということを求めるときに，テブナンの定理を使います．

● 電圧が出ている端子は「電源」と見る

テブナンの定理は，「等価電圧源の定理」とも呼ばれます．その理由は，**図18**に示すような置き換えをするからです．

「電圧を出している回路」は，電圧を出しているなら「そこが電源端子なんだ」と見ても構わないでしょう，ということで，電源に置き換えてしまいます．ただし，もともとの「？」の部分にはもちろん抵抗分があるので，それを電源に直列に入れてあげて「電源の内部抵抗」として表しておきます．

こうすると，外付けの抵抗に流れる電流を求める作業は，単純な直列回路を解く流れとまったく同じですので，以下のような感じになります．

$$I = \frac{V_{out}}{R_0 + R_L}$$

簡単な式です．あとで具体例を出しますが，一般的に「？」の部分の回路が複雑な形のときに，このテブナンの定理は威力を発揮することになります．

● テブナンの定理の発想

テブナンの定理の発想について解説しておきます．

まず**図19**に示すように，抵抗などの回路網「？」に対して電圧が印加してあり，その中の一部に電圧V_{out}が生じているとします．ここに抵抗をつなぐと電流I_{out}が流れます．

出力端子に「V_{out}」という電圧が生じているので，ここに新しい電圧源V_{out}を置いてしまうことにしま

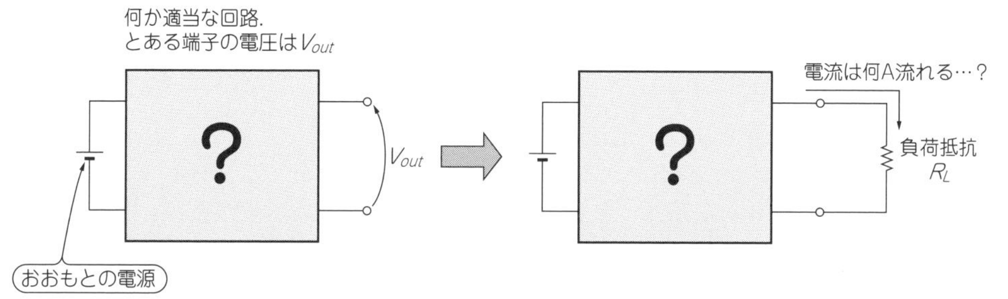

図17　回路中のどこかに抵抗を付けたとき，流れる電流値を求めたいときは意外とある
このようなときに役に立つ定理がある！それが「テブナンの定理」

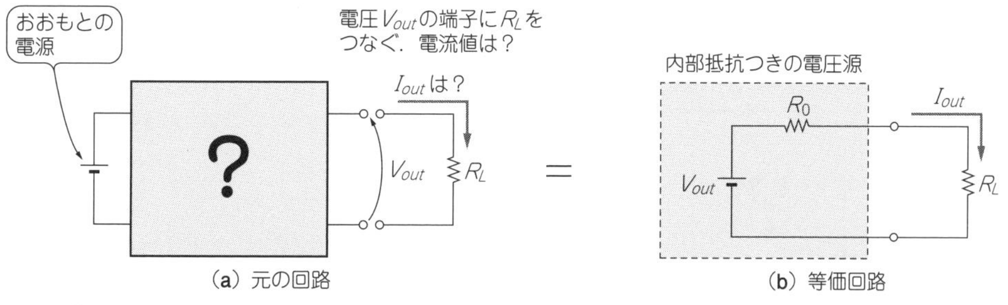

図18　「テブナンの定理」は簡単な回路への置き換えを保証する
複雑な回路でも，電源と抵抗が一つずつの回路と考えて良い．必須ではないが便利

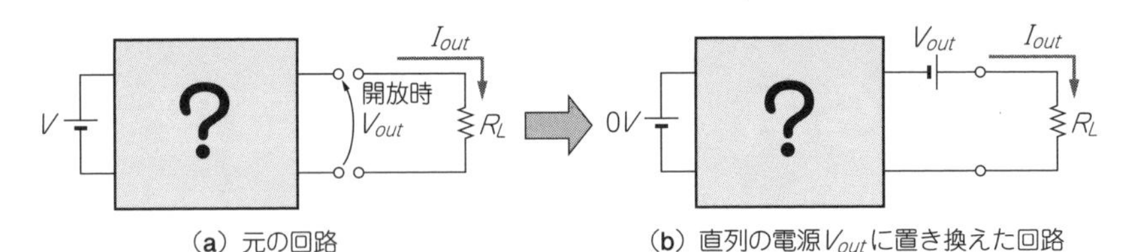

（a）元の回路

（b）直列の電源V_{out}に置き換えた回路

図19　テブナンの定理の考え方その①…出力電圧と同じ電圧源を考える
R_Lを繋がないと電圧V_{out}，R_Lを繋いだら電圧降下により少し電圧が下がる

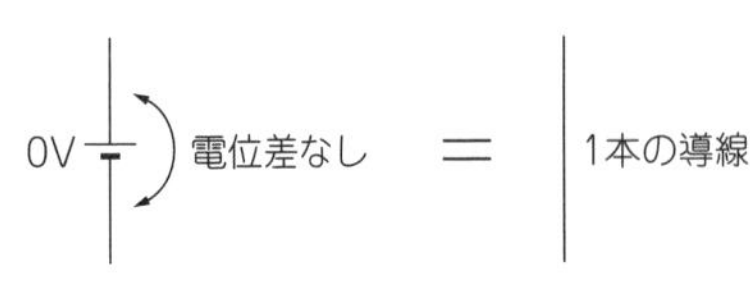

図20　0Vの電圧源とはただの配線と同じ

す．そのかわり，おおもとの電源は「0V」にしてやります．これで，「電源の場所を移す」ことができます．

▶0Vを出力する電源は短絡と同じ

ここで「0Vの電圧源」について考えてみます．0Vの電圧源の両端は，当然ですが，電位差がありません．これはつまり，1本の導線とまったく同じだといえます(**図20**)．もともと電圧源というのは，電流を汲み上げるポンプのようなものでした．ポンプが汲み上げる高さが「電位差」なので，0Vのポンプはただのパイプ(＝導線)と変わりません．そんなイメージになります．

● テブナンの定理で等価回路を作る

図21では，次のような操作を行った様子を示しています．

(1) V_{out}という電圧源を，出力の部分にもってくる（出力電圧は素直にV_{out}になる）
(2) もともとあった電圧源をなくす(0Vの電圧源＝ただの導線)

「？」の部分にもごちゃごちゃと回路があるわけですが，この部分の回路もなんらかの値の抵抗値をもっているはずです．

よって，この回路網の「外側から見込んだ抵抗値」をR_0として求めておけば，結局，**図22(a)**のような回路になります．V_{out}がこの回路の電圧源，R_0はその電源の内部抵抗という感じになります．そこにR_Lという負荷抵抗を繋げば，電流は次式になるだろう…ということになります．

$$I = V_{out}/(R_0 + R_L)$$

テブナンの定理を使えば ブリッジ回路の電流も簡単に求まる

テブナンの定理を使う具体例として，**図23**の抵抗ブリッジ回路を考えてみます．ブリッジ回路の出力に負荷抵抗(2kΩ)をつないだ場合，この負荷抵抗に流れる電流は何Aになるでしょうか？　複雑そうで，解

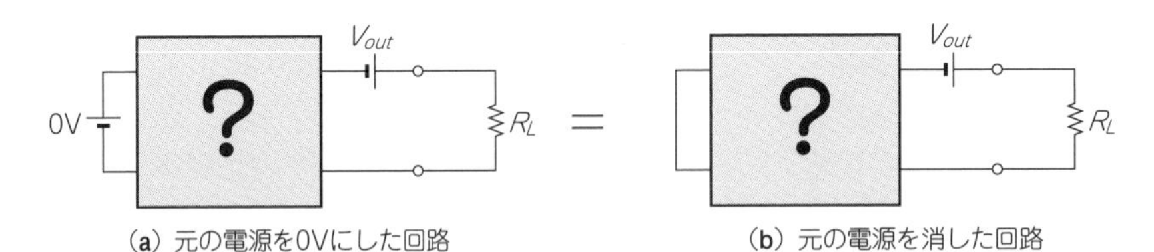

（a）元の電源を0Vにした回路

（b）元の電源を消した回路

図21　テブナンの定理の考え方その②…元の電源の存在を消す

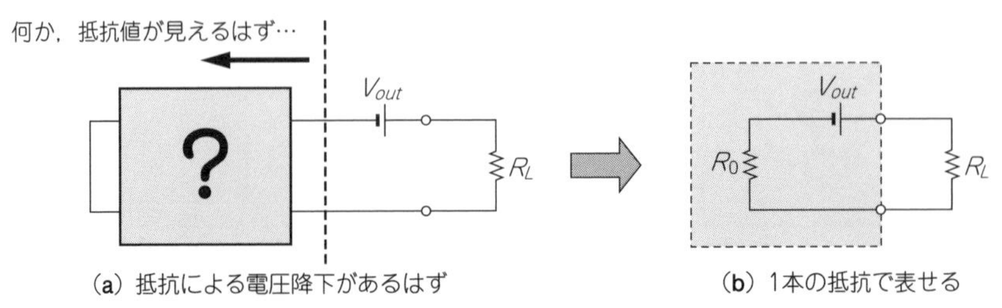

（a）抵抗による電圧降下があるはず

（b）1本の抵抗で表せる

図22　テブナンの定理の考え方その③…内部抵抗は電圧とは別に考えれば良い

くのが面倒くさそうに見えます．

この複雑そうな回路の出力電流を求めるのに，テブナンの定理を使うと，スッキリ解決できます．

まずは，回路からの出力電圧を求めます．出力端子に現れる電圧は，ブリッジ回路の左右の枝それぞれに現れる電位の差です．これを求めると，**図24**のようにV_{out} = 2 Vとなります．単に出力電圧を求めるだけなので，負荷抵抗は外して考えておきます．

次に，おおもとの電圧源を「ただの導線」に変えたときに，出力端子から見た抵抗値を求めます．もともとの電源をショートすると，出力A-B端子から見た抵抗は，**図25**のように2 kΩと計算できます．

以上のことから，テブナンの定理を使うと，もともとの回路は**図26**のように変換できます．

テブナンの定理を使って変形した後の回路は，非常に単純な形になりました．この「等価回路」を使って負荷電流を求めると，次のように求まります．

$$I = 2\mathrm{V}/(2\,\mathrm{k}\Omega + 2\,\mathrm{k}\Omega) = 0.5\,\mathrm{mA}$$

簡単な四則演算だけで，電流値を求めることができました．

もちろん，もとのブリッジ回路にキルヒホッフの法則を適用して何本か式を作り，それを解いていっても同じ結果が求まります．しかし，断然テブナンの定理を使うほうが楽です．

〈別府 伸耕〉

（初出：「トランジスタ技術」2015年5月号　別冊付録）

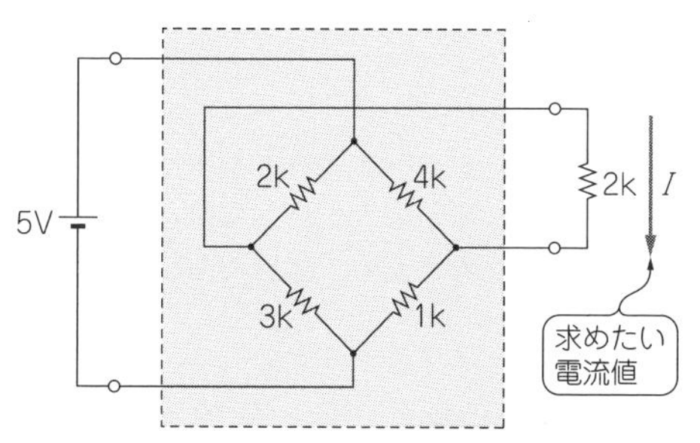

図23　ブリッジ回路の出力に抵抗を繋いだら何Aが流れるか？
オームの法則とキルヒホッフの法則を組み合わせればとけるはずだが面倒そう…

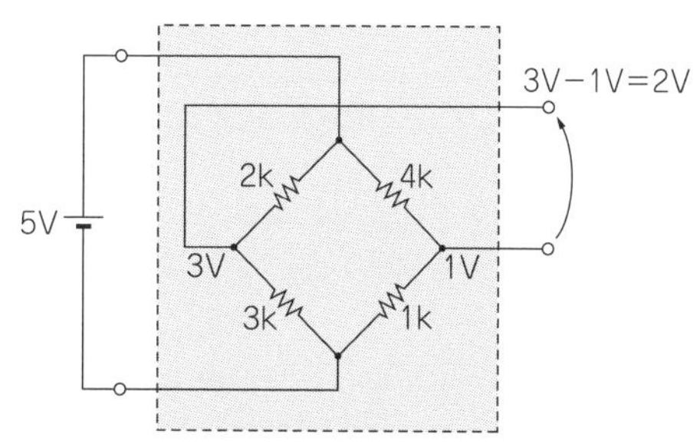

図24　テブナンの定理を使った電流計算①…負荷抵抗がないときの電圧を求める
電源電圧5Vの分圧．それぞれの枝の電圧が3Vと1Vとわかる

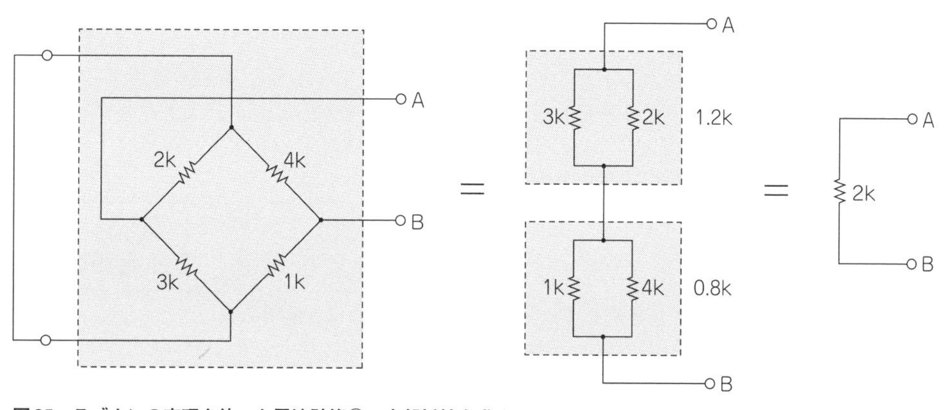

図25　テブナンの定理を使った電流計算②…内部抵抗を求める
元の電源をただの配線にすると，4 kと1 kの並列，2 kと3 kの並列が直列になっている

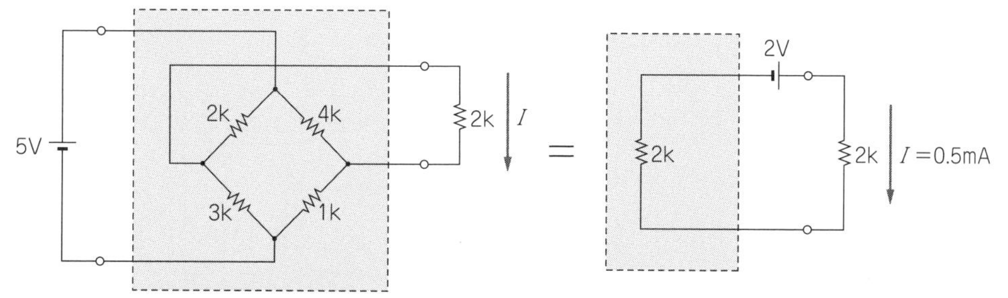

図26　テブナンの定理を使った電流計算③…等価回路に置き換えて電流を求める
回路中の電圧は2 V，抵抗の合計値が4 kΩなので，電流値は0.5 mAと求まる

A-5 回路中の部品を見たら電流をイメージせよ

しなやかなホースの中を伝わる水の流れのように

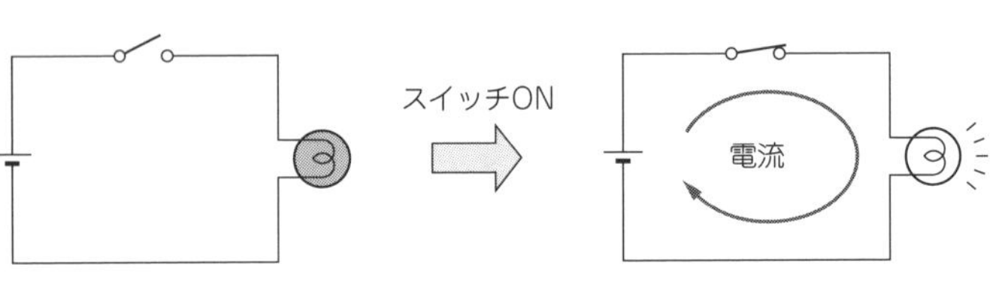

図27　この回路の動作を把握することは，電流値を求めることに等しい
スイッチをONすると電流が流れるだけの回路なら一目瞭然

電流が見えれば回路がわかる

●「回路を読む」とは「電流の向きと大きさを読む」こと

電子回路を設計する技術者の興味は「動く回路」にあります．動いている回路とは，言い換えれば「電流が流れている回路」です．スイッチを入れても何も起こらない，つまり電流が流れない回路を，あえて設計しようという気持ちにはなりません．動くことの決め手は「電流」にあります．

電流が流れるという点に関して言えば，**図27**のような豆電球1個だけの単純な回路であろうと，**図28**のようなトランジスタを使用したちょっと複雑な回路であろうと，同じことです．OFF状態とON状態の違いは「電流の有無」だけです．

「回路の動作を理解する」というのは，回路の各部における「電流を正確に把握する」作業だと言えます．いわゆる「回路を読む」とか，「回路を解析する」といった作業は，結局のところ各部の電流値を求める作業に帰着するのです．

● 回路設計とは電流の流れ方と大きさを決める作業

「回路を設計する」とは，回路の中の各部の「電流の流れ方と大きさを決定する作業」だと言えます．もちろん，電流値を決めるには計算が必要です．しかし，単に丸暗記した数式を振り回せばよいというわけではありません．その数式がどういった意味をもつのか，その物理的なイメージをもつことで，本質的な理解が得られます．正しく回路に流れる電流をイメージして，それを計算することができれば，回路を解析することも，回路を設計することも，自分の力でできるようになります．

●「電流」について正しくイメージできていると回路をより深く理解できる

回路の動作そのものともいえる「電流」とは，そもそも何なのでしょうか？このイメージをもつことは非常に重要です．仮に，電流値を求めるための非常に便利な計算式(後で出てくる「オームの法則」など)を知っていたとしても，「電気が流れる」という現象をイメージしながら計算を行うか否かで，回路に対する理解度は大きく変わります．まずは「電流」について考えてみます．

電流には「ドリフト電流」「拡散電流」「変位電流」の3種類がある

● 電流には3種類ある

「電流」には，大きく分けて3種類のイメージがあります(**図29**)．

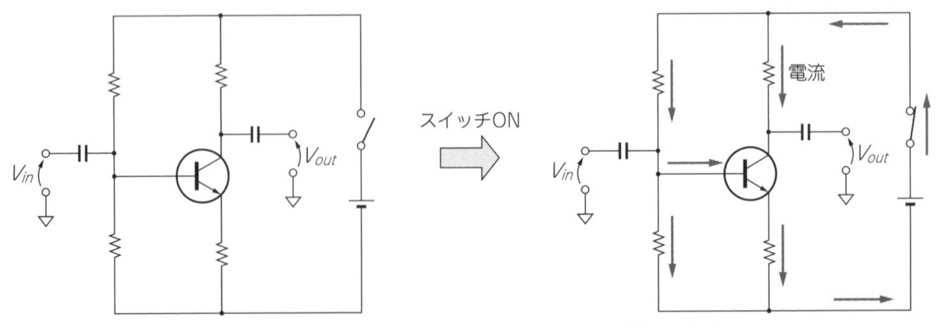

図28　トランジスタを使った複雑な回路でも電流を把握することが動作の把握につながる
電流の流れ方が複雑になってわかりにくいが，基本は図27の回路と変わらない

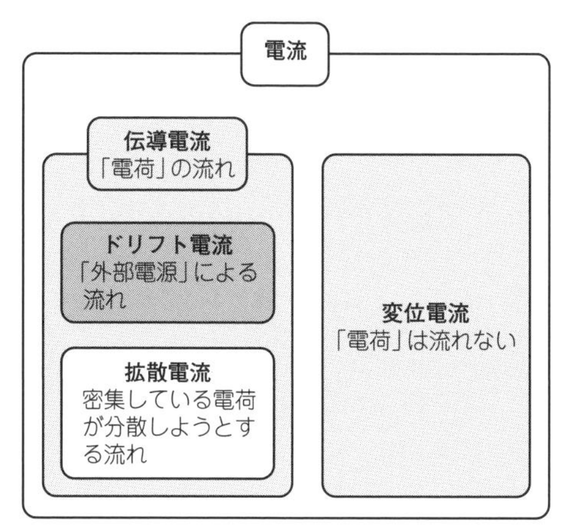

図29　ひとくちに「電流」と言ってしまうが，本来は流れる理由などによって分類するとスッキリする
一般的には，導体の中にある電荷の流れが電流．しかし，電荷が流れない場合もある

まず，本当に電荷が動く電流についてです．これは「伝導電流」と呼ばれます．これに対して，実際に動く電荷は存在しないのですが，「電流」という名前がついている「変位電流」というものがあります．

伝導電流は，さらに電荷が流れる仕組みで2種類に分類されていて，外部電源(電場)によって電荷が流れていく「ドリフト電流」と，電源の存在とは関係なく一箇所に集中して分布している電荷が分散していこうとして生じる「拡散電流」とがあります．

●「ドリフト電流」「拡散電流」「変位電流」

ドリフト電流は，最も単純でイメージしやすい電流の形式です．オームの法則は，このドリフト電流がモデルになっている式です．数式としても，比較的単純で分かりやすい表現になるのが特徴です．

これに対して，拡散電流はPN接合を流れる電流を理解するうえで欠かせないもので，ダイオードやバイポーラ・トランジスタの教科書では必ず出てきます．計算式は，若干複雑になります．

変位電流は，電荷そのものの動きがないため，とっつきにくいかもしれません．しかし，コンデンサを伝わる交流など，現象としては身の回りにありふれています．ちなみに，導体がない空間中でも伝わる「波」として，「電波」も変位電流です．変位電流(時間変化する電場)と磁場(時間変化する磁場)が，電磁波の正体です．

斜面に沿って流れる水…「ドリフト電流」

● 電荷は水，導線はホース

教科書などを見ると，「電流とは，電荷の流れである」と書いてあります．ここでも同様に，電荷を「水」としてイメージしてみます．この場合，電流に対応するのは水の流れ，「水流」です．電荷の器である導線は「ホース」になります(**図30**)．ホースの中を水が流れている状態は，導線の中を電流が流れている状態とよく一致します．

● 移動できる電荷をもつのが導体，ないのが絶縁体

ここで重要なのは，ホースをイメージするときに，**図30(b)**のように，「水が入ったホース」を想像することです．庭に水撒きをした後に，そのまま放っておいたホースのようなものを想像してください．ホースの中には水が入っています．

実際のところ，「導線」の中には非常に多くの電荷が入っています．そもそも，移動できる電荷がある物質を「導体」と呼びます．その導体で作った線が「導線」です．この「導体」のイメージを再現するためには，ホースの中にはもともと水が入っていなければなりません．

逆に「絶縁体」は，「水が入っていないホース」ということになります．絶縁体には動く電荷が存在しません．これは，ホースという「器」はあるが，内部に「水」がない…空っぽである，という状態と似たイメージになります．

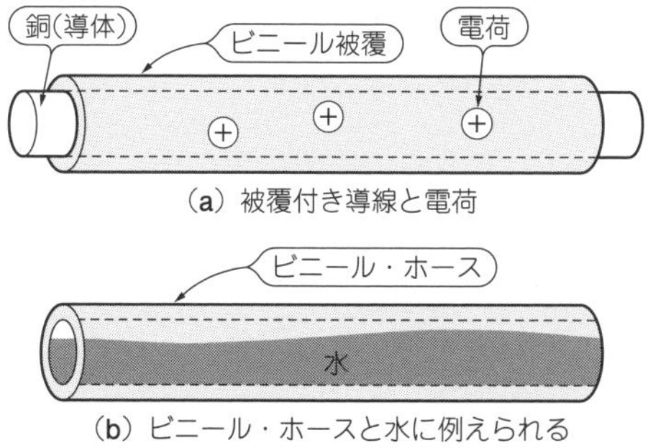

銅(導体)　ビニール被覆　電荷

(a) 被覆付き導線と電荷

ビニール・ホース　水

(b) ビニール・ホースと水に例えられる

図30　銅線とその周りの被覆のように，電流の流れを水の流れとホースに例えてみる

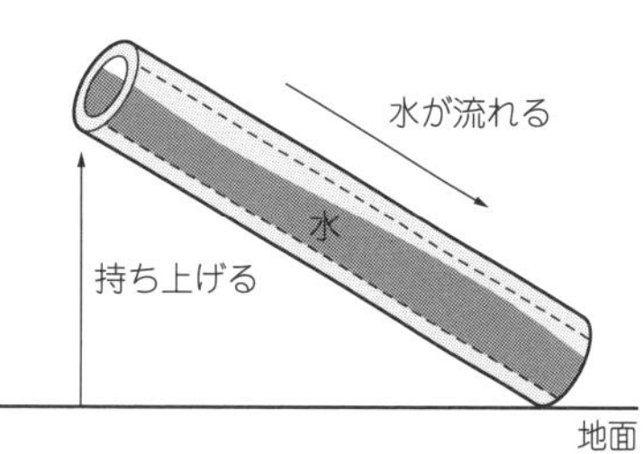

図31　水の入ったホースの片側を持ち上げたら水が流れる…ドリフト電流のイメージ
流れ出た分の補充がなければ，ホース中の水がなくなったところで流れは止まる

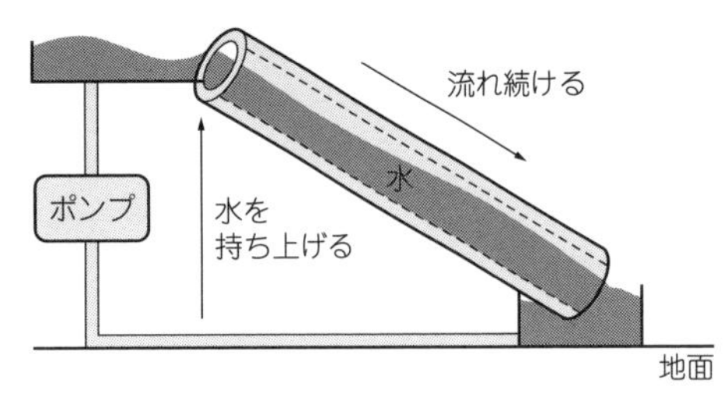

図32　流れ出た分を持ち上げて補充するポンプを追加すると水が流れ続ける
水はもともとホースの中にあったもので，ポンプはそれを持ち上げるだけなのがポイント

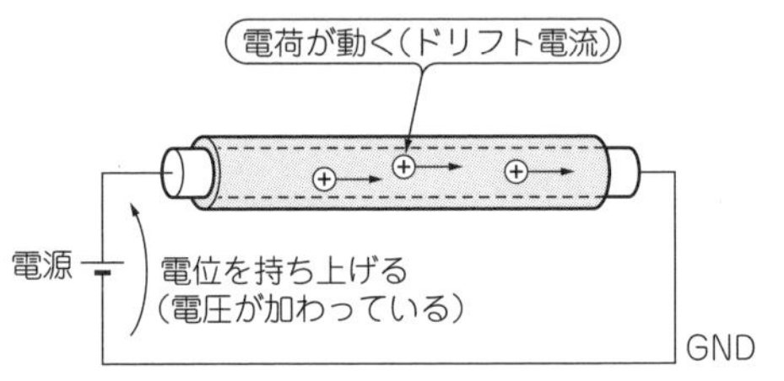

図33　水の流れと同様に，導体中の電荷が電位に応じて移動するのがドリフト電流
電源は電位を持ち上げるだけで，電荷が湧き出すわけではない．電荷はもともと導体の中にある

● 傾斜があれば，水は流れる

「動く電荷が入っている物質」(＝導体)として，「水の入ったホース」をイメージします．この「水の入ったホース」の中の水を流すには，**図31**のように「ホースの片側を持ち上げて傾ける」という方法があります．水は下へ向かって落ちていき，「水流」が生じます．

● 電源は水を持ち上げるポンプのイメージ

単に持ち上げただけでは最初にホースの中に溜まっていた水が外に出るだけで，そのあとは何も流れません．これは，電気回路でいうところの「回路が閉じていない」場合に相当します．最初の一瞬だけ電流が流れて，その一度きりでおしまいです．

定常的な水流を発生させるには，「水の循環」が必要です．ホースの例えでも電気回路でも，この考え方は本質的に同じです．水の循環を発生させるには，下に落ちた水を汲み上げる「ポンプ」が必要になります(**図32**)．

片方を持ち上げたホースの中では，自然に，上から下へ水が流れていきます．下に落ちた水は，「ポンプ」によってホースの上側まで汲み上げられます．そしてまた，上へ汲み上げられた水はホースの中を通って自然に下へ落ちていきます．これは，立派な「回路」になっています．

● ドリフト電流

以上のホースのイメージを，そのまま電気回路に置き換えてみたのが**図33**です．

導線に「電源」をつなぐと，導線の中の電荷が動きます．水が上から下へ落ちるように，電荷は，電源の＋極からGNDへ落ちていきます．このことから，「電源」は導線の片方の「高さ」を「持ち上げる」役割があり，その結果として電荷が動くと見ることができます．このイメージ，電気の世界の「高さ」に相当する概念が「電位」です．また，電源にはGNDレベルに落ちた電荷を上の電位へ「汲み上げる」というポンプのような役割ももっています．

電源には，導体の電位を持ち上げるはたらきと，低い電位に落ちた電荷を汲み上げるはたらきの二つがあるので，導体に電源をつなぐと電流が流れるのです．このように，電源などの外部からの力によって電荷が動かされ，その結果として電荷が動くタイプの電流を「ドリフト電流」と呼びます．ドリフト電流の他にも「電流」が生じるしくみはあるものの，ドリフト電流は．ホースの中の水のイメージによく合致します．

勘違いしやすい(かもしれない)ポイントとして，「電源は電荷を生み出す装置ではない」ということをおさえておきましょう．電荷(＝水)は導体(＝ホース)の中のいたるところにあります．電荷は，電源の存在の有無によらず，常に導体の中にあります．ただ，それを「動かす」ためには電源が必要なのです．電荷が突然どこからか湧いてくることはありません．

電荷は1カ所に溜まらない…「拡散電流」

● 水は1カ所に留まらない

電流が流れるしくみはドリフト電流だけではありません．次は，「拡散電流」という電流の流れ方を見ていきます．例によって，またホースの中の水のようすからイメージしていきます．

図34(a)のように，ホースの中の一部分に水が溜まっていたとします．この状態から時間が経つと，自然と水は分散します．拡散と同じ意味です．その結果として，**図34(b)**のように，ホースの中の水の分布はどこでも同じ量になります．

● 拡散電流のしくみ

電荷の場合も，水と同様，**図35(a)**のようにある所に分布が集中してしまうことがあります．この状態から時間が経つと，**図35(b)**のように，電荷は散らばるように動いていきます．最終的に，どこでも電荷分布は一定となります．ここで，「電荷が動いていく」ということは，電流が流れていると言えます．このようなしくみで流れる電流を「拡散電流」と呼び，ドリフ

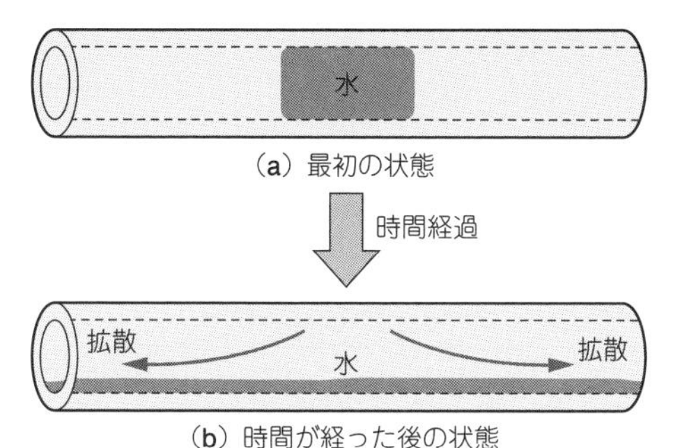

図34 水がホースの一部にだけ固まっていたとしたら，均一になるようホース中に広がっていく
広がるときの流れが拡散電流のイメージ．均一になってしまったら流れなくなる

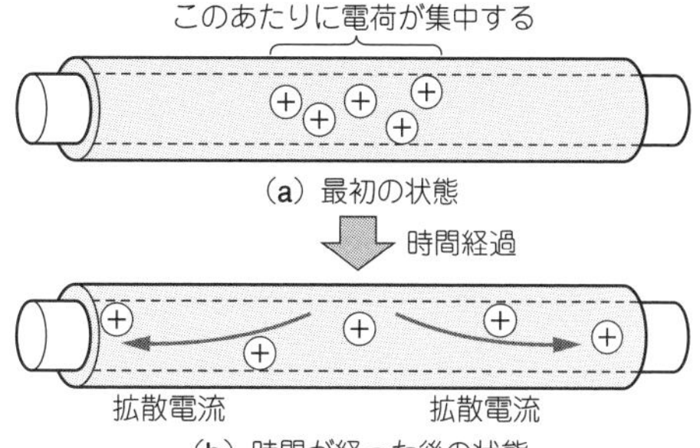

図35 電荷の場合も同様に，導体中に均一に広がっていく．これが拡散電流
実際は，同じ電荷同士が反発するから拡散電流が発生する

ト電流と区別します．

拡散電流は，電荷どうしが反発する力によって流れるものです．反発した結果，電荷どうしの距離が離れるように動き，その結果，「拡散」という動きにつながります．

この拡散電流は，電気回路の設計で強く意識することはあまりありません．これは，一般に導体中では，電荷が1点に集中するという状況が起こりにくく，拡散電流よりもドリフト電流のほうが支配的だからです．

しかし，ダイオードやバイポーラ・トランジスタなど半導体デバイスの中では，「電荷の濃度差」を考える状況が頻繁に現れます．電荷に濃度差があるということは，「濃い」ところから「薄い」ところへ電荷が動いていきます．これはまさに，拡散電流です．ここでは詳しく触れませんが，半導体の動作を理解するうえで拡散電流は非常に重要です．

交流のときだけ考える…「変位電流」

● 電荷が動かないのに電流は流れる?!

最後に，「変位電流」について確認します．変位電流は今まで解説した「ドリフト電流」や「変位電流」とは異なり，電荷が動くことはありません．「電荷が動かない」のに，「電流」という名前が付けられている不思議な現象です．これまでと同じく，ホースのイメージで捉えてみます．

● 交流を印加したときのドリフト電流のイメージ

まず，**図36**のように，ホースの端をつかんで上下に揺らしている状態をイメージします．いままでと同様に，ホースの中には水が入っているとします．

ホースを揺らすと，図のようにホースがくねくねと動きます．すると，ホースの各部には高低差ができますから，それぞれの場所で「上から下に向かって」水が流れます．ホースの持ち上がり具合は場所によって違いますから，電荷の動き方はホースの各部で違ってきます．とはいえ，高い場所から低い場所へ動くので，これはドリフト電流だと言えます．

前にドリフト電流を説明したときのような，「単純にホースを傾けただけ」の状況とは違うように感じるかもしれません．しかし，水の流れ方の本質は同じです．「持ち上げられた高い場所」から，「地面に近い低い場所」へと動くだけです．

この「ホースを揺らしたときのイメージ」は，回路に交流電源をつないだときのイメージに相当します．

ここまでの話だけだと，なんだ，ただのドリフト電流か…と思うところです．しかし「ホースを揺らす」場合の話は，ここからが違います．

● 水が入っていないホースを揺らす…水の流れはないけれどホースの動きは伝わっている

もう一度，先程と同じようにホースの一端を上下に揺らすイメージをします(**図37**)．ただし，今回はホ

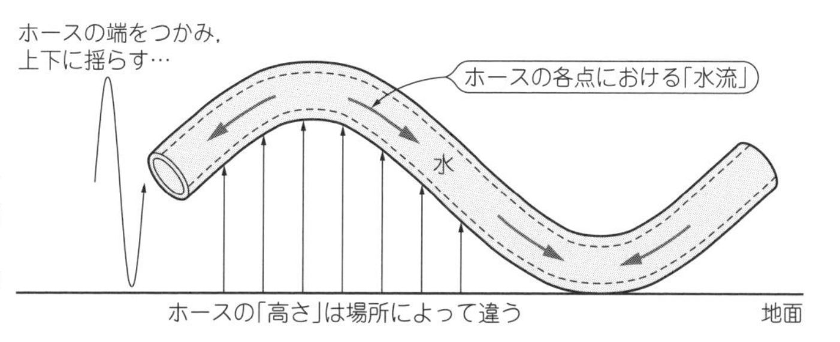

図36 交流電圧をイメージしてホースの端を上下に揺らすと，ホース内の水は左右に揺れる
水が左右へ揺れるのが，交流電流のイメージ

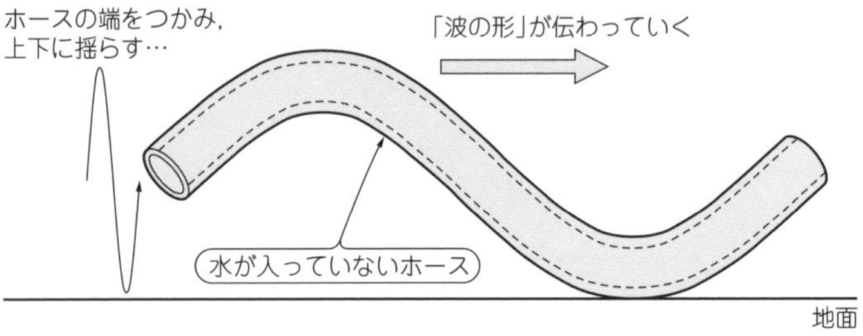

ホースの端をつかみ，
上下に揺らす…
「波の形」が伝わっていく
水が入っていないホース
地面

図37　水の入ってない状態でも，ホースの端を上下に揺らすと，波の形は伝わっていく
波が伝わるのは，水(＝電荷)とは関係ないことが分かる

ースの中に水が入っていません．

水が入っていないホースを揺らしても，水流は生じません．水そのものが存在しないのですから，流れが生じないのは当然のことです．

今回のケースでは，「水の流れ」は生じません．しかし，ホースの中に水が入っていなくとも，「ホース自体が波打つ動き」は生じます．そして，「波打つ動き」はどんどん先へと伝わっていくことができるのです．このようすは，ホースを揺らす遊びをしたことがあれば容易に想像できると思います．

たしかに水流はありませんが，「ホースの動き」は伝わっていきます．何かが動いていく，伝わっていくことを「流れ」と言うのであれば，ホースの「形の変化」が先へ先へと伝わっていくのも，「流れ」と言ってよいのではないだろうか…？という考え方になります．

この「ホース自体が波打って，波の形をどんどん先へ伝える」という現象に相当するのが，「変位電流」です．ホースというのは，もともと「電荷の器」でした．今はそのホースに水が入っていません．でも，「器」そのものの動きがどんどん伝搬していく…というのが変位電流の本質です．

今回の「水が入っていないホースを上下に揺らす」というのは，絶縁体に交流電源をつないだときのようすのイメージに相当します．絶縁体(空のホース)の中には電荷(＝水)がありません．つまり，電荷が流れるという意味での「電流」はないことになります．しかし，絶縁体が電荷の流れを「伝達する」ことはできるのです．この「伝達する」感じをつかめれば，変位電流の本質に近づくことができます．

変位電流の「つなぐ」感じを理解するために，コンデンサの例を見てみましょう．

● 電流を流す器に揺れがつたわるのが「変位電流」のイメージ

図38の上に示すのは，最も単純化したコンデンサのモデルです．絶縁体を導体で挟んだ構造になっています．

これをホースのイメージでとらえると，**図38**の下に示したようになります．導線の部分は電荷があるので「水の入ったホース」です．絶縁体の部分は動ける電荷がないので，ホースの中に「フタ」があり，ここには水が入れないようになっていると捉えることができます．

フタがあるので，水が流れてくると水はどんどん溜まっていきます．これは，コンデンサに「電荷が溜まる」イメージと同等です．

ホースの中の水は**図38**の下に示したように，満タンではなく少し空きがあるような状態をイメージして

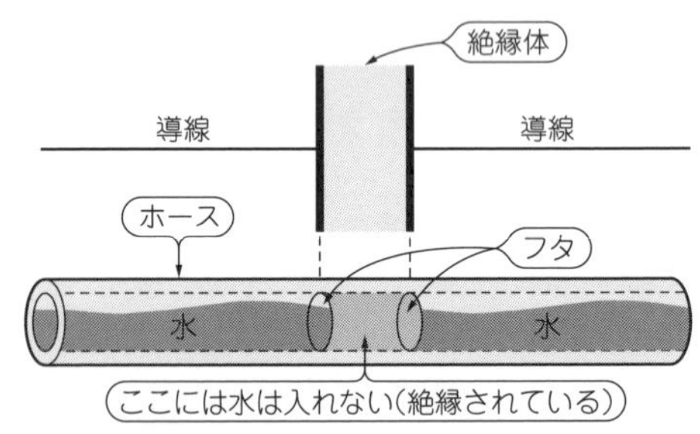

図38　絶縁体が挟まるコンデンサは，水のない部分があるホースに例えることができる
直流的に水が流れ続けるようなことはできない

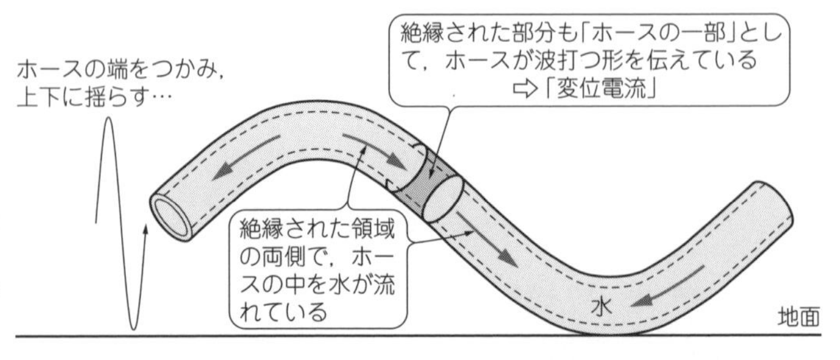

図39　水がない部分を作ったホースでも，端を上下に揺らせば，ホース内の水は左右に揺れる
水のない部分があったとしても，波が伝わって，その先の水が揺れる．変位電流のイメージ

ください．最初から満タンだと，「水が溜まる」という動きすら不可能になってしまいます．

● 高さの変化は水の有無と関係なく伝わる

さて，この「コンデンサを模擬したホース」を，先程と同様に揺さぶってみます(**図39**)．

今度は，ホースの中で水がある部分では，ホースの形に沿って水が流れ落ちていきます．これは，コンデンサの導線部分を流れるドリフト電流ということになります．

フタによって水が遮断されている部分のホースも，他の水が入っている部分と同様に，上下に揺れる動きを伝えていきます．これは，「水が通らない部分が，その両端の流れを伝えている」と見ることができます．これが変位電流の本質的なイメージになります．

ホースをゆっくり揺らすと，フタのところで水流は止まってしまいます．これは，コンデンサを充電しきった状態だと言えます．

これに対して，ホースを速く揺らすと，フタの所に水が溜まりきる前に，すぐ逆方向へ水が流れていきます．すると，水が右に流れ，左に流れ，また右に流れ…と，フタの有無にかかわらず，ちゃんと「水が流れる」という状況になります．

直流から見ると，コンデンサは絶縁体です．しかし，周波数が高い交流から見ると，コンデンサは「導体」と同じなのです．

● コンデンサによる「静電結合」

変位電流を説明するために，少しばかり交流を持ち出してしまいましたが，イメージとしてはホースの例の通り，上下関係が入れ替わることによって流れが行ったり来たりする…というだけの話です．直流的にはただの「絶縁体」で，電流が流れるはずのないコンデンサですが，交流では変位電流が常に存在するため，交流を通すという性質を示します．

このように，コンデンサを介して交流が流れることを「静電結合」と呼んだりします(**図40**)．静電結合は，導線を流れる電気信号から直流分を取り除き，交流分だけを通す際に用いられます．

厳密にいうと，DCでも変位電流は流れます．コンデンサを「充放電している間だけ」は，直流であっても変位電流が流れるのです．充電もしくは放電が終了してしまうと，電流は流れなくなります．

これに対して，交流回路は常にキャパシタを充電・放電するので，常に変位電流を介して電流が流れると解釈することができます．

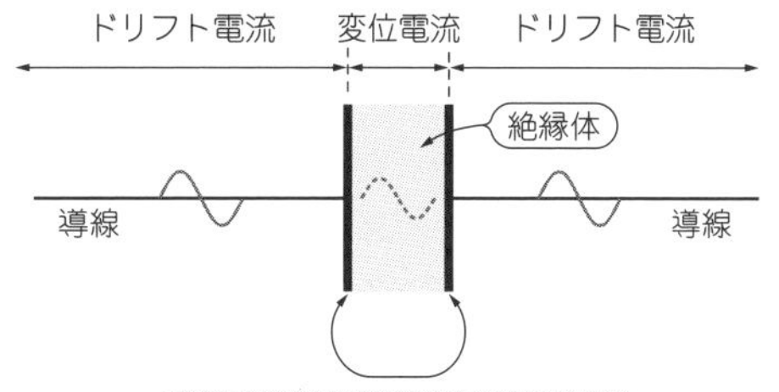

図40　変位電流が流れる状態になっていることを静電結合という
コンデンサだけでなく，導体-絶縁体-導体の組み合わせはすべて静電結合する可能性がある

法則や等価回路があるからドリフト電流だけ考えればよい

電気回路を相手にするとき，一番簡単なのは，電圧にしたがって流れるドリフト電流です．

大規模な回路を設計するときに，いちいち「ここはドリフト電流で，ここは拡散電流で，ここは変位電流…」という風に違った電流のイメージを思い浮かべ，違った計算式を使うのは大変骨が折れる作業です．

まだ電気回路の計算手法が確立していなかったころ，当時の回路屋さんたちは，「できればすべての電流をドリフト電流のように扱って回路を設計したいなあ」という気持ちになったそうです．その気持ち，現代の人間でもとてもよくわかります．いちいち拡散電流や変位電流にまで頭を回すのは，できればやりたくありません．実際の物理現象から大きくかけ離れないのであれば，「近似」であっても十分に使えます．とにかく，簡単な考え方のほうが便利です．

さまざまな部品をドリフトのモデルで捉えるということは，さまざまな部品に対して「オームの法則」のような形の式を作ってしまうということになります．この考え方から生まれたのが，後で出てくる「インピーダンス」という概念であったり，トランジスタ回路の計算を簡単にする「小振幅等価回路」であったりするわけです．

そういった事情があり，オームの法則は「全は一，一は全」のごとく，電気回路で最も基本的な計算式となっているのです．同時に，それ一つで大部分の回路を扱うことができるような，重要な計算式だと言えます．

〈別府　伸耕〉

(初出：「トランジスタ技術」2015年5月号　別冊付録)

A-6 おさらい！ 電気信号が線路を伝わるようす

信号の伝わる速さって電子の速さ？ 波の性質を考えておかないといけない理由

この項では，電気には，粒(電子)の集まりという性質と，波とみなせる性質がありますよ，ということを解説します．

● 長いロープは揺すると波打つ

図41(a)は．人が綱引きに使えるようなロープを揺すっているようすです．ロープは大きく波打っています．ロープが長いとこうした波打つ現象は，はっきりと見ることができます．

ここで，人が1秒間ロープを揺する回数を周波数f，波がロープを伝わる速さを速度v_Wとします．

まず，波のピークからピークまでの長さ(波長)λは，人がロープを揺する周波数fと波が進行していく速度v_Wによって決まります．周波数fが一定で速度v_Wが速くなると波長λは長くなり，速度v_Wが一定で周波数fが高くなると波長λは短くなります．このことを，数式で書くと次のようになります．

$$\lambda = \frac{v_W}{f} \quad \cdots\cdots (2)$$

図40(c)のように，ロープが10 cmとかとても短い状態でロープを揺すると，周波数fで振動していることはわかりますが，とても波には見えません．

▶補足…波がどこまでも伝わるには均一な状態が必要

ロープがはっている途中に障害物があった場合，ロープにできた波は小さな波になってしまうか［**図41(b)**］，消えてしまいます．波がどこまでも伝わっていくには，均一な状態が必要です．

● 電気信号も揺れている…周波数fと波長λ

前置きはこの程度にして電気に置き換えてみます．例えば，10 m以上の同軸ケーブルなど長い配線の中に波は発生しているのでしょうか？　配線上の波は簡単には目視できませんが…想像してみます(**図42**)．

この答えは式(2)にあります．同軸ケーブルの中を波が伝わる速度v_Wを光速cとして[注1]，波長を計算してみます．

注1：現実に同軸ケーブルの中では，波は光速ではなく，光速より少し遅い速度で進みます．

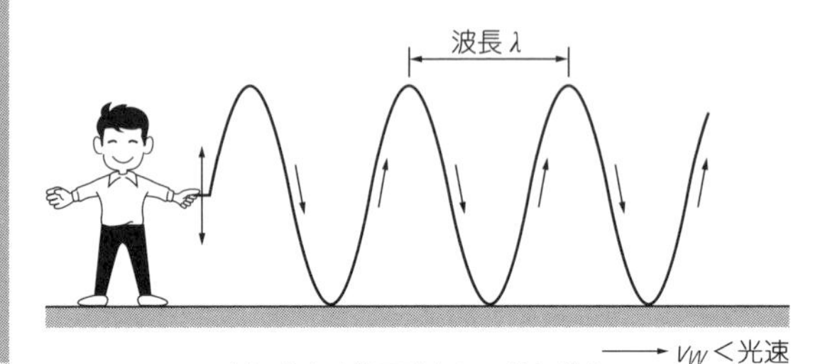

(a) 分布定数回路として扱う状態

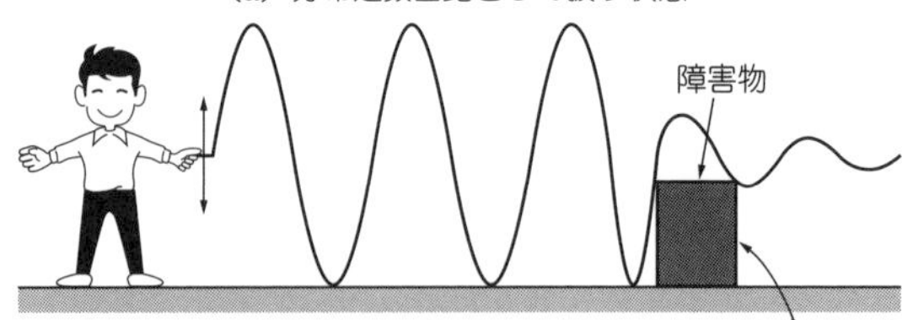

(b) 障害物があると波は減衰する

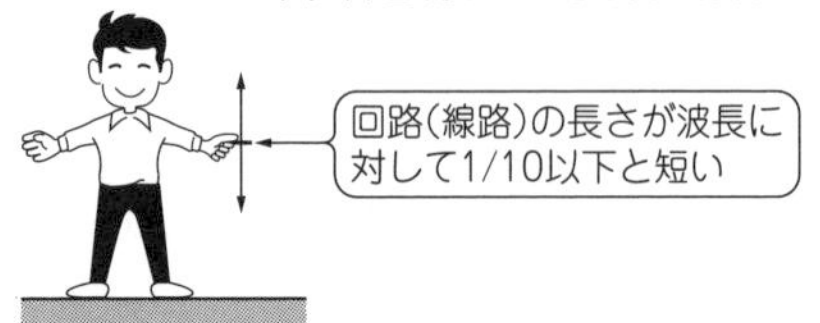

(c) 集中定数回路として扱う状態

図41　波って線路が長くないと見えない

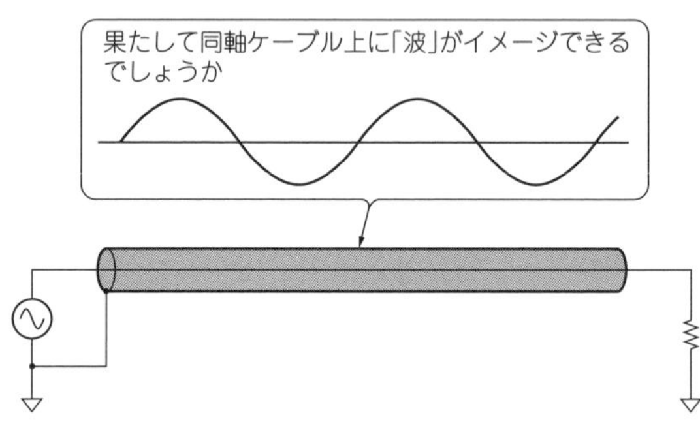

図42　配線の中ではどんな波ができるのか？

表1　電気信号の周波数と波長

周波数［Hz］	波長	周波数［Hz］	波長
100 G	3 mm	100 M	3 m
30 G	10 mm	30 M	10 m
10 G	30 mm	10 M	30 m
3 G	100 mm	3 M	100 m
1 G	300 mm	1 M	300 m
300 M	1 m		

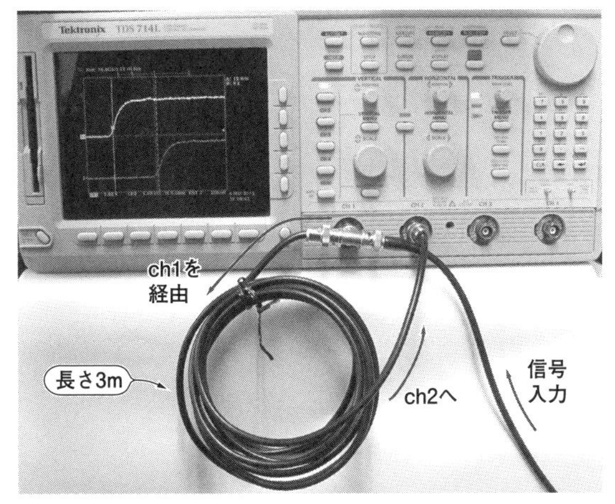

写真1　実験で確認！ 電気信号が伝送線路をどう伝わるか

光速cは，おおよそ秒速30万km（= 300000 km/s）ですから，メートルに換算して3.0×10^6 m/sです．式(2)の速度v_W = 光速cを置き換えて次のようになります．

$$\lambda = \frac{c}{f} = \frac{300 \times 10^6}{f} \cdots\cdots (3)$$

ここで周波数f = 1 MHzとすると式(2)から波長λは300 mと得られます．

$$\lambda = \frac{c}{f} = \frac{300 \times 10^6}{f} = \frac{300 \times 10^6}{1 \times 10^6} = 300 \text{ m} \cdots\cdots (4)$$

同様に周波数変えて波長を計算したものを**表1**に示します．

● 配線が長ければ低周波信号も波…分布常数回路

どのくらいの周波数から同軸ケーブルの上で波と見えるのでしょうか．実は，電気の信号が波と見えるかは，波長λと同軸ケーブルの長さℓの関係によって決まります．

表1のように同軸ケーブルの長さℓが300 mならば1 MHzの周波数でも1波長の長さがあるので，十分波のように見えます．同様に周波数が10 MHzならば同軸ケーブルの長さ30 mで，周波数が100 MHzならば同軸ケーブルの長さ3 mで，電気の信号は波のように見えます．

つまり，同軸ケーブルなどの信号線の長さℓと使用する信号の波長λの関係から，電気が波として性質が出てくるのです．実は，電気回路の本に書かれている分布定数回路とは，こうした同軸ケーブルなどの信号線が長い場合を想定する波の理論です．

注意すべきは，周波数が高いから波として扱うだけでなく，周波数が低くても線路長や配線長が長ければ，やはり波として扱う必要があります．

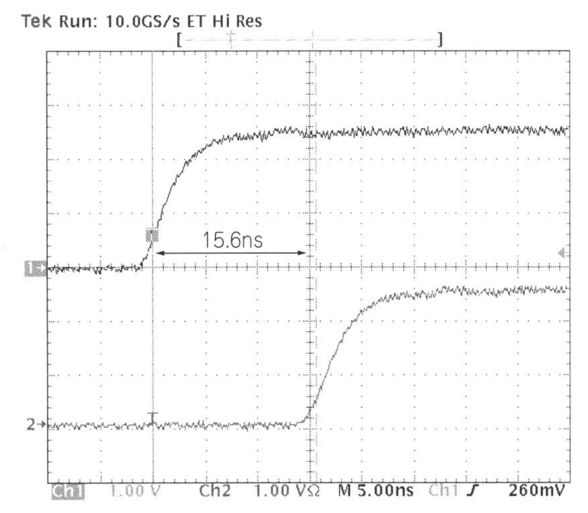

図43　同軸ケーブル内では電気信号は高速の2/3程度の速さで伝わる
同軸ケーブルの種類などで異なる

● 実際には…線路長が波長λの1/10を超えたら波

実際の回路設計では，100 MHzの周波数で同軸ケーブルの長さ3 m以上で波として想定するのでは不十分です．おおよその目安として線路長，配線長が，波長の1/10以上の長さの信号線の長さから波として扱います．

線路長や配線長が，信号の波長の1/10以上になると，ストリップ・ラインや同軸ケーブル，BNCコネクタなどが必要ですよ，ということです．

● 実験で確認！ 線路を電気信号が伝わるようす

話ばかりではつまらないでしょうから，実験してみました．3 mの同軸ケーブルを用意して，電気が伝わる時間を測定しました．**写真1**にそのようすを示します．注目の結果は**図43**です．3 m信号が伝わるのに15.6 nsかかっています．早速，同軸ケーブルを信号が伝わる速さを計算してみましょう．

$$v_W = \frac{\ell}{t} = \frac{3}{15.6 \times 10^{-9}} = 192 \times 10^6 \cdots\cdots (5)$$

となります．

同軸ケーブルを信号が伝わる速さは，秒速19.2万kmと光速の2/3程度の速さです．つまり，実際の同軸ケーブル上の波長はその分短くなり，**表1**の2/3程度の長さと考えましょう．

事例を挙げると100 MHzの周波数を扱う場合，計算上の波長は**表1**から1 mですが，ケーブルの中ではその2/3の67 cm程度です．ですからその1/10の6.7 cm以上の長さの線路長でも波して扱う必要があるのですね(くどいようですがストリップラインや同軸ケーブル，BNCコネクタなどが必要).

● 信号が伝わる速さは電子が伝わる速さ！…と思っていないか？

今実験で同軸ケーブルを伝わる信号の速さを測定しました．ここで質問です，信号の速さは同軸ケーブル内を移動する電子の速さですか？答えは，いいえです．

説明のため今度は**図44(a)**のようにDCが同軸ケーブルに加えられた状態を考えてみます．スイッチSWがONした直後は，スイッチSWに近い同軸ケーブルに電流が流れますが，そのようすを詳しく書きましょう．電子⊖の動きで考えると**図44(b)**です．

まず芯線側で考えてみましょう．ケーブル内の電子は，電圧の＋側に引き寄せられ，そのため，スイッチSW近くのケーブルの芯線の電子の密度が薄くなります．すると薄くなった右隣のケーブル内の電子は，**図44(b)**の右側から電子が少し左に移動するでしょう．電子が左に移動すると移動した部分は電子の密度が薄くなって，さらにその右隣から左に電子が移動し，すると左に移動した部分の電子の密度が薄くなって…とこの繰り返し．

対して編組線の側は，電圧－側より電子が流れ出てスイッチSW近くの編組線内部の電子密度は過剰となります．やむなく電子は密度の薄い方へ**図44(b)**の右の方へ少し移動します．電子が移動しても電圧から電子の供給は続きます．電子が**図44(b)**の右の方へ少し移動すると，その部分も電子密度が過剰となって，電子が薄いさらに右隣に電子は移動して，その部分は電子密度が過剰になって…とこの繰り返しです．

図44(b)のケーブルで，電子の密度が左側から右側に徐々に移動します．この電子の密度こそ波の正体です．この波の移動の速度，つまり電子密度に移動の速度こそ，ケーブル内を伝わる信号の速さなのです．決して電子の移動速度ではありません．

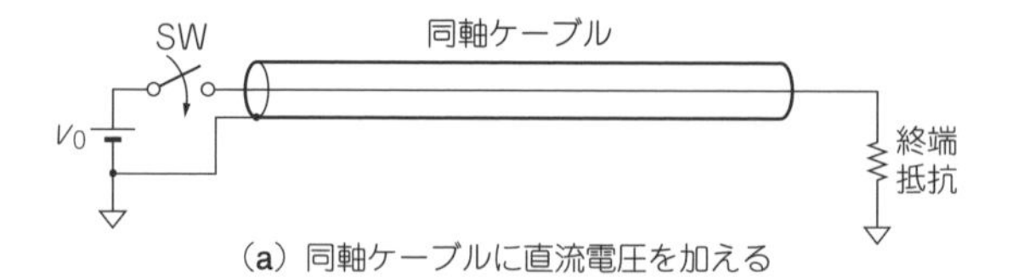

(a) 同軸ケーブルに直流電圧を加える

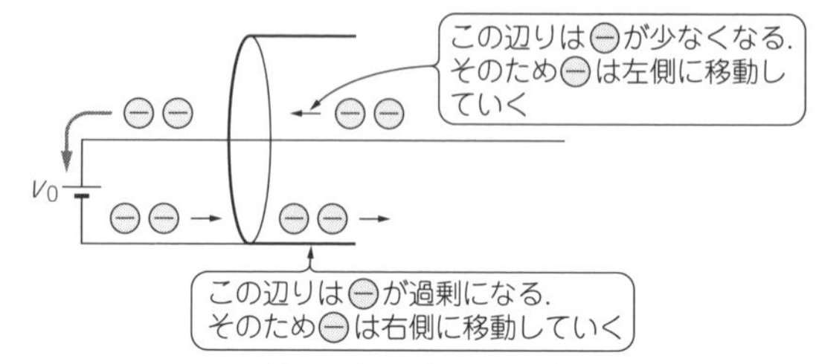

(b) スイッチをONした直後

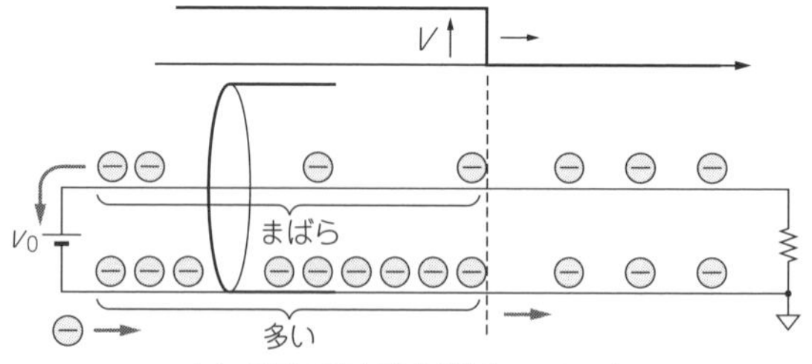

(c) 電子の密度変化が伝わっていく

図44 大丈夫？信号が伝わる速さは電子の速さではない
電子の密度が伝わる速さが信号が伝わる速さでほぼ光速

● (1/10)λ以下の線路長なら…電流は電子(粒)の集まり！ つまり集中定数回路

一生懸命に波の話ばかりしました．今度は線路長，配線長が波長に対して1/10以下の場合で考えてみましょう．**図44(c)**でロープがとても短い場合，ロープを揺っても周波数fで振動していることはわかりますが，とても波には見えないと書きました．

これを電気に置き換えると，電気回路理論では集中定数回路ということですね．集中定数回路では，電流は，電子つまり電荷をもった粒の集まりと考えましょう．

〈瀬川 毅〉

(初出：「トランジスタ技術」2013年6月号)

A-7 電気信号伝送の考え方
線路が長いときは波！インピーダンスを均一に

電気信号の波の性質を，実際の回路ではどう考えたらよいのでしょうか．

高周波回路ではなく，もっと身近な例で調べてみます．

例1…RS-485インターフェース

図45はマイコンなどの通信規格で一般的なRS-485です．RS-485自体は送信側のドライバと受信側のレ

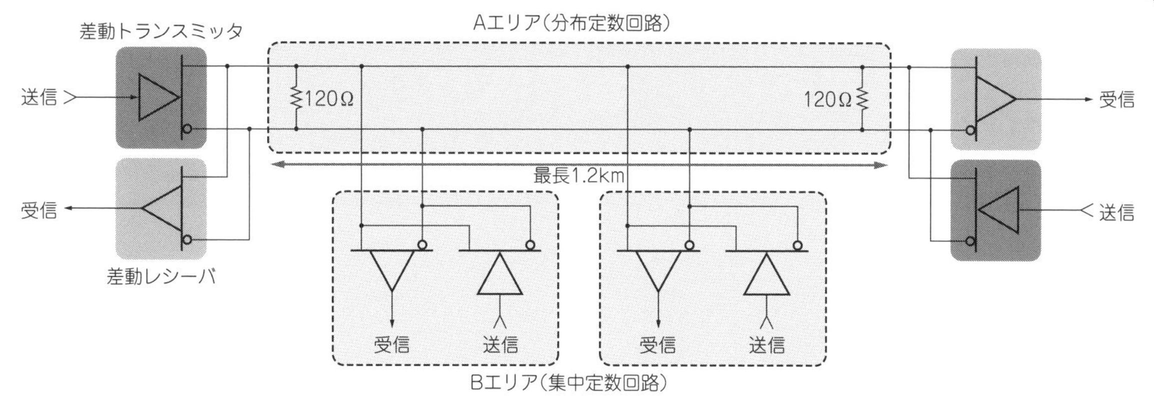

図45　長距離信号を伝送できる定番インターフェース RS-485

シーバの電気的特性だけを規格化したものです．プロトコル(通信手順)を含めてDMX512-A，CANなどのインターフェースやLAN(ローカル・エリア・ネットワーク)用に応用・発展しています．今このRS-485を題材にして，波としての分布定数的側面，粒としての集中定数的側面を確認していきます．

● 100 kbpsで1.2 km…波と考えられる場合

まず，**図45**のAのエリアに注目しましょう．通信線が長い(RS-485は100 kbpsで最大1.2 km)場合を想定してみます．波長λは，前項の話から100 KHzとして線路が理想的とすると次の通りです．

$$\lambda = \frac{c}{f} = \frac{300 \times 10^6}{100 \times 10^3} = 3\ \text{km} \cdots\cdots\cdots\cdots (6)$$

線路長が1.2 kmと想定します．すると，l＞λ/10ですから，波，つまり分布定数回路とみなす必要があります．100 kHz以上の周波数成分も通信線に流れるので，さらに波長λは短いと考えないといけません．

結果，**図45**のAのエリアは波が伝わるエリアです．

● 波をちゃんと伝えるには…線路のインピーダンスを均一に保つ

前項で少し触れたように，波を遠くまで伝えるには，線路が均一な状態でないといけません．RS-485で均一の状態を作るために，**図45**の右側にあるように120Ωで終端することが推薦されています．

さらに，RS-485では，2本の線がペアで送信と受信を兼用しています．右側の端末が送信側となるとき，左側の端末は受信側となります．ですから**図45**左側にも120Ωで終端抵抗は必要です．結果，RS-485の通信線の均一な状態つまり特性インピーダンスは60Ωに近くなります．

● 短い経路は…粒とも考えられる

今度はBにエリアに注目しましょう．通信線に他の端末も接続されており，これをマルチドロップといいます．RS-485は，端末の接続，マルチドロップが都合32まで許されています．

先ほどRS-485は波として扱うと書きました．ですから，これらの端末の接続部にも120Ωの終端抵抗を…実は，終端抵抗は必要ありません．

図45のBのエリアは，通信線の配線が短く粒つまり集中定数回路とみなしています．つまりRS-485は波と粒が混在しているのです．

▶波と粒が混在しているときは一番長い線路が波

波と粒が混在しているときは，端末と端末間の通信線が一番長い部分を**図45**のAのエリア(つまり波)と，他の通信線の短い部分をBのエリア(つまり粒)とみなします．

となると，RS-485端末側では120Ωの終端抵抗をつないだり外したりできる機能が必要です．120Ωの終端抵抗をつないだり外したりする機能を用意しておくと便利です．

例2…イーサネット

読者のパソコンに接続されているイーサネットのデータ転送速度はどのくらいですか．一般的には100 Mbpsの転送速度が出せる100BASE-TXが広く普及していることと思います．さらにデータの転送速度を上げて1 Gbpsの1000BASE-Tが普及しつつあるようです．

100 Mbps，1 Gbpsで送られるデータを，長さ10 mの通信線で送るとなると，完全に波として扱う必要があります．イーサネットの配線は，必ず1対1の配線で，ルータ，ハブ経由となっています．

このように，波なのか粒なのかは，端末の機器で決まるのではなく，端末間の通信線の配線の長さによってのみ決まります．**〈瀬川 毅〉**

(初出：「トランジスタ技術」2013年6月号)

A-8 おさらい！ 消費電力

節電するには…消費電流を減らさなきゃ

（a）水車は一定の水が流れると一定のペースで仕事をする

$P = I^2R$ [W]

$= \left(\frac{V}{R}\right)^2 R = \frac{V^2}{R}$（オームの法則 $V = IR$ より）

$\rightarrow I$

V　R

$R = I^2R\left(= \frac{V^2}{R}\right)$ の電力が消費される

（b）抵抗は一定の電流が流れると一定のペースで電力を消費する（仕事をする）

図46　DC電力を消費するイメージ

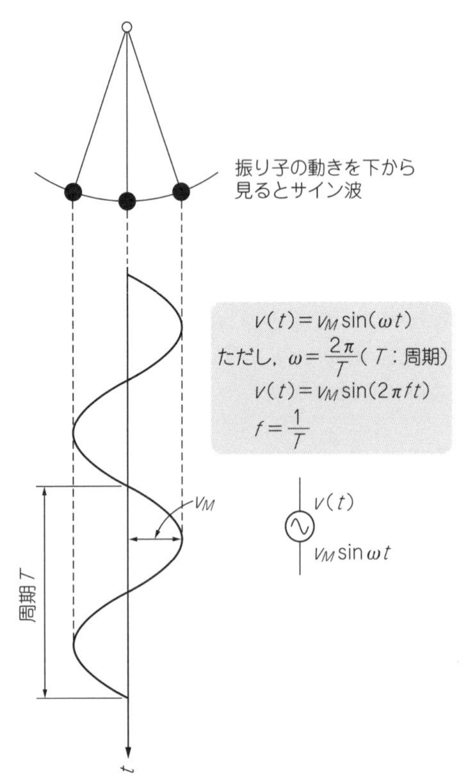

図47　ACの代表…サイン波は振り子だ！

DC電力

電力についておさらいします．まずDCの電力から始めます．電力というからには何か仕事をするハズです．そこで電力が消費されるイメージを**図46**に示します．いわゆる水車です．

水車に流れる一定の水はDC電流と同様です．水が当たり水車が回る，水車が回ることで臼を挽いて製粉する，というのは電子回路では，抵抗や抵抗に相当するものに電気が流れて電力が消費され熱が発生することと同様です．ここではDCで動作する電子回路を想定しています．

抵抗（相当するものを含みます）R，流れる電流をIとしますと消費される電力Pは次式で得られます．

$$P = I^2R \quad \cdots\cdots (7)$$

$$P = \frac{V^2}{R} \quad \cdots\cdots (8)$$

電力Pの単位は［W］です．消費電力は電流Iの二乗なので，電流Iが2倍増加すると，電力Pは4倍になります．節電が叫ばれている世の中ですが，エレクトロニクスの専門家であれば，電子機器に流れる電流を減らしましょう，というとわかりやすいと思います．

電力計算をするときの式(7)，式(8)の使い分けは，電圧Vがわかれば式(8)を，電流Iがわかれば式(7)を使います．

AC電力

基本的にACでも電力Pは式(7)式(8)で与えられることに代わりはありません．

ですが，DCと異なり，電圧vや電流iの変化をどう表せばよいのかが困ります．まずACの代表としてサイン波を考えてみます．サイン波は**図47**のような一定周期で動く振り子のイメージです．

サイン波を数式で書いてみます．電圧をv，電圧の最大値をv_Mとすれば次式で表せます．

$$v(t) = v_M \sin(\omega t) \quad \cdots\cdots (9)$$

ただし，角速度$\omega = 2\pi f$

電圧のサイン波が書けたので電流iも同様に電流のピーク値をi_Mとすれば次のように書けます．

$$i(t) = i_M \sin(\omega t) \quad \cdots\cdots (10)$$

ただし，角速度$\omega = 2\pi f$

以後サイン波といえば，式(9)か式(10)を指すことにします．

● 実効値の定義

AC電流は式(10)のように常に変化していますが，AC電力Pを求めるときは電流iの実効値を使います．実効値は，交流で実際に効いている値で，ACをDCに換算した値と考えてください．

電流の実効値i_{RMS}と電圧の実効値v_{RMS}は下記のように定義されています．

$$i_{RMS} = \sqrt{\frac{1}{T}\int_0^T i(t)^2 dt} \quad \cdots\cdots (11)$$

$$v_{RMS} = \sqrt{\frac{1}{T}\int_0^T v(t)^2 dt} \quad \cdots\cdots (12)$$

ちなみにRMSはRoot Mean Square valueの略です．実効値は，非常に大切でとても基本的な知識なので，式(11)，式(12)を覚えておくことをお勧めします．

▶サイン波の実効値を求める

式(9)から電圧$v(t)$の実効値を求めてみます．$\sqrt{}$の中身から求めてみます．

$$\frac{1}{T}\int_0^T i(t)^2 dt = \frac{1}{T}\int_0^T \{v_M \sin(\omega t)\}^2 dt = \frac{1}{T}\int_0^T v_M{}^2 \{\sin(\omega t)\}^2 dt = \frac{v_M{}^2}{T}\int_0^T \{\sin(\omega t)\}^2 dt \quad \cdots\cdots (13)$$

三角関数の2倍角の公式，式(14)を使うと$\sin^2$は式(15)で表せます．

$$\cos 2A = 1 - 2\{\sin A\}^2 \quad \cdots\cdots (14)$$

$$\{\sin A\}^2 = \frac{1 - \cos 2A}{2} \quad \cdots\cdots (15)$$

式(13)に式(15)を代入して計算すると次のようになります．

$$\frac{v_M{}^2}{T}\int_0^T \{\sin(\omega t)\}^2 dt = \frac{v_M{}^2}{T}\int_0^T \frac{1-\cos(2\omega t)}{2} dt = \frac{v_M{}^2}{2T}\left\{\int_0^T dt - \int_0^T \cos(2\omega t) dt\right\} = \frac{v_M{}^2}{2T}\left\{[t]_0^T dt - \left[\frac{\sin(2\omega t)}{2\omega}\right]_0^T\right\} = \frac{v_M{}^2}{2T}\{T-0\} = \frac{v_M{}^2}{2} \quad \cdots\cdots (16)$$

電流の実効値i_{RMS}と電圧の実効値v_{RMS}は次のように求められます．

$$v_{RMS} = \sqrt{\frac{1}{T}\int_0^T v(t)^2 dt} = \sqrt{\frac{1}{T}\int_0^T \{v_M \sin(\omega t)\}^2 dt} = \sqrt{\frac{v_M^2}{2}} = \frac{v_M}{\sqrt{2}} \quad \cdots (17)$$

表2　サイン波とそれ以外の代表的な波形の実効値

	波　形	実効値
サイン波	V_M	$\frac{V_M}{\sqrt{2}}$
三角波	V_M	$\frac{V_M}{\sqrt{3}}$
鋸歯状波	V_M	$\frac{V_m}{\sqrt{3}}$
パルス1	V_M, DT, T, Dはデューティ比	$V_M\sqrt{D}$
パルス2	V_M, $\frac{1}{2}T$, T	V_M

$$i_{RMS}=\sqrt{\frac{1}{T}\int_0^T i(t)^2 dt}$$

$$=\sqrt{\frac{1}{T}\int_0^T \{i_M \sin(\omega t)\}^2 dt}=\sqrt{\frac{i_M^2}{2}}=\frac{i_M}{\sqrt{2}} \cdots (18)$$

サイン波以外のAC波形やパルス波形も使うでしょうから，そうした波形の実効値を**表2**に示しておきます．

▶ACコンセントの100 Vはピーク電圧141Vのサイン波

家庭や事務所にあるACコンセントはAC100 Vです．このAC100 Vはピーク電圧は，次の通り，よく知られている値となります．

● 抵抗RのAC消費電力は，実効値を使うとDCと同じ計算で求められる

図3のように抵抗RにAC電圧v_{RMS}の電圧を加えた状態で，抵抗Rで消費される電力Pは次式で求めることができます．

$$P=i_{RMS}{}^2R=\frac{v_{RMS}{}^2}{R} \cdots\cdots (19)$$

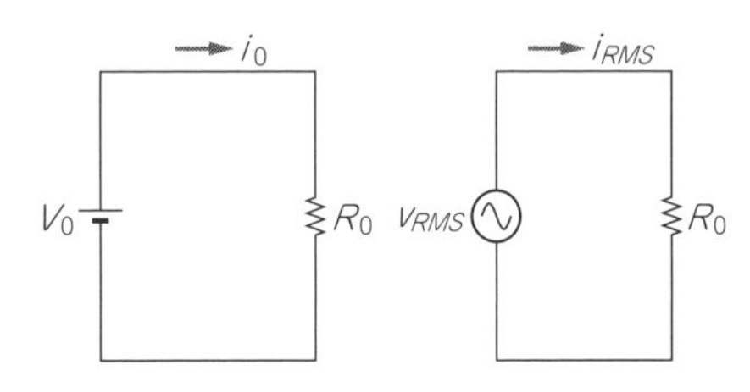

(a) 直流　(b) 交流

図48　AC的な消費電力も考え方はDC消費電力と同じ

$$P=i_{RMS}{}^2R=i_{RMS}{}^2\left(\frac{v_{RMS}}{i_{RMS}}\right)=v_{RMS}\,i_{RMS} \cdots\cdots (20)$$

この式から，電力Pも電流v_{RMS}と電流i_{RMS}を測定して掛け算すれば簡単に求められる！ と思いがちです．しかしこれは，負荷が抵抗だったからです．現実はそう簡単ではなく，力率を考慮しなければなりません．

〈瀬川 毅〉

(初出：「トランジスタ技術」2013年6月号)

A-9 おさらい！ 力率

商用電源をムダなく使いたいならホント重要

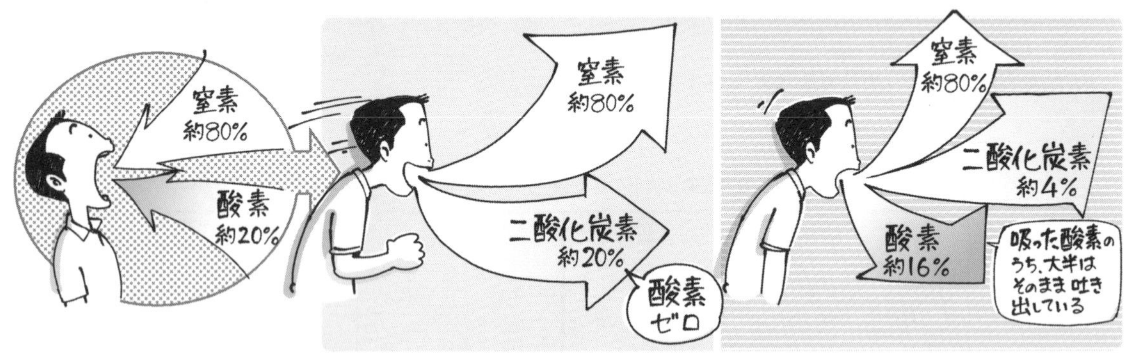

(a) 息を吸う　(b) 理想の吐息…酸素を全部使えると効率は最高　(c) 現実の吐息…大半の酸素はそのまま吐き出す

図49　力率のイメージ…与えた電力のうちどれくらいの割合を使ったか

ここでは力率について説明します．筆者の力率のイメージは**図49**です．人間は呼吸しないと生きていけません．呼吸によって酸素を取り込み，代わりに二酸化炭素を吐きます．さてこのとき吸い込んだ空気中の酸素を100%体に取り込んでいるのでしょうか．

残念ながら吸い込んだ酸素の4%ほどを体に取り込んでいるに過ぎません．もし筆者が吸い込んだ酸素を100%取り込める体ならば，マラソンで金メダルをとれるでしょう．

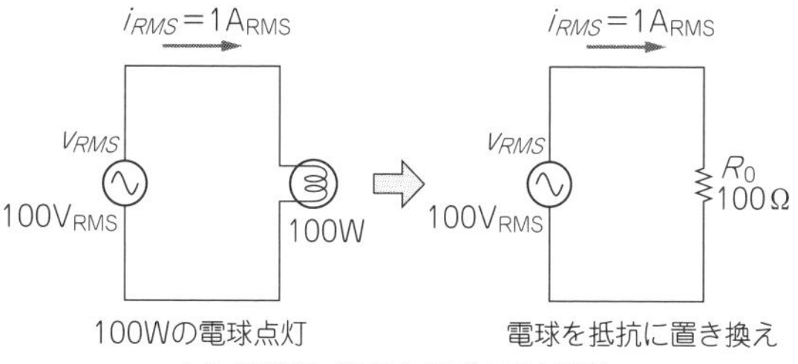

(a) 電球(≒抵抗)ならば力率100%

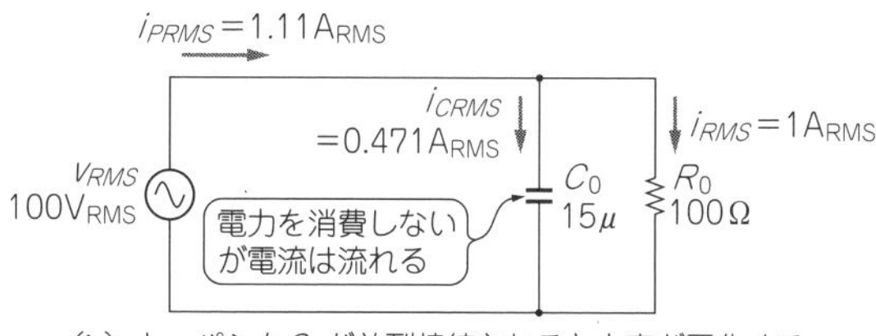

(b) キャパシタC_0が並列接続されると力率が悪化する

図50 キャパシタによる力率悪化の例

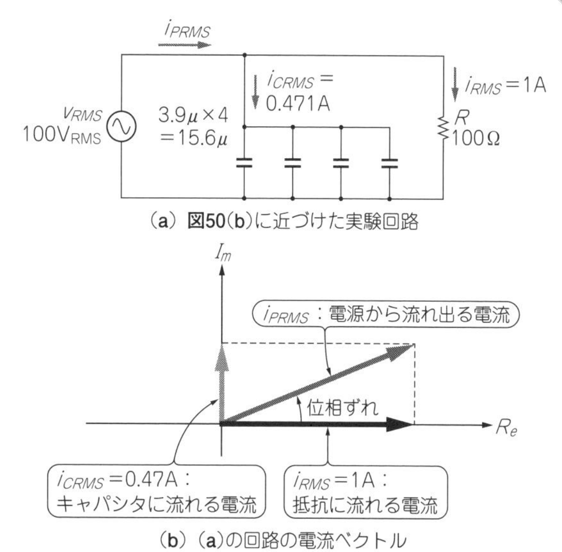

(a) 図50(b)に近づけた実験回路

(b) (a)の回路の電流ベクトル

図51 キャパシタによる力率悪化の実験例

AC消費電力の現実

● 理想的な状態・・・DC消費電力と同じように考えてよい

話を電気に置き換えたのが**図50(a)**です．電流が点灯している回路です．話を簡単にするため電流は抵抗Rとみなせると仮定します．具体的にはAC100 V_{RMS}で100 Wの電流ですから，電力Pの式(21)からRが求められます．

$$P=\frac{V_{RMS}^2}{R} \quad \cdots\cdots (21)$$

$$R=\frac{V_{RMS}^2}{P}=\frac{100^2}{100}=100\,\Omega \quad \cdots\cdots (22)$$

抵抗R = 100 ΩにAC100 V_{RMS}の電圧が加われば，流れる電流i_{RMS}は次のようになります．

$$i_{RMS}=\frac{V_{RMS}}{R}=\frac{100}{100}=1.0\mathrm{A}_{RMS} \quad \cdots\cdots (23)$$

● 現実①…コンデンサが並列接続されて電流が増加

ここからが問題．

次に**図50(b)**のように電流と並列にコンデンサCが接続されている回路が構成されているとしたらどうなるでしょうか．まずいえることは，電球に電流が流れます．それは**図50(a)**と同じ電流が流れます．電球に流れる電流i_{RMS}は次の通りです．

$$i_{RMS}==1.0\ \mathrm{A} \quad \cdots\cdots (24)$$

さて，ここからが大切です．**図50(b)**の場合は，さらにコンデンサCに電流が流れてしまいます．コンデンサに流れる電流を計算してみます．

コンデンサCを15 μFとすると，50 HzでのインピーダンスZ_Cは次の通りです．

$$Z_C=\left|\frac{1}{j\omega C}\right|=\frac{1}{2\pi fC}=\frac{1}{2\pi\times 50\times 15\times 10^{-6}}$$
$$\fallingdotseq 212\,\Omega \quad \cdots\cdots (25)$$

ですからコンデンサCの電流i_{CRMS}は次のようになります．

$$i_{CRMS}=\frac{1}{\dfrac{1}{2\pi fC}}=\frac{100}{\dfrac{1}{2\pi\times 50\times 15\times 10^{-6}}}$$
$$\fallingdotseq 0.471_{ARMS} \quad \cdots\cdots (26)$$

つまり，本来の目的である電球以外にも0.471 A_{RMS}の電流が流れてしまいます．

● 現実②電源から流れ出る電流はコンデンサと電流の単なる和ではない

さらに注意が必要なのは，電源から流れ出る電流i_{PRMS}が単純な電流の和とならないことです．

$$i_{PRMS}=i_{RMS}+i_{CRMS}\fallingdotseq 1.0+0.471$$
$$=1.471\mathrm{A}_{RMS}(\text{間違い}) \quad \cdots\cdots (27)$$

理由は，電流の電流i_{RMS}とコンデンサCの電流i_{CRMS}の位相が異なっているために起こります．一般にコンデンサの電圧は，コンデンサ電流に対し位相が90° 遅れてしまうのです[注2]．

このことを実験波形で見てみましょう．**図50(b)**の回路に近づけた**図51(a)**の回路で実験してみました．**図52**に抵抗R = 100 Ωの電圧と電流，**図53**にコンデ

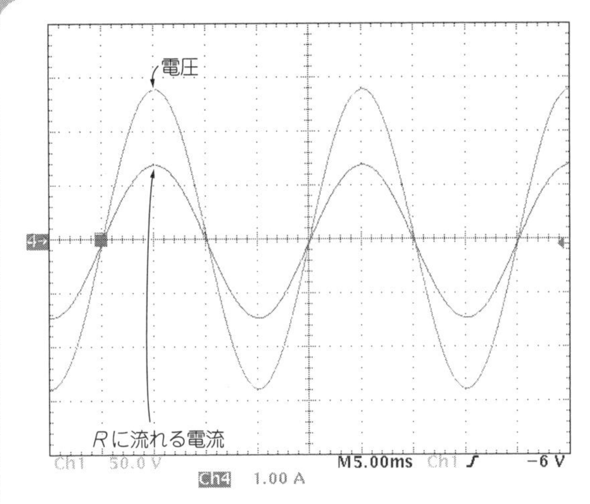

図52　抵抗R＝100 Ωに流れる電流

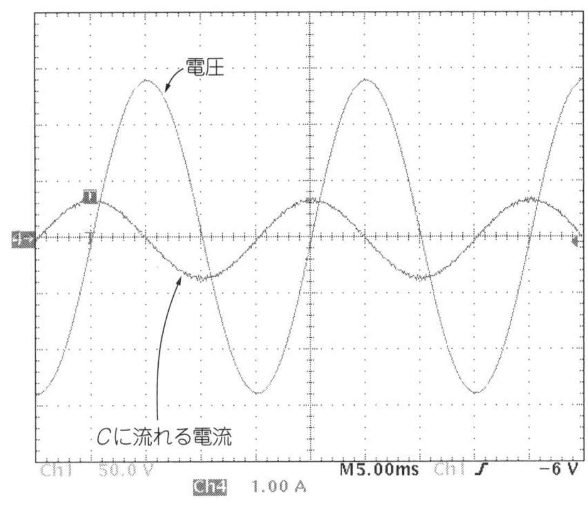

図53　コンデンサC＝15.6 μFに流れる電流

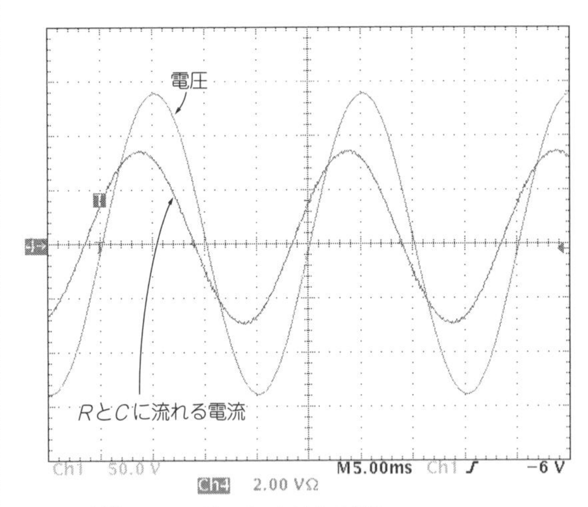

図54　抵抗R＋コンデンサCに流れる電流

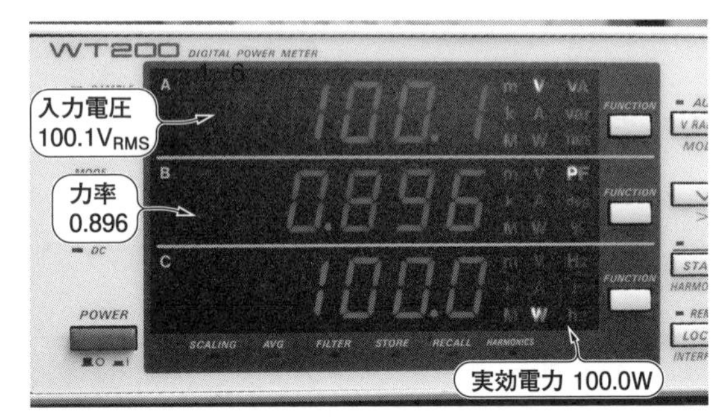

写真2　図52での消費電力と力率

ンサC = 3.9 μF × 4 = 15.6 μFの電圧と電流を示します．

抵抗R = 100 Ωの電圧と電流は同じ位相ですが，コンデンサC = 3.9 μF × 4 = 15.6 μFの電圧と電流では，90°電圧の位相が遅れています．

この関係を電流ベクトルで図示したのが**図51(b)**です．結果電源から流れ出る電流は，**図51(b)**の合成ベクトルの値になり，電圧と電流の関係は**図54**になります．

つまり，電源から流れ出る電流i_{PRMS}は以下になります．

$$i_{pRMS}=\sqrt{{i_{RMS}}^2+{i_{CRMS}}^2}=\sqrt{1.0^2+0.471^2}\fallingdotseq 1.11_{ARMS} \quad\cdots(28)$$

注2：多くの本には，コンデンサの電流の位相は，電圧の位相より90°進むと書かれています．ですが位相が進むとの表現は，未来を知っているかのようで因果律から考えて適当ではないと筆者は判断しています．それでここでは，コンデンサの電圧は，電流より90°遅れると書いています．

● 与えた電力と使われた電力の割合･･･力率

ところで**図50(b)**の回路で，電球は確かに点灯して周囲を明るく照らしていますが，コンデンサCは何か仕事をしているでしょうか．答えは，いいえです．

ですが，電源側からは，コンデンサCが接続されることで，電球だけの接続時より多くの電流が流れています．この差を問題にしたのが力率です．

機器に入力された電力をすべて機器内部で使ってくれると，必要な分だけ電力を供給すればよいので，とっても良いね，と思います．

力率の定義は，与えた電力のうち実際に力になった割合(率)です．次式で定義されます

$$力率=\frac{実際に消費される電力}{供給する電圧\times電流}\quad\cdots\cdots\cdots\cdots\cdots(29)$$

式(29)において分母の実際に消費される電力を実効電力と，分子の供給する電圧と電流の積は皮相電力と呼びます．

● 力率の事例

具体的な事例で考えてみましょう．**図50(b)**の例で力率を計算で求めると次のようになります．

ブリッジ回路で抵抗値を測定する　Column 1

ブリッジ回路には，「平衡状態のときの出力は0V」という性質があるため，**図A**のように，抵抗値を精密に測定する手法として用いられます．

ブリッジを構成する抵抗のうち，3個は抵抗値が分かっているもの，一つは抵抗値が分からないものとしています．この未知の抵抗値を決定するための回路として，ブリッジ回路を使用しています．右側の枝は既知の抵抗R_3，R_4で固めています．それに対して，左の枝は未知の抵抗と，値が可変できる抵抗を入れてあります．

ロータリ・スイッチで抵抗をガシャガシャと切り替えて抵抗値を変えていきます．ブリッジが平衡となる条件$R_2R_3 = R_1R_4$が満たされないと，出力には電位差が生じてしまうので，検流計の針が触れてしまいます．逆にブリッジが平衡であれば，検流計の針はピタリと針が動かない(0Aとなる)はずなので，未知の抵抗の値をブリッジ回路の平衡条件の式から求めることができます．

この方式では，使用する固定抵抗の精度がそのまま測定値の精度となります．

横河メータ＆インスツルメンツから，この原理をそのまま利用した測定器が発売されています．

▶275597携帯用ホイートストンブリッジ

100Ω～100kΩでの確度：測定値の±0.1%

〈別府 伸耕〉

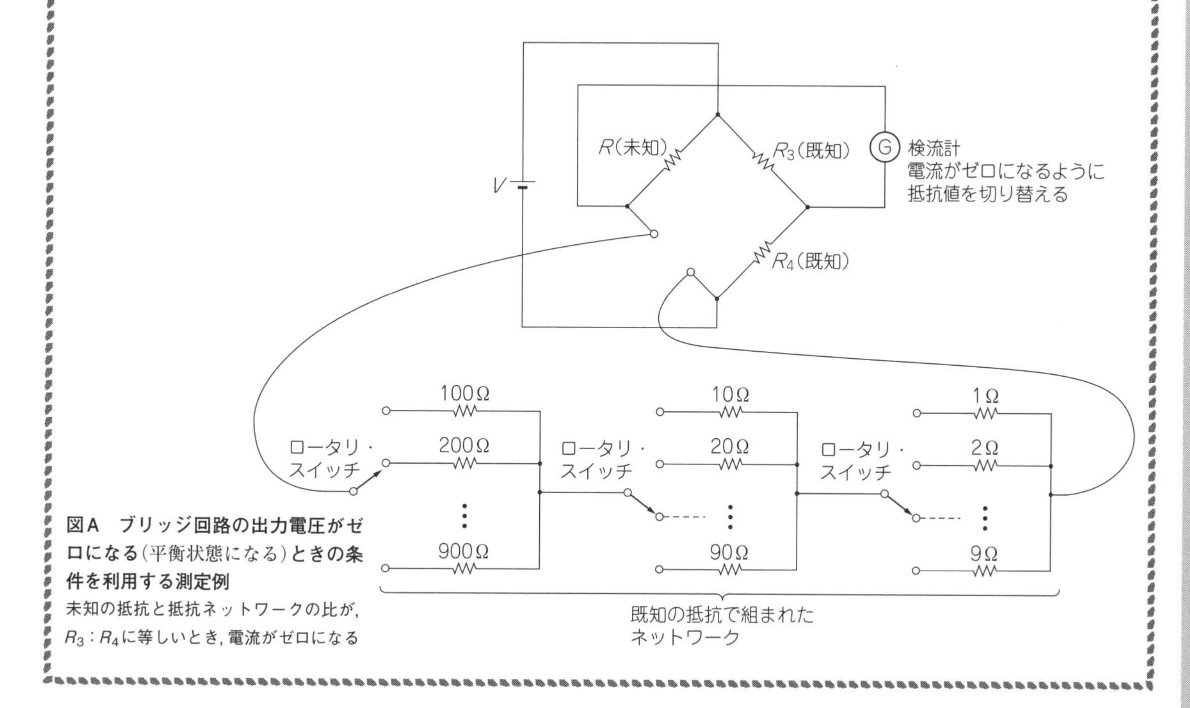

図A　ブリッジ回路の出力電圧がゼロになる(平衡状態になる)ときの条件を利用する測定例
末知の抵抗と抵抗ネットワークの比が，R_3：R_4に等しいとき，電流がゼロになる

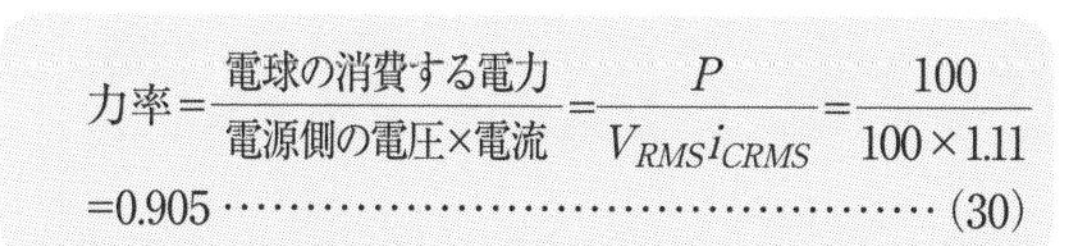

$$力率 = \frac{電球の消費する電力}{電源側の電圧\times電流} = \frac{P}{V_{RMS} i_{CRMS}} = \frac{100}{100\times1.11} = 0.905 \quad (30)$$

念のため，**図51(a)**の回路で実験した結果は，**写真2**の通り0.896です．コンデンサCの容量が**図50(b)**より大きいので，力率は式(23)の計算した値より悪い値になっています．

● なぜ力率が重要なのか…皮相電力ぶん余計に発電しないといけない

図51(a)は，消費する電力の1.1倍以上の皮相電力が必要でした．事務所などで力率の悪い電子機器を使うと，消費電力の何割増しかの大きな電力を，厳密に書くと皮相電力を電力会社は供給する必要があります．

それは社会全体で見ると非常に大きな電力になります．電力事情が厳しいときには，大きな負担になります．それゆえ，現在の電子機器には，力率の規制がかけられています．

〈瀬川 毅〉

(初出：「トランジスタ技術」2013年6月号)

オームの法則から！絵ときの電子回路 超入門

編　集　トランジスタ技術SPECIAL編集部
発行人　櫻田 洋一
発行所　CQ出版株式会社
〒112-8619　東京都文京区千石4-29-14
電　話　編集 03-5395-2148
広告 03-5395-2131
販売 03-5395-2141
ISBN978-4-7898-4678-3

2017年 4月1日　初版発行
2024年11月1日　第4版発行

定価は裏表紙に表示してあります
乱丁，落丁本はお取り替えします
編集担当者　島田 義人
DTP・印刷・製本　三晃印刷株式会社
Printed in Japan